水体环境高光谱遥感方法

毛志华　李俊生　宋开山　田礼乔　王　晨　著

科　学　出　版　社

北　京

内 容 简 介

　　高光谱遥感综合了影像学和光谱学等学科优势，可实现对水体环境状况的空间分布和光谱特征的统一探测，为水体环境监测提供了一种新手段。高分 5 号卫星高光谱遥感数据在光谱分辨率和信噪比等技术指标方面均有显著提升，为提高水环境参数反演精度和实现内陆水体环境的业务化遥感监测等提供了新的契机。本书是在国家自然科学基金重大项目、国家重点研发计划项目和高分辨率对地观测系统重大专项项目研究成果基础上形成的，共分为10 章，主要论述高光谱遥感辐射传输机理、水环境参数反演算法和遥感应用示范等方面的研究成果，为内陆水体业务化遥感监测和高分 5 号等国产卫星的遥感资料处理系统开发等方面研究提供参考。

　　本书可作为高等学校遥感科学与技术类、海洋科学与技术类、光学工程类等专业学生的参考书，也可供从事水环境保护、湖泊科学等方面研究的科技人员阅读参考。

图书在版编目（CIP）数据

水体环境高光谱遥感方法/毛志华等著. —北京：科学出版社，2024.4
ISBN 978-7-03-078449-0

Ⅰ.① 水…　Ⅱ.① 毛…　Ⅲ.① 多光谱遥感-应用-水环境-研究　Ⅳ.① TP722

中国国家版本馆 CIP 数据核字（2024）第 086401 号

责任编辑：杜　权　刘　畅/责任校对：高　嵘
责任印制：彭　超/封面设计：苏　波

科 学 出 版 社 出版

北京东黄城根北街 16 号
邮政编码：100717
http://www.sciencep.com

武汉精一佳印刷有限公司印刷
科学出版社发行　各地新华书店经销

＊

开本：787×1092　1/16
2024 年 4 月第 一 版　印张：20
2024 年 4 月第一次印刷　字数：510 000
定价：288.00 元
（如有印装质量问题，我社负责调换）

序

　　水环境高光谱遥感数据的业务化监测需求日益增加，涉及从卫星数据处理、参数反演、应用模型到专题数据生产和业务应用系统开发等方面技术，特别是基于国产高光谱卫星遥感数据进行水环境监测的系统研发和应用示范等关键技术。该书内容在国家自然科学基金和高分遥感应用项目的研究成果基础上，由国内几家遥感优势单位经过多年持续攻关和成果提炼，是我国在高光谱水体环境遥感研究方面的一大进展。

　　该书以我国高分 5 号高光谱为主要遥感数据源，开展卫星遥感数据的替代定标、大气校正、水体参数反演和应用示范等方面工作。针对高光谱遥感水体环境探测特点，阐明可见光辐射传输过程的理论方法，研发高光谱大气校正算法和水体固有光学量遥感模型等新技术，构建浮游植物藻种、叶绿素 a 和藻蓝蛋白浓度、有色可溶性有机物和悬浮泥沙、衰减系数和透明度等遥感参数反演的新算法，开展湖泊水华和水草、浅海水深和珊瑚礁底质等方面应用示范，为水体高光谱遥感技术发展提供了宝贵的实践参考。该书所涉内容也体现出我国在高光谱载荷设备研制方面已经有显著性提升，为我国未来高光谱载荷研制和指标论证提供技术支撑，同时推动水环境高光谱科技发展，可喜可贺。

　　该书重点明确、特色鲜明、内容丰富、概念清晰，是水环境高光谱遥感领域一本不可多得的好书，值得一读，特呈序祝贺。

中国工程院院士

潘德炉

2023 年 11 月

分布广泛的内陆水体为人类提供了良好的生活环境和资源基础，但随着经济高速发展和工业化程度加剧，以及人为活动和气候变化的影响，我国内陆水体污染和富营养化等问题日益严重，已成为经济发展的重要制约因素，因此有必要强化内陆水体的环境监测能力来提高环境治理和监管水平，而高光谱卫星遥感技术为水环境的监测提供了一种新手段。

高光谱遥感是在多光谱遥感和成像光谱学等学科基础上发展起来的，具有波段窄、波段多、波段连续、光谱成像等特点，可提供上百个波段遥感影像数据，实现对水体环境状况空间分布和光谱特征的统一探测能力。高光谱遥感在对地观测和环境调查等方面具有广泛的应用前景，可以利用各波段的反射率强度开展定量化遥感研究，也可以利用诊断性光谱特征开展地物类型识别和变化检测等方面的研究，显著提升内陆水体的环境遥感监测能力。

高分辨率对地观测系统重大专项是《国家中长期科学和技术发展规划纲要(2006—2020年)》部署的 16 个重大科技专项之一，其目标是组建新一代对地观测系统，以满足国家经济建设、社会发展和国家安全的需求。高分辨率（时间、空间、波谱、辐射）遥感数据与水环境常规观测手段相结合，有望形成内陆水体环境参量的稳定动态监测体系，为我国内陆水环境的实时动态分析与应对策略的形成提供有力支撑。高分 5 号卫星高光谱遥感数据，在空间分辨率和光谱分辨率等方面均有显著提升，为提高水环境参数反演精度和实现内陆水体环境的业务化遥感监测等方面提供了新的契机。因此，开展基于高光谱遥感影像的内陆水体高精度反演技术研究，有助于提高基于高分 5 号等国产卫星的内陆水体环境遥感监测的应用示范能力。

本书主要论述高光谱遥感辐射传输机理、水环境参数反演算法和遥感应用示范等方面的研究成果。全书共分为 10 章：第 1 章介绍我国湖泊环境问题概况、水环境遥感监测现状及高光谱遥感监测能力评估概述；第 2 章论述可见光的辐射传输理论和高光谱大气校正算法；第 3 章介绍高光谱辐射传输特性和水体吸收系数反演模型；第 4 章阐述浮游植物的高光谱反射特性和不同藻种遥感探测方法；第 5 章介绍叶绿素 a 浓度的硬分类和软分类遥感方法及藻蓝蛋白的遥感反演方法；第 6 章介绍有色可溶性有机物质在不同水体的反演算法及其与其他固有光学量的关系；第 7 章分析悬浮物浓度与遥感反射率的调制机理及其反演算法；第 8 章介绍水体漫射衰减系数与透明度的遥感反演研究成果；第 9 章介绍水华与水草的遥感识别指数和提取方法；第 10 章对浅海水深和珊瑚礁底质光谱进行高光谱遥感探测尝试。

本书得到国家自然科学基金重大项目课题"海洋光学散射机理、测量、表征及其增强传输方法"（61991454）、国家重点研发计划项目"上层海洋水体要素主被动遥感探测技术与装备"（2023YFC3107605）、高分辨率对地观测系统重大专项"GF-5 高光谱载荷的内陆水体参量反演技术"（41-Y20A31-9003-15/17）和"高分水环境监测技术集成与推广应用"（05-Y30B01-9001-19/20-2）等项目的大力支持。特别感谢张龙威、石亮亮、王正祎、张贤良、李慧、韩昶、李由之、马力、刘昕寅、韦安娜、张方方、王胜蕾、刘瑶、姚华鑫、温志丹、刘阁、尚盈辛、王雪蕾、殷守敬、赵焕、贾兴、张晓刚、杨红艳、冯爱萍、王庆涛、周亚明、孟斌、朱南华诺娃、王玉、赵乾、王楠、黄莉、谢成玉、邵园园、徐丹、付萍杰、崔宇、朱庆等人对本书所做的贡献。

　　本书的写作目的在于把国家高分遥感应用项目的研究成果展现给读者，希望能够与读者在学术思路方面互相交流和启发，推动高光谱遥感领域的发展。本书引用的参考文献可能并未列全，在此深表歉意。书中难免存在疏漏及不足之处，恳请各位专家和读者批评指正。

作　者
2023 年 12 月

目 录

第1章 绪 论

1.1 我国湖泊环境问题概况

　　湖泊是在自然界各种因素长期相互作用下形成的,具有一定规模、一定深度、相对封闭的陆域积水洼地,由湖盆、湖水和湖水中所含有的物质(矿物质、溶解质、有机质及水生生物)共同组成,是地球上最重要的淡水资源汇集地,具有提供用于工农业生产和饮用水的水源、调节河川径流和繁衍水生动植物等功能。众多盐湖不仅赋存有丰富的石盐、天然碱、芒硝等普通盐类,还蕴藏有硼、锂、铯等稀有盐类矿产资源,是湖泊区域经济可持续发展和人们赖以生存的重要基础。我国是一个多湖泊国家,国家科技基础性工作专项"中国湖泊水质、水量和生物资源调查"的最新研究结果表明,面积大于 1 km^2 的湖泊共有 2693 个,其中 1000 km^2 以上 10 个,$100\sim1000 \text{ km}^2$ 有 126 个,$10\sim100 \text{ km}^2$ 有 557 个,湖泊总面积约为 $81\,415 \text{ km}^2$,约占我国国土面积的 0.85%。从东部沿海的坦荡平原到世界屋脊的青藏高原,从西南边陲的云贵高原到广袤无垠的东北三江平原,呈现山清水秀的生态环境系统,是人们向往的旅游和休养胜地。

　　各种湖泊的成因和发展演化阶段不同,显示出不同的区域特点,且具有多种多样的类型。我国拥有世界上海拔最高的湖和位于海平面以下的湖,有众多的浅水湖和具有稳定温度层结构的深水湖,有吞吐湖和闭流湖,有外流湖和内流湖,有淡水湖、咸水湖和盐湖等。国内知名湖泊有青海湖、鄱阳湖、洞庭湖、太湖、洪泽湖、巢湖、纳木错等。

　　由于湖区工业发展和城镇人口数量增加,大量耗氧物质、营养物质和有毒物质排入湖体,水土侵蚀加剧,从而产生大量有机碳、无机碳等物质,此类物质通过地表径流输入湖泊中,增加了湖泊碳库的外源碳输入,过量的营养盐加剧了湖泊富营养化,自净能力下降,导致湖体内溶解氧不断下降,透明度降低,水色发暗,引起藻类水华,蓝藻颗粒大量富集死亡分解之后甚至会形成黑色的"湖泛",造成较为严重的生态环境问题。非法采砂等活动导致水体浑浊度显著提高,影响水下光场,破坏鱼类产卵场和底栖动物生境,引起生态系统失衡。湖泊自身生态环境(营养盐、光照、温度等)、浮游植物种群结构等差异,使湖泊初级生产力、有机碳的矿化、温室气体的排放(微生物的作用、光化学降解等)及食物链的群落结构具有较大的复杂性和时空差异性,原有水生植被群落因缺氧和得不到光照而成片死亡,水体中其他水生动物、底栖生物的种类也随之减少,生物量降低,取而代之的是浮游植物(藻类)大量生长,形成以藻类为主体的富营养型生态系统。湖泊还是全球气候变化的参与者和区域响应的重要记录器,湖泊溶解有机碳(dissolved organic carbon,DOC)、颗粒有机碳(particulate organic carbon,POC)和水体 CO_2 等温室气体的遥感逐步成为新的研究重点和方向。在全球变暖和人类活动的双重作用下,湖泊温度上升、湖冰融化、湖泊面积的萎缩或扩张等问题引发了湖泊水量的改变。

　　我国境内分布广泛的内陆水体是生存发展的基本支撑点,受到人类活动及环境变化的影响，许多内陆水体的污染和富营养化问题日益严重，大部分城市和地区的淡水资源供给已受到水质恶化和水生态系统破坏的威胁，成为经济发展的重要制约因素，迫切需要利用遥感技术全面、及时和准确地监测水体环境状况。

1.1.1 水污染与富营养化问题

我国工业化和城市化快速推进，强烈的人类活动和显著的气候变暖等因素导致许多湖泊进入富营养化状态，使我国水生态和水环境形势日益严峻（叶汉雄，2011）。水污染的来源多种多样，有农业污染、工业污染和生活用水污染等，大量未经处理污水排入江河湖库，当废水超过水体自净能力时，引发水体富营养化等污染问题。湖泊水污染与富营养化会导致藻类水华暴发，引发生态系统灾变和饮用水风险，是湖泊面临的主要生态环境问题。

由于营养物质（如氮、磷化合物）汇入湖泊，湖泊营养状态从生产力较低的贫营养化水平向生产力较高的富营养化水平演化，这一现象即为湖泊富营养化。自然状态下有些湖泊会逐渐富营养化，人类活动增加和全球气候变暖加速这一进程。联合国环境规划署和多国科研机构的调查表明，人类活动造成的氮、磷化合物过量输入，大大加快了湖泊富营养化进程，导致全球处于不同富营养化程度的大型湖泊（面积大于 25 km²）占总数的 60%，而我国达到富营养化标准的大型湖泊（面积大于 10 km²）超过总数的 85%（Wang et al.，2018；叶汉雄，2011；杨桂山 等，2010）。湖泊富营养化会显著增加藻类生物量，并引发大规模蓝藻水华暴发，进而导致藻型生态系统扩张、草型生态系统退化、湖泊生态服务功能下降等一系列严重的水环境问题（Zhang et al.，2017）。因此，精准、实时、大范围的同步监测湖泊营养状态是准确掌握湖泊水环境变化特征，开展富营养化成因分析、评价评估、治理修复和管理考核的重要基石。

基于传统采样分析的湖泊监测具有数据准确、指标丰富等特点，但存在人力成本高、实验耗时长、易受环境影响等诸多不足，并且由于采样时间差别大、数据样本少、水体流动性强，很难同步反映湖泊营养状态的空间分布。遥感技术具有高精度、大范围、周期性等优点，有助于建立一种准确、快速、广域的湖泊营养状态监测体系，已广泛应用于湖泊水环境和水生态等调查。遥感可监测参数有叶绿素浓度、水华暴发面积、物候时空特征、水生植被覆盖等水体生物参数，透明度、漫射衰减系数、真光层深度等水体物理参数，以及总氮、总磷、颗粒态磷浓度等水体化学参数（Maciel et al.，2020），几乎囊括了湖泊营养状态评价所需的参数，彰显了遥感技术在湖泊富营养化研究领域的巨大应用潜力。随着世界各国陆续发射越来越多的对地观测卫星，以及星载传感器技术快速发展，遥感技术势必成为湖泊环境问题研究不可或缺的监测手段。

近年来，随着定量反演算法和传感器技术的不断改善，围绕湖泊营养状态的遥感评价研究进入快速发展阶段，对解决自然与人文要素影响下大时空尺度的湖泊营养状态评价问题具有重要意义。湖泊营养状态遥感评价算法研究已经从基于营养状态指数和综合营养状态指数的营养状态评价指数（徐祎凡 等，2014）扩展到政府间国际组织（如欧盟）和国家（如巴西）层面的技术标准。一些新型遥感算法（如水色指数）为湖泊营养状态精细化评价提供有力的技术支持，囊括了透明度、色度、叶绿素、总氮和总磷浓度的反演算法研究，遥感大数据必将在湖泊富营养化前沿研究中发挥至关重要的作用，为我国湖泊生态环境监测与保护做出切实的贡献（周博天 等，2022）。

1.1.2　湖泊萎缩与干涸问题

我国是世界上湖泊数量和类型最多的国家之一，受泥沙堆积及开发利用过度、围湖造田等人类活动因素的影响，多年来全国湖泊数量和形态均发生了较大变化，湖泊面积萎缩、水域干涸情况频繁发生，严重威胁我国水安全、生态安全和经济社会的可持续发展。近年来，不少学者针对湖泊的演变规律及其影响因素开展了大量深入的研究，动态监测并分析单个湖泊、区域湖泊、全国湖泊，乃至全球湖泊，揭示了各种尺度下湖泊水体形成与消失、面积变化及干涸枯竭等时空变化特征（Wu et al.，2017）。

从区域尺度湖泊监测结果来看，我国部分湖泊面积萎缩及干涸现象较为普遍。张磊等（2020）以现场调查及室内试验成果为基础，开展了哈拉湖流域及其周边区域的水文特征分析与水环境问题研究，通过湖泊面积的遥感解译结果对比分析，得出区内湖泊面积绝大部分均出现了不同程度的缩小，证实了哈拉湖区内湖泊面积的持续退化问题。从 1991～2019 年 4～10 月察汗淖尔时空分布发现，湖面总面积从 1991 年的 76.23 km^2 缩减到 2019 年的 4.06 km^2，在多雨年份的 2003～2004 年水面最大达到 30 km^2，随后出现连续 7 年的干涸状态；在 2010～2014 年的多雨期湖面最大达到近 40 km^2，2015 年以来再次干涸，干涸程度远大于上一个湖面消失期。段号然等（2020）利用 Landsat 影像提取山东微山湖水域面积，利用湖泊面积动态模型分析了微山湖面积变化及其驱动机制，认为降雨量呈现出不稳定的变化趋势，加上大量的蒸发及人类活动等综合作用，导致了微山湖面积的缩小，总面积从 1986 年的 1338.41 km^2 减少到 2016 年的 1233.26 km^2。杨柯等（2016）基于多源遥感影像进行了武汉都市发展区湖泊变迁分析，发现 1987～2013 年武汉都市发展区的湖泊、水域面积总量总体呈减少趋势，在 2001～2005 年的湖泊水域面积萎缩速度较快。

据相关统计研究，近年来全国湖泊面积整体仍呈萎缩趋势。基于《中国湖泊志》、历次水资源调查评价、第一次全国水利普查等有关成果，综合分析 1956～1979 年、1980～2000 年、2001～2016 年 3 个时段我国主要湖泊演变趋势，发现受气候变化、水资源开发利用过度、泥沙淤积、围湖造田等因素的影响，我国湖泊整体呈萎缩趋势。其中，1956～1979 年至 1980～2000 年时段，我国湖泊萎缩趋势更为明显，常水位情况下水面面积 10 km^2 及以上的湖泊中，有 142 个湖泊发生萎缩，萎缩面积为 9491 km^2。1980～2000 年、2001～2016 年时段，常水位情况下水面面积 10 km^2 及以上的湖泊中，有 243 个湖泊发生萎缩，萎缩面积为 3348 km^2。1956～1979 年和 1980～2000 年时段我国萎缩湖泊数量比 1980～2000 年和 2001～2016 年时段减少约 100 个，但萎缩总面积增加 6100 km^2 左右。张闻松等（2022）基于全国湖泊编目数据和全球地表水数据集（global surface water dataset，GSWD）估算了全国及各湖区湖泊面积的变化特征，我国人口密集的北部和东部地区在 1980～2015 年湖泊面积从 36 659 km^2 减少到 33 657 km^2，东部平原、云贵高原和内蒙古高原的湖泊面积均有不同程度减小，尤其是东部平原、蒙新高原湖泊的减少情况更为严重，表明我国湖泊水资源的时空分布不平衡状况仍在加剧。

摸清我国不同区域湖泊数量、分布演变情况和成因，是国家因地制宜开展湖泊生态保护治理修复的重要基础性工作（陈娟 等，2017）。遥感作为一种区域化的监测技术发挥了

1.2 水环境遥感监测现状

新时期我国环境污染防治和生态文明建设需求迫切，国家和人民对生态环境的新期望催生了对湖泊环境监测能力提升的新要求。随着湖泊水华频繁暴发、黑水团屡次出现、河流悬浮物质浓度超标、溶解氧浓度下降、黑臭水体臭味的侵袭等环境问题，以地面采样为主的传统环境监测难以满足以全方位、全过程、全要素、全周期为特征的现代环境管理的需要（Liu et al.，2018a），迫切需要将地面的点监测扩展到空间的面监测、将定时的静态监测扩展到随时的动态监测、将局地的离散环境监测扩展到全域的连续监测（王桥，2021）。在监测手段方面，生态环境部联合卫星研制部门提出了宽覆盖观测和详查相结合、辐射能量测量和偏振特性测量相结合、多通道和高光谱探测相结合、被动探测与主动探测相结合的环境卫星建设方案，已成功发射了环境一号卫星星座（HJ-1 A/B 和 HJ-1 C），形成了具有中高空间分辨率和高光谱分辨率，综合可见光、红外与微波遥感等观测手段的环境卫星系统。2018 年发射的高分 5 号（GF-5）卫星是搭载载荷最多、光谱分辨率最高、研制难度最大的环境专用卫星，也是世界上第一颗同时对陆地和大气进行综合观测的全谱段高光谱卫星（王桥，2021）。随着遥感技术的进步，遥感卫星传感器的光谱覆盖能力不断增强，遥感产品的精度不断提高，遥感监测已成为水环境保护最重要的监测手段。

国际上首颗海洋水色卫星海岸带水色扫描仪（coastal zone color scanner，CZCS）在大洋开阔水体的遥感观测能力得到证实后，先后有 10 多个水色传感器，如宽视场海洋观测仪（sea-viewing wide field-of-view Sensor，SeaWiFS）、中分辨率成像光谱仪（MODIS）、中等分辨率成像光谱仪（medium resolution imaging spectrometer，MERIS），以及我国海洋一号卫星（HY-1）上的海洋水色水温扫描仪（Chinese ocean color and temperature scanner，COCTS）等相继入轨，推动着海洋水色遥感日趋成熟。地球上绝大部分海水属于低悬浮物浓度的大洋水体，影响光学特性的物质组成较为简单，主要的光活性物质是浮游植物色素，水质参数的反演模型较为稳定，反演的精度也较高（如叶绿素浓度的反演误差<35%），形成了一套较为成熟的遥感产品制作标准流程。目前实用的反演模型主要有两类：经验/半经验模型和半分析模型。半分析模型的核心是生物-光学模型，对传感器的稳定性和辐射定标有较高要求，需要大量高精度固有光学量（inherent optical properties，IOPs）和表观光学量（apparent optical properties，AOPs）的现场和实验室观测。

1.2.1 表观光学量和固有光学量的遥感监测现状

表观光学量是指不仅与水体成分有关而且随外界光照条件变化而变化的量，如下行辐照度 E_d、上行辐照度 E_u 和遥感反射率 R_{rs} 等；固有光学量是指只与水体成分有关而不随光照条件变化而变化的量，主要包括光谱吸收系数 $a(\lambda)$、散射系数 $b(\lambda)$、光束衰减系数 $c(\lambda)$。表观光学特性的核心是离水辐亮度或遥感反射比，测量方法有水面以上测量法和剖面测量法两种。水面以上测量法是美国国家航空航天局（National Aeronautics and Space Administration，NASA）测量规范推荐的一种测量方法，目前已经较为成熟，特别适合用于湖泊水体。水面以上测量法最适合的测量仪器为双通道地物光谱仪，如美国 ASD 公司 FieldSpec® Pro

Dual VNIR 光谱辐射计（马荣华 等，2009）。现场固有光学特性测量包括吸收系数、后向散射系数和衰减系数 3 个部分，国际上自 20 世纪 90 年代开始，特别在测量仪器方面已有较大发展。最初的测量仪器对光学特性参数（吸收系数和衰减系数）的测量是独立的、非同步的，后来发展到可以多光谱同时测量水体的吸收系数和衰减系数，如现场用于吸收系数测量的 AC-9 和 AC-S 等。

国内外学者开展了大量有关光学量获取与分析的研究工作：欧洲 SALMO（Sentinel-3 altimetry for lakes and water quality monitoring and operational services，哨兵 3 号测高仪用于湖泊和水质监测及运行服务）计划项目测量了欧洲几个典型湖泊的固有光学量（Balkanov et al.，2003）；马荣华等（2005b）和张运林等（2005）对太湖水体 CDOM 吸收光谱和荧光特性进行了研究；周虹丽等（2005）根据 2003 年青海湖航次获取的数据，分析了 CDOM、非色素颗粒和浮游植物色素吸收系数的光谱特点、分布趋势和相对比例，并得到了 CDOM 和非色素颗粒的斜率经验值；盖利亚等（2010）对三峡坝区的总颗粒物、浮游植物、CDOM 的吸收系数特征进行了分析和研究；李方等（2009）对长春市石头门水库颗粒物吸收特性进行了初探；汪小勇等（2005）对青海湖表观光学特性进行了研究；张民伟等（2011）基于表观光学特性对黄东海水体的固有光学特性进行了研究。

不同组分的水体在可见光波段表现出不同的光学特性，呈现不同的水体色彩，这是水色遥感的直观依据。从光学角度来看，水体的光学特性除受纯水的影响外，主要还受到浮游植物（phytoplankton）、悬浮泥沙（suspended sediment）、有色可溶性有机物（CDOM）三种物质的影响。基于不同组分对水体光学特性的作用不同，将水体进行光学分类：如果浮游植物及其"伴生"腐殖质对水体的光学特性起主要作用，则该水体被称为 I 类水体；如果无机悬浮物（如浅水区海底沉积物的再次悬浮物和河流带来的泥沙）或 CDOM 对水体的光学特性有不可忽视的明显作用，则该水体被称为 II 类水体，II 类水体位于与人类关系最密切、受人类活动影响最强烈的近岸、河口等海域。叶绿素、无机悬浮颗粒物和黄色物质是影响水色的三个要素，统称为"水色三要素"（陈晓玲 等，2008）。其中，水体中的悬浮颗粒物是指悬浮在水中的微小固体颗粒物，其直径一般在 2 mm 以下，包括黏土、淤泥、粉砂、有机物和微生物等，是引起水体浑浊的主要原因，其含量是衡量水质污染程度的指标之一，对其光学特性的研究也是湖泊水体水色定量遥感的重点与难点之一（陈莉琼，2011）。

1.2.2 水质参数和水体富营养化的遥感监测现状

随着生态环境问题的日渐突出，研究重点逐渐转向海洋沿岸及内陆湖泊等高叶绿素和高悬浮物浓度的水体。湖泊水质遥感研究始于 20 世纪 70 年代末，监测指标包括悬浮颗粒物、透明度、叶绿素 a、COD 及一些综合污染指标等，主要以经验/半经验算法为主，使用的卫星传感器以 Landsat TM/ETM 为主。大多数湖泊水体物质组成较为复杂，包含浮游植物色素、悬浮颗粒物及黄色物质等，通过海洋水色卫星遥感提取水体物质含量的标准算法对湖泊水体不再适用，亟须建立适合水体组分含量的遥感估测算法。随着野外光学仪器发展，水体的生物光学特性逐渐明晰，为分析/半分析方法的应用和发展打下了坚实的基础。遥感技术监测水环境以水体的表观光学量和固有光学量为基础，可分为专题监测和参数监测两类，专题监测实现对水华、黑臭水体等的监测，参数监测实现对悬浮物浓度、透明度、叶绿素 a 浓度等各种水质参数的监测。

遥感水质参数可分为光活性物质和非光活性物质两类，光活性物质包括叶绿素、悬浮物、COD 等直接水质参数，存在显著光谱特征或光学特性的水体组分参数；非光活性物质包括总氮、总磷及营养状态指数等间接水质参数，不存在显著光谱特征和光学特性，但与直接水质参数存在紧密的内在关联，这些参数的反演统称为湖泊水色遥感反演。

针对国内重要湖库，通过实测光谱的光谱特征关联水色参数浓度，开发了大量的水色参数反演算法，主要包括基于单波段或波段组合的经验统计回归法（马荣华 等，2005b）、神经网络法（丁静，2004）、主成分分析法（王艳红 等，2007）及遗传算法（詹海刚 等，2004）等。其中统计回归法最为常见，如 SeaWiFS 和 MODIS 叶绿素 a 反演的业务化算法；神经网络法也受到越来越多的重视，并已成功应用于 MERIS 的水色参数反演中，成为 MERIS 的业务化算法（孔维娟 等，2009）；半经验算法只在特定区域和特定时间具有较好的鲁棒性；半分析算法通过生物光学模型反演水体的物质组分浓度，利用后向散射系数和吸收系数均与水体组分浓度存在紧密的定量关系的特点，采用矩阵分解法（Brando et al.，2003）、代数法和非线性优化法（任敬萍 等，2002）等方法实现水色参数的反演。

水体中悬浮物浓度是重要的水质参数，悬浮泥沙携带大量的营养盐和重金属等污染物，不仅可以改变水体透光性，影响水环境生态系统，同时还通过改变水质、水色等生态环境进而影响水生生物的生存环境。悬浮泥沙的空间分布还成为水流运动的自然示踪物质，其表面附着的重金属通过絮凝、溶解、吸附和解吸等作用于水体，影响水体的重金属浓度。悬浮泥沙的扩散和沉降过程还影响港口、航道水深的维护，是分析底质冲淤变化、湖泊区域物质通量、沉积速率和环境变化的重要参数。

1.2.3 水华时空分布的遥感监测现状

利用卫星影像监测水华的时空分布，建立水华判别指数，从而界定水华发生区域，可以弥补人工观测的不足，有利于对水华发生规律、趋势及影响因素进行深入的分析。常用的卫星遥感数据源包括 MODIS、Landsat 系列、MERIS、静止轨道海洋水色探测成像仪（geostationary ocean color imager，GOCI）、HJ-1（环境与灾害监测卫星）、GF-1（高分 1 号）等。常用的水华提取指数包括增强型植被指数（enhanced vegetation index，EVI）（鲁韦坤 等，2017），浮游藻类指数（floating algae index，FAI）（Shi et al.，2017；Hu，2009），虚拟基线大型浮游藻类高度指数（virtual-baseline floating macro-algae height，VB-FAH）（Xing et al.，2016），最大叶绿素指数（maximum chlorophyll index，MCI）（Gower et al.，2005），蓝藻指数（cyanobacteria index，CI）（Stumpf et al.，2012）等。

Ho 等（2017）基于 Landsat 系列数据构建了 CI，获取了伊利湖的水华历史记录。Hu 等（2010）基于 MODIS 卫星遥感影像构建的 FAI 定量描述了太湖水华 2000～2008 年的时空格局及其变化规律。Huang 等（2014）基于 Landsat 系列数据观测了滇池水华 1974～2009 年的时空动态，并指出早在 1989 年滇池就曾发生水华。Fang 等（2018）使用调整的 FAI，基于 Landsat 系列影像监测了 1982～2016 年我国东北内陆湖泊的水华时空动态分布，发现湖泊和水库发生有害水华的数量和频率有明显增加。Tan 等（2017）利用 Landsat 系列影像监测了洱海 1987～2016 年的水华时空变化，指出洱海在 1996 年就有水华发生，水华常分布在洱海北部和南部。Urquhart 等（2017）使用 MERIS 数据量化了 2008～2012 年佛罗里达州、俄亥俄州和加利福尼亚州有害水华的危害程度，对水华的风险程度进行了分类。Gower 等（1999）基于 MERIS 影像使用 FLH 指数监测浮游植物的荧光信号强度，讨论了形成赤潮时的光谱特征。Gower 等（2005）使用 MCI 辨别沿海水域日渐频繁的浮游植物水华现象，并探讨了其发生机理。

1.2.4 水体类型划分的遥感监测现状

早在 1951 年，Jerlov 等（1951）发现大洋水体漫射衰减系数的显著差异主要是水体中悬浮物质和有色可溶性有机物（CDOM）的空间差异导致的，这一发现表明基于光学的水体区分能直接体现水体质量的差异，并将全球水体分为 8 类（大洋 3 类和近岸 5 类）。Morel 等（1977）根据双向分类法提出将海水分为 I 类水体和 II 类水体：I 类水体是指其光学特性主要由浮游植物及其降解物质色素所决定的水体；II 类水体则不仅受浮游植物的影响，而且受到其他悬浮物中的有机成分和黄色物质的影响。水体光谱的主要影响因素包括浮游植物、悬浮物质和 CDOM，这 3 种参数及水体底部的反射彼此独立变化同时又相互影响，导致 II 类水体的组分与区域环境、季节气候等都有直接的关系，呈现出多样化的光学特征（Mobley et al.，2004）。

内陆及近岸水体光学分类方法主要包括 3 类：基于固有光学特征的光学分类、基于遥感反射率波形特征的光学分类、以参数反演为目标的光学分类。Morel 等（1977）和 Shi 等（2013）的研究是基于固有光学特征的光学分类的典型代表，认为固有光学特征参数是与水环境参数联系最为紧密的一类光学变量，因此可以作为依据进行水体光学属性分类。该分类方法可以直观地表征水体光学属性与水质参数的关联关系，但是在表达过程中误差的累积限制了遥感反演的应用。Li 等（2012b）和毕顺（2021）的研究是基于遥感反射率波形特征的光学分类的典型代表，基于不同水体呈现出的水体遥感反射率绝对值大小、光谱曲线的峰谷高度和深度明显不同的特征，建立了水体光学分类方法。如 Li 等（2012a）通过对比太湖不同位置水体的光谱特征曲线，将太湖水体分为 A、B、C、D 等类型，其中：A 类水体由于含有浮游藻类和水生植物，其光谱具有绿色植被信息；B 类水体具有较高的悬浮物浓度和较低的叶绿素 a 浓度；C 类水体的叶绿素 a 浓度较低；D 类水体的光谱反射率没有明显的峰值。该分类方法仅利用传感器的光学信息作为模型输入，便于后续的参数反演与应用，但是获得的水体类型具有一定的局限性。Liu 等（2020）和 Xu 等（2020）的研究是以参数反演为目标的光学分类的代表，该分类方法是为了解决难以直接反演的总磷浓度、COD 等水环境参数的反演问题，这类参数需要通过叶绿素、悬浮物等进行间接反演，而其水体光学分类方法则需要依据水质参数的统计规律进行构建（李云梅 等，2022），该分类方法强化了特定水环境参数与水体光学特征的关联关系，对特定参数反演精度有一定提高。

综上所述，内陆水体组分复杂，水质参数、水环境参数时空差异性显著，与之对应的水体光学特性也表现出显著的空间差异。为了进行更加准确、稳定的水环境遥感监测，基于水体分类的算法是提高水质参数反演精度的有效途径。与卫星系统迅速发展形成鲜明对比的是，我国水环境遥感反演技术相对滞后，实用性较差，特别是针对遥感数据的业务化应用需求，涉及卫星数据处理、参数反演、应用模型到专题数据生产和业务应用系统开发的一些关键技术问题还未解决，基于国产卫星遥感数据进行水环境监测的系统研发和应用示范还等待实施，这些已成为制约我国水环境监测和环境卫星应用发展的突出问题。因此，开展基于遥感影像的内陆水体基本参量的高精度反演技术研究，提高内陆水质遥感监测的精度，在典型地区开展应用示范，将有助于实现国产卫星的内陆水体环境遥感监测的业务化，提升我国内陆水环境高精度监测能力。

1.3   高光谱遥感监测能力评估概述

　　湖泊自身生态环境的多样性使湖泊生态系统循环过程及其影响因素具有较大的时空差异，遥感作为一种区域化监测手段，具有实时、高效、连续性强、监测范围广、相对成本低等优点，能够快速获取湖泊水质的时空分布，卫星遥感技术已较为普遍地被应用于内陆湖泊水质监测。湖泊遥感经历了以 Landsat、SPOT 为代表的早期陆地传感时期、以MODIS、MERIS、VIIRS、OLCI、GOCI 为代表的中低空间分辨率卫星传感时期、以无人机等为代表的高空间分辨率时期。但高空间分辨率的多光谱卫星的光谱分辨率较低，缺少湖泊水色参数遥感的关键波段，难以分辨部分水质参数的诊断性光谱吸收特征，无法获取到内陆水体的水质参数细微变化，因此，需要发展高光谱分辨率、高空间分辨率、高时间分辨率、高信噪比的湖泊水体高光谱遥感系统。

1.3.1   典型高光谱遥感卫星载荷

　　高光谱遥感（hyperspectral remote sensing）的出现与应用已有二十多年的历史，它是在成像光谱学（imaging spectroscopy）的基础上发展起来的。高光谱遥感的直观特点为波段窄、波段多、波段连续、可成像。高光谱遥感影像的数据是以三维的形式出现，首先以空间位置作为维度坐标，构建二维平面，即空间谱特征，其次以光谱信息向量作为 z 轴，将多个波段下的空间谱平面叠加，即为获取的高光谱影像。与其他种类遥感影像相比，高光谱遥感影像有 4 个特性。①光谱分辨率高，且波段的连续性远高于其他种类遥感影像。光谱分辨率能达到纳米级，所呈现的目标地物的光谱信息更加细腻，有利于学者深入发掘各类地物的特征信息，以达到更高精度的分类效果。②"空–谱合一"特性。在连续丰富的波段曲线下，还存在二维的空间信息，其中包含各类地物之间的相对关系与地物自身分布范围轮廓等。③波段数量大。高光谱遥感影像的光谱向量上数据量和特征数都较大，各光谱波段间存在信息冗余。④噪声问题。受大气透过率和天气原因（如云、雾、霾）的影响，有些光谱波段信息易受到干扰，影响成像质量，造成光谱信息失真。高光谱遥感获取的连续地物光谱信号，不只是简单的数据量的增加，而是有关地物光谱空间信息量的增加，这为利用遥感技术进行对地观测，监测地表的环境变化提供了更充分的信息，使得传统的遥感监测目标发生了本质的变化。高光谱卫星的主要特点是采用高分辨率成像光谱仪，波段数大多在 100 个左右，光谱分辨率约为 5 nm，地面分辨率约为 50 m，波段范围大多在 400～

2500 nm，主要用于大气、海洋和陆地探测。典型的高光谱遥感卫星如下。

（1）Hyperion。地球观测卫星-1（Earth Observing-1，EO-1）是美国国家航空航天局新千年计划地球探测部分中第一颗对地观测卫星，于 2000 年 11 月 21 日发射，其目的是接替 Landsat-7 卫星，还包括深空探测、空间技术两个太空研究部分任务。EO-1 卫星轨道参数与 Landsat-7 较为近似，实现两颗卫星影像每天具有 1～4 景的重叠。EO-1 搭载了三种传感器，分别为高光谱成像仪（hyperion）、高级陆地成像仪（advanced land imager，ALI）与线性标准成像光谱仪阵列大气校正器（the linear etalon imaging spectrometer array atmospheric corrector，LAC）。Hyperion 产品分为 Level 0 与 Level 1 两级，Level 1 产品可以继续分为 L1A、L1B、L1R、L1Gs 和 L1Gst（L1T）等。L1B 产品和 L1R 产品分别由 TRW 公司和美国地质勘探局（United States Geological Survey，USGS）处理生成，与 L1A 产品的最大不同在于纠正了可见光-近红外（visible-near infrared，V-NIR）波段和短波红外波段（short wave infrared region，SWIR）的空间错位问题。

（2）环境一号卫星。环境一号卫星系统（HJ-1）是专门用于环境和灾害监测的对地观测系统，由两颗光学卫星（HJ-1A 卫星与 HJ-1B 卫星）及一颗雷达卫星（HJ-1C 卫星）组成，拥有光学、红外、高光谱与微波等多种探测手段，具有大范围、全天候、全天时、动态的环境和灾害监测能力，初步满足我国大范围、多目标、多专题、定量化的环境遥感业务化运行的实际需要，提高我国环境生态变化、自然灾害发生和发展过程监测的能力。环境一号卫星系统中，具有高光谱成像能力的 HJ-1A 卫星于 2008 年 9 月 6 日在太原卫星发射中心与 HJ-1B 卫星作为"一箭双星"成功发射；HJ-1C 卫星则于 2012 年 11 月 19 日在太原卫星发射中心发射。

（3）珠海一号高光谱卫星。珠海一号卫星星座是由我国珠海欧比特宇航科技股份有限公司发射并运营的商业遥感微纳卫星星座，由 34 颗卫星共同组成，包括视频卫星（OVS-1 视频卫星 2 颗和 OVS-2 视频卫星 10 颗）、高光谱卫星（OHS 高光谱卫星 10 颗）、雷达卫星（OSS 雷达卫星 2 颗）、高分光学卫星（OUS 高分光学卫星 2 颗）与红外卫星（OIS 红外卫星 8 颗）。其中，OHS 高光谱卫星于 2018 年 4 月 26 日以"一箭五星"方式发射，5 颗卫星包括 4 颗 OHS 高光谱卫星（OHS-01/02/03/04）和 1 颗 OVS-2 视频卫星。珠海一号 02 组卫星和在轨的 2 颗珠海一号 01 组视频卫星（于 2017 年 6 月 15 日发射）、珠海一号 03 组 5 颗卫星（2019 年 9 月 19 日发射）形成组网，具备对植被、水体、海洋等地物进行精准定量分析能力，已在军民融合、自然资源监测、环保监测、海洋监测、农作物面积统计及估产、城市规划等领域得到示范应用。

（4）资源一号 02D 卫星。资源一号 02D（ZY1-02D）卫星是于 2019 年 9 月 12 日成功发射入轨的首颗民用高光谱业务卫星，以中等分辨率、大幅宽观测和定量化遥感为主要任务，中国自然资源部国土卫星遥感应用中心为主要使用用户。该卫星搭载了可见光近红外相机和高光谱相机两台载荷，不仅能够提供丰富的地物光谱信息，高光谱相机还具备空间分辨率高、光谱分辨率高和信噪比高等优点。

（5）高分 5 号卫星。2018 年 5 月 9 日，高分 5 号卫星（GF-5）在我国太原卫星发射中心成功发射，是我国"高分辨率对地观测系统重大专项"中 7 颗民用卫星中唯一一颗高光谱卫星，也是这一重大科技专项中搭载载荷最多、光谱分辨率最高的卫星，在空间分辨率和光谱分辨率等方面均有较大提升，实现对大气和陆地综合观测的全谱段高光谱遥感，填补了国产卫星无法有效探测区域大气污染气体的空白，可满足环境综合监测等方面的迫切需求，是我国实现高光谱分辨率对地观测能力的重要标志，为提高水环境参数反演精度、实现内陆水体环境的业务化遥感监测提供了新的契机。

高分5号搭载了大气痕量气体差分吸收光谱仪、大气主要温室气体监测仪、大气多角度偏振探测仪、大气环境红外甚高光谱分辨率探测仪、可见光短波红外高光谱相机（advanced hyperspectral imager，AHSI）和全谱段光谱成像仪（visual and infrared multispectral sensor，VIMS）共6台载荷，可对大气气溶胶、二氧化硫、二氧化氮、二氧化碳、甲烷等气体物质，以及水华、水质、核电厂温排水、陆地植被、秸秆焚烧、城市热岛等多个地表环境要素进行实时监测。高分5号卫星所搭载的可见光短波红外高光谱相机是国际上首台同时兼顾宽覆盖和宽谱段的高光谱相机，在60 km幅宽和30 m空间分辨率下，可以获取从可见光至短波红外（400~2500 nm）光谱范围的330个光谱通道，通道范围比一般相机宽了近9倍，通道数目比一般相机多了近百倍，其可见光谱段光谱分辨率约为5 nm，实现对地面物质成分的探测。大气环境红外甚高光谱分辨率探测仪是我国首个采用太阳掩星观测方式的甚高光谱分辨率红外光谱仪，光谱分辨率高达0.03个波束。大气主要温室气体监测仪是国际上首台采用空间外差干涉体制进行温室气体探测的有效载荷，可用于区域大气环境监测，分析全球温室气体起源与经风向传播的“旅行图”，为气候变化研究及环境外交提供基础数据。大气痕量气体差分吸收光谱仪是我国第一台用于二氧化硫、二氧化氮、臭氧等全球污染气体探测的高光谱有效载荷，其天底观测角度达114°，它就像一个超高清广角镜，在距离地球约700 km的太空，不到一天就可以覆盖全球，而且能“看到”大气中含量极少的二氧化硫等污染气体，并定量监测其分布、变化和输运过程。大气气溶胶多角度偏振探测仪可以实现大视场和多角度成像，可以对地表任一目标实现9~11个角度的全方位观测，可用于雾霾、大气颗粒物等大气环境监测及气候变化研究。

1.3.2　高光谱遥感能力比较

通过对高光谱卫星的各项参数对比分析，逐渐增加的高光谱卫星在空间分辨率、波段范围与幅宽等方面不断取得突破。MODIS以其较高的时间分辨率、较大的影像面积与波段范围成为21世纪初至今观测地球重要的遥感信息来源之一，EO-1 Hyperion提供了高空间分辨率、多波段数的高光谱数据，但在影像覆盖范围方面存在一定劣势，影像幅宽仅7.7 km左右，整体呈现细长形态，相对不利于大面积、大尺度区域的高光谱遥感研究。陆续发射的高光谱卫星在光谱分辨率、波段数与幅宽等方面具有更加优秀的性能，通过较高空间分辨率、时间分辨率的观测方式对较大面积的研究区域进行精细观测。在高光谱卫星载荷方面，越来越多不同原理、不同波段的传感器随同搭载于高光谱卫星中，实现由单一的高光谱传感器观测向可见光、热红外、微波等多波段结合的观测方向发展，进一步提升高光谱数据的观测能力。

遥感技术应用实现了水质参数的反演和动态监测，反演模型的种类不断增加，发展了经验模型、半分析模型、物理分析模型等一系列遥感算法，实现对叶绿素浓度、悬浮物浓度、浊度、黄色物质、可溶解性有机物、透明度等参数的反演。杜聪等（2009）以Hyperion星载高光谱数据为基础，建立了基于三波段法的太湖水体叶绿素a浓度估算模型。刘瑶等

（2022）基于资源一号 02D 高光谱影像及实测叶绿素 a 浓度，通过 5 种典型的叶绿素 a 估算的半经验模型及获取的优化模型参数，反演三个湖泊水体叶绿素 a 浓度，研究证实了资源一号 02D 高光谱数据在内陆水体叶绿素 a 浓度反演方面的应用潜力。潘梅娥等（2013）以太湖为实验区，基于环境一号 HSI 高光谱数据，结合三波段法通过两种定量模型反演水体叶绿素 a 浓度，结果表明基于 HSI 高光谱数据的三波段模型可以有效用于内陆水体的叶绿素 a 浓度反演。

与多光谱数据相比，高光谱遥感具备波段众多、波段宽度窄、光谱响应范围广、光谱分辨率高的优势，将成像技术与光谱技术相结合，图谱合一的高光谱遥感具有广泛应用潜力，主要体现在 4 个方面：①地物的分辨识别能力大大提高，能够探测具有诊断性光谱吸收特征的物质，准确地区分地表植被覆盖类型、道路地面的材料等，可以区别属于同一种地物的不同类别。同时由于成像光谱的波段众多，可选择的成像通道变多，"同物异谱"与"同谱异物"的现象减少，只要波段的选择与组合得恰当，一些地物光谱空间混淆的现象可以得到极大的控制，为进一步的分析提供更为可靠的保证；②由于光谱空间分辨率的提高和成像通道的增加，光谱的可选择性变得灵活和多样化，极大地增强了通过遥感手段进行目标分析的能力，使得原先不可进行的应用方向成为可能，如生物物理化学参数的提取，在利用高光谱数据进行有关水体叶绿素 a、色素浓度等生化要素的分析中取得了较好的结果，为遥感技术应用提供了新的研究方向；③为湖泊生态环境要素分类识别提供更多方法，可以采用贝叶斯判别、决策树、神经网络、支持向量机的模式识别方法，基于探测物光谱数据库的光谱进行匹配的方法，基于分类识别特征的光谱诊断特征方法等；④高光谱分辨率遥感突破了成像传感器的大气和海面背景等干扰因素在光谱和空间分辨率的限制，可以获得目标物的诊断性光谱特性，实现遥感信息模型参数或条件约束的确定，直接辨别水质参数的诊断性吸收特征，解决常规多光谱遥感中出现的水质检测问题，提高了湖泊遥感定量分析的精度。

高光谱卫星遥感数据不仅能够满足大多数应用多光谱卫星的研究需求，还能够达到传统多光谱卫星不能达到的研究目标。未来高光谱遥感可加强下述方面的研究以满足更多应用需求：①提高影像的信噪比，进一步降低影像信息的冗余度；②高光谱遥感的空间分辨率提高到米级水平，同时扩大遥感仪器的覆盖范围，提高探测的准确性和探测效率；③降低国产高光谱卫星影像数据获取的难度，拓宽国产高光谱影像的应用范围；④增加卫星数量和种类，保证影像获取的时效性、连续性等。随着高光谱遥感的快速发展和全方位的推广，将高光谱遥感技术应用于内陆湖泊水质监测有着重要的研究价值和广泛的应用前景，种类更多、功能更为完备和更加先进的高光谱卫星设备的研发，进一步推动了高光谱遥感方式获取水质参数、依据参数构建预测模型等研究的发展和应用，高光谱遥感技术将具备预测包含水体叶绿素 a 浓度在内的更多水质参数的能力，这对实现内陆湖泊水质的快速、大面积监测，以及防止内陆湖泊水质恶化，加强湖泊生态环境保护具有重要意义。

第 2 章　水体高光谱大气校正方法

观测海洋的卫星传感器接收到的辐射是大气和海洋的混合信号，辐射分量的准确分解是至关重要的，因为在离水辐射中包含任何大气信号都会导致海洋参数的计算错误，如何从卫星接收到的辐射量中去除大气辐射分量是大气校正的任务。卫星遥感数据的大气校正是制作全球和区域水色产品的关键步骤，基于海洋水域两个近红外波段离水反射率的暗像素假设，开发和改进了标准算法，以支持卫星任务的操作处理系统。

2.1　大洋水体高光谱大气校正方法

对 I 类水体，近红外波段的离水辐射率可忽略不计，则传感器在近红外波段接收到的大气顶层反射率都来自大气程辐射。根据两个近红外波段的大气程辐射率，估算气溶胶类型和光学厚度，并且外推到可见光部分完成大气校正，然后计算得到卫星接收到的海面离水辐射率。在气溶胶类型已知的情况下，可以根据近红外波段估算出光学厚度，从而计算其他波段的大气漫散射透过率。在大气漫散射透过率已知的情况下，可计算出海面离水辐射率。由于其气溶胶一般属于非吸收性或者弱吸收性气溶胶，而且其在近红外波段的离水辐射甚微，标准校正方法在大部分 I 类水体处理精度可以满足业务化需求。

2.1.1　I 类水体大气校正算法

在大气顶层，传感器接收到的辐亮度 $L_t(\lambda_i)$ 可线性分解为以下形式：

$$L_t(\lambda_i) = L_{\text{path}}(\lambda_i) + T(\lambda_i)L_g(\lambda_i) + t(\lambda_i)L_{\text{wc}}(\lambda_i) + t(\lambda_i)L_w(\lambda_i) \tag{2.1}$$

式中：$L_{\text{path}}(\lambda_i)$ 为大气程辐射辐亮度，是不经过海面而由大气散射到传感器的辐亮度和太阳漫散射光经过粗糙海面镜面反射回到传感器的辐亮度的总和；$L_g(\lambda_i)$ 为太阳耀光辐亮度，是海面对太阳直射光的镜面反射；$L_{\text{wc}}(\lambda_i)$ 为海面白冠反射产生的辐亮度；$L_w(\lambda_i)$ 为离水辐亮度；$T(\lambda_i)$ 和 $t(\lambda_i)$ 分别为大气漫散射透过率和大气直射透过率。离水辐射和白冠辐射近似各向同性，可使用大气漫散射透过率描述大气对其辐射衰减作用，而太阳耀光是针对太阳直射光而言，因此用大气直射透过率描述大气对其辐射衰减作用。$T(\theta_v, \lambda)$ 可进一步表示为

$$T(\theta_v, \lambda) = \exp\left[-(\tau_r(\lambda) + \tau_{o_z}(\lambda) + \tau_a(\lambda))\left(\frac{1}{\mu_v}\right)\right] \tag{2.2}$$

式中：θ_v 为观测天顶角；λ 为波长；μ_v 为观测天顶角的余弦；τ_r、τ_{o_z} 和 τ_a 分别为大气分子瑞利散射光学厚度、臭氧光学厚度和气溶胶散射光学厚度。$T(\theta_v, \lambda)$ 的表达式中忽略了水汽的影响，一是因为水色波段均位于大气窗口，水汽在大气窗口的吸收较弱，二是因为在水汽吸收较弱的情况下难以区分水汽直接吸收作用和水汽对吸湿性气溶胶衰减系数的间接

作用。把大气顶层辐亮度转化为反射率之后，卫星接收到的反射率可变为

$$\rho_t(\lambda_i) = \rho_{path}(\lambda_i) + T(\lambda_i)\rho_g(\lambda_i) + t(\lambda_i)\rho_{wc}(\lambda_i) + t(\lambda_i)\rho_w(\lambda_i) \tag{2.3}$$

要从仪器测量值 $\rho_t(\lambda_i)$ 推导出 $\rho_w(\lambda_i)$，必须首先计算 $\rho_{path}(\lambda_i)$、$T(\lambda_i)\rho_g(\lambda_i)$、$t(\lambda_i)\rho_{wc}(\lambda_i)$ 和 $t(\lambda_i)$。在太阳耀光附近，$T(\lambda_i)\rho_g(\lambda_i)$ 值特别大，会严重影响影像质量，必须识别并剔除该项；远离太阳耀光的地方，$T(\lambda_i)\rho_g(\lambda_i)$ 值极其微小，对 $\rho_t(\lambda_i)$ 影响最大的项是 $\rho_{path}(\lambda_i)$。$\rho_{path}(\lambda_i)$ 可分解为以下三部分：

$$\rho_{path}(\lambda_i) = \rho_r(\lambda_i) + \rho_a(\lambda_i) + \rho_{ra}(\lambda_i) \tag{2.4}$$

式中：$\rho_r(\lambda_i)$ 为无气溶胶条件下的大气瑞利多次散射反射率；$\rho_a(\lambda_i)$ 为无气体分子条件下的气溶胶多次散射反射率；$\rho_{ra}(\lambda_i)$ 为气体分子散射和气溶胶散射的交叉项。光子先是与大气分子发生瑞利散射，然后与气溶胶发生米散射，或者光子先与气溶胶发生米散射，后与大气分子发生瑞利散射。在大气光学厚度较低的条件下，大多数光子只与大气分子或者气溶胶发生一次散射，在这种情况下可以忽略 $\rho_{ra}(\lambda_i)$。

大气程辐射率在单次散射条件下可表示为

$$\rho_{path}(\lambda_i) = \rho_r(\lambda_i) + \rho_{as}(\lambda_i) \tag{2.5}$$

根据单次散射理论，气溶胶单次散射反射率为

$$\rho_{as}(\lambda) = \omega_a(\lambda)\tau_a(\lambda)p_a(\theta_v, \varphi_a; \theta_0, \varphi_0; \lambda) / 4\cos\theta_v\cos\theta_0 \tag{2.6}$$

$$p_a(\theta_v, \varphi_a; \theta_0, \varphi_0; \lambda) = P_a(\Theta_-, \lambda) + (r(\theta_v) + r(\theta_0))P_a(\Theta_+, \lambda) \tag{2.7}$$

$$\cos\Theta_\pm = \pm\cos\theta_0\cos\theta_v - \sin\theta_0\sin\theta_v\cos(\varphi_v - \varphi_0) \tag{2.8}$$

式中：θ_0 为从被测海面点到太阳的矢量天顶角；φ_0 为从被测海面点到太阳的矢量方位角；$P_a(\Theta, \lambda)$ 为气溶胶散射相函数；$\omega_a(\lambda)$ 为气溶胶单次散射反照率；r 为下垫面反射率。只要给出大气压强和海面风速，就可以精确计算瑞利散射（Gordon et al.，1992）。

假设两个近红外波段的波段中心波长为 λ_s 和 λ_l，则这两个近红外波段的气溶胶单次散射反射率之比为

$$\varepsilon(\lambda_s, \lambda_l) = \frac{\rho_{as}(\lambda_s)}{\rho_{as}(\lambda_l)} = \frac{\rho_{path}(\lambda_s) - \rho_r(\lambda_s)}{\rho_{path}(\lambda_l) - \rho_r(\lambda_l)} = \frac{\omega_a(\lambda)\tau_a(\lambda)p_a(\theta_v, \varphi_a; \theta_0, \varphi_0; \lambda_s)}{\omega_a(\lambda)\tau_a(\lambda)p_a(\theta_v, \varphi_a; \theta_0, \varphi_0; \lambda_l)} \tag{2.9}$$

对于不同气溶胶类型，不同波段的 $\varepsilon(\lambda_i, \lambda_l)$ 构成的曲线具有不同形状。在标准方法中内置气溶胶模型有不同相对湿度下的对流层气溶胶、海洋性气溶胶和沿岸带气溶胶。对流层气溶胶由70%水溶粒子和30%类尘埃粒子混合而成，代表边界层上自由对流层中的气溶胶。海洋性气溶胶由 99%的对流层气溶胶和 1%的海盐粒子混合而成。沿岸带气溶胶由 99.5%的对流层气溶胶和0.5%的海盐粒子混合而成。这三种类型基本能模拟海盐大气中的气溶胶情况，每一种气溶胶模型都具有特定的 $\varepsilon(\lambda_i, \lambda_l)$ 曲线，其形状近似满足如下对数关系：

$$\varepsilon(\lambda_i, \lambda_l) = \exp[c(\lambda_l - \lambda_i)] \tag{2.10}$$

式中：系数 c 为常数，不同气溶胶模型在不同相对湿度下具有不同 c 值。

已知 $\varepsilon(\lambda_s, \lambda_l)$ 的情况下，就可计算其他波段的 ε、$\rho_{as}(\lambda_i)$ 和 $t(\lambda_i)\rho_w(\lambda_i)$：

$$\varepsilon(\lambda_i, \lambda_l) = \exp[c(\lambda_l - \lambda_i)] = \exp\left[\left(\frac{\lambda_l - \lambda_i}{\lambda_l - \lambda_s}\right)\ln\left(\frac{\rho_{as}(\lambda_s)}{\rho_{as}(\lambda_l)}\right)\right] \tag{2.11}$$

$$\rho_{as}(\lambda_i) = \varepsilon(\lambda_i, \lambda_l)\rho_{as}(\lambda_l) \tag{2.12}$$

$$t(\lambda_i)\rho_w(\lambda_i) = \rho_t(\lambda_l) - \rho_{path}(\lambda_l) = \rho_t(\lambda_l) - \rho_r(\lambda_l) - \varepsilon(\lambda_i, \lambda_l)\rho_{as}(\lambda_l) \tag{2.13}$$

在大气光学厚度较大的情况下，单次散射假设不再成立，需要进行修改，气溶胶的多次散射与单次散射近似存在如下线性关系：

$$\rho_a(\lambda) + \rho_{ra}(\lambda) = K[\lambda, \rho_{as}(\lambda)]\rho_{as}(\lambda) \tag{2.14}$$

或

$$\rho_{as}(\lambda) = \frac{\rho_a(\lambda) + \rho_{ra}(\lambda)}{K[\lambda, \rho_{as}(\lambda)]} \tag{2.15}$$

则两个近红外波段的气溶胶单次散射反射率比值可进一步表示为

$$\varepsilon(\lambda_s, \lambda_l) = \frac{\rho_{as}(\lambda_s)}{\rho_{as}(\lambda_l)} = \frac{K[\lambda_l, \rho_{as}(\lambda_l)]}{K[\lambda_s, \rho_{as}(\lambda_s)]} \frac{\rho_a(\lambda_s) - \rho_{ra}(\lambda_s)}{\rho_a(\lambda_l) - \rho_{ra}(\lambda_l)} \tag{2.16}$$

式（2.16）中引入了 K 值，在气溶胶类型未知的情况下，不能直接估算 $\varepsilon(\lambda_s, \lambda_l)$。Gordon 等（1994）提出了 $\varepsilon(\lambda_s, \lambda_l)$ 的迭代估算方法：

$$\varepsilon(\lambda_s, \lambda_l) = \frac{1}{N}\sum_{j=1}^{N}\varepsilon_j(\lambda_s, \lambda_l) \tag{2.17}$$

式中：$\varepsilon_j(\lambda_s, \lambda_l)$ 为在假设第 j 个气溶胶模型是正确的前提下，依据 $\rho_a(\lambda_s) - \rho_{ra}(\lambda_s)$ 和 $\rho_a(\lambda_l) - \rho_{ra}(\lambda_l)$ 计算得到。如果参与式（2.17）均值计算的气溶胶模型整体上与实际气溶胶接近，则估算的 $\varepsilon(\lambda_s, \lambda_l)$ 较接近实际气溶胶的 $\varepsilon(\lambda_s, \lambda_l)$，通过迭代方法从所有备选气溶胶类型中不断剔除与均值相差较大的气溶胶类型，从而不断提高 $\varepsilon(\lambda_s, \lambda_l)$ 估算精度。对所有备选气溶胶模型都参与计算得到 $\varepsilon(\lambda_s, \lambda_l)$，按 $\varepsilon(\lambda_s, \lambda_l) - \varepsilon_i(\lambda_s, \lambda_l)$ 从大到小对气溶胶模型进行排序，去除两个最大值和两个最小负值所对应的气溶胶模型，对剩下气溶胶模型进行迭代计算，直到参与均值计算的气溶胶模型只剩下 4 个，而且其中两个气溶胶模型的 $\varepsilon(\lambda_s, \lambda_l) - \varepsilon_i(\lambda_s, \lambda_l) > 0$，另外两个气溶胶模型的 $\varepsilon(\lambda_s, \lambda_l) - \varepsilon_i(\lambda_s, \lambda_l) < 0$，迭代终止得到的 $\varepsilon(\lambda_s, \lambda_l)$ 就是估算值。$\varepsilon(\lambda_s, \lambda_l)$ 估算值落于所有备选气溶胶模型中的两个 $\varepsilon(\lambda_s, \lambda_l)$ 之间，这样根据 $\varepsilon(\lambda_s, \lambda_l)$ 估算值从备选气溶胶类型选出两个最接近的气溶胶模型。对于选出的每个模型 j，分别计算其他波段的 $\varepsilon_j(\lambda_i, \lambda_l)$：

$$\varepsilon(\lambda_i, \lambda_l) = \exp[c(\lambda_l - \lambda_i)] = \exp\left[\left(\frac{\lambda_l - \lambda_i}{\lambda_l - \lambda_s}\right)\ln\varepsilon(\lambda_s, \lambda_l)\right] \tag{2.18}$$

选出的两个气溶胶模型，都可计算出 $K[\lambda_i, \rho_{as}(\lambda_l)]$ 值，同样假设 $K[\lambda_i, \rho_{as}(\lambda_l)]$ 与 $\varepsilon(\lambda_s, \lambda_l)$ 一样按照一定比例位于两个气溶胶模型中，据此可以估算出 $K[\lambda_i, \rho_{as}(\lambda_l)]$。有了估算得到的 $\varepsilon(\lambda_i, \lambda_l)$ 和 $K[\lambda_i, \rho_{as}(\lambda_l)]$，就可以根据以下各式计算各波段卫星接收到的离水辐射率 $t(\lambda_i)\rho_w(\lambda_i)$：

$$\rho_{as}(\lambda_l) = \frac{\rho_a(\lambda_l) + \rho_{ra}(\lambda_l)}{K[\lambda_l, \rho_{as}(\lambda_l)]} \tag{2.19}$$

$$\rho_{as}(\lambda_i) = \varepsilon(\lambda_i, \lambda_l)\rho_{as}(\lambda_l) \tag{2.20}$$

$$\rho_a(\lambda_i) + \rho_{ra}(\lambda_i) = K[\lambda_i, \rho_{as}(\lambda_l)]\rho_{as}(\lambda_l) \tag{2.21}$$

$$t(\lambda_i)\rho_w(\lambda_i) = \rho_t(\lambda_l) - \rho_r(\lambda_l) - \rho_a(\lambda_i) + \rho_{ra}(\lambda_i) \tag{2.22}$$

以上计算需要多次求解 $K[\lambda_i, \rho_{as}(\lambda_i)]$，$K[\lambda_i, \rho_{as}(\lambda_i)]$ 取决于 $\rho_a(\lambda_i) + \rho_{ra}(\lambda_i)$ 和 $\rho_{as}(\lambda_i)$ 的相互关系。$\rho_a(\lambda_i) + \rho_{ra}(\lambda_i)$ 和 $\rho_{as}(\lambda_i)$ 的相互关系需要通过辐射传输方程的求解才能得出并以查找表的形式给出，以加快大气校正的速度。对每个气溶胶模型的辐射传输计算中，输入参数为：太阳天顶角 θ_0 为 $0 \sim 80°$，间隔为 $2.5°$；观测天顶角 θ_v 有 33 个；反射率相对方位角依赖则通过傅里叶分析而得到；气溶胶光学厚度为 $0.05 \sim 0.80$。由于涉及多个气溶胶模型，每个 (θ_0, θ_v) 可以拟合为

$$\lg[\rho_a(\lambda) + \rho_{ra}(\lambda)] = \lg[a(\lambda)] + b(\lambda)\lg[\rho_{as}(\lambda)] + c(\lambda)\lg^2[\rho_{as}(\lambda)] \quad (2.23)$$

式中：系数 $a(\lambda)$、$b(\lambda)$ 和 $c(\lambda)$ 可通过最小二乘法确定，对于相对方位角 φ_v，把 $a(\lambda)$、$b(\lambda)$ 和 $c(\lambda)$ 进行傅里叶变换，并在查找表中只保留其傅里叶系数。由于反射率为相对方位角 φ_v 的偶函数，$a(\lambda)$、$b(\lambda)$ 和 $c(\lambda)$ 也是 φ_v 的偶函数，有

$$a(\theta_v, \theta_0, \varphi_v, \lambda) = a^{(0)}(\theta_v, \theta_0, \lambda) + 2\sum_{m=1}^{M} a^{(m)}(\theta_v, \theta_0, \lambda)\cos m\varphi_v \quad (2.24)$$

式中：$a^{(m)}(\theta_v, \theta_0, \lambda)$ 为傅里叶系数，可表示为

$$a^{(m)}(\theta_v, \theta_0, \lambda) = \frac{1}{\pi}\int_0^{\pi} a(\theta_v, \theta_0, \varphi_v, \lambda)\cos m\varphi_v \,d\varphi_v \quad (2.25)$$

通过以上校正方法可以得到水色传感器各波段接收到的离水辐射率 $t(\lambda_i)\rho_w(\lambda_i)$，要得到海面离水辐射率还需要知道大气漫散射透过率 $t(\lambda_i)$。由于之前得到的是两个气溶胶模型，所以需要分别计算这两个气溶胶模型的 τ_a 和 $t(\lambda_i)$，然后加权平均得到最后的 $t(\lambda_i)$。Gordon 等（1983a）给出了 $t(\lambda_i)$ 的近似值：

$$t^*(\theta_v, \varphi_v, \lambda) = \exp\left\{-\left[\frac{\tau_r(\lambda)}{2} + \tau_{o_z}(\lambda)\right]\left(\frac{1}{\mu_v}\right)\right\}t_a(\theta_v, \lambda) \quad (2.26)$$

式中：$t_a(\theta_v, \lambda)$ 为气溶胶散射透过率，可表示为

$$t_a(\theta_v, \lambda) = \exp\left\{-\frac{[1 - \omega_a(\lambda)F_a(\theta_v, \lambda)]\tau_a(\lambda)}{\mu_v}\right\} \quad (2.27)$$

式中：$\tau_a(\lambda)$ 为气溶胶光学厚度；$F_a(\theta_v, \lambda)$ 为气溶胶散射相函数 $P_a(\alpha, \lambda)$ 的函数，可表示为

$$F_a(\theta_v, \lambda) = \frac{1}{4\pi}\int_0^1 P_a(\alpha, \lambda)\,d\mu d\varphi \quad (2.28)$$

式中：α 为散射角，可表示为

$$\cos\alpha = \mu\mu_v + \sqrt{(1-\mu^2)(1-\mu_v^2)}\cos\varphi \quad (2.29)$$

如果 $\theta_v \leqslant 60°$，则 $1 - \omega_a(\lambda)F_a(\theta_v, \lambda)$ 远小于 1，所以 t_a 与气溶胶光学厚度弱相关，并且在海岸带水色扫描仪（coastal zone color scanner，CZCS）算法中默认取值为 1。

在晴空条件下，瑞利散射分量占蓝波段卫星接收信号的 80%左右，因此建立高光谱瑞利散射查找表，实现对其进行准确估计。使用 6SV 软件，根据高分 5 号卫星高光谱的响应函数，在不同的表面粗糙度条件下，将海面风速和风向作为输入参数，建立各波段的瑞利查找表（look-up table，LUT）。为了验证其精度，与 SeaWiFS 的瑞利 LUT 进行比较。结果显示，在卫星天顶角 $0° \sim 70°$、太阳天顶角 $30°$ 和风速 5 m/s 的输入参数下，其差异范围为 0.68%~1.83%，可以用于高分 5 号卫星高光谱的大气校正。

2.1.2　海洋光学浮标区域实测和遥感数据

高分 5 号 AHSI 在大洋 I 类水体拍摄的影像不多，在夏威夷海域找到 2018 年 7 月 10 日成像的三景影像，位置分布如图 2.1 中 3 个红框所示，与海洋光学浮标（marine optical buoy，MOBY）站（图 2.1 中红十字，位于 20.484°N 和 157.114°W）距离约为 100 km。这三景影像的编号分别为 GF5_AHSI_W158.09_N19.91_20180710_000905_L10000049215、GF5_AHSI_W158.21_N20.41_20180710_000905_L10000049211 和 GF5_AHSI_W158.32_N20.90_20180710_000905_L10000049216。从图中可以看出，这三景影像实际上是连续拍摄的，每景之间存在一定的重叠度。

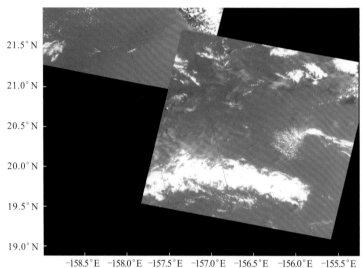

图 2.1　高分 5 号高光谱影像的覆盖区（红框所示）

红十字表示 MOBY 测量位置，图中影像为 Landsat 卫星遥感影像，包含了二景遥感影像

为了与高分 5 号高光谱数据比较，选取了成像时间接近的三景 Landsat 影像，分别为 2018 年 7 月 6 日（编号 LC08_L1TP_065045_20180706_20200831_02_T1）、2018 年 7 月 15 日（编号 LC08_L1TP_064046_20180715_20200831_02_T1）和 2018 年 7 月 31 日（编号 LC08_L1TP_064046_20180731_20200831_02_T1），图 2.1 中的影像为二景 Landsat 影像覆盖区域，与高分 5 号影像存在一定的重叠度，可以用于两颗卫星数据比较。

MOBY 是美国用于卫星遥感辐射定标所建的离水辐射率测量浮标系统，自 1997 年建成后每天在上午 10 点半、中午 12 点和下午 1 点半左右测量三次，测量数据包括水下三个水层下行辐照度和上行辐亮度，并由此推算出离水辐射率，该数据集已被用于 SeaWiFS、MODIS、VIIRS 等卫星的辐射定标，测量数据质量较高，所采用的仪器为高光谱仪，波长范围为 350～750 nm，光谱分辨约为 0.6 nm，非常适合用于高光谱的大气校正验证。从网上下载的数据看，缺少 2018 年 7 月 9 日至 10 月 1 日的数据，实际上没有与高分 5 号匹配的相同时间和区域的数据，取 2018 年 7 月 1～8 日的数据作为验证参考。

2.1.3 海洋光学浮标区域大气校正结果

利用上述方法对高分 5 号 AHSI 影像进行大气校正处理，其中 GF5_AHSI_W158.32_N20.90_20180710_000905_L10000049216 的处理结果见图 2.2。AHSI 在 390～1029 nm 共有 150 个波段，图 2.2 为选取其中的第 14（445 nm）、41（561 nm）、63（655 nm）三个波段作为 RGB 三色合成的伪彩色图。

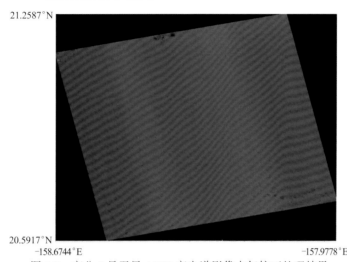

图 2.2　高分 5 号卫星 AHSI 高光谱影像大气校正处理结果

从图 2.2 可以看出，高分 5 号卫星成像时大气条件非常理想，只有少量的云分布。但是从影像本身看，基本上找不到反映海洋变化的有效信号，这说明该海域在这个时间段的海洋信号空间变化很小，远远达不到被高分 5 号卫星探测的程度。相对于海洋信号，大气信号空间变化较大，所以卫星探测到的信号基本上都是大气变化的信号，经过大气校正后，这些信号基本上都被消除了，这反映出海洋对卫星遥感器的高要求。因此，对这类海域的遥感探测，需要具有非常高灵敏度的遥感器，从目前的影像质量看，遥感器的实际性能指标还不能探测微小变化，需要发展高灵敏度的卫星遥感器来提高探测海洋微小变化的能力。

为了验证高分 5 号 AHSI 大气校正的精度，采用 MOBY 测量的遥感反射率进行初步验证，结果如图 2.3 所示。图中，红线是高分 5 号 6 个测点的大气校正结果，MOBY 是 2018 年 7 月 1 日至 8 日的测量数据。

从图 2.3 可以看出，高分 5 号 AHSI 大气校正结果与 MOBY 实测数据的光谱具有很好的吻合度，由于二者都是高光谱，不同的光谱范围很好地体现出光谱变化特征，如在 450 nm、510 nm 和 600 nm 等光谱位置产生明显的变化折点。从实测光谱变化特征看，光谱最大值位于波长 390 nm 左右，在 8 天的测量数据之间存在一定范围的差异，在波长 390 nm 的变化范围是 0.01～0.015 sr^{-1}。实测光谱在许多波段间存在一定程度的抖动，这可能是实测光谱的测量仪器造成的，因为采用了两种不同仪器来分别测量上行辐亮度和下行辐照度来计算得到遥感反射率，不同仪器之间性能差异会造成不同波段测量结果的误差，这影响实测数据的高光谱质量。

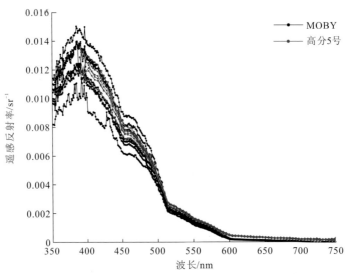

图 2.3　高分 5 号 AHSI 大气校正结果与 MOBY 测量光谱数据比较

　　AHSI 大气校正后的光谱数据在 6 个测点的变化幅度小于实测数据，这种变化幅度与测点位置密切相关，在影像左右两个边缘位置的光谱数据点，特别在短波范围变化幅度明显比中间区域要大，与实测数据的变化幅度接近。卫星光谱曲线比实测数据更加平滑，说明大气校正后的光谱在不同波段具有很好的一致性，能够更好地反映出实际海洋水体光谱特征。

　　图 2.3 初步验证的大气校正结果比较理想，但由于实测数据在空间和时间上都与遥感影像不一致，MOBY 数据不能用于定量评价 AHSI 大气校正的精度，但通过二者比较，可以作为初步判断大气校正效果的一种依据。为了进一步评价 AHSI 大气校正的结果，选取成像时间相近的 Landsat 影像进行大气校正处理，结果如图 2.4 所示。成像时间为 2018 年 7 月 6 日，编号为 LC08_L1TP_065045_20180706_20200831_02_T1，选取第 1（443 nm）、3（561 nm）、5（655 nm）三个波段作为 RGB 三色合成的伪彩色图，与 AHSI 选取三个波段的中心波长接近，这两幅影像具有很好的可比性。

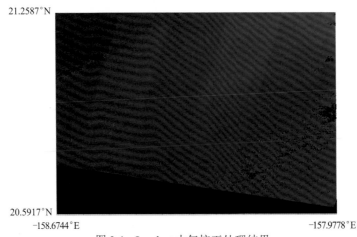

图 2.4　Landsat 大气校正处理结果

从图 2.4 可以看出，Landsat 成像时大气条件在大部分区域较为理想，在影像边缘区域有一些云分布，从影像本身也基本找不到反映海洋变化的有效信号，因此，该海域在这个时间段的海洋信号空间变化也达不到被 Landsat 卫星探测的程度。该影像色彩与 AHSI 的伪彩色基本相同，说明这两颗卫星在这三个波段的测量值非常接近，尽管成像时间相差 4 天，经大气校正后的遥感反射率在相同波长的影像上具有可比性。为了更好地比较 AHSI 高光谱大气校正的精度，选取 6 个测点（图 2.4 中红十字）的遥感反射率进行验证，结果如图 2.5 所示。

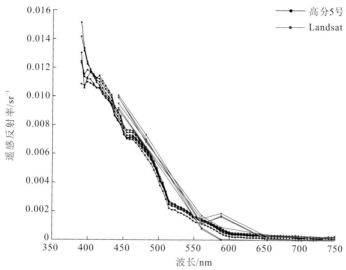

图 2.5　高分 5 号 AHSI 大气校正结果与 Landsat 大气校正结果比较

从图 2.5 中可以看出，高分 5 号 AHSI 大气校正结果与 Landsat 的光谱具有一定可比性，在相同波长的光谱值接近，但 Landsat 的波段 1 和 2 测量值比 AHSI 大一点。Landsat 在波段 4 的离散度较大，可能是由该波段的信噪比较低引起的。鉴于 Landsat 可见光波段数较少，实际可用于大洋水体监测的只有 4 个有效波段。

从大气校正结果看，AHSI 另二景的遥感反射率影像类似，在相对理想大气条件区域选取的测点数据与 MOBY 测量数据具有可比性。这二景影像与 Landsat 重叠区域存在大量云覆盖，在相对理想大气条件下选取的光谱数据也是可比的。因此，本章提出的高光谱大气校正算法对 AHSI 的大洋水体数据处理是有效的。

2.2　沿岸水体高光谱大气校正方法

如果水体中存在大量浮游植物或高浓度泥沙等物质，将显著提高近红外波段遥感反射率，使其近红外波段离水辐射率不能被忽略，从而导致标准大气校正方法失效。为了提高沿岸水体高光谱大气校正精度，根据太阳光在太阳-地球-卫星系统中的传播特点，本节提出一种以大气和海洋分层结构的大气校正分层剥离方法（LRSAC）。

2.2.1 II 类水体大气校正算法

对于沿岸水体,假设近红外波段后向散射系数 $b_b(\lambda)$ 不随波长变化,吸收系数 $a(\lambda)$ 主要取决于水的吸收系数 $a_w(\lambda)$,离水辐射对大气表观反射率 $\Delta\rho_a(\lambda)$ 的增量近似与 b_b/a_w 成正比,因为 $a_w(\lambda_s) < a_w(\lambda_l)$,所以 $\Delta\rho_a(\lambda_s) > \Delta\rho_a(\lambda_l)$,从而标准方法会过高估算 $\varepsilon(\lambda_s, \lambda_l)$,使 $\varepsilon(\lambda_s, \lambda_l)$ 高过预设阈值。$\varepsilon(\lambda_s, \lambda_l)$ 的过高估算,会过高估算气溶胶在可见光范围内的反射率,波长越短,估算越偏高,所以在蓝光波段(412 nm)校正得到的离水辐射率会出现负值。在沿岸水体,标准大气校正方法会失效,因此学者开发了许多改进的大气校正方法,主要有最佳邻近法校正方法、迭代校正方法、光谱匹配校正方法和光谱优化方法、两个短波红外波段组合等校正方法。

假设短波红外波段(SWIR)中的蓝光峰值区域(blue peak area,BPA)在浑浊水中仍然有效,短波红外波段在较长波长下具有更强的吸水性,因此可以用来代替近红外波段(Wang,2005b)。然而,Knaeps 等(2015)的研究表明,MODIS 在 SWIR 的传感器信噪比(SNR)值明显较低,导致离水反射率的稳定性变差。此外,由于从 SWIR 到可见光波段外推的放大效应,该方法可能会产生较大的误差(Mao et al.,2013)。事实上,如果近红外波段的反射率已知,大气校正是可以在浑浊水域进行的。为了确定近红外波段的离水辐射,Siegel 等(2002)使用估算的叶绿素 a 浓度,Bailey 等(2010)使用生物光学模型,Lavender 等(2005)则使用反演的悬浮颗粒物浓度。除近红外波段的反射率外,还可以通过实测离水反射率的查找表(LUT)得到可见光波段的反射率,并用于大气校正(Mao et al.,2014)。Ruddick 等(2000)设计了一种基于两个近红外波段反射率比的算法,对具有中、高度浮游植物丰度的水域开发了一种迭代拟合方法,利用光谱匹配技术对存在吸收性气溶胶的大气进行了校正(Moulin et al.,2001)。

最佳邻近校正方法可以算是最早的 II 类水体大气校正算法。毛志华等(2001)提出了一种利用邻近清洁水体上空气溶胶类型对浑浊水体进行大气校正的实用方法,能够较好地分离气溶胶和水体对卫星接收信号的影响。该方法基于气溶胶类型中尺度空间范围内不变的假设(Gordon et al.,1983b),浑浊水体的气溶胶类型可以用邻近相对清洁海域的气溶胶类型代替。为计算近红外波段的气溶胶光学厚度,假设近红外波段水体后向散射系数不随波长变化,则近红外波段离水辐射对大气总反射率贡献可近似表示为(Carder et al.,1999):$\beta \cdot t(\lambda)/a(\lambda)$,其中 λ 为 765 nm 或 865 nm;β 为未知常数,相同像元的 β 不随波长而变,但不同像元的 β 值可不同;$a(\lambda)$ 为水体吸收系数,可近似为水的吸收系数;$t(\lambda)$ 是大气漫散射透过率,通过最佳邻近法从相邻像元获取。所以,对每个浑浊像元的近红外波段,有如下关系:

$$\rho_{as}^*(\lambda) = \rho_{as}(\lambda) - \frac{\beta \cdot t(\lambda)}{a(\lambda)} \tag{2.30}$$

式中:$\rho_{as}(\lambda)$ 为在 $\rho_w(\lambda) = 0$ 假设下卫星测量得到的气溶胶单次散射反射率(Gordon et al.,1994);$\rho_{as}^*(\lambda)$ 为去除离水辐射影响下的气溶胶单次散射反射率。如果该浑浊水体气溶胶类型可以从邻近像元获取,则在相同几何观测条件下,气溶胶类型能唯一确定 ε_0,所以有

$$\frac{\rho_{as}^*(765)}{\rho_{as}^*(865)} = \varepsilon_0 \qquad (2.31)$$

根据式（2.30）和式（2.31），可以得到未知常数 β 的估算值

$$\beta = \frac{\rho_{as}(765) - \varepsilon_0 \cdot \rho_{as}(865)}{t(765)/a(765) - \varepsilon_0 \cdot t(865)/a(865)} \qquad (2.32)$$

有了气溶胶类型和 β，就可以计算 $\rho_{as}^*(865)$ 和相应的光学厚度。对每一浑浊像元，采用最佳邻近法从邻近清洁水体中获取气溶胶类型，并通过计算获取气溶胶光学厚度，利用浑浊像元的气溶胶优化参数，能减小离水辐射率估算误差。

对于 II 类水体，由于泥沙等悬浮物质具有较高反射率，近红外波段的离水辐射值较大，但是在短波红外波段，由于水具有较高吸收率，其离水辐射率可忽略不计，所以短波红外波段符合暗目标假设。在此思想下，Wang 等（2005b）考虑用 MODIS 的短波红外波段信息去除可见光/近红外波段的大气影响，从而形成短波红外波段校正方法。该方法用 1240 nm 和 2130 nm 波段代替两个近红外波段估算气溶胶类型和光学厚度，然后外推到可见光/近红外波段完成大气校正。该短波红外波段方法与标准方法流程非常近似，只是将其查找表的波长范围扩展到短波红外波段。该方法在美国东部海域和中国东部海域取得较大成功。

通过模拟数据进一步研究 MODIS 不同短波红外波段组合的校正精度。把 MODIS 所采用的气溶胶查找表从可见光/近红外波段扩展到短波红外波段，对两个近红外或者短波红外波段的任意组合进行大气校正发现，在无误差情况下，除了 1640 nm 和 2130 nm 组合，两个短波红外波段任意组合的大气校正效果与两个近红外波段组合效果相当；在考虑误差情况下，由于 MODIS 的三个短波红外波段是针对大气和陆地遥感应用而设计的，其设计信噪比较低，利用该短波红外波段进行大气校正会产生较大的不确定性，所以在清洁水体，其校正精度不如两个近红外波段组合的校正精度，但对于 II 类水体，由于近红外波段算法关于无离水辐射的假设不符合客观事实，其结果必然高估气溶胶对反射率的贡献，所以两个短波红外波段组合的校正精度一般高于两个近红外波段组合的校正精度。

既然在 I 类水体，两个近红外波段组合的校正效果较好，而在 II 类水体，两个短波红外波段组合的校正效果更好，所以有必要根据不同水体条件选用不同的波段组合校正方法，正是在此思想下，提出了近红外波段-短波红外波段组合算法，在校正之前利用水体浑浊指数对水体进行区分，对清洁水体采用标准近红外波段算法，而对 II 类水体采用短波红外波段算法，通过美国东部和我国东部海域的实例分析发现近红外波段-短波红外波段组合算法比单纯使用近红外波段或者短波红外波段算法处理效果好。

短波红外波段方法利用 II 类水体短波红外波段离水辐射为零的实际情况，不需要任何水体光学模型就可以直接分离水体和大气的辐射影响，利用 MODIS 两个短波红外波段就可估算出气溶胶类别和光学厚度。短波红外波段方法的校正精度取决于所取两个短波红外波段的信噪比，由于 MODIS 短波红外波段是专为大气和陆地应用而设计的，其信噪比远低于水色遥感的精度要求，所以两个短波红外波段组合校正方法存在较大不确定性，即便如此，在没有更好的 MODIS II 类水体校正方法情况下，该方法取得相对较好的效果。

2.2.2　高光谱大气校正分层剥离方法

对水体成分和大气条件而言，沿海区域通常是光学复杂的，沿海浑浊水域的大气校正结果仍然不尽如人意（Pan et al.，2017），这主要是因为卫星接收到的辐射通常是来自地球表面和大气的混合信号，一种解决方案是将信号分解成瑞利、气溶胶、太阳耀斑、白冠、离水辐射分量及它们之间的相互作用。为了实现这一目标，可以根据太阳-地球-卫星系统中的光传输路径将它们排列成分层结构，并且提出一种用于大气校正的层剥离方法（Mao et al.，2021），用于估计各层大小，并逐步消除其影响来推算出下一层遥感反射率。

将卫星接收的辐射度（L）归一化为反射率（R_t）：$R_t = \pi L/(F_0 \cos\theta_0)$，其中 F_0 和 θ_0 分别为地外太阳辐照度与太阳天顶角。将大气校正的各组成部分划分为不同的层次，根据太阳-地球-卫星系统的太阳光辐射传输路径设计了一个 5 层结构（图 2.6）。第 1 层对应于大气吸收，第 2 层对应于大气分子引起的瑞利散射，第 3 层包括气溶胶散射效应，第 4 层表示包括太阳耀斑和白冠的海面直接反射，第 5 层是与从海水中释放出的离水反射率。

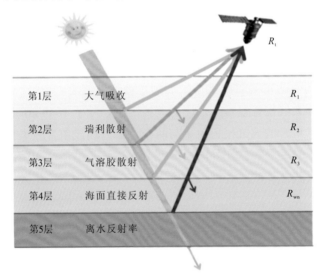

图 2.6　太阳-地球-卫星系统的分层结构模型

R_t 是卫星接收的反射率，R_1、R_2、R_3 和 R_{wn} 是 2～5 层顶部的反射率

大气校正分层剥离的过程是从 R_t 推导出 R_{wn}。第一步是消除第 1 层的大气吸收效应，并得到瑞利顶部的反射率 $R_1(\lambda)$：

$$R_1(\lambda) = \frac{R_t(\lambda)}{t_{aa}(\lambda)} \tag{2.33}$$

式中：$t_{aa}(\lambda)$ 为大气总吸收量，包括臭氧、氧气、水蒸气和二氧化碳（Qu et al.，2003）。对于 SeaWiFS，氧气 A 波段吸收可将波段 7 的反射率降低 10%～15%，显著影响气溶胶估算（Ding et al.，1995）。

第二步是消除大气瑞利层影响。假设大气层仅由一个纯瑞利层组成，那么可以从瑞利层下的反射率推算出大气层顶部（top of atmosphere，TOA）的反射率，反射率的关系为

$$R_{tt}(\lambda) = \frac{R_r(\lambda) + R_2(\lambda) \cdot R_b(\lambda)}{1 - R_b(\lambda) \cdot S_r(\lambda)} \tag{2.34}$$

式中：$R_r(\lambda)$ 和 $S_r(\lambda)$ 分别为瑞利层的反射率和球面反照率，$S_r(\lambda)$ 又称白天反照率；$R_{tt}(\lambda)$ 和 $R_b(\lambda)$ 分别为瑞利层顶部和底部的反射率。通过去除第 2 层的影响获得第 3 层顶部的反射率 $R_2(\lambda)$：

$$R_2(\lambda) = \frac{R_1(\lambda) - R_r(\lambda)}{t_r(\lambda) + R_1(\lambda) \cdot S_r(\lambda) - R_r(\lambda) \cdot S_r(\lambda)} \tag{2.35}$$

式中：$t_r(\lambda)$ 为瑞利层透射率，包括向下和向上散射效应（Hu et al.，1999）。

第三步是消除大气气溶胶层影响，获取第 4 层顶部的反射率：

$$R_3(\lambda) = \frac{R_2(\lambda) - R_a(\lambda)}{t_a(\lambda) + R_2(\lambda) \cdot S_a(\lambda) - R_a(\lambda) \cdot S_a(\lambda)} \tag{2.36}$$

式中：$R_a(\lambda)$、$S_a(\lambda)$ 和 $t_a(\lambda)$ 分别为第 3 层的反射率、向下球面反射率和透射率。这些项可由多次散射的气溶胶查找表计算得到（Wang，2006）。

第四步是获得 $R_{wn}(\lambda)$：

$$R_{wn}(\lambda) = R_3(\lambda) - R_g(\lambda) - R_{wc}(\lambda) \tag{2.37}$$

式中：$R_g(\lambda)$ 为海面太阳耀斑反射率；$R_{wc}(\lambda)$ 为海洋白帽反射率（Gordon et al.，1992）。

通过上述公式可以从卫星接收的反射率逐步精确地推算出离水反射率，非线性方程用于计算两个连续层的界面效应，以估算包括瑞利-气溶胶、瑞利-海洋和气溶胶-海洋在内的相互作用项。

2.2.3　香港附近海域高光谱大气校正结果

找到一景香港附近海域的高分 5 号 AHSI 高光谱影像，成像时间为 2018 年 10 月 5 日，编号为 GF5_AHSI_E114.35_N22.39_20181005_002178_L10000023267，对该景影像进行大气校正处理，结果如图 2.7 所示，该图为第 14（445 nm）、第 41（561 nm）、第 63（655 nm）三个波段合成的伪彩色影像。

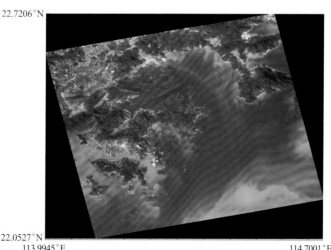

图 2.7　2018 年 10 月 5 日香港附近海域的高分 5 号 AHSI 影像大气校正处理结果

从图 2.7 可以看出，高分 5 号卫星香港附近海域成像时大气条件非常理想，为高光谱的大气校正提供了良好条件。该影像很好地反映了香港附近海域的水体环境状况，大部分区域海洋水质状况良好，同时也很好地反映出海洋各种锋面的分布态势，沿岸存在很多小型的锋面结构分布，外海存在高亮度的锋面入侵，中间是大面积低值分布的区域。从影像质量看，AHSI 的信噪比已经能够满足海岸带的遥感探测要求。

为了验证 AHSI 大气校正精度，找到一景成像时间为 2018 年 10 月 3 日的 Landsat 影像，编号为 LC08_L1TP_121045_20181003_20200830_02_T1，对其 L1 级数据进行大气校正处理，结果如图 2.8 所示，图中为第 1（443 nm）、第 3（561 nm）、第 5（655 nm）三个波段合成的伪彩色影像。

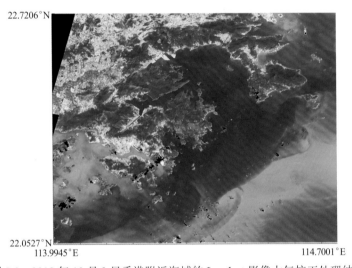

图 2.8 2018 年 10 月 3 日香港附近海域的 Landsat 影像大气校正处理结果

从图 2.8 可以看出，Landsat 卫星成像时大气条件非常理想，经大气校正的影像很好地反映了香港附近海域的水体环境状况。比较这两个影像，色彩总体上较为一致，海洋环境条件在空间分布上接近，大气条件比较理想，影像分布结构类似。但在一些小区域存在锋面分布差异较大的情况，从二者锋面形态说明绝大部分差异是由 10 月 3 日与 10 月 5 日的海洋实际锋面变化造成的。两颗卫星在这三个波段的中心波长非常接近，尽管成像时间相差 2 天，经大气校正后的遥感反射率具有良好可比性。为了定量比较二者的光谱数据，从图中选取 6 个典型测点（图 2.8 中红十字），二者的遥感反射率如图 2.9 所示，光谱范围为390～1000 nm。

比较两颗卫星的最大遥感反射率变化范围为 0.008～0.020 sr^{-1}，最大值的波长均分布在450～580 nm，峰值区的遥感反射率变化相对平缓。从直方图看，该区域遥感反射率在峰值区的变化范围更大，为 0.005～0.025 sr^{-1}。与 Landsat 的光谱比较，高分 5 号 AHSI 高光谱反映了该海域的高光谱特征，为水体要素反演提供了更多的光谱信息。

我国沿岸存在大量与香港附近海域相似光谱特性的区域，从现有的大气校正结果看，本章提出的高光谱大气校正算法适合高分 5 号 AHSI 数据的大气校正处理，可以为我国后续的高光谱卫星数据提供业务化大气校正算法。

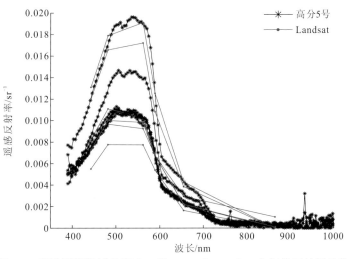

图 2.9　香港附近海域的高分 5 号 AHSI 与 Landsat 大气校正结果比较

2.2.4　黄河口海域高光谱大气校正结果

在黄河口海域有一景高分 5 号 AHSI 影像，覆盖区域如图 2.10 所示，成像时间为 2018 年 11 月 1 日，编号为 GF5_AHSI_E119.19_N37.73_20181101_002571_L10000021850，图 2.10 为大气校正结果，选取其中第 14（445 nm）、第 41（561 nm）、第 63（655 nm）波段合成伪彩色影像。

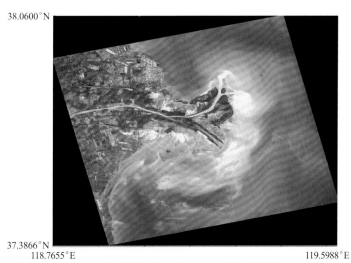

图 2.10　黄河口海域的高分 5 号 AHSI 影像大气校正处理结果

从图 2.10 可以看出，成像时的天气条件相对理想，大气校正后的影像很好地反映出该海域悬浮泥沙浓度分布情况。图中存在一些条带分布，是由第 14 波段引起的，在相对均匀的水体中高分 5 号 AHSI 的短波红外和紫外波段的条带现象更明显，说明该仪器在这些波段的信噪比有待进一步提高，以更好地满足水体遥感的需求。在近红外波段（>700 nm），该仪器的遥感影像存在明显的噪声，这些噪声被带入可见光波段大气校正影像中，严重影响大气校正的结果。该影像反映了所选的三个波段的空间分布情况，所选的波段对悬浮泥沙是敏感的，因此可以很好地反映出悬浮泥沙的浓度分布。从图中可以看出，悬浮泥沙整体呈现从黄河口向外扩散的分布态势，高悬浮泥沙主要往南方向分布，因此，遥感影像可以跟踪悬浮泥沙的扩散过程和路径。鉴于高分 5 号 AHSI 空间分辨率较高，可以反映悬浮泥沙的分布细节，比如在黄河口生态旅游区南边海域存在大量线状结构分布，可能是由船只航行尾迹造成的。

为了验证 AHSI 大气校正结果，选取该区域临近日期 2018 年 10 月 19 日成像的 Landsat 影像，编号为 LC08_L1TP_121034_20181019_20200830_02_T1，选择大气校正后的三个波段合成伪彩色影像，结果如图 2.11 所示。

图 2.11　黄河口海域的 Landsat 影像大气校正处理结果

这两幅黄河口海域大气校正后影像的色彩总体上接近，影像合成所采用的三个波段的波长接近，说明两颗卫星在这三个波段的大气校正结果基本相同，也就是说高光谱大气校正算法对黄河口这样浑浊水体仍然有效。与图 2.10 的悬浮泥沙分布比较，高悬浮泥沙分布态势存在明显差异，在黄河口附近海域的高悬浮泥沙分布面积较图 2.10 更大，存在往北扩散的趋势，在老黄河口附近海域的高悬浮泥沙分布更靠近岸边，同样也存在大量线状结构分布。为了定量比较两颗卫星的大气校正结果，选取 6 个典型测点，测点位置如图 2.11 中红十字所示，二者的光谱比较如图 2.12 所示。

尽管 Landsat 在 900 nm 以内只有 6 个波段，但二者的 6 个测点光谱形状相似，数值范围接近，存在明显的最大值，其值为 0.010~0.025 sr^{-1}，最大值所处的光谱位于 555 nm 左右。从 6 条 AHSI 高光谱曲线看，曲线形态随波长变化简单，没有明显的光谱特征分布。

LRSAC 模型将各分量之间的关系调整为大气校正的分层结构，并采用 5 层结构来描述它们之间的关系。用非线性方程求解连续两层界面的多次反射，并基于一些标准算法估计各层的幅度。层状结构与正常耦合大气的对比表明，不同的观测条件只会引入很小的差异。由于气溶胶层在瑞利和海洋之间分离，使用 SV 软件生成一个新的纯瑞利值查找表。使用分步程序将所有分量从卫星接收的反射率中解耦，从而获得更好的离水反射率估计值。每一步都是利用上层的反射率、透射率和球面反照率参数，推导出下一层顶部的反射率，即使在非常浑浊的水域也能获得离水反射率的所有像素。结果表明，LRSAC 模型为沿海地区卫星海洋水色数据的大气校正提供了一种新的方案。

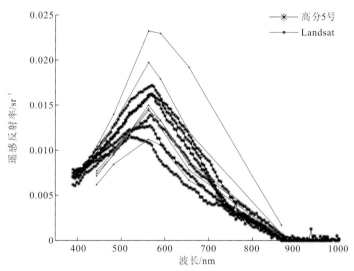

图 2.12　黄河口海域高分 5 号 AHSI 大气校正结果与 Landsat 大气校正结果比较

　　香港附近海域代表了相对清洁的沿岸水体，黄河口海域可以代表浑浊水体，高光谱大气校正算法在这两个区域都具有良好的数据处理结果，说明该算法对我国沿岸水体基本适用，具体处理效果有待更多的卫星数据处理结果验证。鉴于高光谱卫星的覆盖范围较小，要获取同步实测数据存在难度，给其大气校正结果验证带来难度，星星比对的方法可以作为精度验证的参考，但定量化评估大气校正精度需要更可信的验证方法支撑，这也是今后高光谱遥感的努力方向。

2.3　内陆水体高光谱大气校正方法

　　卫星遥感大气校正处理对陆地和海洋反演算法都至关重要，海洋在近红外波段的反射率很低，而陆地区域在该波段具有很高的表面反射率，目前，国际上对陆地和海洋的大气校正是分别处理的，这主要是由估算陆地和水体中气溶胶散射反射率时遇到障碍决定的。湖泊等内陆水体由于覆盖面积较小，陆地和水体会同时出现在同一景遥感影像中，需要统一的大气校正算法来优化各种情况下的改正。为此，本节开发并提出了一种陆地和海洋的统一大气校正（unified atmospheric correction，UAC）方法，该方法是基于现场测量查找表（LUT）来估计气溶胶散射反射率。LUT 用于选择一个光谱作为获得初始气溶胶反射率所需的实测地面反射率，进而用于确定两个最接近的气溶胶模型，基于从这些气溶胶模型获得的气溶胶反射率来推断地面反射率。由于大气校正的主要任务是估算气溶胶反射率和地面反射率，常规的大气校正算法是通过气溶胶参数来估算地面反射率，而 UAC 方法是先获得地面反射率来估算气溶胶参数。本节设计一种从查找表中适当地选择现场测量的地面反射率的规则作为遥感数据的地面反射率，在地面反射率已知的条件下获得气溶胶参数，再估算地面反射率。查找表的使用为估计陆地和海洋上的气溶胶反射率提供了一种统一方法。

2.3.1 基于光谱优化算法的大气校正方法

Land 等（1996）对 II 类水体遥感数据提出一种迭代校正方法，该方法在大气校正的同时能够反演水下物质浓度。气溶胶模型为大陆气溶胶、海洋气溶胶和城市气溶胶按照不同比例混合而成，由于这三种气溶胶类型的体积分数之和为 1，所以只要确定大陆气溶胶和城市气溶胶的体积分数，就可以确定海洋气溶胶的体积分数。在各个体积分数已知的情况下，可计算最终气溶胶的光学属性，再根据单次散射理论计算气溶胶程辐射反射率和透过率等变量，最后用多次散射理论修正单次散射计算结果。只要知道海面反射率，就可以确定大气顶层表观反射率。海面反射率为叶绿素、悬浮泥沙和黄色物质浓度的函数，一般用经验公式表示，水体综合衰减系数 $k(\lambda)$ 和后向散射系数 $b_b(\lambda)$ 可近似表示为（Gordon et al.，1988）

$$k(\lambda) = k_w(\lambda) + k_c(C,\lambda) + k_s^*(\lambda)S + k_g(\lambda) \tag{2.38}$$

$$b_b(\lambda) = b_{bw}(\lambda) + b_{bc}(C,\lambda) + b_{bs}^*(\lambda)S \tag{2.39}$$

式中：$k_w(\lambda)$ 和 $b_{bw}(\lambda)$ 分别为清洁水体的衰减系数和后向散射系数；S 为悬浮泥沙浓度；$k_s^*(\lambda)$ 和 $b_{bs}^*(\lambda)$ 分别为泥沙归一化衰减系数和归一化后向散射系数（Tassan，1994）；C 为叶绿素浓度；$k_c(C,\lambda)$ 和 $b_{bc}(C,\lambda)$ 分别为叶绿素的衰减系数和后向散射系数：

$$k_c(C,\lambda) = k_{0c}(\lambda)C\exp\{-[k_{1c}(\lambda)\lg(2C)]^2\} + 0.001C^2 \tag{2.40}$$

$$b_{bc}(C,\lambda) = A(\lambda)C^{B(\lambda)} \tag{2.41}$$

式中：$k_{0c}(\lambda)$、$k_{1c}(\lambda)$、$A(\lambda)$ 和 $B(\lambda)$ 为叶绿素系数；$k_g(\lambda)$ 为黄色物质的衰减系数（Prieur et al.，1981）：

$$k_g(\lambda) = k_g(\lambda_0)\exp[-k_{g1}(\lambda - \lambda_0)] \tag{2.42}$$

式中：λ_0 为 0.38 μm；k_{g1} 为 0.014 μm^{-1}。有了水体衰减系数 $k(\lambda)$ 和后向散射系数 $b_b(\lambda)$，就可以计算离水辐射率 R_w：

$$R_w(\mu_0,\mu,\phi,\lambda) = \frac{\pi[1-\overline{\rho_+}(\lambda)][1-\rho_-(\mu',\lambda)]t(\mu_0,\lambda)R_{ss}(\lambda)}{Q(\mu_0,\mu,\phi,\lambda)n^2(\lambda) - \overline{\rho_-}(\lambda)Q(\mu_0,\mu,\phi,\lambda)R_{ss}(\lambda)} \tag{2.43}$$

$$\frac{R_{ss}(\lambda)}{Q(\mu_0,\mu,\phi,\lambda)} = 0.11\frac{b_b(\lambda)}{k(\lambda)} \approx \frac{b_b(\lambda)}{9k(\lambda)} \tag{2.44}$$

式中：$\overline{\rho_+}(\lambda)$ 为水面上表面的漫反射率；$\overline{\rho_-}(\lambda)$ 为水面下表面的漫反射率；$\rho_-(\mu',\lambda)$ 为入射角度余弦值等于 μ' 的水面下表面反射率；$t(\mu_0,\lambda)$ 为在太阳入射光方向上的漫透过率；$Q(\mu_0,\mu,\phi,\lambda)$ 为水面下表面处的上行辐照度与辐亮度之比，是描述水体二向反射特征的重要参数，对朗伯体而言，Q 值取 π，对于垂直入射观测条件下，水体的 Q 值一般取 4～5。

迭代计算的收敛速度或者能否找到最优解取决于对这 5 个自由参数的初始化，因为由 5 个自由参数确定的评估系统可能存在多个极小值，从而存在多解的可能。而迭代方法一般寻找的是极小值而非极大值，因此初始化点必须位于极大值附近，这样才能搜索到极大值。通过叶绿素通用算法确定叶绿素浓度，利用近红外波段求解泥沙浓度，通过任一非零

波段计算得到 $k_g(\lambda_0)$，从而完成迭代初始化。迭代法基于特定的水体经验光学模型，而经验光学模型是在特定时空条件下建立的，只适合实验区域的水体光学模式，因此需要对该区域建立该地区特有的水体光学模式。

Gordon 等（1997）在处理气溶胶吸收问题时采用光谱匹配算法，利用叶绿素 a 浓度 C 和散射参数 b_0 来描述 I 类水体的光学性质（Gordon et al.，1988），在一定气溶胶模型 i 和光学厚度 τ_a 下就可以得到大气顶层表观反射率，从而根据 (i, τ_a, C, b_0) 就可以唯一确定大气表观反射率。定义如下残差和：

$$\delta(i, \tau_a, C, b_0) = 100\% \sqrt{\frac{1}{n-1} \sum_{j=1}^{n} \left[\frac{t^{*(i)}(\theta_v, \lambda_j) t^{*(i)}(\theta_0, \lambda_j)[\rho_w(\lambda_j)]_N - t^{*(i)}(\theta_v, \lambda_j) \rho_w^{(i)}(\lambda_j)}{t^{*(i)}(\theta_v, \lambda_j) t^{*(i)}(\theta_0, \lambda_j)[\rho_w(\lambda_j)]_N} \right]^2} \quad (2.45)$$

在理论上，如果某个 (i, τ_a, C, b_0) 使上述残差和达到最小，则为最佳解。然而实际上，真实解并非总是最佳解，首先选取前 10 个最大 δ 对应的参数 (i, τ_a, C, b_0)，分别计算其离水辐射率，最后平均处理。在模拟数据的支持下，通过在备选气溶胶类型中增加城市气溶胶类型，该方法能够有效处理吸收性气溶胶问题（Gordon et al.，1997）。另外，该方法被广泛应用于去除撒哈拉沙尘对阿拉伯海、印度洋和北冰洋的辐射影响（Banzon，2004；Moulin et al.，2001）。

与光谱匹配算法一样，光谱优化算法能同步反演得到水下物质和大气气溶胶的光学属性，只不过光谱匹配算法需要预定义一些气溶胶模型，而光谱优化算法则不需要。光谱优化算法采用只含有一个自由参数 v 的容格（Junge）分布来描述气溶胶的粒径分布，则气溶胶散射反射率取决于 v 和气溶胶折射系数实部 m_r 和虚部 m_i。假设 m_r 与 m_i 不随波长而变化，对于海洋模型，利用叶绿素浓度 C 和散射参数 b_0 来描述 I 类水体的光学性质（Gordon et al.，1988）；在大气-海洋模型中，只需要通过 v、m_r、m_i、C 和 b_0 就可以确定大气表观反射率。通过最优化算法，就可以确定最优取值。该光谱优化算法和能有效处理气溶胶的吸收性问题。Chomko 等（2003）修改了以上方法，采用 I 类水体 Maritoren 等（2002）光学模型代替原先 Gordon 等（1988）模型，含有叶绿素吸收系数 $a_{ph}(443)$、黄色物质吸收系数 $a_{cdm}(443)$ 和悬浮物质后向散射系数 $b_{bp}(443)$ 三个自由参数。在光谱优化算法下，能有效获取大气气溶胶和水下各种光学属性。

光谱匹配算法适合离散模型，光谱优化算法适合连续模型，它们都是在 I 类水体遥感数据大气校正中去除吸收性气溶胶辐射影响中提出的，同时可以扩展到 II 类水体遥感数据的大气校正，只需要用含有叶绿素、黄色物质和悬浮物质的 II 类水体光学模型代替 I 类水体光学模型，同时可改变气溶胶的模拟方式来提升算法多变性。光谱优化算法基于水体经验模型和气溶胶经验模型，而经验光学模型是在特定时空条件下建立的，只适合实验区域实验时间的水体光学模式，不能随意在其他地方运用该方法。

2.3.2 陆海一体化的高光谱大气校正方法

在过去几十年里，陆地和海洋表面反射率的巨大差异使遥感学界开发了不同的方法来进行陆地和海洋地区的大气校正。卫星测量的是大气层顶部（TOA）的反射率，不区分陆地和海洋区域，因此统一的大气校正方法将有助于获得地面反射率的影像。

自从 Gordon 等（1994）为两个近红外（NIR）波段设计了一个基于黑像元假设（black object assumption，BOA）的大气校正方法以来，该方法在卫星海洋水色数据处理中得到了广泛的应用。通过在计算瑞利和气溶胶散射分量、氧气 A 波段吸收、偏振效应、海面粗糙度和海洋上的双向反射分布函数时考虑多重散射效应，该方法的性能得到了显著改进（Wang，2006）。然而，由于 BOA 不适用于浑浊水域，这种方法仍然面临问题。研究者已经尝试了几种新的方法来弥补沿海海水域的这些不足之处（Shanmugam et al.，2007），利用光谱优化算法（Chomko et al.，2003）或神经网络方法（Brajard et al.，2012），从卫星接收的大气层顶部反射率中同时获得海洋和大气参数。

陆地大气校正面临更为复杂的情况。与用于海洋水色遥感的 BOA 方法类似，暗目标（dark targe，DT）方法已被广泛应用于大气校正方案中，用以估算陆地上气溶胶的光学性质（Hagolle et al.，2015）。由于反射率的大小在不同的土地覆盖类型和植被覆盖程度上存在显著差异，暗目标方法仅限于在植被或水体密集的区域使用。研究者已经使用不同的方式开发了其他方法，如 Hall 等（1991）的不变对象方法、Richter（1996）的直方图匹配法、Tanré 等（1991）的对比度降低法及 Gao 等（2014）的辐射传输模型法。然而，大气校正对不同植被指数的影响是显著的（Miura et al.，2001）。

大气层顶部的卫星接收反射率可表示为

$$\rho_t(\lambda) = \frac{\pi L_t(\lambda)}{F_0(\lambda)\cos\theta_0} \tag{2.46}$$

式中：$L_t(\lambda)$ 为卫星测量的辐亮度；$F_0(\lambda)$ 为地外太阳辐照度；θ_0 为太阳天顶角。将 $\rho_t(\lambda)$ 划分为几个分量，每个分量对应于一个不同的物理过程。

用于海水区域：

$$\rho_t(\lambda) = \rho_r(\lambda) + \rho_A(\lambda) + t(\lambda)\rho_{wc}(\lambda) + T(\lambda)\rho_g(\lambda) + t(\lambda)\rho_w(\lambda) \tag{2.47}$$

用于陆地区域：

$$\rho_t(\lambda) = \rho_r(\lambda) + \rho_A(\lambda) + t(\lambda)\rho_s(\lambda) \tag{2.48}$$

式中：$\rho_r(\lambda)$ 为空气分子的瑞利散射反射率；$\rho_A(\lambda)$ 为包含瑞利-气溶胶相互作用的气溶胶散射反射率；$\rho_{wc}(\lambda)$ 为海洋白帽的反射率；$\rho_g(\lambda)$ 为太阳在海面上的反射率；$\rho_w(\lambda)$ 为离水反射率；$t(\lambda)$ 和 $T(\lambda)$ 分别为大气层的漫射和直接透射率；$\rho_s(\lambda)$ 为陆地上的地面反射率，忽略了地面反射与大气的相互作用。

式（2.48）可以改写为

$$\rho_{aw}(\lambda) = \rho_A(\lambda) + t_a(\lambda)\rho_s(\lambda) \tag{2.49}$$

在陆地上 $\rho_{aw}(\lambda) = \rho_t(\lambda) - \rho_r(\lambda)$，在海上 $\rho_{aw}(\lambda) = \rho_t(\lambda) - \rho_r(\lambda) - t(\lambda)\rho_{wc}(\lambda) - T(\lambda)\rho_g(\lambda)$。其中：$t_a(\lambda)$ 为气溶胶在去除瑞利散射及大气吸收后的净透射率；$\rho_s(\lambda)$ 为海洋上的离水反射率；$\rho_{aw}(\lambda)$ 为地表气溶胶反射率，由气溶胶和地面反射率组成。气溶胶透过率可根据 Gordon 等（1987）给出的表达式计算：

$$t_a(\lambda) = \exp\left(-\frac{[1 - \omega_a(\lambda)F(\lambda)]\tau_a(\lambda)}{\cos\theta_v}\right) \tag{2.50}$$

式中：$\omega_a(\lambda)$ 为单次散射反照率；$F(\lambda)$ 为光子被气溶胶以小于 $90°$ 角散射的概率；$\tau_a(\lambda)$ 为气溶胶光学厚度（aerosol optical thickness，AOT）；θ_v 为卫星传感器天顶角，根据 Gordon 等（1987）的计算，$[1-\omega_a(\lambda)F(\lambda)]$ 的值相对较小，上限为 0.1667。因此，式（2.50）可以近似为

$$t_a(\lambda) \leqslant 1 - \frac{0.1667\tau_a(\lambda)}{\cos\theta_v} \tag{2.51}$$

这个近似值的误差随着 $\tau_a(\lambda)$ 值的增大而增大。例如，当 $\tau_a(\lambda)=0.1$ 时，相对误差为 0.53%。实际上，这个近似值引入的误差是可以接受的。

$$\tau_a(\lambda) = \frac{4\rho_a(\lambda)\cos\theta_v\cos\theta_0}{\omega_a(\lambda)P_a(\theta_v,\vartheta_v;\theta_0,\vartheta_0,\lambda)} \tag{2.52}$$

式中：$\rho_a(\lambda)$ 为气溶胶散射反射率；P_a 为气溶胶散射相函数；ϑ_v 和 ϑ_0 分别为卫星和太阳的方位角。根据 Wang（2007），$\rho_A(\lambda)$ 变成了 $\rho_a(\lambda)$，$\rho_{aw}(\lambda)$ 与分量 $\rho_a(\lambda)$ 和 $\rho_s(\lambda)$ 有关。使用 Mao 等（2012）的方法，从现场测量的 LUT 中获得 $\rho_s(\lambda)$，$\rho_a(\lambda)$ 可以用于确定两个最接近的气溶胶模式。估算的气溶胶散射反射率 $\rho_a^n(\lambda)$ 是从这两个气溶胶模式中推导出来，并用于计算包括瑞利-气溶胶相互作用的气溶胶反射率 $\rho_A^n(\lambda)$。然后，通过式（2.53）获得估算的表面反射率 $\rho_s^n(\lambda)$：

$$\rho_s^n(\lambda) = \frac{\rho_{aw}(\lambda) - \rho_A^n(\lambda)}{t_a(\lambda)} \tag{2.53}$$

大气校正的关键是将气溶胶反射率从地面反射率中分离出来。通常在大气校正中首先估算气溶胶反射率，但在浑浊的水域或陆地上都未知此项时，这种估算会遇到障碍。但是，如果测量了地面反射率，则可以很容易地获得气溶胶反射率。虽然不可能对卫星影像的每个像素进行实地测量，但如果已经收集了足够的实测数据，便能够确定陆地和海洋中不同物体最典型的反射率。关键步骤是如何从 LUT 中选择最佳光谱反射率作为初始地面反射率。统一大气校正（UAC）模型的主要框架如图 2.13 所示。

对于陆地和海洋，都需要精确计算瑞利散射反射率 $\rho_r(\lambda)$，以获得地面-气溶胶反射率 $\rho_{aw}(\lambda)$。对于海洋，还需要计算海洋白帽和海面太阳耀斑的反射率及它们的透射率。基于埃斯特雷姆定律，使用 LUT 获得实测地面反射率 $\rho_s(\lambda)$。$\rho_s(\lambda)$ 用来计算包括瑞利-气溶胶相互作用的气溶胶散射反射率 $\rho_A(\lambda)$，经过变换得到气溶胶散射反射率 $\rho_a(\lambda)$。气溶胶模型用来匹配两个最接近的模型，然后用来估算气溶胶反射率 $\rho_a^n(\lambda)$。包括瑞利-气溶胶相互作用的气溶胶反射率 $\rho_A(\lambda)$ 可从 $\rho_a(\lambda)$ 转换而来，用来获得地面反射率 $\rho_s^n(\lambda)$。

通常，统一大气校正方法会受到不同目标地面反射率变化的困扰。然而，在统一大气校正方法中，地面反射率的差异由 LUT 中的不同光谱表示，并且 LUT 中的所有光谱具有相同的作用（Mao et al.，2016）。因此，实测反射率的 LUT 有助于统一大气校正模型，消除陆地与海洋之间大气校正的差异效应。

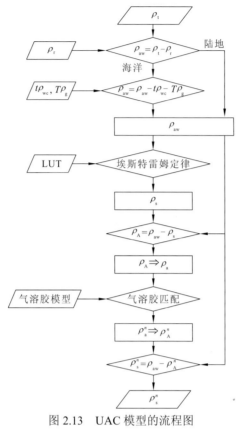

图 2.13　UAC 模型的流程图

2.3.3　太湖高光谱大气校正结果分析

太湖位于长江流域,是我国的第三大淡水湖,水域面积为 2338 km^2。太湖水质是高动态悬浮沉积物由陆地输入和沉积物再悬浮决定的(Zhang et al.,2016),水污染和富营养化对太湖流域的生态系统和经济有着严重的负面影响,因此,迫切需要对太湖水质进行评价和调控(Gao et al.,2014;Feng et al.,2013;Guo et al.,2012;Zhong et al.,2005)。

选取太湖区域的高分 5 号 AHSI 影像,由于一景 AHSI 影像无法覆盖全部太湖区域,图 2.14 实际上是由 4 景影像合成,分别为 2019 年 3 月 4 日成像的二景影像,编号为 GF5_AHSI_E120.08_N31.31_20190304_004363_L10000036373 和 GF5_AHSI_E120.22_N30.82_20190304_004363_L10000036370,2019 年 4 月 17 日成像的二景影像,编号为 GF5_AHSI_E120.62_N31.31_20190417_005005_L10000041234 和 GF5_AHSI_E120.75_N30.82_20190417_005005_L10000041232。根据业务化需求,在遥感器的宽幅范围、空间分辨率、波段数等多项指标设计进行平衡,单纯追求某一个技术的高指标,有可能制约该卫星的业务化应用范围。图 2.14 为高分 5 号 AHSI 大气校正处理结果,由第 14(445 nm)、第 41(561 nm)、第 63(655 nm)三个波段合成的伪彩色影像。

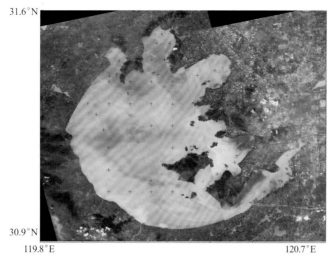

图 2.14　2019 年 3 月 4 日和 4 月 17 日成像的太湖区域高分 5 号 AHSI 影像大气校正处理结果

图 2.14 可以反映出丰富的太湖水体环境情况，左右两边影像存在的差异，是由不同成像时间引起的。从影像空间分布可以看出周边河流输入在太湖的扩散区域，中间区域分布大面积水华，右下角分布大量的养殖区域，图中仍然可以看出气溶胶干扰浅黄色区域，这些区域的气溶胶光学厚度超过了 0.5（波长 865 nm），由于太湖水深很浅，遥感影像很容易受风场等因素影响。影像质量说明高分 5 号 AHSI 的光谱性能指标适用于太湖水体环境监测，同时也反映出太湖水体的复杂性。

为了验证高分 5 号 AHSI 大气校正的精度，采用实测遥感反射率进行初步验证。分别于 2015 年 5 月和 2006 年 1 月在太湖进行了野外测量工作，采集了水面高光谱遥感反射率（sr^{-1}）和水样数据，地面的实测反射率是通过使用分析光谱设备公司（ASD 公司）制造的高光谱仪测量得到的，采用水上方法测量，实测光谱位置如图 2.14 中的红十字所示，共40 个点位。ASD 公司在 325～1070 nm 测量 512 个波段的反射率，光谱宽度约为 2.54 nm，高于高分 5 号 AHSI 的光谱指标。没有找到高分 5 号 AHSI 成像时间的同步实测数据，现有的太湖实测光谱是为了判断高光谱的大气校正效果。各点位的遥感反射率如图 2.15 中的黑线所示，每条黑线对应一个站位测量结果，红色点线是高光谱数据在这些点位的大气校正结果，红点表示每个波段的中心波长位置。

从图 2.15 可以看出，这两种光谱的整体形态非常类似，分别在 565 nm、645 nm、702 nm、808 nm 这 4 个波长位置存在反射峰，光谱最大值位置在 565 nm 左右，实测光谱在不同站位的数据离散度高于卫星数据，最大峰值的变化范围为 0.010～0.047 sr^{-1}，卫星峰值为0.016～0.036 sr^{-1}。700 nm 附近存在一个较强反射峰，该峰的强弱由叶绿素 a 荧光效应决定，通常与叶绿素 a 浓度存在很好的关系，常被用来指示水体富营养化的程度。560 nm 波长后光谱曲线相对平稳地下降，且在 600～650 nm 的反射率维持在较高的量值（>0.01 sr^{-1}），这主要是因为除东太湖悬浮物浓度较低外，太湖其他区域的水体悬浮物浓度较高，所以离水辐射信号较强。总之，太湖水体光谱呈现出典型富营养化、高浑浊内陆水体的特征。由于实际光谱测量时间与卫星成像时间相差太大，实测数据不能精确评估大气校正精度，但为判断大气校正效果提供了参考。

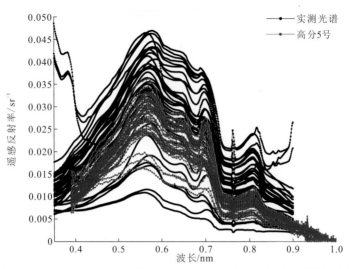

图 2.15　太湖水体的高分 5 号 AHSI 大气校正结果与实测光谱数据比较

为了验证高光谱在太湖的大气校正结果，选取成像时间接近的 2019 年 4 月 15 日 Landsat 影像，编号为 LC08_L1TP_119038_20190415_20200829_02_T1，选择大气校正后的三个波段合成伪彩色影像，如图 2.16 所示。

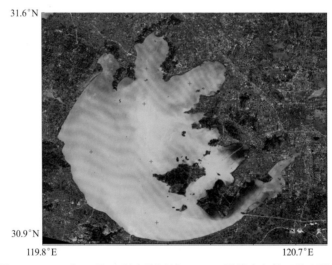

图 2.16　2019 年 4 月 15 日太湖区域 Landsat 影像大气校正处理结果

比较 Landsat 和 AHSI 的大气校正结果影像，二者的影像色彩总体上接近，说明两颗卫星得到的大气校正结果类似。Landsat 影像反映出的水体环境变化细节不如 AHSI，一个原因是不同时间太湖水体环境情况不一样，另一个原因可能是 Landsat 在这三个波段的灵敏度比高光谱低。从两幅影像的空间分布细节看，AHSI 在这三个波段的带宽约为 5 nm，远小于 Landsat 卫星，这说明 AHSI 在可见光波段的信噪比达到了很高水平，波段的动态范围指标也适合太湖水体的环境遥感监测需求。选取太湖水域 6 个像元位置（图 2.16 中红十字），进行两颗卫星的大气校正结果光谱比较，如图 2.17 所示。

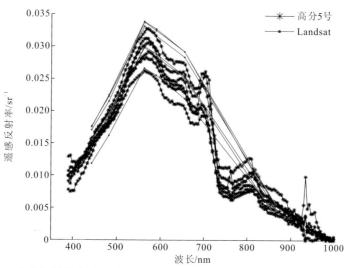

图 2.17　太湖区域的高分 5 号 AHSI 大气校正结果与 Landsat 大气校正结果比较

从图 2.17 可以看出，二者在对应波段的光谱值很接近，这说明尽管两颗卫星成像时间相差很多天，但同一位置的光谱数据仍具有可比性。这种结果不能用于精确评价 AHSI 的大气校正精度，但可以判断 AHSI 的大气校正效果。

2.3.4　鄱阳湖高光谱大气校正结果分析

选取鄱阳湖区域的高分 5 号 AHSI 高光谱，共获得 8 景遥感影像，如表 2.1 所示。鄱阳湖呈长条形，一景 AHSI 影像无法覆盖，将几景影像拼接起来得到更大覆盖区域。先将同一天成像的影像拼接成一景，共有 4 景遥感影像，但每景影像区域还不够覆盖鄱阳湖，将不同成像时间影像组合后拼接成二景影像。

表 2.1　鄱阳湖区域的高分 5 号 AHSI 高光谱

序号	日期	AHSI 编号
1	2018-10-07	GF5_AHSI_E116.05_N29.33_20181007_002207_L10000016737
2	2018-10-07	GF5_AHSI_E116.18_N28.84_20181007_002207_L10000016736
3	2018-10-07	GF5_AHSI_E116.30_N28.34_20181007_002207_L10000016735
4	2019-08-23	GF5_AHSI_E116.14_N29.83_20190823_006866_L10000054160
5	2019-08-23	GF5_AHSI_E116.27_N29.33_20190823_006866_L10000054161
6	2019-08-23	GF5_AHSI_E116.52_N28.34_20190823_006866_L10000054139
7	2019-06-26	GF5_AHSI_E116.37_N29.83_20190626_006021_L10000049195
8	2019-08-30	GF5_AHSI_E115.81_N29.33_20190830_006968_L10000054666

将 2019 年 8 月 23 日和 8 月 30 日的 AHSI 数据拼接成一景影像，图 2.18 是该影像的大气校正处理结果，为第 14（445 nm）、第 41（561 nm）、第 63（655 nm）三个波段合成的伪彩色影像，图的中间明显缺少了一大块，严重影响鄱阳湖的环境监测工作，这是遥感

卫星在业务化的数据获取和分发方面需要关注的一个重点,缺少东边一块水域的影像覆盖,是由卫星扫描宽辐限制造成的。图 2.18 中的红点是实测光谱位置,实际的测量点位多于图中所示,图中剔除了遥感影像空白的实测数据。

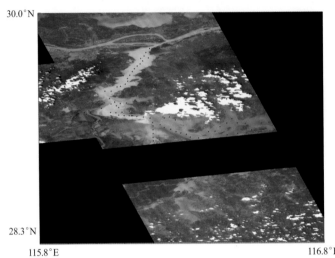

图 2.18　2019 年 8 月 23 日和 8 月 30 日成像的鄱阳湖区域高分 5 号 AHSI 影像大气校正处理结果

从图 2.18 可以看出,遥感成像时大气条件比较理想,鄱阳湖水域基本上没有受到云的影响,经大气校正后的影像可以反映出鄱阳湖从南到北水体环境的梯度变化情况:北边的长江呈现深度的黄色,具有该区域最高的悬浮泥沙浓度;从长江进入鄱阳湖北面的大片区域都呈现黄色,是由很高的悬浮泥沙浓度引起的;南面部分区域分布浅黄色,说明存在一定浓度的悬浮泥沙;其他颜色分布的区域是与水体所含的叶绿素等物质有关,该影像色彩梯度分布呈现出鄱阳湖水体环境基本态势。该影像质量说明 AHSI 遥感器的光谱性能指标适合鄱阳湖水体环境监测,同时也反映出鄱阳湖水体的复杂性。

为了定量评估高分 5 号 AHSI 高光谱大气校正遥感影像的光谱数据分布情况,根据实测数据的位置从大气校正后的 AHSI 影像定量化提取光谱遥感反射率,结果如图 2.19 所示。

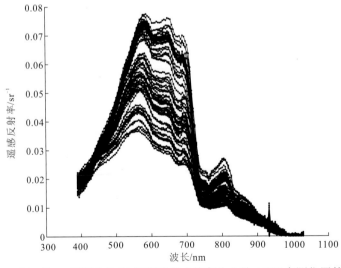

图 2.19　2019 年 8 月 23 日和 8 月 30 日鄱阳湖水体高分 5 号 AHSI 实测位置的遥感反射率

从图 2.19 可以看出，鄱阳湖实测位置的光谱数据存在很大差异，但光谱特征非常类似，存在一些反射峰分布，主要有 4 个峰值位置，分别在中心波长为 580 nm、640 nm、690 nm 和 805 nm 处，前三个峰值可以组成一个大的峰值，其覆盖波长宽幅较大，为 550～700 nm。各测量点在该峰值范围的量值变化较大，在 0.035～0.080 sr^{-1} 变化。从光谱的形态来看，每一条曲线随着波长变化较为平缓，说明这些光谱曲线都是实际水体光谱变化的反映，也说明 AHSI 的水体光谱性能稳定，适合鄱阳湖水体环境的遥感监测。

2005～2017 年分别在旱季和雨季对鄱阳湖进行了 7 次实地观测，包括相对清澈的水域及高度浑浊的水域。每次实地观测中均同步采集了水面高光谱遥感反射率和水样数据。

利用 SVC HR-1024 野外便携式光谱仪测量水面上的高光谱反射率 R_{rs}，根据美国航空航天局海洋光学观测规范（Mueller et al.，2003），所有的测量均在当地时间上午 10 点到下午 2 点的晴空条件下进行。R_{rs} 计算公式为

$$R_{rs} = \frac{\rho_{plaque}(L_u - \rho_f L_{sky})}{\pi L_{plaque}} \qquad (2.54)$$

式中：ρ_{plaque} 为标准板的反射率；ρ_f 为气-水界面对天空光的菲涅尔反射率（假定平静的水面为 0.022）（Mobley，1999）；L_u 为向上辐亮度；L_{sky} 为天空光辐亮度；L_{plaque} 为标准板辐亮度（单位为 μW/（cm^2·sr·nm））。每个采样点至少需要进行三次反射率测量，以去除异常值并获得可靠的结果。

鄱阳湖测量得到的 R_{rs} 光谱如图 2.20 所示，随着悬浮泥沙浓度的升高，R_{rs} 值在可见光和近红外波段范围内增大，由于鄱阳湖的悬浮泥沙浓度变化范围较大，R_{rs} 的变化范围也很大。在绿光和红光波段，反射率趋于平坦且饱和，但在 750～820 nm 有显著升高，峰值在 810 nm 附近，且随着悬浮泥沙的增加而升高。

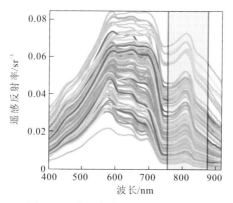

图 2.20　鄱阳湖实测的遥感反射率

不同曲线表示不同的采样点

为了验证高光谱在鄱阳湖的大气校正结果，选取成像时间接近的 2019 年 8 月 19 日 Landsat 影像，编号为 LC08_L1TP_121040_20190819_20200827_02_T1，选择大气校正后的三个波段合成伪彩色影像，如图 2.21 所示。

图 2.21　2019 年 8 月 19 日鄱阳湖区域 Landsat 影像大气校正处理结果

从图 2.21 可以看出，遥感成像时的大气条件比较理想，影像覆盖区域基本上没有受到云的影响，经大气校正后的影像可以反映出水体和周边环境的基本情况。比较 Landsat 和 AHSI 的大气校正结果影像，二者的影像色彩非常接近，说明两颗卫星在这三个波段的大气校正结果接近。尽管成像时间相差较大，但是二者的影像结构分布态势基本类似，说明在这段时间内，鄱阳湖水域的水体环境变化比较稳定，二者的大气校正结果具有可比性。Landsat 影像覆盖了鄱阳湖的整个水域，比 AHSI 影像更全面地反映出水体环境的空间变化情况，由此说明，遥感影像覆盖范围是影响水体环境业务化监测的重要因素。选取鄱阳湖水域实测位置（图 2.21 中红点）的光谱值，进行两颗卫星的大气校正结果光谱曲线比较，如图 2.22 所示。

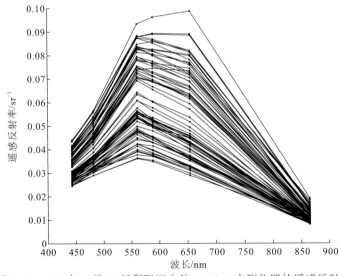

图 2.22　2019 年 8 月 19 日鄱阳湖水体 Landsat 实测位置的遥感反射率

不同曲线表示不同的采样点

从图 2.22 可以看出，光谱最大值的中心波长变化范围较宽，在波段 3、4 和 5 之间变化，大部分光谱最大值是波段 3 的光谱，但当光谱值大于 0.09 sr^{-1} 时，最大值的波长位置转移到波段 5，随着测量值的增大，最大值的中心波长呈现往长波方向转移的趋势。各点位的测量峰值变化范围较大，为 0.035～0.100 sr^{-1}。与 AHSI 影像光谱曲线比较，二者在对应波段的测量值很接近，这说明两颗卫星在相同测量位置的测量结果具有可比性。

将 2018 年 10 月 7 日和 2019 年 6 月 26 日的 AHSI 数据拼接成一景影像，图 2.23 是该影像的大气校正处理结果，为第 14（445 nm）、第 41（561 nm）、第 63（655 nm）三个波段合成的伪彩色影像，图中的红点是实测光谱位置，与前一景 AHSI 影像的实测光谱位置相同。将不同年份的两景 AHSI 遥感影像拼接成一景，只是为了扩大影像的覆盖区域，尽可能多地反映出鄱阳湖的水体全貌。

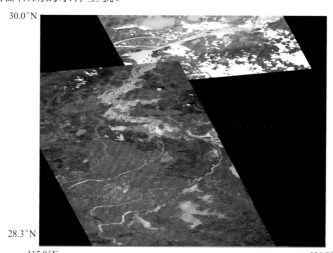

图 2.23   2018 年 10 月 7 日和 2019 年 6 月 26 日成像的
鄱阳湖区域高分 5 号 AHSI 影像大气校正处理结果

从图 2.23 可以看出，遥感成像时水体区域基本没有受到云的影响，经大气校正后的影像可以反映出水体和周边环境的基本情况。与前一景 AHSI 影像比较，水域面积显著减少，从影像特征看，很多实测位置明显不是水体了，属于陆地覆盖的地貌，从图 2.24 的光谱特征也可以看出，这些测量数据呈现陆地光谱特征，说明鄱阳湖的水域受季节变化影响显著。

选取鄱阳湖水域实测位置（图 2.23 中红点）的光谱值，评估高分 5 号卫星 AHSI 数据的大气校正结果，其光谱曲线如图 2.24 所示。

从图 2.24 可以看出，大部分光谱呈现出水体的光谱特征，与前一景 AHSI 影像光谱曲线类似，但存在很多具有陆地光谱特征的光谱曲线，说明这些测量点的地物已经不是水体了，实际上已成为陆地，遥感影像用于监测鄱阳湖的水域面积和水位等变化是非常有效的。为了验证高光谱在鄱阳湖的大气校正结果，选取成像时间接近的 2018 年 10 月 3 日 Landsat 影像，编号为 LC08_L1TP_121040_20181003_20200830_02_T1，图 2.25 为大气校正后的三个波段合成伪彩色影像。

比较 Landsat 与 AHSI 的大气校正结果影像，二者的影像色彩总体上接近，说明两颗卫星得到的大气校正结果类似。与前一景 AHSI 影像类似，水域面积明显变小，很多测点位置都变成陆地，有些区域明显被植被覆盖，从图 2.26 的光谱曲线中也可以看出这些地物对应的光谱特征改变情况。与 2019 年的影像比较，图 2.25 的颜色明显偏绿，特别是在北部水体区域，说明悬浮泥沙浓度明显比 2019 年低。选取鄱阳湖水域实测位置（图 2.25 中红点）的 Landsat 遥感反射率，进行两颗卫星的大气校正光谱曲线比较，结果如图 2.26 所示。

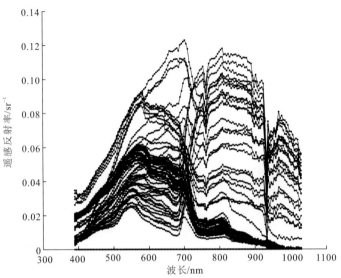

图 2.24　2018 年 10 月 7 日和 2019 年 6 月 26 日鄱阳湖水体

高分 5 号 AHSI 实测位置的遥感反射率

不同曲线表示不同的采样点

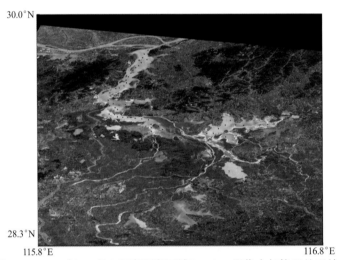

图 2.25　2018 年 10 月 3 日鄱阳湖区域 Landsat 影像大气校正处理结果

从图 2.26 可以看出，大部分光谱呈现出水体的光谱特征，有些是植被反射率光谱特征，有些是沙地反射率光谱特征，这些陆地的地物光谱在近红外波段具有高的反射率，各个水体光谱测量值的变化范围小于 2019 年遥感测量结果。与 2018 年 AHSI 大气校正结果比较，二者在对应波段的光谱值很接近，说明同一位置的光谱数据具有可比性。

从现有结果来看，本章提出的高光谱大气校正方法已经可以用于高分 5 卫星 AIISI 遥感资料的业务化数据软件系统，其大气校正的结果经过了实测光谱数据的验证，并且与 Landsat 卫星资料大气校正结果进行了比较，初步验证了 AHSI 遥感资料在大洋水体、沿岸水体、典型湖泊等水体环境的大气校正精度。从得到的 AHSI 遥感影像看，经大气校正的影像可以基本满足湖泊和沿岸水体等区域监测需求，初步表明 AHSI 遥感资料在这些水体监测的性能指标。但是基于 AHSI 影像宽幅比较窄，可以获取湖泊等区域的遥感影像明显

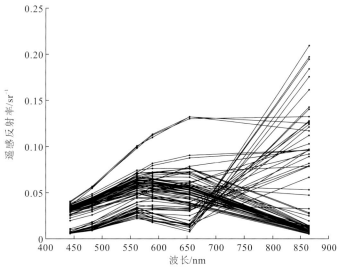

图 2.26　2018 年 10 月 3 日鄱阳湖水体 Landsat 实测位置的遥感反射率

不同曲线表示不同的采样点

受限，这是今后高光谱卫星在业务化应用中需要考虑的重要问题。高光谱大气校正方法为高光谱遥感卫星在内陆水体等区域应用提供了条件，如何利用高光谱的光谱特征来提取更多的内陆水体环境要素信息，将是今后高光谱遥感发展的一个重要方向。

第3章　水体固有光学量高光谱遥感方法

太阳光辐射作为水体浮游植物光合作用、不同物质光化学反应的能量来源，具有平衡热量收支、调制上层水体物理混合过程、维持生态系统运转的作用。当太阳光辐射到达水面，一部分光在水表面被反射，另一部分被水体中的光学活性物质（optically active constituents，OACs）吸收或散射，成为水下生态系统的主要能量来源。影响水体光学性质的主要物质为OACs，包括有色可溶性有机物（CDOM）、浮游植物（phytoplankton）和非藻类颗粒物（non-algal particles，NAP），反映水体固有光学量（IOPs）的主要光学特性。光在水体中的辐射传输取决于水体IOPs，受水体中的颗粒态、溶解态、浮游植物及其衍生物影响，与生物地球化学过程联系紧密。遥感的离水辐射信号可用来估算IOPs、获取海洋中溶解有机碳（DOC）、颗粒有机碳（POC）浓度等生化参数，对理解全球气候变化响应、陆地-大气碳循环、区域生态系统响应、各生态系统间联系、渔业养殖和水生栖息地健康等方面具有重要意义。

固有光学量是指光在介质的传输过程中只依赖介质的特性，独立于介质周围光场的分布与强度的参数，主要包括吸收系数（a）、后向散射系数（b_b）、散射相函数（$\tilde{\beta}$）、光束衰减系数（c）等。固有光学量反映水体固有光学特性，为光在水体中的辐射传输、水色参数反演、水环境监测等提供可靠的定量化信息，是水色遥感生物光学模型的开发、水色卫星传感器的定标和真实性检验及全球气候变化研究的基础。Smith 等（1978）提出了"生物-光学"这一概念，而生物光学模型的建立是以 IOPs 和表观光学量（AOPs）为基础的，需要解决如何准确获取水体 IOPs 和 AOPs 的问题。水体 IOPs 的现场观测通过原位站点观测、走航观测、浮标观测等方式实现，常用测量仪器有双光路 9 通道吸收-光束衰减系数测量仪（AC-9）、6 通道多光谱后向散射仪（HydroScat-6）、9 通道高光谱后向散射仪（BB-9）、高光谱吸收衰减测量仪（AC-S）等。IOPs 的实验室测量主要使用分光光度计或者带积分球的分光光度计，如 Perkin Elmer 公司的紫外-可见分光光度计。卫星遥感 IOPs 参数可实现全球范围大面积同步和长时间观测，为水光学发展和应用提供基础。

固有光学量是水光学的核心参数。水光学是海洋学和湖沼学在生物、化学、物理和地理学等各分支的综合（Mobley，1994），最早可以追溯到18世纪80年代，塞氏盘（Secchi disk）深度试验表明Secchi深度可以很好地指示水体透明度。19世纪30年代后，随着光学仪器的发展，可以在现场和实验室定量描述水体光学特性。Preisendorfer（1976）初步建立了一套海洋光学相对完整的理论体系和方法。Jerlov（1976）完整简洁地阐述了海洋光学的基本理论和方法，对相关的海洋光学现象进行了解释。Miller等（2005）将海洋光学理论与方法应用于近岸水体中，补充了近岸水体的光学特性，详细阐述了水体光学在近岸水体的理论、方法及应用。Mishra等（2017）详尽介绍了内陆水体光学活性成分生物光学建模的最新发展，并采用遥感手段提供了一系列广泛应用于水质监测的模型，探讨了水光学理论在内陆水环境中的应用。

3.1 水体 IOPs 辐射传输模型

光在水中辐射传输过程可由辐射传输理论来描述。辐射传输理论既要研究水体相应物质的 IOPs，也需要研究水体 AOPs，并建立 AOPs 与 IOPs 的联系。AOPs 是指受光场入射角分布及水体中物质的性质和数量影响的参数，既依赖介质本身，也依赖周围光场的几何结构和特性，如遥感反射率、辐照度反射比和漫射衰减系数等（Mobley，1994）。由于 IOPs 与水体中的物质直接相关，可以研究水体类型、水下光强和光照热通量、浊度、浮游藻类色素浓度及沉积物再悬浮等，直接决定水色遥感中离水辐亮度。水体中各组分的吸收系数不仅能指示各组分浓度，也能调制水生环境及其水质参量的变化。浮游植物利用光照进行光合作用，固定水体中的二氧化碳，成为启动整个碳链的重要环节，为整个水生食物链提供了能量来源，对整个碳循环的收支估算起着决定性作用，浮游植物吸收系数为初级生产力的估算提供了物理基础，能够指示不同藻种的组成，这为利用卫星遥感来区分水华的类型提供了可能。非藻类颗粒物的吸收系数和后向散射系数与水体中悬浮物浓度直接相关，可以用来指示水体的浑浊程度，获取悬浮物浓度及透明度等相关参数。利用实测光谱数据和室内实验数据分析主要水质参数（叶绿素 a、总悬浮物和透明度）与水体特征波长处总吸收系数之间的关系，探讨各水色物质（总悬浮颗粒物、非藻类颗粒物、色素颗粒物和有色可溶性有机物）的吸收特性、来源和季节性差异。

3.1.1 水体辐射传输方程

光照射在水表面并进入水体后，会在水体内部产生一系列的吸收和散射过程，需要借助水体辐射传输理论来准确地描述水体内部辐亮度变化过程，依据自然水体中的各种物理、化学和生物组分来计算和解析水下光场，通过水体辐射传输方程（radiative transfer equation，RTE）实现。Mobley（1994）指出水中辐亮度辐射过程由吸收和散射作用决定，可表述为

$$\cos\theta \cdot \frac{dL(z;\theta;\phi)}{dz} = -c(z) \cdot L(z;\theta;\phi) + L^*(z;\theta;\phi) + S \qquad (3.1)$$

式中：$L(z;\theta;\phi)$ 为入射辐亮度；$L^*(z;\theta;\phi)$ 为弹射散射路径函数，表示在散射方向上单位距离所产生辐亮度；C 为衰减系数，由吸收系数和散射系数组成；S 为内部光源项，通常不予考虑。

在水体辐射传输方程基础上，结合水体光谱吸收和散射模型，可以建立水体 IOPs 与 AOPs 的关系：

$$\cos\theta \cdot \frac{dL(z;\theta;\phi,\lambda)}{dz} = -\Big[a_w + a_{CDOM} + a_{NAP} + a_{ph} + b_w + b_p \Big](z,\lambda) \cdot L(z;\theta;\phi,\lambda)$$

$$+ \int_0^{4\pi} [\beta_w(z;\theta;\phi,\theta';\phi',\lambda) + \beta_w(z;\theta;\phi,\theta';\phi',\lambda)] \cdot L(z;\theta';\phi',\lambda) \qquad (3.2)$$

对式（3.2）两边积分可得

$$\frac{d\tilde{E}}{dz} = -cE_0 + bE_0 = -aE_0 \qquad (3.3)$$

式中：$\tilde{E}$ 为净向下辐照度，且 $\tilde{E} = E_d - E_u$；E_0 为光谱总辐照度；a 可表示为

$$a = K_{\tilde{E}} \cdot \frac{\tilde{E}}{E_0} = K_{\tilde{E}} \cdot \bar{\mu} \tag{3.4}$$

式中：$K_{\tilde{E}}$ 为净向下辐照度衰减系数；$\bar{\mu}$ 为平均余弦。IOPs 中水体总吸收系数可以表示为 AOPs 的净向下辐照度与平均余弦的乘积。

由于解算辐射传输方程的复杂性，假设某些物理过程得到近似的解。例如，Gordon 等（1999）利用蒙特卡罗模拟的方法，建立了刚好位于水面下的辐照度比与 $a(\lambda)$ 和 $b_b(\lambda)$ 之间的关系：

$$R(0^-, \lambda) = G \cdot \frac{b_b(\lambda)}{a(\lambda) + b_b(\lambda)} \tag{3.5}$$

式中：G 取决于太阳天顶角、云量分布、海表状况、体散射函数等。Morel 等（1977）指出：

$$R(0^-, \lambda) = G \cdot \frac{b_b(\lambda)}{a(\lambda)} \tag{3.6}$$

式中：G 的取值一般为 0.28～0.38。

水色卫星遥感中 R_{rs} 是最常用且易获取的参数。根据适用于 I 类水体和 II 类水体的 IOPs 与 AOPs 之间的模型，可建立 R_{rs} 与 $a(\lambda)$ 和 $b_b(\lambda)$ 之间的模型：

$$R_{rs} = \frac{f \cdot t}{Q \cdot n^2} \cdot \frac{b_b(\lambda)}{a(\lambda) + b_b(\lambda)} \tag{3.7}$$

式中：f 为经验常数，通常取 0.33，Q 为光场分布参数，f 和 Q 都依赖太阳天顶角；n 为水体折射指数；t 为气-水界面反射率，目前该模型已经被广泛用于 IOPs 反演的半分析算法中。

$$r_{rs} = \frac{f}{Q} \cdot \frac{b_b(\lambda)}{a(\lambda) + b_b(\lambda)} \tag{3.8}$$

3.1.2　水体固有光学量特性

固有光学量给定了自然水体中光学性质的形式以满足辐射传输理论需要，两个基本的 IOPs 为吸收系数和散射系数。给定很小体积的水 ΔV、厚度为 Δr 的水，单束光垂直入射辐射功率为 $\Phi_i(\lambda)$，如式（3.9）所示。入射功率 $\Phi_i(\lambda)$ 由三部分组成，其中一部分的 $\Phi_a(\lambda)$ 被水体吸收；一部分的 $\Phi_s(\psi, \lambda)$ 以角度 Θ 散射，部分透过的 $\Phi_t(\lambda)$。令 $\Phi_s(\lambda)$ 为所有散射的总功率，假设不存在非弹性散射，根据能量守恒有

$$\Phi_i(\lambda) = \Phi_a(\lambda) + \Phi_s(\lambda) + \Phi_t(\lambda) \tag{3.9}$$

光谱吸收率是指被水吸收的功率与入射功率之比：

$$A(\lambda) = \frac{\Phi_a(\lambda)}{\Phi_i(\lambda)} \tag{3.10}$$

吸收系数是指介质中单位距离的吸收率，单位为 m^{-1}，是水体 IOPs 中的基本物理量，吸收系数 $a(\lambda)$ 可以表示为

$$a(\lambda) = \lim_{\Delta r \to 0} \frac{A(\lambda)}{\Delta r} = \lim_{\Delta r \to 0} \frac{1}{\Delta r} \cdot \frac{\Phi_a(\lambda)}{\Phi_i(\lambda)} \tag{3.11}$$

光谱散射率是指被散射的功率与入射功率之比:

$$B(\lambda) = \frac{\Phi_s(\lambda)}{\Phi_i(\lambda)}$$ （3.12）

散射系数表示水体中单位距离的光谱散射率,散射系数 $b(\lambda)$ 表示为

$$b(\lambda) = \lim_{\Delta r \to 0} \frac{B(\lambda)}{\Delta r} = \lim_{\Delta r \to 0} \frac{1}{\Delta r} \cdot \frac{\Phi_a(\lambda)}{\Phi_i(\lambda)}$$ （3.13）

体散射函数 $\beta(\Theta, \lambda)$ 是单位距离、单位立体角的散射率,单位为 $m^{-1} \cdot sr^{-1}$,可表示为

$$\beta(\Theta, \lambda) = \lim_{\Delta r \to 0} \lim_{\Delta \Omega \to 0} \frac{B(\Theta, \lambda)}{\Delta r \cdot \Delta \Omega} = \lim_{\Delta r \to 0} \lim_{\Delta \Omega \to 0} \frac{1}{\Delta r \cdot \Delta \Omega} \cdot \frac{\Phi_s(\Theta, \lambda)}{\Phi_i(\lambda)}$$ （3.14）

散射到某立体角 $\Delta \Omega$ 的光谱辐射功率等于散射到 Θ 方向的辐射强度与立体角的乘积,即 $\Phi_s(\Theta, \lambda) = I_s(\Theta, \lambda) \cdot \Delta \Omega$,此外,落在区域 ΔA 上的入射功率为 $\Phi_i(\lambda)$,则该面积上的辐照度 $E_i(\lambda) = \Phi_i(\lambda) / \Delta A$,于是有

$$\beta(\Theta, \lambda) = \lim_{\Delta V \to 0} \frac{I_s(\Theta, \lambda)}{E_i(\lambda) \cdot \Delta V}$$ （3.15）

体散射函数的物理解释是单位辐照度、单位体积水的散射强度。对体散射函数在所有方向的立体角进行积分得到光谱散射系数:

$$b(\lambda) = 2\pi \int_0^\pi \beta(\Theta, \lambda) \cdot \sin(\Theta) d\Theta$$ （3.16）

根据方向将散射分为前向散射 $0 \leqslant \Theta < \pi/2$ 和后向散射 $\pi/2 < \Theta \leqslant \pi$,其中后向散射方向对应于后向散射系数, $b_b(\lambda)$ 可表示为

$$b_b(\lambda) = 2\pi \int_{\pi/2}^\pi \beta(\Theta, \lambda) \cdot \sin(\Theta) d\Theta$$ （3.17）

3.1.3 水体 IOPs 组分模型

水体总吸收系数 $a(\lambda)$ 可表示为水体中不同组分物质吸收系数的线性相加,主要由三部分组成:

$$a(\lambda) = a_w(\lambda) + a_p(\lambda) + a_{CDOM}(\lambda)$$ （3.18）

式中: $a_w(\lambda)$ 为纯水吸收系数; $a_{CDOM}(\lambda)$ 为有色可溶性有机物吸收系数; $a_p(\lambda)$ 为总颗粒物吸收系数,可分解为浮游藻类吸收系数 $a_{ph}(\lambda)$ 和非藻类颗粒物吸收系数 $a_{NAP}(\lambda)$,即

$$a_p(\lambda) = a_{ph}(\lambda) + a_{NAP}(\lambda)$$ （3.19）

受温度微弱的影响,通常认为纯水吸收在 400~800 nm 波段内是常数。

浮游藻类吸收系数在浮游藻类数量和海洋初级生产力方面扮演着重要的角色,主要取决于色素叶绿素 a,其光谱吸收模型通常可由叶绿素 a 浓度进行参数化:

$$a_{ph}(\lambda) = a_{ph}^*(\lambda) \cdot C_{Chl-a}^m$$ （3.20）

式中: $a_{ph}^*(\lambda)$ 为浮游藻类比吸收系数; C_{Chl-a} 为叶绿素 a 的浓度; m 为模型幂指数。根据 Ciotti 等（2002）的研究, $a_{ph}^*(\lambda)$ 可以分为微型浮游藻类（micro-plankton）的吸收和微微型浮游藻类（pico-plankton）的吸收,可表示为

$$a_{ph}^*(\lambda) = p \cdot a_{pico}^*(\lambda) + (1-p) \cdot a_{micro}^*(\lambda)$$ （3.21）

式中: p 为不同粒径大小的权重因子,取值为 0~1。

NAP 吸收系数是波长的指数衰减函数，可表示为

$$a_{\text{NAP}}(\lambda) = a_{\text{NAP}}(\lambda_0) \cdot \text{e}^{-S_{\text{NAP}} \cdot (\lambda - \lambda_0)} \tag{3.22}$$

式中：S_{NAP} 为 NAP 吸收光谱斜率，取值为 $0.006 \sim 0.015 \text{ nm}^{-1}$；$\lambda_0$ 为参考波长；$a_{\text{NAP}}(\lambda_0)$ 为参考波长处的 NAP 吸收系数，通常选 440 nm 或 443 nm 作为参考波长。参考波段处的 NAP 吸收系数 $a_{\text{NAP}}(\lambda_0)$ 表示为 NAP 比吸收系数 $a^*_{\text{NAP}}(\lambda)$ 与其浓度 C_{NAP} 的乘积：

$$a_{\text{NAP}}(\lambda_0) = a^*_{\text{NAP}}(\lambda_0) \cdot C_{\text{NAP}} \tag{3.23}$$

CDOM 的吸收模型可以用指数衰减的函数表示：

$$a_{\text{CDOM}}(\lambda) = a_{\text{CDOM}}(\lambda_0) \cdot \text{e}^{-S_{\text{CDOM}} \cdot (\lambda - \lambda_0)} \tag{3.24}$$

式中：S_{CDOM} 为 CDOM 吸收光谱的斜率，取值为 $0.013 \sim 0.019 \text{ nm}^{-1}$；$a_{\text{CDOM}}(\lambda_0)$ 为参考波长处 NAP 吸收系数，通常选 440 nm 或 443 nm 作为参考波长。

水体总散射系数 $b(\lambda)$ 可表示为

$$b(\lambda) = b_{\text{w}}(\lambda) + b_{\text{p}}(\lambda) \tag{3.25}$$

式中：$b_{\text{w}}(\lambda)$ 为纯水的散射系数；$b_{\text{p}}(\lambda)$ 为总颗粒物的散射系数。离水辐亮度信号来自水体中物质的后向散射，水体的总后向散射系数 $b_{\text{b}}(\lambda)$ 由纯水的散射 $b_{\text{bw}}(\lambda)$ 和总颗粒物的散射 $b_{\text{bp}}(\lambda)$ 两部分构成，可表示为

$$b_{\text{b}}(\lambda) = b_{\text{bw}}(\lambda) + b_{\text{bp}}(\lambda) \tag{3.26}$$

纯水的散射类型主要是瑞利散射，爱因斯坦-斯莫路科夫斯基散射理论解释了纯水散射是由水分子数密度与折射率的波动引起，基于电动力学和统计热力学可以计算纯水分子的散射，目前使用最多的是 Smith 等（1981）测得的纯水散射系数。纯水的前向散射和后向散射作用相当，可以认为纯水后向散射系数 $b_{\text{bw}}(\lambda)$ 是总散射系数 $b_{\text{w}}(\lambda)$ 的一半。

总颗粒物后向散射主要受颗粒物的粒径大小、组成、数量等影响，在近岸和内陆等浑浊水体中对遥感反射率贡献很大，散射光谱呈现为波长的幂函数关系：

$$b_{\text{bp}}(\lambda) = b_{\text{bp}}(\lambda_0) \cdot \left(\frac{\lambda_0}{\lambda} \right)^Y \tag{3.27}$$

式中：$b_{\text{bp}}(\lambda_0)$ 为参考波长处颗粒物后向散射系数；Y 为颗粒物后向散射光谱斜率，取值通常在 0（浑浊水体）$\sim$2（开阔大洋）变动，在某些特定 II 类水体可能超出这个范围。

3.1.4 水体吸收特性分析

Gallie 等（1992）对奇尔科湖的 NAP 和浮游藻类的吸收和散射特性进行了研究，分析了吸收和散射特性与水体各组分浓度的关系。Carder 等（1989）对墨西哥湾的 CDOM 光谱吸收系数进行了研究，分析了 CDOM 成分中不同来源的腐殖酸和富里酸各自的光谱吸收系数及对叶绿素 a 浓度反演算法的影响。Hoepffner 等（1991）分别测定浮游植物色素组成及不同色素的光谱吸收系数，分析不同色素吸收对总光谱吸收的贡献和影响。Babin 等（2003）收集了欧洲近岸水体 300 多个站点水样，分别对水体中浮游藻类、NAP 和 CDOM 的吸收特性进行了详细研究。Bricaud 等（2010）发现在南太平洋水体中 CDOM 吸收和叶绿素 a 浓度有较好的相关性，分析了不同水体组分吸收对总吸收的贡献率。Ma 等（2006）在太湖收集了大量实测数据，系统分析了太湖水体的吸收和散射特性，对其时空动态分布进行了研究。Cao 等（2003）研究了珠江口的

颗粒物光谱吸收系数，发现颗粒物吸收系数与水表面盐度有很好的一致性。孙德勇等（2010）收集了巢湖水体的散射及后向散射系数数据，分析了颗粒物散射系数的特征及变化，发现悬浮颗粒物散射系数可以通过后向散射系数的幂函数模型来表示。宋庆君等（2006）通过对东海、黄海等区域的水体散射特性研究，发现散射系数与后向散射系数呈幂函数关系，但其幂函数的指数在同一海区、不同浑浊度的水体中存在明显差异。

对千岛湖表层颗粒物及 CDOM 吸收光谱进行时空变异分析，表 3.1 统计了千岛湖 Chl-a 和 CDOM 等水质及光学参数，图 3.1 显示了不同季节千岛湖总颗粒物吸收光谱的差异。

表 3.1   千岛湖水质及光学参数统计表

项目	$a_{CDOM}(440)$ /m^{-1}	叶绿素 a 质量浓度 /（μg/L）	总磷质量浓度 /（mg/L）	总氮质量浓度 /（mg/L）	透明度/m
平均值	0.229	4.045	0.025	1.04	4.7
最小值	0.124	0.371	0.012	0.85	3.7
最大值	0.493	19.615	0.044	1.25	6.0

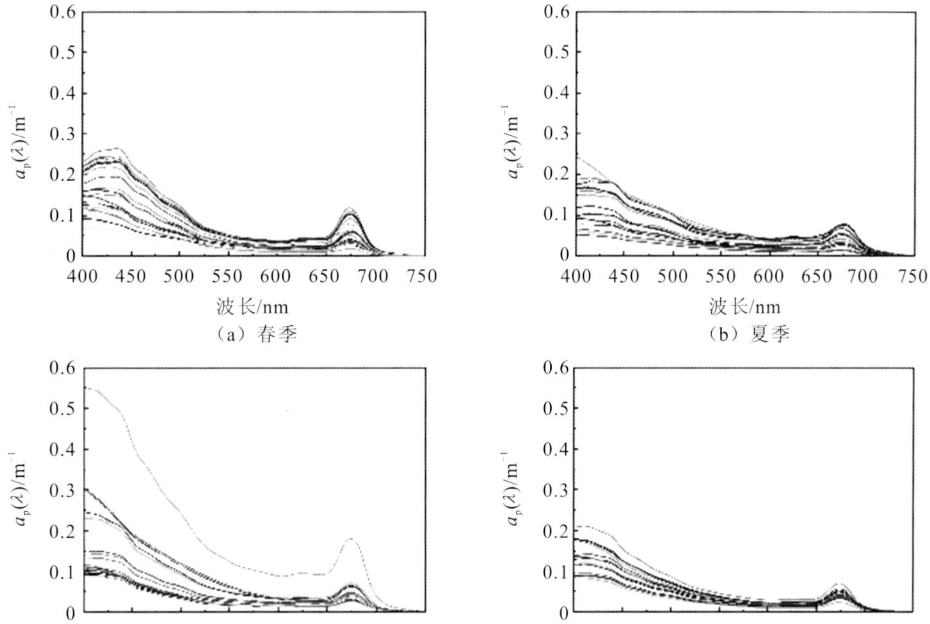

图 3.1   千岛湖总颗粒物吸收光谱的季节性差异

由表 3.1 和图 3.1 可以看出，整体上，千岛湖光学活性物质无论是在空间上还是季节上变异较小。从表 3.1 中可以看出，千岛湖 Chl-a 质量浓度的平均值为 4.045 μg/L，在 0.371～19.615 μg/L 变化，结合其他参数的变化范围表明，千岛湖水体处于贫-中营养化状态，水质良好。从季节性差异来看，春季千岛湖总颗粒物吸收光谱在 440 nm 和 675 nm 附近吸收峰强度最大，这主要是因为春季千岛湖水体浮游植物繁殖，使得水体颗粒物中浮游藻类的比例升高，因此春季总颗粒物吸收光谱呈现出浮游藻类吸收光谱的特征。

为避免季节性因素影响对总颗粒物及 CDOM 吸收光谱空间差异的分析，单独对夏季总颗粒物及 CDOM 吸收数据进行分析，图 3.2 显示了不同区域总颗粒物及 CDOM 吸收光谱的差异。各区域总颗粒物平均吸收光谱趋势为西北区>西南区>东北区>缓冲区>东南区，这主要是夏季千岛湖西北区、西南区和东北区都属于径流输入区，其中径流输入最大的为西北区，径流输入使水体中颗粒物浓度明显升高，导致总颗粒物吸收光谱最大。CDOM 平均吸收光谱呈现趋势为西北区>东南区>缓冲区>东北区>西南区，西北区是主要的外源有机物输入区域，因此该区域 CDOM 吸收较高；东南区 CDOM 吸收较高的原因可能是东南区作为唯一的出水区，其他区域外源有机物的输入在水动力和生物地球化学作用下汇集于东南区。

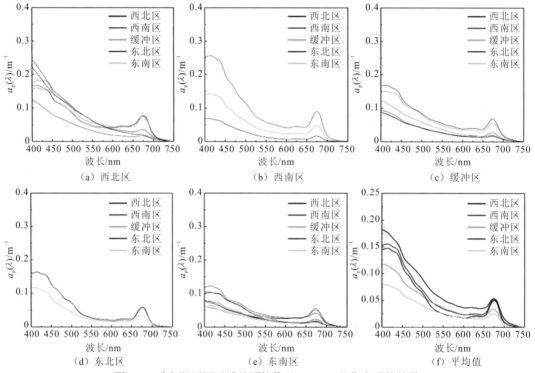

图 3.2　千岛湖不同区域总颗粒物及 CDOM 吸收光谱的差异

图 3.3 所示为千岛湖不同季节 $a_{ph}(440)$ 与 $a_{CDOM}(440)$ 的关系，其中春季和冬季两者的相关系数 R^2 分别为 0.472 和 0.541，显著高于夏季和秋季。这说明春季和冬季千岛湖 CDOM 主要来自内源浮游藻类的降解，而夏季和秋季 CDOM 更多来自外源有机物输入。

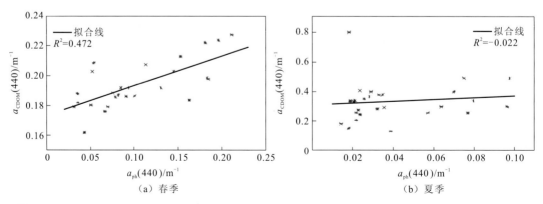

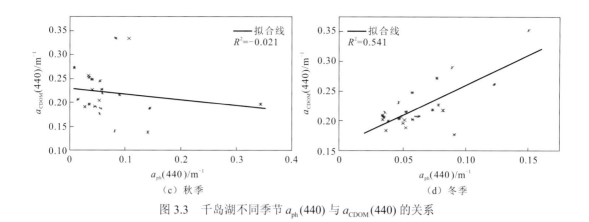

图 3.3　千岛湖不同季节 $a_{ph}(440)$ 与 $a_{CDOM}(440)$ 的关系

3.2　大洋水体的 IOPs 半分析算法

水体 AOPs 和水体中物质的含量信息是通过 IOPs 来联系的，IOPs 的变化能反映水体组分的变化和水团类别的变化，很多学者关注水体 IOPs 反演算法的开发，希望开发水色卫星 IOPs 反演的业务化算法，以生产出质量可靠的 IOPs 遥感产品。IOPs 是水体 OACs 组成变化的重要指示因子，是连接 AOPs 与水体成分数量的关键参数，通过现场实测或卫星获取的 R_{rs} 来反演，算法总体上分为三类：经验算法、半分析算法和分析算法。经验算法是基于简单或多重回归方法建立 R_{rs} 与 IOPs 的统计关系，不需要对两者的关系有深入的理解，方法简单，可操作性强，目前使用较多但局限性较大。半分析算法是通过数值模拟将水体辐射传输方程近似之后得到的算法，具有清晰的物理含义，能够稳健地表达水体 IOPs 与水体成分含量的数学关系，但由于对不同区域水体光学性质的认识有限，单一模型并不能描述不同区域、不同类型水体的生物-光学特性，且半分析模型中通常加入了"近似"的方法和经验的参数估计，在应用于不同区域时会产生较大的误差。分析算法是基于光在大气和水中的辐射传输过程的精确求解，目前实际的反演性能不高，但针对近岸和内陆湖泊等水体的反演研究是今后的发展方向。

准分析算法（quasi-analytical algorithm，QAA）和 GSM（garver siegel maritorena）算法是使用最多的两种半分析算法。QAA 运行高效、易操作，在 I 类水体反演精度较高，但受参考波段处吸收模型和颗粒物后向散射光谱斜率计算模型的影响，目前还不能满足近岸和内陆等复杂水体 IOPs 反演的需求。GSM 算法能够获取精度较高的全球开阔大洋的 IOPs，但在近岸和内陆水体的反演值多为无效值，在卫星影像中的运行效率较低。半分析算法比经验算法具有相对明确的物理含义，可为开发不同区域和水体类型的 IOPs 反演算法提供理论支撑。

表 3.2 列出了具有代表性的基于不同求解方法的半分析算法。Gordon 等（1988）利用数值模拟的方法，建立了 I 类水体 L_w 与浮游藻类色素浓度的半分析算法。Hoge 等（1996）提出了一种基于线性矩阵计算的半分析算法，对三个特定波段已知的 R_{rs} 和待求解的 a 和 b_b 建立矩阵方程求解，Wang 等（2005a）对其方法进行了改进。Garver 等（1997）利用实测数据，通过构建方程组建立了基于光谱优化的 IOPs 反演半分析算法，在马尾藻海成功反演了浮游藻类、NAP、CDOM 吸收系数和颗粒物的后向散射系数。Maritorena 等（2002）

改进了 Garver 等（1997）的算法，开发出了 GSM 算法，获取了叶绿素 a 浓度、a_{CDM} 和 b_{b} 等参数，已被应用于 MODIS 的全球 IOPs 反演产品。Lee 等（2002a）提出了一种逐步计算的 QAA，应用于大洋和近岸非浑浊水体 a 和 b_{b} 的反演，并在后续进行了一系列更新，如 QAA-v4 和 QAA-v5 等，使之适用于更多水体类型和区域。Aurin 等（2012）利用富营养化、浑浊河口水体的实测数据，对比分析了 5 种半分析算法的精度，深入讨论了不同参考波段选择对 QAA 参数的敏感性，为后续开发针对特定水体的 QAA 提供了参考。Yang 等（2013）和 Le 等（2009）针对 QAA 不能适用于内陆水体，优化 QAA 的参考波段和计算模型，提出了改进后的 QAA-710 和 QAA-turbid 算法，反演精度有了显著提高。Chen 等（2015）利用 QAA 的框架，对参考波段处的吸收系数、颗粒物后向散射系数的经验模型进行了修改，提出了适用于东海近岸浑浊水体 IOPs 反演的 QAA-RGR。可以说 GSM 和 QAA 已成为水色遥感领域应用最广泛的 IOPs 反演算法，但 GSM 算法的参数输入需要给定一个全局平均值，包括各组分吸收光谱斜率和浮游藻类比吸收系数，这就需要预先设定某区域的实测数据范围，另外这些参数的输入只包含几个特定的波段，近岸或内陆水体的光学特性动态变化范围较大使 GSM 反演的结果具有较大的不确定性。半分析算法的实现途径很多，但对近岸水体和内陆水体的反演还不够成熟，需要针对不同区域、类型水体，开发更加通用化的半分析算法。

表 3.2　水色遥感中基于不同求解方法的半分析算法

方法类别	求解方法	算法开发或应用者
非线性光谱优化反演	非线性回归法	Gordon 等（1988）
		Garver 等（1997）
		Maritorena 等（2002）
	单纯形算法	Ever-King 等（2014）
	神经网络算法	Doerffer 等（2007）
	粒子群算法	Slade 等（2004）
	遗传算法	Zhan 等（2003）
		Song 等（2012）
	模拟退火算法	Salinas 等（2007）
线性反演	线性矩阵算法	Hoge 等（1996）
		Wang 等（2005a）
光谱去卷积反演	逐步计算法	Lee 等（2002a）
		Smyth 等（2006）
		Pinkerton 等（2006）

　　为对比实测吸收系数 $a(\lambda)_{\text{pad}}$ 与反演吸收系数 $a(\lambda)_{\text{der}}$ 和验证算法的精度，采用反演值与实测值在对数坐标下的相关系数（R^2）、均方根误差（root mean square error，RMSE）及线性坐标下的平均相对误差（absolute percentage difference，APD）来表征：

$$R^2 = 1 - \frac{\sum_{i=1}^{N}(a(\lambda)_{\text{pad}} - a(\lambda)_{\text{der}})^2}{\sum_{i=1}^{N}(a(\lambda)_{\text{pad}} - \overline{a(\lambda)_{\text{pad}}})^2} \tag{3.28}$$

$$RMSE = \sqrt{\sum_{i=1}^{N}(a(\lambda)_{pad} - a(\lambda)_{der})^2} \quad (3.29)$$

$$APD = \frac{1}{N}\sum \frac{|a(\lambda)_{der} - a(\lambda)_{pad}|}{a(\lambda)_{pad}} \quad (3.30)$$

式中：N 为样本数；$\overline{a(\lambda)_{pad}}$ 为实测吸收系数的平均值。

3.2.1　基于 QAA 的 IOPs 半分析反演算法构建

Lee 等（2002）提出了一种利用水表面 R_{rs} 来反演水体总吸收系数（a）、后向散射系数（b_b）、浮游藻类吸收系数（a_{ph}）、NAP 和 CDOM 吸收系数之和（a_{CDM}）的 QAA。该算法分为两个部分：第一部分通过 R_{rs} 来反演 a 和 b_b；第二部分在第一部分的基础上将 a_{ph} 和 a_{CDM} 从 a 中分离。第一部分共包含 7 个计算模型，其中有 2 个经验模型、3 个半分析模型和 2 个分析模型，该算法可以通过不同的优化方法以适用于不同区域的 IOPs 反演，并取得较好的反演效果。QAA 初始的输入是 R_{rs} 或 r_{rs}，得到参考波段处的 IOPs 后，将参考波段处的 IOPs 作为下一步的输入，进而计算全波段的 IOPs，即 $a(\lambda)$ 和 $b_b(\lambda)$，具体步骤如下。

（1）计算 $r_{rs}(\lambda)$：

$$r_{rs}(\lambda) = \frac{R_{rs}(\lambda)}{T + \gamma \cdot Q \cdot R_{rs}(\lambda)} \quad (3.31)$$

式中：$T = t_- \cdot t_+ / n^2$，t_+ 为水表面以上下行辐照度透射率，t_- 为水面以下上行辐照度透射率，n 为水体折射指数；γ 为气-水界面反射率；Q 为水面以下上行辐照度与下行辐照度之比。通常情况下，T 取值为 0.52，$\gamma \cdot Q$ 取值为 1.7。

（2）计算 $u(\lambda)$：

$$u(\lambda) = \frac{-g_0 + \sqrt{g_0^2 + 4g_1 \cdot r_{rs}(\lambda)}}{2g_1} \quad (3.32)$$

式中：g_0 取值为 0.0895；g_1 取值为 0.1247。

（3）计算参考波段 λ_0 处的总吸收系数 $a(\lambda_0)$：

$$a(\lambda_0) = a_w(\lambda_0) + 10^{h_0 + h_1 \cdot \chi + h_2 \cdot \chi^2} \quad (3.33)$$

式中：$h_0 = -1.146$，$h_1 = -1.366$，$h_2 = -0.469$；χ 可表示为

$$\chi = \lg\left(\frac{r_{rs}(443) + r_{rs}(490)}{r_{rs}(\lambda_0) + 5\dfrac{r_{rs}(670)}{r_{rs}(490)} \cdot r_{rs}(670)}\right) \quad (3.34)$$

在 QAA 中一般使用 550 nm、555 nm 或 560 nm 作为参考波段。

（4）计算参考波段 λ_0 处的颗粒物后向散射系数 $b_{bp}(\lambda_0)$：

$$b_{bp}(\lambda_0) = \frac{u(\lambda_0) \cdot a(\lambda_0)}{1 - u(\lambda_0)} - b_w(\lambda_0) \quad (3.35)$$

（5）计算颗粒物后向散射光谱斜率 Y：

$$Y = y_0 \left(1 - y_1 e^{y_2 \frac{r_{rs}(443)}{r_{rs}(\lambda_0)}} \right) \qquad (3.36)$$

式中：$y_0 = 2.0$；$y_1 = 1.2$；$y_3 = -0.9$。

（6）计算所有波长的后向散射系数 $b_b(\lambda)$：

$$b_b(\lambda) = b_{bp}(\lambda_0) \left(\frac{\lambda_0}{\lambda} \right)^Y + b_{bw}(\lambda) \qquad (3.37)$$

式中：$b_{bw}(\lambda)$ 为纯水的后向散射系数。

（7）计算 $a(\lambda)$：

$$a(\lambda) = \frac{[1 - u(\lambda)] \cdot b_b(\lambda)}{u(\lambda)} \qquad (3.38)$$

QAA 通过以上 7 个步骤便可以获取水体 IOPs。QAA 已经在 I 类水体的 IOPs 反演中得到了验证，但在近岸水体和 CDOM 浓度较高内陆水体中反演精度还有待提高（Le et al., 2009）。影响 QAA 适用性和 $a(\lambda)$、$b_b(\lambda)$ 反演精度的两个经验模型分别为步骤（2）和步骤（4），这两个步骤中的经验模型在不同区域、不同类型水体中表现出较大的不确定性。很多学者对步骤（2）进行了修正和改进，以使 QAA 适用于不同区域、不同类型的水体。Le 等（2009）以 710 nm 为参考波段，提出了太湖梅梁湾的 QAA-710 算法。Chen 等（2015）以 555 nm 为参考波段，建立了东海 IOPs 反演模型 QAA-RGR。白雁（2007）以 510 nm 为参考波段，建立了黄海、东海的 QAA-SIO 算法。这些算法拓展了 QAA 在 II 类水体 IOPs 反演的应用，但仍针对特定区域、类型的水体，并且没有包含大洋、近岸和内陆等不同水体，需要依赖区域的实测数据，因此算法通用性较差。

3.2.2 遥感反射率构建

遥感反射率 R_{rs} 是水色遥感中最基本、使用最广泛的参数，可通过水表面测量法和水下剖面测量法获取。Mueller 等（1995）描述了上述两种方法。Fargion 等（2000）对上述两种方法进行了补充和完善。Hooker 等（2002）评估了上述两种不同测量方法，发现在 I 类水体中两种方法获取的 L_w 相对偏差保持在 5% 之内，在 II 类水体中也不超过 10%。Gordon（2005）研究了水表面粗糙度在不同风速下对归一化离水辐亮度（nL_w）的影响。Mueller（2000）在 SeaWiFS 上构建了 490 nm 和 555 nm 处 L_w 和 $K_d(490)$ 的经验模型。Lee 等（2011）开发了一种利用实测 IOPs 来消除 L_w 的"角度效应"的方法。孙从容等（2005）研究了悬浮泥沙与 L_w、R_{rs} 和 K_d 之间的关系，讨论了基于 AOPs 的水体类型划分方法。李俊生等（2013）对内陆富营养化太湖水体光场的二向性分布规律进行了研究，并给出了降低方向性对 R_{rs} 影响的策略。申茜等（2011）对 2006~2009 年在太湖收集的 312 个 R_{rs} 光谱曲线进行分析，提出了富营养化水体特征波长的分布位置及其影响因素。

Gordon 等（1983a）通过 CZCS 建立了叶绿素 a 浓度与 L_w 的经验关系，模型的相对误差为 30%~40%。Lee 等（1998a）收集了 7 个不同海域的实测生物光学数据集，发现 440 nm 处水体总吸收系数、浮游藻类的吸收系数与 R_{rs} 之间有很好的线性统计关系。Sathyendranath 等（1994）在纽约湾区建立了叶绿素 a 浓度和藻红蛋白吸收系数的多波段经验模型，并将该模型成功应用于 CZCS。Loisel 等（2001b）收集了大洋和近岸水体实测数据，开发了 R 与 a、b 和 b_b 之间的经验算法。Gould 等（2001）和 Sydor 等（1998）收集了近岸水体光学数据，建立了 a 与 R_{rs} 的经验关系，获得了 $400\sim700\,\text{nm}$ 处的 a。张运林等（2006）收集了太湖夏季 92 个样点水体吸收系数，利用波段组合方法，发现太湖藻类色素浓度与 a 呈现线性或幂函数关系。Li 等（2013）利用实测数据建立了 $b_b(778)$ 与水表面以下遥感反射率（r_{rs}）的经验模型，该算法还被应用于机载高光谱影像。这些算法在特定区域或光学特性类似的水体中精度较好，但受制于经验算法的自身特点，在不同水体的适用性不高。

QAA 的初始输入为水表面上遥感反射率 $R_{rs}(\lambda)$，由 $R_{rs}(\lambda)$ 来计算水体次表面遥感反射率 $r_{rs}(\lambda)$ 的方法主要有以下三种。

（1）Lee 等（2002a）的计算模型，可表示为

$$r_{\text{rs-Lee}}(\lambda) = \frac{R_{rs}(\lambda)}{0.52 + 1.7 \cdot R_{rs}(\lambda)} \tag{3.39}$$

（2）Sathyendranath 等（2001）采用的计算模型，可表示为

$$r_{\text{rs-Sath.}}(\lambda) = \frac{n^2}{t^2} \cdot R_{rs}(\lambda) = 1.89 \cdot R_{rs}(\lambda) \tag{3.40}$$

式中：n 为水体折射率；t 为水气界面透过率，通常 n^2/t^2 取 1.89。

（3）Yang 等（2017）发现式（3.39）中的系数 0.52 和 1.7 依赖于波长变化，并不是常数，于是提出了一种基于波长的参数化方法，可表示为

$$r_{\text{rs-Yang}}(\lambda) = \frac{R_{rs}(\lambda)}{\alpha(\lambda) + \beta(\lambda) \cdot R_{rs}(\lambda)} \tag{3.41}$$

式中：$\alpha(\lambda)$、$\beta(\lambda)$ 可以根据波长的多项式关系来计算：

$$\alpha(\lambda) = 0.3638 + 8.776 \times 10^{-4} \lambda - 9.193 \times 10^{-7} \lambda^2 + 3.174 \times 10^{-10} \lambda^3 \tag{3.42}$$

$$\beta(\lambda) = 1.357 + 8.608 \times 10^{-4} \lambda - 6.347 \times 10^{-7} \lambda^2 \tag{3.43}$$

前两种方法已有学者进行过比较，发现 Lee 等（2002a）的计算模型优于 Sathyendranath 等（2001）的模型，因为 Lee 的计算模型考虑了非线性的因素，能够控制 $r_{rs}(\lambda)$ 在高值区高估的趋势。本小节利用东海（ECS）和千岛湖（QDH）数据集对 Lee 等（2002a）和 Yang 等（2017）的计算模型进行比较，结果如图 3.4 所示，可以看出两种方法在不同波段的计算结果几乎一致，Yang 等（2017）的方法更能抑制高值区高估，且随着波长的增加抑制的效果更明显。为了控制误差传递的变量，便于与 QAA 做比较，采用 Lee 等（2002a）的计算模型。

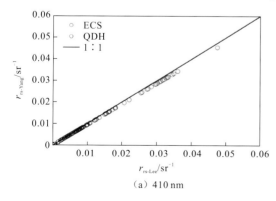

（a）410 nm

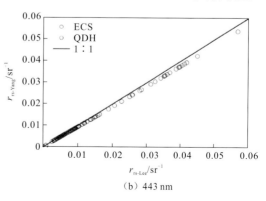

（b）443 nm

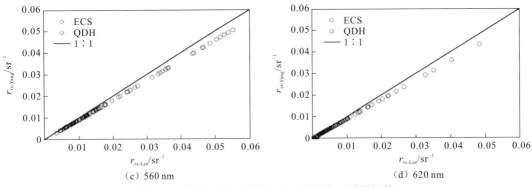

(c) 560 nm (d) 620 nm

图 3.4 东海、千岛湖计算不同波段的 r_{rs} 结果比较

式（3.32）显示了 $u(\lambda)$ 与 $r_{rs}(\lambda)$ 的关系，而 $u(\lambda)$ 又可以表示为

$$u(\lambda) = \frac{b_b(\lambda)}{a(\lambda) + b_b(\lambda)} \qquad (3.44)$$

由此便可以建立 IOPs 与 AOPs 的联系。

根据 Gordon 等（1988）的结果，在大洋水体中，式（3.32）中 g_0 取 0.095，g_1 取 0.080；Lee 等（1999）发现在近岸浑浊水体中，g_0 取 0.084，g_1 取 0.170。采用两者的平均值，即 g_0 取 0.0895，g_1 取 0.1247。

3.2.3　IOPs 反演结果分析

用于 IOPs 反演的遥感反射率数据集包括 NOMAD 全球实测数据集、东海（ECS）实测数据集、千岛湖（QDH）实测数据集，涵盖了大洋、近岸和内陆水库等不同水体类型。NOMAD 中所有浑浊水体和中等浑浊水体的 R_{rs} 数据集都参与了算法验证，两种类型的 R_{rs} 光谱共 469 条；东海数据集中中等浑浊水体光谱类型都参与了算法建模，中等浑浊水体数据集 R_{rs} 光谱共 46 条，东海数据集剩余的高浑浊水体高悬浮泥沙的 R_{rs} 光谱则没有包含在反演数据集内；千岛湖数据集全部属于中等浑浊水体光谱类型，参与算法建模的 R_{rs} 光谱共 47 条。

通过图 3.5 可以看到，不同区域、不同类型水体遥感反射率存在显著的特点及差异。三个区域数据集的 R_{rs} 光谱都表现出同一个特点，即在 560~620 nm，R_{rs} 都存在一个迅速下降的趋势，且形成一个光谱凹槽。

为了开发 IOPs 反演的半分析算法，还需要建立与 R_{rs} 数据集相匹配的 IOPs 反演数据集。

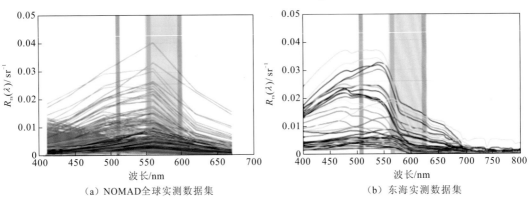

（a）NOMAD 全球实测数据集　　　　　　　（b）东海实测数据集

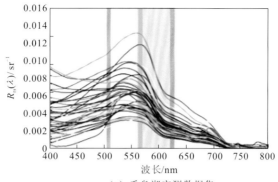

（c）千岛湖实测数据集

图 3.5　反演数据集 R_{rs} 光谱

灰色框表示 560～620 nm 的波段范围，蓝色、绿色及粉色框分别为特征波长 510 nm、560 nm、620 nm 所在位置

已知水体总吸收系数可以表示为总颗粒物、CDOM 和纯水吸收系数之和，这里将水体总吸收系数表示成两部分：

$$a = a_{w} + a_{pc} \tag{3.45}$$

式中：a_{pc} 为 a_{p} 与 a_{CDOM} 之和。图 3.6 分别展示了 NOMAD、东海和千岛湖反演数据集的 a_{pc} 和 a_{w}，其中：NOMAD 的 a_{pc} (440) 为（0.183±0.211）m^{-1}，在 0.006～1.035 m^{-1} 变化；东海 a_{pc} (440) 为（0.277±0.226）m^{-1}，在 0.085～1.319 m^{-1} 变化；千岛湖 a_{pc} (440) 为（0.417±0.139）m^{-1}，在 0.204～0.961 m^{-1} 变化。三个不同数据集的 a_{pc} 在 500 nm 前差异显著，在 510～630 nm a_{pc} 曲线相对平直，说明 a_{pc} 在该波段的变异较小，与此同时，a_{w} 在该

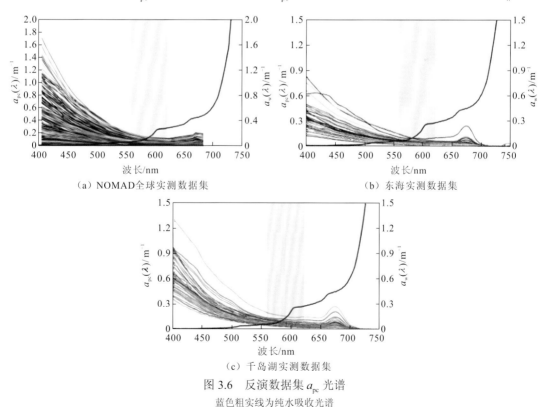

（a）NOMAD全球实测数据集　　　　　　　　（b）东海实测数据集

（c）千岛湖实测数据集

图 3.6　反演数据集 a_{pc} 光谱

蓝色粗实线为纯水吸收光谱

波段呈迅速上升。

图3.7显示了NOMAD、ECS、QDH三个数据集的a_{pc}在560 nm和620 nm两个波段的差值，$a_{pc}(560)-a_{pc}(620)$的平均值为（0.016 ± 0.018）m^{-1}，在$0.000\ 21\sim0.099\ m^{-1}$变化。将$a_{pc}(560)-a_{pc}(620)$值与纯水在该波段吸收系数的差值0.213 m^{-1}（图3.7中蓝线）做比较，发现不同数据集$a_{pc}(560)-a_{pc}(620)$的平均值远小于0.213 m^{-1}，约为$a_w(560)-a_w(620)$值的10%。由此，从IOPs的角度解释图3.5中R_{rs}光谱在$560\sim620$ nm迅速降低，主要是由纯水在$560\sim620$ nm波段内吸收引起，而不是由浮游藻类、NAP和CDOM的吸收引起。NOMAD数据集$a_{pc}(560)-a_{pc}(620)$的平均值最小，约为0.017 m^{-1}，是$a_w(560)-a_w(620)$值的7.9%。QDH数据集$a_{pc}(560)-a_{pc}(620)$的平均值最大，约为0.03 m^{-1}，是$a_w(560)-a_w(620)$值的14.1%。

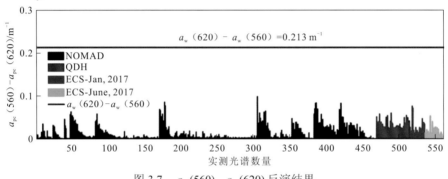

图 3.7　$a_{pc}(560)-a_{pc}(620)$ 反演结果

蓝色线表示 $a_w(560)-a_w(620)=0.213\ m^{-1}$

若将a_{CDM}当作a_{CDOM}使用，在NOMAD数据集会对a_{CDOM}高估约20%，对ECS和QDH数据集将分别造成18%和30%的高估，在太湖数据集将造成50%的高估，因此开发CDOM的分离算法十分必要。根据412 nm、443 nm和490 nm三个波段的a_{phc}值定义了443 nm处a_{phc}吸收光谱的基线高度LH(443)，发现该指数能很好地反映a_{phc}与a_{CDOM}的定量关系，由此建立a_{CDOM}与LH(443)的关系模型，模型在NOMAD数据集的R^2和RMSE为0.78和0.041，在ECS、QDH数据集的R^2分别为0.42和0.81。利用CDOMLH分离算法并结合QAA-GRI算法，形成对水体相对完整的CDOM反演算法QAA-GRI-CDOMLH。将其与CO-a443S和QAA-E算法进行比较，结果表明，QAA-GRI-CDOMLH算法在NOMAD、ECS和QDH三个数据集的反演精度最高，R^2和平均绝对百分比误差（mean absolute percentage error，MAPE）分别为0.84和42.8%，优于CO_a443S算法（$R^2=0.64$，MAPE=72.9%）和QAA-E算法（$R^2=0.40$，MAPE=66.2%）。此外，利用QAA-Turbid算法和CDOMLH算法可以很好地反演太湖水体的CDOM吸收系数，这表明CDOMLH算法具有较好的通用性。

3.3　中低浑浊水体的 IOPs 半分析算法

QAA 包含的两个经验模型是根据大洋数据集来建模的，针对其在近岸和内陆水体反演精度不足的问题，提出一种新的适用于不同区域、类型水体（主要是浑浊水体、中等浑浊）的 IOPs 半分析反演算法，其中参考波段处吸收系数的半分析计算模型可以通过合理假设推导计算而来，因此明显提高了 QAA 的反演精度和适用性。

3.3.1　基于 GRI 的 IOPs 半分析反演算法构建

QAA 最关键的步骤是计算参考波段处总吸收系数和颗粒后向散射系数，在获取了 $a(\lambda_0)$ 和 $b_{bp}(\lambda_0)$ 的基础上，根据光谱的吸收、散射模型及 IOPs 与 AOPs 相互关系计算出其他波段的 $a(\lambda)$ 和 $b_b(\lambda)$。Lee 等（2002a）指出针对不同水体，QAA 对 IOPs 的反演精度主要取决于参考波段处吸收系数的计算模型。然而在 QAA 中参考波段处吸收系数 $a(\lambda_0)$ 的计算模型使用的是经验算法，极大影响了算法在不同区域、类型水体的反演精度，限制了算法的适用性。在不同水体 IOPs 和 AOPs 实测数据的基础上，利用辐射传输方程推导出的近似公式，在 IOPs 和 AOPs 的固有特征及相互关系的合理假设下，建立新的参考波段 510 nm 处 $a(\lambda_0)$ 的计算模型，具有明确的物理含义。

根据 Gordon 等（1988）和 Carder 等（1999）提出水表面之上的遥感反射率 R_{rs} 可以表示成 $a(\lambda)$ 和 $b_b(\lambda)$ 的函数形式：

$$R_{rs}(\lambda) \propto \frac{f(\lambda)}{Q(\lambda)} \cdot \frac{b_b(\lambda)}{a(\lambda) + b_b(\lambda)} \qquad (3.46)$$

式中：f 为依赖太阳天顶角和体散射函数的参数；Q 为水面之下上行辐照度与上行辐亮度之比。Loisel 等（2001a）指出 f/Q 值一般较小，依赖观测几何和水中光场分布。在不同水下光场条件下，通过合适的观测几何（太阳天顶角小于 60°，观测天顶角小于 30°），可以将该值的变异控制在 10% 以内，即使在不适合的观测几何下，该值的最大变异也不超过 20%。因此，考虑 f/Q 值在 500～620 nm 的变化小、不显著，第一个合理的假设是认为 f/Q 值在这些波段近似相等。

为了将遥感反射率与纯水、非纯水组分吸收系数和后向散射系数建立直接关系，可以将式（3.46）转换为

$$R_{rs}(\lambda) \propto \frac{f(\lambda)}{Q(\lambda)} \cdot \frac{b_b(\lambda)}{a_w(\lambda) + a_{pc}(\lambda) + b_b(\lambda)} \qquad (3.47)$$

根据反演数据集的 $a_{pc}(\lambda)$ 吸收光谱（图 3.6），发现 $a_{pc}(\lambda)$ 在 560～620 nm 曲线平直，且 $a_{pc}(\lambda)$ 值很小，显著小于在蓝光波段的值，这说明在该区间内 $a_{pc}(\lambda)$ 值变化不显著，因此对 $a_{pc}(\lambda)$ 做一个合理的假设：

$$a_{pc}(560) \approx a_{pc}(620) \qquad (3.48)$$

此外，发现后向散射系数 $b_b(\lambda)$ 在 500～650 nm 曲线相对平直（图 3.6），且在浑浊水体和中等浑浊水体中后向散射数值很小，对波长的依赖较小。根据以上分析，可得

$$b_b(510) \approx b_b(560) \approx b_b(620) \qquad (3.49)$$

为了将后向散射系数 $b_b(\lambda)$ 分离出来，首先考虑消除式（3.46）分母上的 $b_b(\lambda)$。根据图 3.7 分析结果可知 $a_{pc}(560) - a_{pc}(620) \ll a_w(620) - a_w(560)$，利用 560 nm 和 620 nm 处 R_{rs} 倒数的差值，并结合式（3.47）计算得

$$\frac{1}{R_{rs}(620)} - \frac{1}{R_{rs}(560)} \propto \frac{f}{Q}\left[\left(\frac{a_{pc}(620) - a_{pc}(560)}{b_b(620)}\right) + \left(\frac{a_w(620) - a_w(560)}{b_b(560)}\right)\right]$$

$$\approx \frac{f}{Q} \cdot \frac{a_w(620) - a_w(560)}{b_b(560)}$$

$$\propto \frac{a_{\rm w}(620) - a_{\rm w}(560)}{b_{\rm b}(560)} \qquad (3.50)$$

式中：$a_{\rm w}(620) - a_{\rm w}(560) = 0.213\ \mathrm{m}^{-1}$。式（3.50）从数学上再次证明 $R_{\rm rs}$ 在 560～620 nm 迅速降低是由纯水在此区间吸收系数的迅速增加引起，可得

$$0.213 \cdot \frac{R_{\rm rs}(560) \cdot R_{\rm rs}(620)}{R_{\rm rs}(560) - R_{\rm rs}(620)} \propto b_{\rm b}(560) \qquad (3.51)$$

建立后向散射系数与遥感反射率的关系后，使用 510 nm 处的遥感反射率 $R_{\rm rs}(510)$。同时，考虑在 II 类水体和浑浊水体中，后向散射系数的量值远小于吸收系数的量值，$1/R_{\rm rs}(510)$ 与 $a(510)/b_{\rm b}(510)$ 存在很好的关系。将式（3.51）乘以 $1/R_{\rm rs}(510)$，可以得到一个绿红波段指数（green-red index，GRI）：

$$\mathrm{GRI} = 0.213 \cdot \frac{R_{\rm rs}(560) \cdot R_{\rm rs}(620)}{R_{\rm rs}(560) - R_{\rm rs}(620)} \cdot \frac{1}{R_{\rm rs}(510)} \propto a(510) \qquad (3.52)$$

根据以上建立的参考波段 510 nm 处的水体总吸收系数和颗粒后向散射光谱斜率 Y 的计算模型，在 QAA 框架基础上构建 QAA-GRI 算法的整个流程，如图 3.8 所示，具体计算步骤见表 3.3。

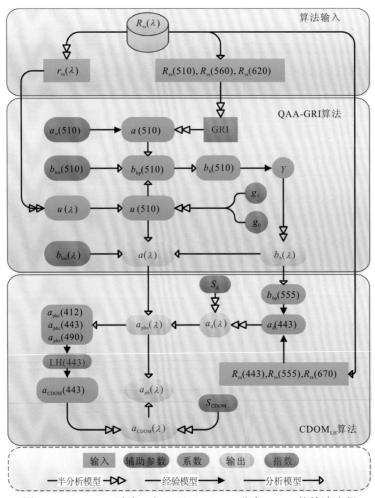

图 3.8　QAA-GRI 反演 a 和 $b_{\rm b}$ 及 $\mathrm{CDOM_{LH}}$ 分离 $a_{\rm CDOM}$ 的算法流程

表 3.3　QAA-GRI 算法反演 IOPs 的计算模型及方法

步骤	参数	算式	方法
1	r_{rs}	$R_{rs} / (0.52 + 1.7 R_{rs})$	半分析算法
2	$u(\lambda)$	$\dfrac{-0.089 + \sqrt{0.089^2 + 4 \times 0.125 r_{rs}}}{2 \times 0.125} = 0.4776 \times \text{GRI}^{0.5813}$	半分析算法
3	$\lambda_0 = 510 a(\lambda_0)$	$\text{GRI} = 0.213 \times \dfrac{R_{rs}(560) \times R_{rs}(620)}{R_{rs}(560) - R_{rs}(620)} \times \dfrac{1}{R_{rs}(510)}$	半分析算法
4	$b_{bp}(\lambda_0)$	$\dfrac{u(\lambda_0) a(\lambda_0)}{1 - u(\lambda_0)} - b_{bw}(\lambda_0)$	分析算法
5	Y	$0.1675 \cdot (b_b(510))^{-0.4653} - 0.6268$	经验算法
6	$b_{bp}(\lambda)$	$b_{bp}(\lambda_0)\left(\dfrac{\lambda_0}{\lambda}\right)^Y$	半分析算法
7	$a(\lambda)$	$\dfrac{(1 - u(\lambda))(b_{bw}(\lambda) + b_{bp}(\lambda))}{u(\lambda)}$	分析算法

通过水体总后向散射系数 $b_b(\lambda)$ 指数建立 510 nm 处吸收系数与 510 nm、560 nm 和 620 nm 三个特征波段 R_{rs} 之间的关系，使用 NOMAD 反演数据集建立参考波段 510 nm 处吸收系数 $a(510)$ 和 GRI 的计算模型，模型的相关系数 R^2 达到了 0.81，如图 3.9（a）所示。

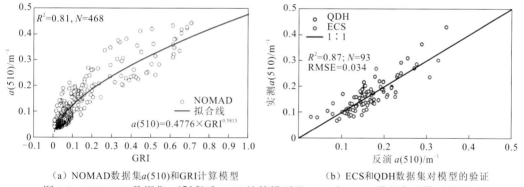

（a）NOMAD 数据集 $a(510)$ 和 GRI 计算模型　　　（b）ECS 和 QDH 数据集对模型的验证

图 3.9　NOMAD 数据集 $a(510)$ 和 GRI 计算模型及 ECS 和 QDH 数据集对模型的验证

利用 QAA-GRI 算法，首先对 NOMAD 数据集进行 IOPs 的反演，并将反演的结果与实测数据进行比较，如图 3.9（b）所示。从图中可以看出，QAA-GRI 算法反演的 $a(\lambda)$ 与 NOMAD 实测的 $a(\lambda)$ 在 443 nm、490 nm、560 nm 的数据散点均分布在 1∶1 线附近，没有出现明显的高估或低估的情况。此外，在参考波段 510 nm 前的波段反演精度优于其后的波段。对 NOMAD 数据集而言，QAA-GRI 算法在 443 nm 处的反演精度最好，相关系数 R^2 达到了 0.88，MAPE 小于 30%；560 nm 处，相关系数 R^2 较低、MAPE 较高，但 RMSE 最小。

根据图 3.9 得到参考波段处吸收系数 $a(510)$ 的计算模型：

$$a(510) = 0.4776 \cdot \text{GRI}^{0.5813} \tag{3.53}$$

该模型利用了浑浊和中等浑浊水体在 560～620 nm R_{rs} 迅速降低主要是由纯水吸收引起的特征，该特征在该类水体中普遍存在，且不受制于区域，因此该模型适用于不同区域的 II 类水体和浑浊水体。利用未参与建模的 ECS 和 QDH 数据集对模型进行验证，结果显

示模型计算的 $a(510)$ 与实测的 $a(510)$ 数据散点很好地分布于 $1:1$ 线附近，R^2 和 RMSE 分别达到了 0.87 和 0.034。

为了对 QAA-GRI 算法的计算模型进行评估，利用 ECS 和 QDH 的反演数据集对比不同计算模型的结果。图 3.10 显示了不同计算模型在 ECS 和 QDH 数据集的应用，结果显示 QAA-GRI 算法在 510 nm 处吸收系数计算模型的 R^2 为 0.74，明显高于 QAA-v5、QAA-RGR 和 QAA-CJ 算法，而 RMSE 的差异则较小，因此整体上 QAA-GRI 算法参考波段处的计算模型是最优的。

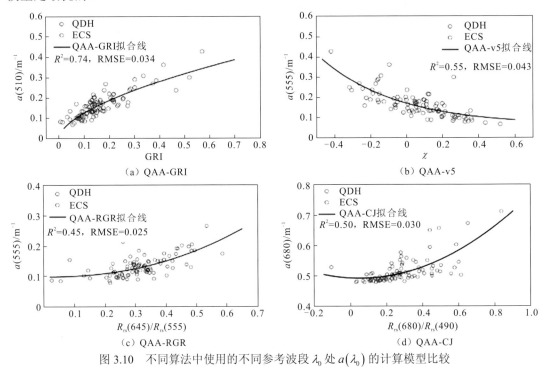

图 3.10   不同算法中使用的不同参考波段 λ_0 处 $a(\lambda_0)$ 的计算模型比较

在获取了参考波段处水体总吸收系数后，还需对颗粒物后向散射系数进行参数化，才能最终计算出每个波段 a 和 b_b。颗粒物后向散射光谱呈指数函数衰减，因此问题的关键是对颗粒物后向散射光谱斜率 Y 进行计算。目前使用较多计算 Y 值的方法有 Lee 等（2002a）提出的基于 r_{rs} 比值的经验方法和 Hoge 等（1996）利用 R_{rs} 比值的经验方法，利用国际海洋水色协调组织（International Ocean-Colour Coordinating Group，IOCCG）模拟数据集和 NOMAD 数据集对 Y 进行参数化。

Lee 等（2002a）在 QAA-v5 中使用的计算方法：

$$Y = 2.0\left(1 - 1.2\mathrm{e}^{-0.9\frac{r_{rs}(443)}{r_{rs}(555)}}\right) \tag{3.54}$$

Hoge 等（1996）的计算方法：

$$Y = \alpha\left(\frac{R_{rs}(490)}{R_{rs}(555)}\right) + \beta \tag{3.55}$$

本小节提出一种基于参考波段处后向散射系数来计算 Y 值的经验方法，可以计算出 510 nm 处颗粒物后向散射系数 $b_{bp}(510)$：

$$b_{bp}(510) = \frac{u(510) \cdot a(510)}{1 - u(510)} - b_w(510) \tag{3.56}$$

由图 3.9 可以发现，随着 510 nm 处颗粒物后向散射系数的增大，后向散射光谱形状越趋于平缓，Y 的值越小。由此，对 $b_{bp}(510)$ 和 Y 值进行拟合，得到的拟合模型称为 Y-510，可表示为

$$Y = \alpha \cdot (b_{bp}(510))^{\beta} + \eta \tag{3.57}$$

当 $\alpha = 0.1675$，$\beta = -0.4653$，$\eta = -0.6268$ 时，模型的拟合系数 R^2 最高，达到 0.94。

与 Lee 等（2002a）和 Hoge 等（1996）的模型在 NOMAD 数据集进行对比，结果显示整体上三种方法的数据散点分布在 1:1 线附近，说明相对偏差较小，但 Hoge 等（1996）的方法获取的 Y 在高值区存在高估的趋势，Lee 等（2002a）的方法略有低估。考虑 Y 的计算模型对整个算法的反演精度影响有限，采用 Y-510 的计算模型。

3.3.2 QAA-GRI 算法结果分析

本小节建模时使用的是 NOMAD 数据集，ECS 和 QDH 数据集没有参与建模，因此可用 ECS 和 QDH 数据集独立地对 QAA-GRI 算法进行验证。将 ECS 和 QDH 两个数据集的 R_{rs} 数据作为 QAA-GRI 算法的输入，按照图 3.8 中 QAA-GRI 的算法流程，分别验证 QAA-GRI 算法在东海和千岛湖水体的适用性，如图 3.11 和图 3.12 所示。

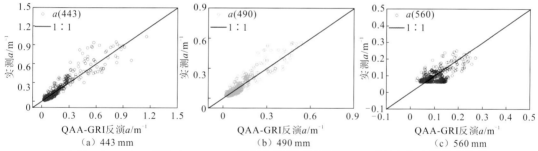

图 3.11 QAA-GRI 算法在 NOMAD 数据集的不同波段的 $a(\lambda)$ 反演值与实测值的比较

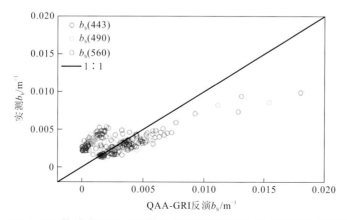

图 3.12 QAA-GRI 算法在 NOMAD 数据集的不同波段 $b_b(\lambda)$ 反演值与实测值的比较

图 3.13 显示了 GSM 算法和 QAA-GRI 算法对 QDH 数据集在 443 nm、490 nm、510 nm 处总吸收系数反演值和实测值的散点图,其中 GSM 算法有 2 个样本无法获得收敛结果。从图中可以看出,QAA-GRI 算法对 QDH 数据集在三个波段的 $a(\lambda)$ 反演结果都显著优于 GSM 算法,GSM 算法反演值与实测值存在一定的低估趋势,这与在东海的反演结果类似。表 3.4 对两种算法的反演结果进行了统计比较,QAA-GRI 算法在三个波段的 R^2 分别达到了 0.45、0.78 和 0.79,均高于 GSM 算法的 R^2,且 RMSE 分别为 0.147、0.041 和 0.031,MAPE 分别为 22.2%、16.4%和 14.9%,均小于 GSM 算法的 RMSE 和 MAPE,这说明 QAA-GRI 算法能够很好地适用于千岛湖水体的 IOPs 反演,且反演精度优于 GSM 算法。

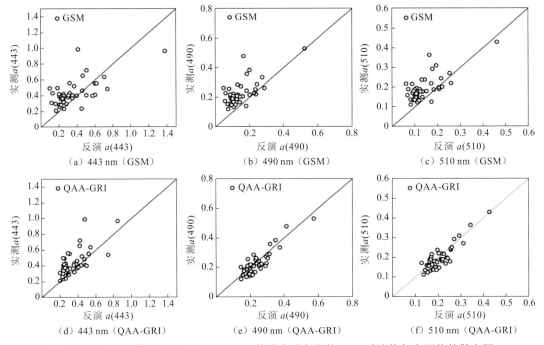

图 3.13 业务化算法 GSM 和 QAA-GRI 算法在千岛湖的 $a(\lambda)$ 反演值与实测值的散点图

表 3.4 GSM 算法和 QAA-GRI 算法在千岛湖的反演精度统计

算法	波段	样本数	斜率	截距	R^2	RMSE	MAPE/%
GSM	443	45	0.4669	0.2693	0.42	0.188	33.9
	490	45	0.6788	0.1296	0.46	0.107	38.8
	510	45	0.6418	0.1039	0.51	0.074	31.8
QAA-GRI	443	46	0.8016	0.1533	0.45	0.147	22.2
	490	46	0.9308	0.0045	0.78	0.041	16.4
	510	46	0.9520	-0.0014	0.79	0.031	14.9

同样,利用 QAA-GRI、QAA-v5 和 QAA-RGR 算法对 QDH 数据集的反演结果进行对比分析,图 3.14 显示了 QAA-v5、QAA-RGR 和 QAA-GRI 算法对 QDH 数据集的反演结果。整体来看,QAA-GRI 和 QAA-v5 算法反演结果的数据散点均分布于 1:1 线附近,而 QAA-RGR 反演结果的数据散点明显偏离 1:1 线,存在一定的低估趋势。三种算法在 443 nm、490 nm、510 nm、560 nm 和 620 nm 反演结果如图 3.15 所示,可以看出

QAA-GRI 算法在 R^2、RMSE 和 MAPE 上均显著优于 QAA-v5 和 QAA-RGR 算法，QAA-RGR 算法的 R^2 优于 QAA-v5 算法，但 RMSE 和 MAPE 较差。QAA-GRI 反演的 $a(620)$ 值更加集中分布于 $0.3\ \mathrm{m}^{-1}$ 附近，动态变化范围为 $0.30\sim0.41\ \mathrm{m}^{-1}$，更接近于真实值。

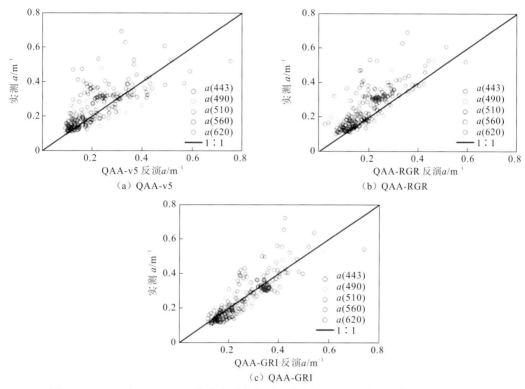

图 3.14　GSM 和 QAA-GRI 算法在千岛湖不同波段的 $a(\lambda)$ 反演值与实测值的散点图

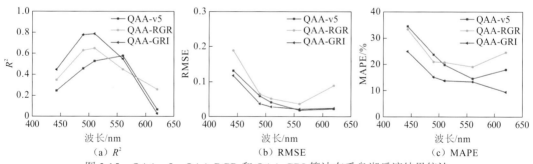

图 3.15　QAA-v5、QAA-RGR 和 QAA-GRI 算法在千岛湖反演结果统计

考虑水体类型对 QAA-GRI 算法反演精度的影响。对 QAA-GRI 算法在千岛湖和东海的反演结果分析发现，QAA-GRI 算法对中等浑浊水体的 IOPs 反演精度要明显优于 GSM、QAA-v5 和 QAA-RGR 等算法。为了分析不同类型水体对 IOPs 反演精度的影响，将 QAA-GRI 算法在 NOMAD 数据集的反演结果与 QAA-v5 算法做对比，如图 3.16 所示。从图中可以看出 QAA-GRI 和 QAA-v5 算法对 NOMAD 数据集的反演都能取得很好的效果，数据散点均集中分布于 1:1 线附近，QAA-v5 算法在高值区有一定的高估趋势。两种算法在 443 nm、490 nm、510 nm 和 560 nm 的反演结果统计见表 3.5。

从表 3.5 中可以看出，对于 NOMAD 数据集，QAA-v5 算法在 4 个波段的平均相关系

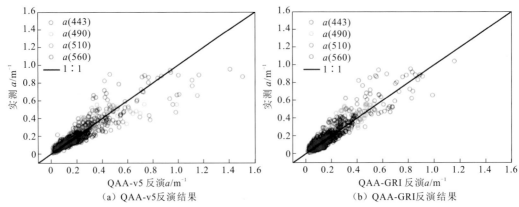

（a）QAA-v5反演结果　　　　（b）QAA-GRI反演结果

图 3.16　QAA-GRI 和 QAA-v5 算法对 NOMAD 数据集的反演结果比较

表 3.5　**QAA-GRI 和 QAA-v5 对 NOMAD 数据集反演结果统计**

吸收系数	算法	斜率	截距	R^2	RMSE	MAPE/%
$a(443)$	QAA-v5	0.7481	0.0499	0.81	0.112	22.4
	QAA-GRI	1.0303	0.0093	0.88	0.075	29.5
$a(490)$	QAA-v5	0.8220	0.0238	0.87	0.048	20.1
	QAA-GRI	1.0644	0.0001	0.86	0.044	31.8
$a(510)$	QAA-v5	0.7857	0.0239	0.87	0.038	18.8
	QAA-GRI	1.0244	-0.0006	0.83	0.036	29.1
$a(560)$	QAA-v5	0.6829	0.0277	0.85	0.023	11.3
	QAA-GRI	0.4959	0.0408	0.31	0.041	39.7

数 R^2 为 0.85，RMSE 和 MAPE 分别为 0.055 和 18.15%，而 QAA-GRI 算法平均相关系数 R^2 为 0.72，RMSE 和 MAPE 分别为 0.049 和 32.53%。在 443 nm、490 nm 和 510 nm 波段，两种算法的 R^2 与 RMSE 相差不大，但 QAA-v5 算法的 MAPE 更小，并且 QAA-v5 算法在 560 nm 的反演效果更好。

通过 QAA-GRI 算法在三个数据集的反演结果，发现 QAA-GRI 算法在千岛湖和东海的反演精度全面优于 QAA-v5 算法，但对于 NOMAD 数据集，QAA-GRI 算法的反演精度与 QAA-v5 算法相当，甚至略逊于 QAA-v5 算法。为了找到 QAA-GRI 算法在不同数据集与 QAA-v5 反演精度差异的原因，对比这三个数据集参考波段处吸收系数 $a(510)$ 与 GRI 的关系，如图 3.17 所示。从图中可以看出，属于中等浑浊水体的东海和千岛湖数据点都分布于

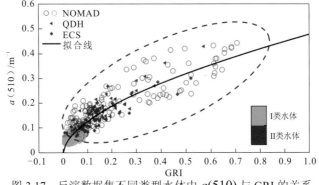

图 3.17　反演数据集不同类型水体中 $a(510)$ 与 GRI 的关系

蓝色虚线内，在该范围内 QAA-GRI 算法的精度要明显优于 QAA-v5、QAA-RGR 和 GSM 等其他算法，原因是该范围内 a(510) 与 GRI 的相关性更好。由于 NOMAD 数据集中包含了 I 类和 II 类两类水体，且 NOMAD 数据集中 I 类水体数据点较多，该类型数据点大多分布于蓝色虚线范围外，这部分数据点 a(510) 与 GRI 的相关性较差，导致 QAA-GRI 反演精度降低，而 QAA-v5 就是针对 I 类水体开发的算法，因此这部分数据的反演精度要优于 QAA-GRI 算法。

  为了更直观地反映 QAA-GRI 与 QAA-v5 算法在 NOMAD 数据集中不同水体类型的反演效果，对分类后 NOMAD 数据集中 I 类和 II 类水体分别进行反演，结果如图 3.18 所示。整体上，QAA-v5 算法在 I 类水体中的反演精度优于 QAA-GRI 算法，这与 QAA-v5 算法更适用于 I 类水体的结论一致；而对 II 类水体，QAA-GRI 算法的反演精度优于 QAA-v5 算法，其数据散点更加集中地分布于 1∶1 线附近，QAA-v5 算法在高值区反演偏差较大，存在一定的高估趋势[图 3.18（c）中黑色虚线框]。

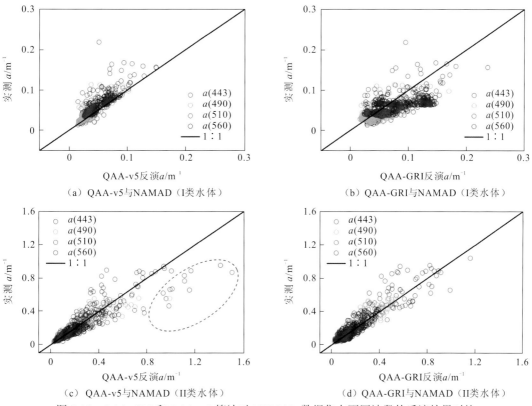

图 3.18 QAA-GRI 和 QAA-v5 算法对 NOMAD 数据集在不同波段的反演结果对比

  QAA-v5 算法对 I 类水体在 443 nm、490 nm、510 nm 和 560 nm 的反演结果统计也显示其反演精度优于 QAA-GRI 算法，但略有低估的趋势（表 3.5）。QAA-v5 算法在 4 个波段的平均相关系数 R^2、RMSE 和 MAPE 分别为 0.63、0.014 和 18.0%，而 QAA-GRI 算法对 I 类水体的反演值与实测值的偏差显著大于 QAA-v5，其 MAPE 达到了 43.8%。QAA-GRI 对 II 类水体在 443 nm、490 nm、510 nm 和 560 nm 的反演结果统计显示其在 R^2 和 RMSE 方面都优于 QAA-v5 算法，尽管它们的 MAPE 相差较小。QAA-v5 和 QAA-GRI 算法无论对 I 类还是 II 类水体在红光波段的反演效果均不理想，其反演偏差要明显大于在绿光和蓝光波段，QAA-v5 算法反演的动态变化范围明显大于 QAA-GRI 算法，因此 QAA-GRI 算法在红光波段的反演精度要优于 QAA-v5 算法。

3.3.3　QAA-GRI 算法不确定性分析

有关算法精度的不确定性分析，首先要考虑水体光学参数测量与计算之间的误差。QAA-GRI 算法建立在 QAA 基础上，主要针对其中两个经验模型做了改进，考虑 QAA 是根据 IOPs 与 AOPs 的联系逐步计算各光学参数，因此有必要对各个步骤的误差来源进行分析。

算法精度的不确定性可能来自数据的测量及处理过程，表 3.6 所示为 QAA-GRI 和 QAA-v5 算法对 NOMAD 数据集中 I 类和 II 类水体的反演结果统计。R_{rs} 数据的获取，需要考虑现场的风速、观测几何、船体阴影、底部反射和测量方法等。东海和千岛湖水体均为光学深水区域，因此无须考虑底部反射对 R_{rs} 的影响，但其他因素会对 R_{rs} 产生影响。r_{rs} 数据不能通过现场测量获得，而 QAA 采用半分析模型来计算 r_{rs}，它是根据 R_{rs} 来间接获取 r_{rs}，其模型的经验系数 0.52 和 1.7 是针对较低的光谱观测角和光学深水水体。由于目前还没有可用的分析模型来准确计算 r_{rs}，特别是在近岸和内陆等光学特性相对复杂的水体，r_{rs} 的计算可能会引入一定的误差。利用基于 R_{rs} 的不同模型来计算 r_{rs}，并对比分析计算结果的差异，发现 r_{rs} 的差异较小，这也说明 r_{rs} 的计算模型对 QAA 的影响较小。提出的 510 nm 处的吸收系数计算模型直接使用 R_{rs} 而非 r_{rs}，该模型基于 GRI 指数，结合了差值法和比值法的优点，在一定程度上削弱了 R_{rs} 对算法造成的不确定性。

表 3.6　QAA-GRI 和 QAA-v5 算法对 NOMAD 数据集中 I 类和 II 类水体的反演结果统计

类型	吸收系数	算法	斜率	截距	R^2	RMSE	MAPE/%
I 类水体（N=211）	$a(443)$	QAA-v5	1.2029	0.0038	0.68	0.022	23.1
		QAA-GRI	0.7975	0.0180	0.56	0.027	40.1
	$a(490)$	QAA-v5	1.0974	0.0056	0.73	0.014	20.8
		QAA-GRI	0.9586	0.0107	0.51	0.022	41.9
	$a(510)$	QAA-v5	0.9802	0.0116	0.66	0.014	20.1
		QAA-GRI	0.9742	0.0124	0.36	0.023	36.7
	$a(560)$	QAA-v5	0.8815	0.0132	0.45	0.008	7.9
		QAA-GRI	1.0111	0.0313	0.04	0.046	56.6
II 类水体（N=257）	$a(443)$	QAA-v5	0.6794	0.0925	0.74	0.150	21.8
		QAA-GRI	0.9767	0.0374	0.83	0.099	21.7
	$a(490)$	QAA-v5	0.7743	0.0391	0.82	0.064	18.6
		QAA-GRI	1.0122	0.0181	0.83	0.056	24.3
	$a(510)$	QAA-v5	0.7524	0.0328	0.80	0.050	17.3
		QAA-GRI	0.9727	0.0164	0.81	0.044	22.9
	$a(560)$	QAA-v5	0.6534	0.0332	0.79	0.030	14.2
		QAA-GRI	0.5998	0.0475	0.65	0.037	25.8

现场和实验室对吸收系数的测量会引入一定的误差，在现场使用水下光谱吸收衰减测量仪（spectral absorption and at-tenuation meter，AC-S）测量水体吸收时，需要对仪器进行精确的定标，特别是对于低吸收水体，仪器定标对现场测量值影响较大；在实验室使用分光光度计法测量吸收系数也会引入误差，由于颗粒物和 CDOM 样品在实验室需要较多的处理工序，虽然严格按照海洋光学测量规范操作，但难免还会引入误差，如进行浮游藻类色素萃取得不够彻底，在 NAP 样品上会残存浮游藻类的色素，从而导致 NAP 吸收系数的偏高及浮游藻类吸收系数的偏低。

影响 QAA-GRI 算法反演精度最主要的步骤是参考波段处吸收系数的计算模型。从不同算法反演的结果来看，QAA-GRI 算法优于其他 QAA 的主要原因是选取了 510 nm 作为参考波段，建立了 $a(510)$ 与 GRI 的计算模型，该模型经过合理的推导，具有明确的物理含义，超越了一般经验模型，因此具有更好的普适性。另一个影响 QAA-GRI 算法反演精度的是 Y 值的计算，有研究表明 Y 值对吸收系数的反演影响较小，但对后向散射系数 b_b 有较大影响，且在不同水体中影响的程度不一样。

在原 QAA 的计算步骤中，即使是采用的半分析模型也存在一些不确定因素，是经辐射传输方程推导出来的近似公式，其中 g_0 和 g_1 并不是常数，它们在不同水体的取值不一样，受太阳天顶角和水体散射相函数等影响，因此 g_0 和 g_1 的取值会影响 QAA-GRI 算法的精度，且对后向散射系数的影响高于对吸收系数的影响，g_0 和 g_1 的不同取值引起 $u(\lambda)$ 的计算误差不会高于 10%，不会影响算法的整体反演效果。

图 3.19 所示为 QAA-GRI 算法和 QAA-v5 算法在 NOMAD 中 I 类和 II 类水体的 $a(620)$ 反演结果对比。可以看出不同类型水体对 QAA-GRI 算法反演的不确定性有明显的影响，

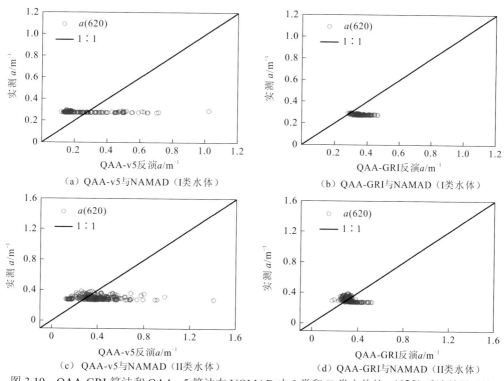

（a）QAA-v5 与 NAMAD（I 类水体）　　　　（b）QAA-GRI 与 NAMAD（I 类水体）

（c）QAA-v5 与 NAMAD（II 类水体）　　　　（d）QAA-GRI 与 NAMAD（II 类水体）

图 3.19　QAA-GRI 算法和 QAA-v5 算法在 NOMAD 中 I 类和 II 类水体的 $a(620)$ 反演结果对比

这主要是其光学特性的差异造成的。QAA-v5 算法存在一定程度的高值区高估，更适用于 I 类水体，而 QAA-GRI 算法在 I 类和 II 类水体都适用，且在 II 类水体的反演精度更高。

针对某一区域建立的 IOPs 反演算法，一般都依赖该区域水体光学特性，而不同类型水体的光学特性差异较大，因此经验算法难以直接应用于不同水体，这也是目前为止还没有通用化的 IOPs 反演算法的原因。本节提供一种 IOPs 反演完整、可行的思路，将水体划分为不同的类型，针对不同的水体类型开发与之相适应的算法，以此来提高水体 IOPs 反演的精度，从而解决算法通用化的问题。由于水色传感器的不断发展，获取的水体光谱信息越来越丰富，利用卫星获取 R_{rs} 光谱并进行水体光学性质的分类已成为可能。

3.4　高浑浊水体的 IOPs 半分析算法

QAA 是基于辐射传输方程建立遥感反射比与水体固有光学量的关系，反演水色物质吸收浑浊系数及浓度，包括三个半分析模型、两个分析模型和两个经验模型，算法可应用于多种类型的多光谱、高光谱和星载传感器。QAA 研究区域为光学特性相对简单的大洋水体，参考波长选择为 $\lambda_0=555$ nm，而算法的两个经验模型依据水体光学特性而变化，对于内陆光学特性复杂且光学活性物质多的高吸收水体（$a(440)>0.3$ m^{-1}），参考波长需向近红外波段移动，使该算法适用于内陆水体。

3.4.1　高浑浊水体 IOPs 反演算法 QAA_740

根据已有研究，QAA_v4 算法（$\lambda_0=640$ nm）应用于大洋沿岸水体具有较好的反演效果，QAA_v5 算法将参考波长延长至 $\lambda_0=667$ nm 以适应光学特性更为复杂的水体。针对高吸收的水体太湖将参考波长 λ_0 延长至 710 nm，得到较好的反演效果，并对应用于 MERIS 数据进行讨论。延长参考波长至红波段不仅有利于大气校正，参考波长处的遥感反射率还与叶绿素 a 具有较好的相关性，更避免了短波参考波长处的遥感反射率包含的水体光学组成信息的复杂性。由于红波段和近红外纯水吸收系数逐渐增大，而纯水的后散射系数在该波段几乎为零，此波段处的遥感反射率更容易获取。因此，长波段处参考波长应根据不同传感器和遥感影像波段而调整。由于 QAA_v5 算法是根据算法结构，按照每步步骤和公式计算，其误差来源于步骤中参数化的变量。总吸收系数 $a_p(440)$ 大于 0.3 m^{-1} 的水体为高吸收水体。针对研究区域水体水色物质的吸收特征，均表现为典型 II 类水体。因此，选定 740 nm 代替 QAA_v5（$\lambda_0=667$ nm）为参考波长 λ_0。根据 QAA_v5 算法，为避免星载遥感影像大气校正误差和短波长处复杂固有光学特征影响参考波长处的遥感反射率，参考波长处遥感反射率具有一定的临界范围，计算公式如下：

$$R_{rs}(667) = 20(R_{rs}(\lambda_0))^{1.5} \tag{3.58}$$

$$R_{rs}(667) = 0.9(R_{rs}(\lambda_0))^{1.7} \tag{3.59}$$

对于不同水体，$R_{rs}(667)$ 的值分别为：查干湖（9 月为 0.87 sr^{-1}；10 月为 0.1 sr^{-1}）、松花湖（7 月为 0.016 sr^{-1}；9 月为 0.011 sr^{-1}）、石头口门水库（6 月为 0.06 sr^{-1}；9 月为 0.03 sr^{-1}）和新立城水库（0.18 sr^{-1}）。查干湖、石头口门水库和新立城水库均在参考波长遥感反射率

的临界范围内，而松花湖的 $R_{rs}(667)$ 不在范围内，说明 QAA_750 算法并不适合松花湖水体，需要适时调整参考波长位置。$a(\lambda_0)$ 可根据下式计算：

$$\chi = \lg\left[\frac{r_{rs}(443)+r_{rs}(490)}{r_{rs}(\lambda_0)+5\dfrac{r_{rs}(667)}{r_{rs}(490)}r_{rs}(667)}\right] \tag{3.60}$$

为了对比 QAA_v5 和 QAA_740 算法的性能，针对新立城水库水体应用 λ_0=670 nm 和 λ_0=740 nm 反演 11 个样点的水体总吸收系数，结合均方根误差（RMSE）和平均误差百分比（APD）评价算法不确定性，如图 3.20 所示。QAA_740 算法反演效果、反演光谱形状优于 QAA_v5 算法，表明对内陆浑浊水体的吸收系数反演，应延长参考波长至更长波段。总体上，QAA_740 算法反演的总吸收系数在绿光波段（500～550 nm）和红光波段（600～650 nm）处与实测的总吸收系数一致，而在其他波段尤其是蓝光波段（400～500 nm）和叶绿素的吸收峰波段（650～700 nm）反演效果较差并呈现明显的低估现象，在（550～600 nm）则存在高估现象。对于大多数内陆浑浊水体，浮游植物和有色碎屑物质（非藻类颗粒物和 CDOM）为独立的组分，而大洋或沿岸水质参数浓度及吸收系数相对低于内陆浑浊水体，有色碎屑物质与浮游植物存在共变关系。

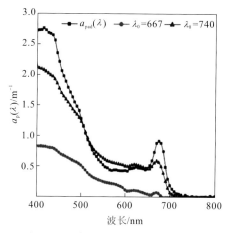 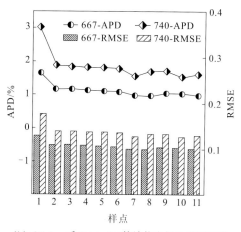

（a）QAA_v5和QAA_740算法总颗粒物吸收系数反演值与实测值对比　　（b）QAA_v5和QAA_740算法均方根误差和平均相对误差对比

图 3.20　QAA_v5 和 QAA_740 算法性能对比

3.4.2　QAA_740 算法反演结果验证

应用实测遥感反射率 $R_{rs}(\lambda)$ 与 QAA_740 算法反演的总吸收系数，选择各个波段的特征波长处（440 nm、550 nm 和 675 nm）的反演值 $a_{der}(\lambda)$ 和实测值 $a_{pad}(\lambda)$，对比分析算法的性能。验证标准依据采样点线性拟合的斜率和截距判定，最优算法的斜率为 1，截距为 0。查干湖 9 月、10 月水色物质特征波长处的 QAA_740 算法验证如图 3.21 所示，9 月 440 nm、550 nm 和 675 nm 的线性拟合 R^2 值分别为 0.77、0.71 和 0.70，10 月为 0.59、0.52 和 0.50，表明 10 月线性拟合效果好于 9 月。如图 3.21 所示，9 月验证线性拟合斜率分别为 0.23、0.70 和 0.71，10 月分别为 0.20、0.28 和 0.31，说明 QAA_740 算法对查干湖水体总吸收系数的反演呈现低估现象，特别是 9 月蓝光波段和 10 月整个波段。蓝光波段的低估现象也表现为其他水体如松花湖和石头口门水库。已有的大多数研究表明，CDOM 和非藻类颗粒物的吸收光谱在水体表现为指数衰减规律，导致短波段遥感反射率包含大量复杂的水色物质信息，增加了算法在短波段处的不确定性。9 月 440 nm、550 nm 和 675 nm 处反演值和实测值的 RMSE 分别为 0.0947、0.0772 和 0.1078，10 月分别为 0.1195、0.076 和 0.0881。9 月 APD 分别为 0.77%，0.51%和 0.99%，10 月为 1.26%、0.53%和 0.68%，RMSE 和 APD 均表现一致的变化趋势。

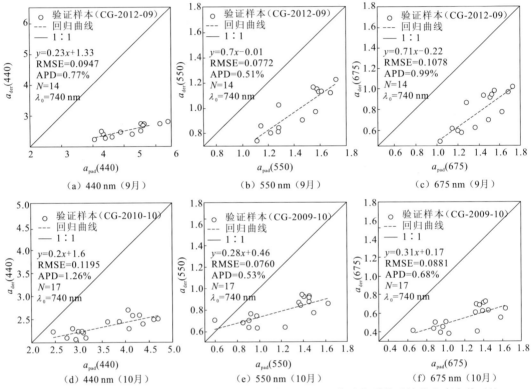

图 3.21　查干湖特征波长处（440 nm、550 nm 和 675 nm）总吸收系数反演值和真实值对比

　　查干湖有大量无机颗粒物的陆源输入和湖底底泥的再悬浮等内源补充，非藻类颗粒物的吸收在总颗粒物的吸收中占较高比例。结合表 3.7，9 月、10 月叶绿素 a 浓度分别为 4.58 μg/L 和 28.9 μg/L，对比总吸收系数和叶绿素 a 的关系，9 月好于 10 月（9 月为 0.81；10 月为 0.34），说明 9 月水体 CDOM、非藻类颗粒物很少部分来源于浮游植物，虽然非藻类颗粒物占有主导，但大体上 9 月的反演效果优于 10 月。这种非藻类颗粒物主导效应掩盖了非藻类和 CDOM 与浮游植物共变的关系，增加了 QAA_740 算法反演的不确定性，表现为 9 月 440 nm 的验证斜率值低于 550 nm、675 nm。

表 3.7　反演值和实测值回归方程 F 检验

研究区	波段/nm	时间	F 值
查干湖 （CG）	440	2012 年 9 月	43.42
		2009 年 10 月	23.85

研究区	波段/nm	时间	F 值
查干湖 （CG）	550	2012 年 9 月	45.67
		2009 年 10 月	18.31
	675	2009 年 10 月	24.85
		2009 年 10 月	16.31
松花湖 （CG）	440	2008 年 7 月	393.73
		2009 年 9 月	119.84
	550	2008 年 7 月	239.00
		2009 年 9 月	24.27
	675	2008 年 7 月	372.07
		2009 年 9 月	146.82
石头口门水库 （STKM）	440	2008 年 6 月	68.00
		2008 年 9 月	108.68
	550	2008 年 6 月	47.73
		2008 年 9 月	100.61
	675	2008 年 6 月	25.02
		2008 年 9 月	70.26

注：在 0.01 水平上显著

松花湖 7 月、9 月的 $R_{rs}(667)$ 超过 QAA_v5 算法的临界范围，表明 QAA_740 算法不适合松花湖水体。通过调整参考波长至 700 nm 处，满足临界范围的条件，且 QAA 算法反演效果改善。松花湖 7 月、9 月水色物质特征波长处的 QAA_700 算法验证如图 3.22 所示，7 月 440 nm、550 nm 和 675 nm 的线性拟合 R^2 分别为 0.94、0.90 和 0.94，9 月为 0.81、0.46 和 0.84，呈现较好的线性拟合效果。但 9 月水体 550 nm 的反演值和实测值线性拟合效果相对较差，可能由于 9 月总悬浮物浓度高于 7 月，非藻类颗粒物和色素颗粒物的平均贡献率均高于 7 月，而对于内陆浑浊水体，由于陆源输入的颗粒物粒径大小或折射系数存在很大差异，增加了反射波段的不确定性，集中于绿光波段。7 月验证线性拟合斜率分别为 0.54、0.94 和 1.08，9 月分别为 0.34、0.68 和 0.49，呈现较好的反演效果，与查干湖水体类似，

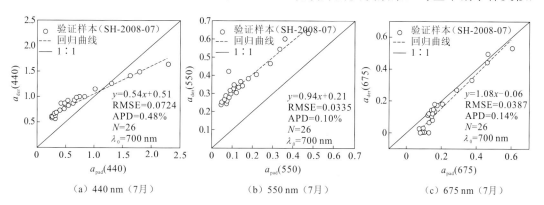

（a）440 nm（7 月）　　　　（b）550 nm（7 月）　　　　（c）675 nm（7 月）

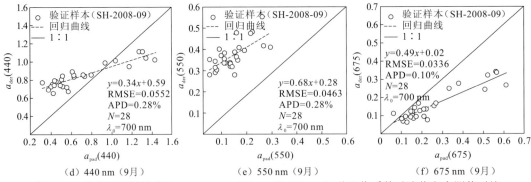

（d）440 nm（9月）　　　　（e）550 nm（9月）　　　　（f）675 nm（9月）

图3.22　松花湖特征波长处（440 nm、550 nm和675 nm）总吸收系数反演值和实测值对比

QAA_700算法对松花湖水体的总吸收系数反演在蓝光波段呈现低估现象。7月440 nm、550 nm和675 nm处反演值和实测值的RMSE分别为0.0724、0.0335和0.0387，9月分别为0.0552、0.0463和0.0336。7月APD分别为0.48%、0.10%和0.14%，9月为0.28%、0.10%和0.10%，RMSE和APD均表现一致的变化趋势，总体上低于查干湖的RMSE、APD值。

7月的反演效果明显优于9月，主要由于不同季节水体中光学活性物质的差异。结合表3.7，7月叶绿素a浓度和TSM浓度（6.35 μg/L和3.32 mg/L）均低于9月（9.31 μg/L和4.05 mg/L），440 nm处的总吸收系数分别为0.68 m^{-1}和0.7 m^{-1}，相比查干湖、石头口门水库和新立城水库更接近QAA建立的大洋和沿岸水体总吸收系数。7月和9月松花湖水体400～700 nm的平均吸收贡献（图3.22）以CDOM为主导（贡献率在70%以上），CDOM的吸收集中于短波紫外线波段，使松花湖QAA_700算法反演效果优于其他水体。7月和9月非藻类颗粒物a_d(440)与叶绿素a浓度的相关系数分别为0.95、0.11，CDOM a_g(440)与相关系数分别为0.64、0.12，该计算结果表明7月非藻类颗粒物和CDOM均与水体中浮游植物共变，尤其非藻类颗粒物大部分来自浮游植物生物降解，使7月QAA_700算法反演效果优于9月。

石头口门水库6月和9月水色物质特征波长处的QAA_700算法验证如图3.23所示，6月440 nm、550 nm和675 nm的线性拟合R^2分别为0.80、0.73和0.59，9月为0.85、0.84和0.78，均呈现较好的线性拟合效果。通过线性拟合的斜率发现，6月验证线性拟合斜率分别为0.18、0.47、0.71，9月分别为0.45、0.90和0.92，与查干湖、松花湖研究结果类似，在440 nm处出现低估现象，特别6月在其他波长处。6月440 nm、550 nm和675 nm处反演值和实测值的RMSE分别为0.2510、0.1625、0.1329，9月为0.1626、0.0803和0.0957。6月APD分别为5.60%、2.34%和1.57%，9月为2.38%、0.58%和0.82%，RMSE和APD均表现一致的变化趋势。6月水体吸收贡献率占第一位和第二位的分别为非藻类颗

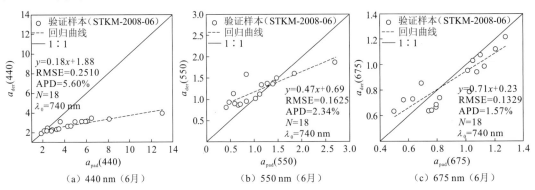

（a）440 nm（6月）　　　　（b）550 nm（6月）　　　　（c）675 nm（6月）

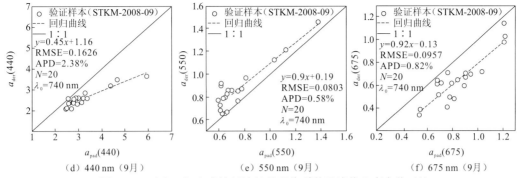

（d）440 nm（9月） （e）550 nm（9月） （f）675 nm（9月）

图3.23 石头口门水库特征波长总吸收系数反演值和真实值对比

粒物和CDOM，而通过其与水质参数的相关分析，其均来源于无机颗粒物的陆源输入，因此QAA_740算法反演效果表现为低估；9月水体吸收贡献率以CDOM为主，其次为陆源性的非藻类颗粒物，QAA_740算法在绿光和红光波段相比蓝光波段反演效果较好。

QAA可逐步根据离水辐亮度建立光学和生物化学特征间的联系，其计算步骤更容易传递和评价每一变量的误差来源。首先，针对查干湖、松花湖、石头口门水库和新立城水库等浅水内陆湖泊或水库，须考虑湖底反射对离水辐亮度的贡献。采用实测的透明度（SDD）、叶绿素a（Chl-a）浓度和真光层深度的经验关系式，估算研究区水体真光层深度，透明度和漫射衰减系数的关系为 $SDD=-\ln0.2/K_d$。根据漫射衰减系数与透明度的经验关系方程（$K_d=0.096+1.852/SDD$），计算水体的漫射衰减系数 K_d。基于公式 $Z_{eu}(PAR)=4.605/K_d(PAR)$，分别得到各个水体的真光层深度为 0.69 m（查干湖）、16.64 m（松花湖）、1.05 m（石头口门水库）和1.86 m（新立城水库），均低于采样时实测水体的平均深度2.19 m（查干湖）、37 m（松花湖）、3 m（石头口门水库）和7.59 m（新立城水库）。

第二个误差主要来自获取水表面以上遥感反射率的过程，需要考虑测量时的风速、船体阴影和测量方法的选择。对于高浑浊水体和最大角度的光谱测量，可增加最大至15%的误差。其次，水下遥感反射率 $r_{rs}(\lambda)$ 不能直接通过测量获取，没有分析函数可针对不同测量角度准确的模型化 $r_{rs}(\lambda)$，尤其是对于光学特性复杂的浅水湖泊和浑浊水体，常常根据其与水表面以上遥感反射率 $R_{rs}(\lambda)$ 的经验参数来计算。针对低观测角度的传感器和光学深水区，经验参数为0.52和1.7。$R_{rs}(\lambda)$ 和 $r_{rs}(\lambda)$ 的关系可定义为 $R_{rs}(\lambda)=0.519$（或 0.524）$r_{rs}(\lambda)$、$R_{rs}(\lambda)\approx 0.5r_{rs}(\lambda)/[1-1.5r_{rs}(\lambda)]$。根据 $R_{rs}(\lambda)$ 和 $r_{rs}(\lambda)$ 的经验关系，分别计算和对比研究区域水体的 $R_{rs}(\lambda)$、$r_{rs}(\lambda)$，均无明显的差异，说明其并不是算法主要误差来源。

若排除湖底反射率贡献，假设 $R_{rs}(\lambda)$ 为零误差，在 QAA_v5 算法计算步骤中，仍存在很多不确定性因素。算法步骤源于辐射传输方程，而 g_0、g_1 为经验值，可根据不同水体变化。分别将 $g_0=0.0949$，$g_1=0.0794$、$g_0=0.084$，$g_1=0.17$ 和 $g_0=0.089$，$g_1=0.125$ 三组值应用于算法，反演 440 nm、550 nm 和 675 nm 的吸收系数。计算结果得出输入的 $g_0=0.0949$，$g_1=0.0794$ 和 $g_0=0.089$，$g_1=0.125$ 参数值反演效果较差，对于高吸收的水体，应设定 $g_0=0.084$，$g_1=0.17$。g_0、g_1 并不是常数，受太阳天顶角和水体光学特性的影响，随着体散射相函数和散射特性变化而变化。因此，g_0、g_1 对后向散射系数有很大的影响，而对吸收系数影响较小，由 g_0、g_1 对经验值的不同而引起不确定性的误差低于10%。

针对提高算法的精度，除优化遥感反射率的测量和计算过程，更应该集中最小化 $\Delta a(\lambda_0)$ 和 ΔY，Y 值为描述颗粒物后向散射概率的参数。QAA 应用 Hydrolight 模拟数值建立时，无论叶绿素 a 浓度的大小，Y 值均为常数。实际上 Y 值为变量，在低叶绿素 a 浓度的水体中其值很高，反之亦然。针对洁净透明的水体，可见光波段散射变化范围为 0.0015～0.6 m^{-1}，而对于湖泊水体其可增加 100 倍。针对浑浊水体，通过颗粒物后向散射系数的迭代法计算 Y 值往往并不呈简单的线性关系，证实 Y 值对低吸收高散射水体具有较大的影响，目前对 Y 值没有优化的算法。

参考波长处的吸收系数也是 QAA_v5 算法中的主要误差来源之一。因此，设定参考波长的范围为 670～800 nm，将查干湖、石头口门水库和新立城水库分别应用算法反演总吸收系数，未得到较好的反演效果。根据查干湖、松花湖、石头口门水库和新立城水库水体的总吸收系数的对比，松花湖的吸收系数更接近于 QAA 建立时应用的模拟值和实测值。Hydrolight 模拟数据主要包括三个生物光学模型：① $a_\Phi(440)=(A[C]^{-B})[C]$；② $a_g(440)=p_1 a_\Phi(440)$；③ $b_{bp}(555)=\{0.002+0.02[0.5-0.25\lg([C])]\}p_2[C]^{0.62}$，计算模拟大洋或沿岸水体吸收系数和散射系数，所有的参数均与叶绿素 a 浓度 $[C]$ 共变。其中 $a_\Phi(440)$ 为 440 nm 处的吸收系数（总吸收系数）；$a_g(440)$ 为 CDOM 在 440 nm 处的吸收系数；$b_{bp}(555)$ 为 555 nm 处的后向散射系数；A、B、p_1、p_2 为相关系数。实际上，对于各组成成分来源相互独立的内陆浑浊水体，QAA 反演效果并不明显，往往出现低估的现象。另外，受到基于时空环境条件的水质参数浓度和固有光学特性的影响，非藻类颗粒物、CDOM 的吸收系数或者颗粒物的后向散射系数往往在内陆水体并不完全呈现负指数的衰减。此外，色素的比吸收系数作为生物化学模型的一部分，随着环境和光场条件变化。

CDOM 的吸收贡献率是否占主导，是内陆水体反演效果的影响因素之一。在 CDOM 吸收贡献率占主导的前提下，非藻类颗粒物的贡献率越高，反演效果越差。主要原因是内陆浑浊水体的光学活性物质的来源相比大洋水体更为复杂，受人类活动、自然条件等因素的综合作用，非藻类颗粒物为陆源性无机颗粒物，增加算法反演的不确定性，尤其是蓝光波段。此外，散射系数反演不完全受浮游颗粒物的影响，也受到陆源性无机颗粒物的影响。颗粒物的后向散射和悬浮颗粒物浓度均随着颗粒物粒径大小和折射系数而改变，尤其是含有较多无机颗粒物的 II 类水体。

针对校正水体数据，改善后的 QAA_740 算法较 QAA_v5(667) 算法反演效果更好。由于延长参考波长，增加算法的不确定性，QAA_740 算法的 RMSE、APD 较 QAA_v5(667) 算法更大。QAA_740 算法可应用于查干湖和石头口门水库总吸收系数的反演，但松花湖水体更适合用 QAA_710 算法。对于查干湖水体，QAA_740 算法在特征波长处的反演均表现出低估的现象；松花湖 QAA_710 算法的应用则表现出较好的反演效果，尤其是夏季水体；而对于石头口门水库水体，QAA_740 算法反演表现出低估现象。QAA 对内陆水体的反演误差主要来源于 $\Delta a(\lambda_0)$ 和 ΔY，水体真光层深度、遥感反射率的测量、水表面遥感反射率和水下遥感反射率的转换关系和模型经验参数 g_0、g_1 等对最后反演结果影响较小，Y 值主要影响散射系数。因此对于内陆浑浊水体，在 CDOM 吸收贡献率占主导的前提下，非藻类颗粒物的贡献率越高，反演效果越差；非藻类颗粒物与叶绿素 a 浓度的相关性越高，反演效果越好。

3.4.3　水体各成分吸收贡献率分析

各数据组的叶绿素 a 含量的描述性统计分析见表 3.8。

表 3.8　叶绿素 a 含量的描述性统计分析　　　　　　　　（单位：μg/L）

数据组	时间	平均值	最小值	最大值	标准差	变异系数	样本数
查干湖	2012-09-26	28.9	14.93	50.94	10.58	0.36	14
	2009-10-12	4.58	1.24	7.24	1.74	0.38	17
松花湖	2008-07-25	6.35	0.45	24.28	7.0	1.1	26
	2008-09-24	9.31	2.32	24.3	6.97	0.74	28
石头口门水库	2008-06-16	24.26	12.9	36.38	6.83	0.28	18
	2008-09-23	35.23	15.75	47.52	8.16	0.23	20
新立城水库	2012-09-19	21.56	16.24	30.51	4.22	0.20	11

注：变异系数等于标准差比平均值

查干湖水体组分吸收贡献率如图 3.24 所示。9 月水体各采样点在 PAR（400～700 nm）波段的平均贡献率大小依次为非藻类颗粒物（53%）>色素颗粒物（33%）>CDOM（14%），10 月平均贡献率大小依次为非藻类颗粒物（53%）>CDOM（31%）>色素颗粒物（16%），表明查干湖秋季水体吸收贡献以非藻类颗粒物为主。9 月水体的叶绿素 a 浓度（28.9 μg/L）高于 10 月（4.58 μg/L），高叶绿素 a 浓度使 9 月水体色素颗粒物的吸收贡献率高于 CDOM 贡献率。9 月为浮游植物生长减弱时期，随着光照时数的减少和气温降低，微生物分解活动增强使浮游植物的降解产物增加，表现为 10 月 CDOM 在水体中的吸收贡献率高于色素颗粒物。但查干湖水体 $a(440)$ 与 TSM、叶绿素 a 浓度均无明显相关性，表明水体中大部分 CDOM 来自内源，只有少部分来源于降解产物。

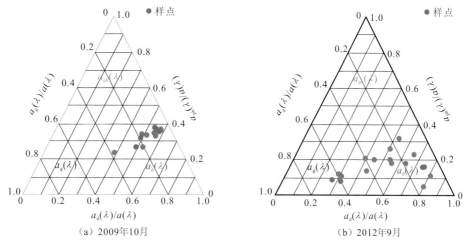

（a）2009年10月　　　　　　　　　（b）2012年9月

图 3.24　查干湖水体组分吸收贡献率

$a_d(\lambda)$、$a_{ph}(\lambda)$ 和 $a(\lambda)$ 分别表示非藻类颗粒物、色素颗粒物和 CDOM 主导，后同

松花湖水体组分吸收贡献率如图 3.25 所示，各采样点在 PAR（400～700 nm）波段的 7 月平均贡献率大小依次为 CDOM（82%）>非藻类颗粒物（9%）>色素颗粒物（8%），9 月平均贡献率大小依次为 CDOM（71%）>色素颗粒物（16%）>非藻类颗粒物（12%），说明松花湖水体吸收贡献以 CDOM 为主。9 月水体的叶绿素 a 浓度（28.9 μg/L）高于 10 月（4.58 μg/L），高叶绿素 a 浓度使 9 月水体色素颗粒物的吸收贡献率高于 CDOM。9 月为浮游植物生长减弱时期，随着光照时数的减少和气温降低，微生物分解活动增强使浮游植物的降解产物增加，表现为 10 月 CDOM 在水体中的吸收贡献率高于色素颗粒物。

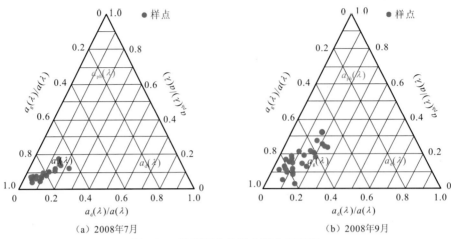

（a）2008年7月 （b）2008年9月

图 3.25　松花湖水体组分吸收贡献率

石头口门水库水体组分吸收贡献率如图 3.26 所示，各采样点在 PAR（400～700 nm）波段的 6 月平均贡献率大小依次为非藻类颗粒物（46%）>CDOM（36%）>色素颗粒物（18%），9 月平均贡献率大小依次为 CDOM（43%）>非藻类颗粒物（36%）>色素颗粒物（20%）。6 月受入库高泥沙含量的影响，入库河流携带一定量的 CDOM，并在水体中积累。9 月虽然为浮游植物生长的减弱时期，叶绿素 a 浓度仍在增加，浮游植物腐烂降解产物对 CDOM 含量的影响并不是很明显，使不断积累的 CDOM 贡献率高于非藻类颗粒物的贡献率，9 月 $a(440)$ 与 TSM、叶绿素 a 浓度均无相关性。

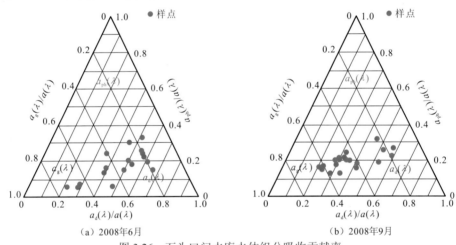

（a）2008年6月 （b）2008年9月

图 3.26　石头口门水库水体组分吸收贡献率

松花湖夏季水体、查干湖和石头口门水库水体中总悬浮颗粒物的吸收光谱曲线均表现出以非藻类颗粒物吸收为主的光谱特征，松花湖秋季水体和新立城水库水体则以色素颗粒物的吸收为主。各水域中 $a(440)$ 值的大小整体表现为查干湖>石头口门水库>新立城水库>松花湖，而石头口门水库夏季水体中 $a(440)$ 最高。通过对水体色素的比吸收系数（蓝红比 $a_{ph}(440)/a_{ph}(675)$）分析发现浮游植物色素以叶绿素 a 浓度为主。不同水体中，各水色物质对非水光吸收的贡献率不同，查干湖中以非藻类颗粒物为主，在 50% 以上；松花湖中以 CDOM 为主，在 70% 以上；新立城水库中以色素颗粒物为主；石头口门水库夏季以非藻类颗粒物为主，秋季以 CDOM 为主。

第 4 章　浮游植物高光谱遥感方法

　　水体中生长着大小形态各异的浮游植物，由于人为活动带来的环境污染，水体经常性暴发有害水华。通过遥感识别浮游植物藻类，可以帮助理解水体碳循环及其对生物地球化学过程的后续影响（Lubac et al.，2008），实现对水体生态区的分类和时空变化监测，改善生态系统模型的性能，了解全球气候变化对浮游植物群落结构的影响。浮游植物藻类组成和分布可影响水表面的光学特性（Sathyendranath et al.，1999），是生物光学特性季节和区域变化的一个重要因素（Stramski et al.，2001）。Sathyendranath 等（2004）利用在 443 nm 波段处的吸收差异来识别以硅藻为主的浮游植物类群，Tomlison 等（2004）利用叶绿素异常法检测短凯伦藻有害水华，其他方法有多光谱分类（Subramaniam et al.，2002）和改进生物光学模型来检测蓝藻束毛藻（Westberry et al.，2005）。利用多光谱卫星影像可以检测到某些种类的浮游植物，高光谱遥感技术具有光谱带宽相对较窄、波段数量多的优点，可用于监测浮游植物藻类组成变化（Ciotti et al.，2002）。

4.1　浮游植物吸收光谱和色谱测量

　　目前缺乏对多种赤潮藻类固有光学性质的统一认识，对由不同门类的藻类引起的水体光学特性变化的差异性缺乏了解，因此基于实验室光谱的藻类识别研究对赤潮监测具有重要意义。

4.1.1　浮游植物样本情况

　　加拿大贝德福德海洋学研究所的浮游植物生产实验室提供了 9 种不同种类的浮游植物分离培养物。这些浮游植物原种培养物是从普罗瓦索利-吉拉德国家海洋浮游植物培养中心获得的。将培养皿中添加经过 1 μm 过滤、紫外线处理、高压处理的海水，并添加 f/2 营养物质，在 20 ℃的恒光照条件下进行培养（Guillard et al.，1962）。其中一些藻类也生长在大型培养管（约 3 m 高，600 L）中，作为研究所各种幼鱼和无脊椎动物的食物来源（图 4.1）。藻类的不同颜色有助于藻类不同生物光学特性的识别，为利用遥感水色数据识别浮游植物藻类提供了一条潜在途径。

　　表 4.1 列出 9 种不同人工培育浮游植物藻类及两种藻类混合物的特征，包括它们的 CCMP 名称、藻类名称、世界海洋藻类登记册（WoRMS）识别号、门类、种类及颜色。定鞭藻门以 *Isochrysis* sp.、*Pavlova lutheri* 和 *Pavlova* sp.三种金黄色鞭毛虫为代表，分别命名为 TISO、MONO 和 PAV。硅藻门以 *Chaetoceros calcitrans*、*Chaetoceros muelleri* 和 *Thallassiosira weissflogii* 三个硅藻类为代表，分别命名为 CCAL、CHGRA 和 ACTIN。其中 *Chaetoceros muelleri* 为红棕色，其他两种硅藻为棕色。绿藻门由 *Tetraselmis striata* GW、

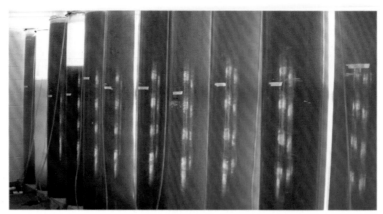

图 4.1　培养管中生长的一些浮游植物藻类

从左至右依次为：*Tetraselmis* sp.（四片藻），TET（三种绿藻类的混合物），*Isochrysis* sp.（等鞭金藻），FLAG（三种定鞭藻类的混合物），*Tetreselmi* sp.，*Chaetoceros muelleri*（牟勒角刺藻），TET，*Chaetoceros muelleri*，*Tetraselmis* sp.，各种硅藻类的混合物，*Tetraselmis* sp.

表 4.1　9 种人工培育浮游植物藻类和两种藻类混合物的参数

名称	编号	识别号	种类	门类	颜色
TISO	1324	248124	*Isochrysis* sp.	鞭毛藻	金黄色
MONO	1325	249732	*Pavlova lutheri*	鞭毛藻	金黄色
PAV	459	249731	*Pavlova* sp.	鞭毛藻	金黄色
CCAL	1315	163013	*Chaetoceros calcitrans*	硅藻	棕色
CHGRA	1316	163098	*Chaetoceros muelleri*	硅藻	红棕色
ACTIN	1336	163513	*Thallassiosira weissflogii*	硅藻	棕色
PLATP	902GW	375951	*Tetraselmis striata* GW	绿藻	绿色
MC2	961GW	134526	*Tetraselmis* sp.	绿藻	绿色
PLY429	GW	134526	*Tetraselmis* sp. Chui	绿藻	绿色
TET			PLATP，MC2，PLY429 混合物	绿藻	绿色
FLAG			TISO，MONO，PAV 混合物	鞭毛藻	金黄色

Tetraselmis sp.和 *Tetraselmis* sp. Chui 三种绿色鞭毛虫为代表，分别命名为 PLATP、MC2 和 PLY429。TET 是三种绿藻类（PLATP、MC2 和 PLY429）的混合物，颜色为绿色，而 FLAG 是三种定鞭藻类（TISO、MONO 和 PAV）的混合物，颜色为金黄色。

参考《赤潮监测技术规程》（HY/T 069—2005），选取我国海域近些年来赤潮事件频繁发生赤潮藻类，测量的海洋微藻选择 5 个门类，7 个属，21 种的藻类，见表 4.2。

表 4.2　测量选取的典型藻类清单

门类	纲类	种类	名称	简写
	Pseudonitzschia	*Pseudonitzschia multiseries*	拟菱形藻	Pm
Bacillariophyta（硅藻）	Thalassiosira	*Thalassiosira rotula*	圆海链藻	Tr
	Chaetoceros	*Chaetoceros debilis* Cleve	柔弱角毛藻	CdC

门类	纲类	种类	名称	简写
	Cyclotella	*Cyclotella cryptica*	隐秘小环藻	Ccr
	Chaetoceros	*Chaetoceros curvisetus*	旋链角毛藻	Ccu
Bacillariophyta（硅藻）	Skeletonema	*Skeletonema costatum*	中肋骨条藻	Sc
	Phaeodactylum	*Phaeodactylum tricornutum* Bohlin	三角褐指藻	PtB
	Thalassiosira	*Thalassiosira weissflogii*	威氏海链藻	Tw
		Prorocendrum dentatum Stein	具齿原甲藻	Pds
	Prorocendrum	*Prorocentrum donghaiense*	东海原甲藻	Pd
		Prorocentrum lima	利马原甲藻	Pl
	Alexandrium	*Alexandrium catenella*	亚历山大藻	Ac
Dinophyta（甲藻）	Prorocentrum	*Prorocentrum micans*	海洋原甲藻	Pm
	Amphidinium	*Amphidinium carterae* Hulburt	强壮前沟藻	AcH
	Karenia	*Karenia mikimotoi*	米氏凯伦藻	Km
	Scrippsiella	*Scrippsiella trochoidea*	锥状斯克里普藻	St
	Akashiwo	*Akashiwo sanguinea*	血红哈卡藻	As
Chrysophyta（金藻）	Phaeocystis	*Phaeocystis globsa*	球形棕囊藻	Pg
	Isochrysis	*Isochrysis galbana*	球等鞭金藻	Ig
Cryptophyta（隐藻）	Heterosigma	*Heterosigma akashiwo*	赤潮异湾藻	Ha
Chromophyta（着色鞭毛藻）	Chattonella	*Chattonella marina*	海洋卡盾藻	Cm

4.1.2　浮游植物吸收系数测量方法

实验测量所用设备主要有：紫外-可见分光光度计（PE Lambda35 和 PE Lambda 950）、激光粒度分析仪（LISST-100X）、多功能荧光仪、尼康显微镜（SMZ1500）、光照培养箱（LRH-250～G）、电热压力蒸汽灭菌器（YX-280A18L）、电热干燥箱（FY-DR-1）、移液枪、枪头（高温灭菌）、100 L 锥形瓶若干、5 mL 移液管若干。

各个藻类是经过海上采样、分子生物学鉴定、分离、提纯、保种等一系列操作之后得到的，单一藻类纯度达到 99.99%以上。在实验室中，通过添加消毒后的 f/2 培养基，并置于光照强度在 3000～5000 lx 的光照培养箱中进行 14 h∶10 h 的光暗周期培养，在每个生长周期的指数期阶段，分离出藻类溶液中的上清液部分进行转接和扩大培养，细胞丰度达到 10^5 个/L 即可用于测量。在培养过程中每两天对各种藻类的细胞个数进行计数，得到一个生长周期中不同藻类对应细胞丰度最大的数值，作为测量时藻类细胞活性强弱的参考。对于无法培养至高丰度的藻类（部分甲藻和着色鞭毛藻），采用大量培养后在 0.7 μm 的聚碳酸酯膜上过滤富集藻类细胞的方法得到浓度较高的藻类培养液用于测量，取其中一部分进行过滤、色素分析和叶绿素 a 浓度、粒径分布的测量。

　　每种浮游植物的吸收光谱都是按照美国国家航空航天局的规定（Mueller et al.，2001）使用配备有积分球的紫外-可见分光光度计，将每种培养物约 10 mL 经过 Whatman GF/F 滤膜过滤，并在 350～750 nm 波长范围内测定总颗粒物相对于空白膜的光密度。将测得的光密度校正路径长度放大因子、十进制转换为自然对数、调整过滤体积和过滤面积、减去碎屑吸收后可得到浮游植物的吸收光谱 $a_{ph}(\lambda)$。其中，路径长度放大因子通过应用 Mitchell（1990）描述的二次方程来估计。碎屑吸收通过用热甲醇（100%）与过滤海水（以去除残留溶剂）去除色素后，再次测定其相对于空白膜的吸收来计算。然后，由总吸收量与碎屑吸收量之差得出浮游植物的吸收光谱。

　　为消除膜光程放大作用，吸收系数测量采用活体测量法。如图 4.2 所示，将藻类培养液盛于四面抛光、光程为 1 cm 的比色皿上，通过固定支架置于 Lambda 950 积分球中测量。

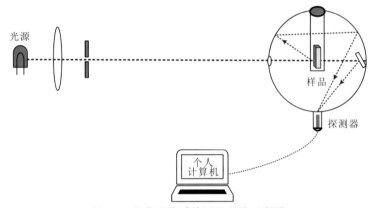

图 4.2　藻类吸收系数测量方法示意图

　　测量中，为了排除藻类培养基对测量结果的影响，首先对用直径为 25 mm 的 GF/F 玻璃纤维膜进行过滤所得藻类滤液进行测量得到 ODs，然后测量藻类悬浊液，测量得到其吸光度（ODf），则藻类细胞的吸收系数 a 表述为

$$a = \frac{2.303}{l}(\text{ODs} - \text{ODf}) \tag{4.1}$$

　　实验测量过程主要是以分光光度计为测量平台而进行的。PE Lambda 35 用于测量颗粒衰减特性，PE Lambda 950 用于测量悬浮颗粒吸收与后向散射特性。PE Lambda 35 波段范围为 190～1100 nm，杂散光小于 0.01%，分辨率 0.1 nm，波谱带宽 1 nm。Lambda 950 配备 150 mm 的积分球，可用于对包括液体、滤膜等进行透射和反射测量，精度和稳定性都非常高。

　　叶绿素 a 浓度采用美国 Turner Designs 公司的 Trilogy 多功能荧光仪测量，测量精度为 0.02 μg/L。利用酸化荧光法测量色素酸化前后的荧光值，通过与标准叶绿素 a 样品的荧光值相比反算样品的叶绿素 a 浓度。细胞丰度测量使用尼康 SMZ1500 体视显微镜，总放大倍率范围从 3.75 倍到 540 倍。粒径测量使用激光粒度分布仪 LISST-100X，测量光学路径长度为 50 mm，测量范围为 2.5～500 μm（0.05～9°），分辨率为 1 mg/L。选取 21 种常见藻类进行光谱吸收等参数测量，藻类吸收光谱曲线如图 4.3 所示。

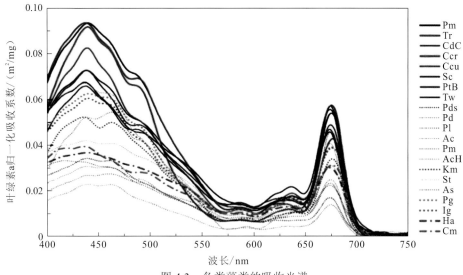

图 4.3　各类藻类的吸收光谱

　　由于叶绿素 a 是浮游植物主要的光合作用色素，且色素含量高，浮游植物吸收光谱必定呈现显著的叶绿素 a 的吸收特性，所测藻类在 440 nm 波段及 675 nm 波段都有 2 个明显的共有的吸收峰。由于浮游藻类除叶绿素 a 之外还具有其他不同的辅助色素如叶绿素 c、类胡萝卜素等，辅助色素会使藻类吸收光谱呈现不同特征，如 465 nm、490 nm 处有较明显的吸收峰。

　　浮游微藻的吸收光谱谱形是由所含色素种类和含量决定，同门类藻类的色素种类及含量相似，在微藻生长过程中，温度、光照、营养盐这些环境因子不仅影响浮游植物生长速率，还对微藻细胞光合产物生化组成产生影响进而影响其生化光学特性。测量藻类细胞的温度为 23 ℃，光照强度为 3000～5000 lx，14 h∶10 h 的光暗周期光照培养箱中培养，取指数生长期活体细胞测量以减小外界环境因子对微藻细胞的生长影响。图 4.4 为所测量不同门类的海洋微藻吸收光谱曲线。

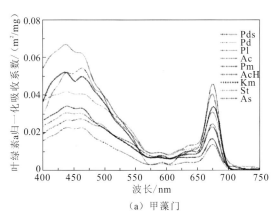

（a）甲藻门

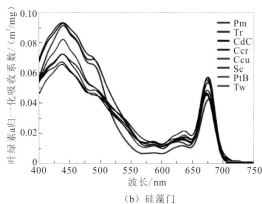

（b）硅藻门

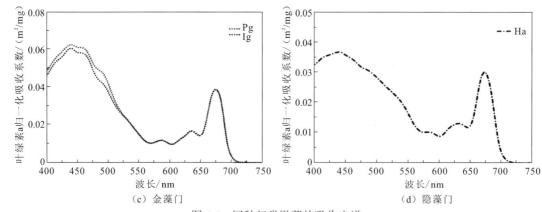

图 4.4　同种门类微藻的吸收光谱

从图 4.4 可以明显看出，同门类的藻类吸收光谱曲线谱形具有很高的相似性，不同门类的藻类则差异明显，具体表现为：在 400～500 nm 波段甲藻门和金藻门表现为双吸收峰结构，而硅藻门表现为单峰结构；490 nm 处和 600～650 nm 处，各个门类的吸收光谱差异性较为明显。

对于吸收测量，为了保持藻类细胞的光学性质不受破坏，避免滤膜法中的膜本身带来的光程放大作用，采用积分球活体测量法，测量精度较高。

4.1.3　藻类色素的高效液相色谱测量分析

采用高效液相色谱法（high performance liquid chromatography，HPLC）进行浮游藻类测量，其基本原理为溶于流动相中的各组分经过固定相时，由于与固定相发生作用（吸附、分配、离子吸引、排阻、亲和）的大小、强弱不同，在固定相中滞留时间不同，从而先后从固定相中流出，对色素做出分离和含量测定。采用高效液相色谱分析一次可分离超过 50 种色素且具有较好的分离度，可自动快速对样品进行定性定量分析。

选取 10 种海洋微藻进行高效液相色谱测量，分别为硅藻门（隐秘小环藻 *Cyclotella cryptica*、旋链角毛藻 *Thalassiosira pseudonana*）、甲藻门（海洋原甲藻 *Prorocentrum micans*、锥状斯克里普藻 *Scrippsiella trochoidea*、血红哈卡藻 *Akashiwo sanguinea*、强壮前沟藻 *Amphidinium carterae* Hulburt）、金藻门（球形棕囊藻 *Phaeocystis globsa*、球等鞭金藻 *Isochrysis galbana*）、隐藻门（赤潮异湾藻 *Heterosigma akashiwo*）、着色鞭毛藻门（海洋卡盾藻 *Chattonella marina*），测量色素种类分别为叶绿素 c3（Chl c3）、叶绿素 c2（Chl c2）、紫苏色素（Peri）、脱植基叶绿素 a（Chlide a）、19'-丁酰氧基岩藻黄素（Butfuco）、墨角藻黄素（Fuco）、新黄质（Neo）、葱绿叶绿素（Prasino）、紫色杆菌素（Viola）、Hex-墨角藻黄素（Hex-fuco）、虾青素（Asta）、硅甲藻素（Diadino）、别藻黄素（Allo）、硅藻黄素（Diato）、玉米黄素（Zea）、叶黄素（Lut）、叶绿素 b（Chl b）、联乙烯叶绿素（DV Chla）、类胡萝卜素（Caro）、Phoride、Phytins 22 种色素，图 4.5～图 4.8 为选取的 4 种测量结果图。

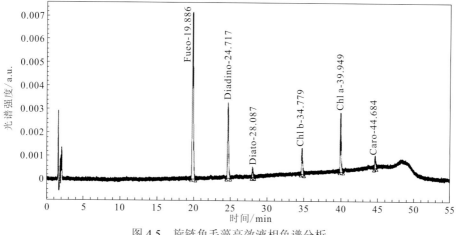

图 4.5　旋链角毛藻高效液相色谱分析

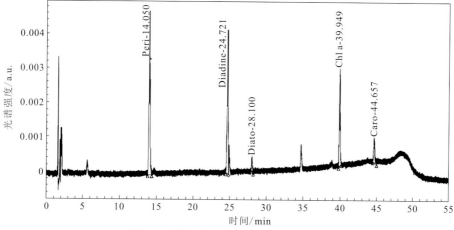

图 4.6　隐秘小环藻高效液相色谱分析

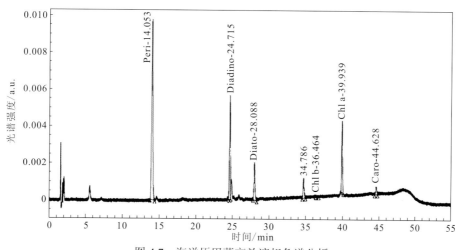

图 4.7　海洋原甲藻高效液相色谱分析

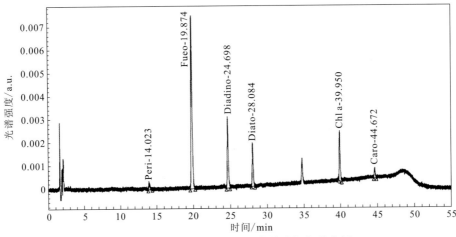

图 4.8　球等鞭金藻色素分析高效液相色谱分析

　　浮游藻类色素主要分为叶绿素、类胡萝卜素和藻胆蛋白三类，其中叶绿素 a 普遍存在于所有藻类细胞中并被广泛用作测定生物量的标志物，将叶绿素 a 的含量设为 1，其他的色素为其参比量。由表 4.3 可知：所测的硅藻门（隐秘小环藻 *Cyclotella cryptica*、旋链角毛藻 *Thalassiosira pseudonana*）中都含有特征色素 Fuco，所测的甲藻门（海洋原甲藻 *Prorocentrum micans*、锥状斯克里普藻 *Scrippsiella trochoidea*、血红哈卡藻 *Akashiwo sanguinea*、强壮前沟藻 *Amphidinium carterae* Hulburt）都含有特征色素 Peri（其他藻类皆不含），且相对浓度含量 Fuco：Peri 约为 1：2，Fuco 色素在 490 nm 附近有贡献一个波峰，甲藻无此色素，这也是 490 nm 处硅藻比甲藻峰陡峭的原因。

表 4.3　10 种海洋藻类的高效液相色谱色素分析结果

色素	藻类									
	Ccr	Ccu	Pm	St	As	AcH	Pg	Ig	Ha	Cm
Chl a	1	1	1	1	1	1	1	1	1	1
Chl c3	0	0	0	0.060	0.069	0.034	0	0	0	0
Chl c2	0	0	0	0	0.016	0	0.052	0.056	0.005	0.029
Peri	0	0	0.782	0.765	0.700	0.558	0	0	0	0
Chlide a	0	0	0	0	0.134	0	0	0.017	0	0.007
Butfuco	0	0	0	0	0	0	0	0	0.011	0
Fuco	0.360	0.487	0	0	0	0	0.514	0.547	0.542	0.353
Neo	0	0	0	0	0	0	0	0	0	0
Prasino	0	0	0	0	0	0	0	0	0	0
Viola	0	0	0	0	0.022	0	0	0.010	0.100	0.088
Hex-fuco	0	0	0	0	0	0	0.004	0	0	0
Asta	0	0	0	0	0.041	0	0	0	0	0
Diadino	0.275	0.099	0.277	0.177	0.146	0.447	0.218	0.136	0.020	0.020

色素	藻类									
	Ccr	Ccu	Pm	St	As	AcH	Pg	Ig	Ha	Cm
Allo	0	0	0	0	0	0	0	0	0	0.008
Diato	0.039	0.016	0	0	0	0.064	0.032	0.024	0	0.021
Zea	0	0	0	0	0	0	0	0	0.019	0
Lut	0	0	0	0	0	0	0	0	0	0
Chl b	0	0	0	0	0	0	0.008	0	0	0
DV Chla	0	0	0	0	0.052	0	0	0	0.008	0
Caro	0.072	0.046	0	0.084	0.056	0.056	0.060	0.050	0.057	0.075
Phoride	0	0	0	0.051	0	0	0	0	0	0
Phytins	0.023	0.016	0	0	0.229	0	0.015	0.019	0.022	0.041

Peri 色素作用在 400~600 nm 处，峰值位置在 500 nm 处，对吸收谱形的影响和 Fuco 色素较为相似。金藻门（球形棕囊藻 *Phaeocystis globsa*、球等鞭金藻 *Isochrysis galbana*）所含主要色素大致与甲藻相同，但是其 Chl c2 的含量是其他藻类所不具备的，Chl c2 对金藻的吸收峰贡献主要体现在 465 nm 处，金藻在 465 nm 处有明显的波峰正是 Chl c2 色素对光的吸收的原因。金藻门（球形棕囊藻 *Phaeocystis globsa*、球等鞭金藻 *Isochrysis galbana*）、隐藻门（赤潮异湾藻 *Heterosigma akashiwo*）和着色鞭毛藻门（海洋卡盾藻 *Chattonella marina*）主要色素和辅助色素与硅藻较为相似。赤潮异湾藻 *Heterosigma akashiwo* 有一种较为特殊的色素 Zea，主要是由其携带的固氮蓝细菌所有，但其含量约为叶绿素 a 含量的 2%，是区别于其他藻类的特征色素之一。将部分色素吸收光谱归一至藻类吸收光谱上，从色素角度解释藻类吸收光谱变化原因。

图 4.9 所示为藻类与色素的比吸收系数，从图中可以清楚看出，硅藻在 400~450 nm 有明显的单一吸收峰，而甲藻和金藻则有较对称的双吸收峰，这是由于甲藻中叶绿素 c 的相对含量较高（表现在 465 nm 处），使叶绿素 c 的吸收峰峰值占总吸收比例变大，波峰显

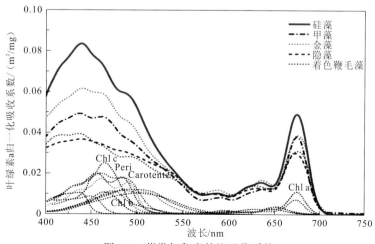

图 4.9 藻类与色素的比吸收系数

示比较明显，而硅藻在对应位置虽也受叶绿素 c 的作用，但是并不明显。隐藻在 400~500 nm 比较平滑，仅有一个吸收峰，由 HPLC 测量结果可知，这是由于隐藻除了主要色素叶绿素 a，含量较多的为墨角藻黄素（Fuco），表现出硅藻的光谱特征，其他辅助色素皆低于 1%，光谱谱形表现较为平滑。着色鞭毛藻与其他藻类相比较为特别，在 414 nm 处有个波峰，相比于其他海洋藻类，着色鞭毛藻的 Chl c2 含量较高，约为叶绿素 a 的 3%，可以考虑是叶绿素 c 含量较高导致的。在 490 nm 处，由于受胡萝卜素、Peri 色素影响的作用，硅藻、甲藻、金藻、着色鞭毛藻都存在吸收肩带，只是甲藻较金藻、着色鞭毛藻波峰较为陡峭，而隐藻则相对较为平滑。此外，在 635 nm 处，硅藻和金藻有一个明显的小吸收峰，考虑是叶绿素 a 和叶绿素 c 的作用，但硅藻的叶绿素 c 含量可忽略不计，金藻的叶绿素 c 含量仅为叶绿素 a 含量的 6%左右，且从叶绿素 c 在蓝色波段对其他几种吸收系数的影响程度来看，可以认为主要是叶绿素 a 的贡献。

叶绿素 a 是海洋浮游植物最主要的光合作用贡献色素，硅藻、甲藻、金藻、隐藻的吸收系数都是由叶绿素 a 浓度进行归一化，取对应藻类处于生长周期的指数期时测量得到的，在每单位的叶绿素 a 浓度条件下，不同门类的藻类对光的吸收能力为硅藻＞金藻＞甲藻＞隐藻＞着色鞭毛藻，说明甲藻更多地生长于弱光条件的次表层海水中，而硅藻多生长于强光环境中。

4.2　浮游植物的藻类识别方法

大多数学者在进行固有藻类识别时，主要采用基于浮游植物吸收光谱的信息提取方法。吸收光谱作为一种常规的分析手段在浮游植物的分类研究中受到了广泛关注。由于不同种类的浮游植物所含的色素种类和数量存在差异，它们在吸收光谱上表现出明显的差异。为实现藻类的准确识别，学者提出了多种藻类识别方法，包括成分分析法、逐步判别分析法、偏最小二乘法、四阶微分分析法、光谱相似性算法等。以光谱分析为基础的方法在实验中表现出良好的效果。例如，Millie 等（1997）采用逐步判别分析法成功地将实验室培养的裸甲藻与硅藻、含甲藻素的甲藻等藻类的吸收光谱区分开，验证了吸收光谱在裸甲藻识别中的有效性。Kirkpatrick 等（2000）应用四阶微分分析法和光谱相似性算法，测定了天然浮游植物群落中裸甲藻的丰度。Moberg 等（2002）运用主成分分析法对 9 种属于 6 个门类浮游植物的可见光光谱进行了定性分析。张前前等（2006）在对活体浮游植物进行荧光分析的同时，针对我国近海主要浮游藻类的硅藻、甲藻、绿藻、蓝藻和金藻进行了吸收光谱的研究，考察了不同温度和光照条件下光谱的相似性，从光谱特征在门、类（属）的层次上建立浮游植物的定性定量分析方法。

海洋浮游植物是海洋生态系统中的初级生产者，海洋初级生产力的精确估算是确定海洋全球碳通量的首要条件，估算方法是基于浮游植物光吸收的生化光学模型。海洋浮游植物是通过细胞叶绿体内的色素来捕获光子进行光合作用的，不同色素对光子有不同的选择性吸收，这也成为海洋浮游植物有别于海水中其他微小颗粒吸收光学特性的最明显特征。因此，色素组成成分是对浮游藻类的吸收光谱产生影响的主要因素。一般而言，海洋浮游植物中叶绿素 a 含量最高，是浮游藻类主要光合作用色素，其他辅助色素成分如叶绿素 c、类胡萝卜素等也能进行光合作用，贡献也不容忽视。Wozniak 等（2000）发现在 440 nm 波段处，辅助色素对比吸收系数的变化有着重要的影响，在 440 nm 波段处对总吸收的贡献为 14%～28%。由于这种特性，辅助色素已成为浮游藻类种类辨别的标志。例如：多甲藻素可作为甲藻的特征色素；硅藻的标志色素是墨角藻黄素和岩藻黄素；隐藻的标志色素是别黄素；蓝藻的标志色素是叶绿素 b；定鞭藻的标志色素是 19′-己酰氧基岩藻黄素；金藻的标志色素是 19′-丁酰氧基岩藻黄素。

4.2.1　浮游植物藻类对吸收光谱的影响

浮游植物藻类含有一系列的辅助色素，每一种色素都有其独特的吸收光谱，因此每一种浮游植物都应根据其色素组成有独特的吸收光谱（Lutz et al., 2003）。硅藻中都含有特征色素 Fuco，甲藻都含有特征色素 Peri（其他藻类均不含），且相对含量 Fuco：Peri 约为 1：2，Fuco 色素在 490 nm 附近有一个波峰，甲藻无此色素，这也是 490 nm 处硅藻波峰比甲藻波峰陡峭的原因。Peri 色素作用在 400～600 nm 处，峰值位置在 500 nm 处，对吸收谱形的影响与 Fuco 色素较为相似。金藻所含主要色素大致与甲藻相同，但是其 Chl c2 的含量是其他藻类所不具备的，Chl c2 对金藻的吸收峰主要体现在 465 nm 处，金藻在 465 nm 处有明显的波峰正是 Chl c2 色素对光吸收的原因。金藻、隐藻和着色鞭毛藻主要色素及辅助色素与硅藻较为相似。隐藻有一种较为特殊的色素 Zea，主要是由其所携带的固氮蓝细菌所有，但含量仅有 0.019，约为叶绿素 a 含量的 2%，是区别于其他藻类的特征色素之一。通过将实验室测量的吸收系数归一化为叶绿素 a 浓度，获得各种藻类的比吸收光谱。样品根据门类分为 4 组，如图 4.10 所示。

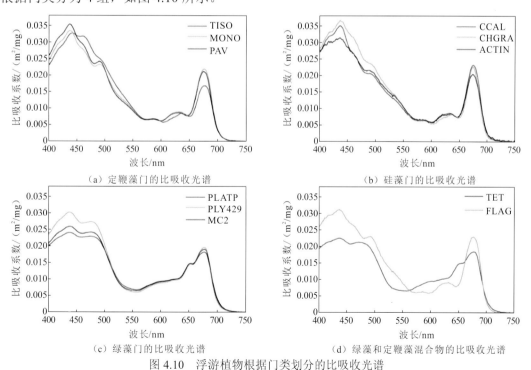

图 4.10　浮游植物根据门类划分的比吸收光谱

各名称对应藻类，见表 4.1

两个 Pavlova 藻类（MONO 和 PAV）的光谱结构非常相似，在 400～750 nm 的平均差异为 3.4%，这是因为它们属于同一属。*Isochrysis* sp.（TISO）的光谱略有不同，在 400～450 nm 和 600～700 nm 波长范围内的比吸收系数分别比 PAV 低 8.9% 和 11.2%，而在 450～550 nm 波长范围内的数值则高出 12.2%。TISO 和 PAV 的均差是 9.9%。三种硅藻（CCAL、CHGRA 和 ACTIN）的光谱结构非常相似，但在 438 nm 附近略有差异，其中 *Thallassiosira weissflogii*（ACTIN）的比吸收系数低于 *Chaetoceros muelleri*（CHGRA）约 20%。三种绿藻（PLATP、MC2 和 PLY429）的光谱在 500～750 nm 非常相似，但在 400～500 nm 相差约 25%。绿藻混合物和定鞭藻混合物的光谱存在差异，其中 TET 的光谱在 438 nm 处比 FLAG 低 29%，在 650 nm 处比 FLAG 高 75%。

比吸收系数因藻类而异，且与波长有关（图 4.10）。为了评估不同浮游植物藻类间吸收系数的变化，在 400～700 nm 波长范围内，计算 9 种不同藻类和两种混合藻类在每个波长上吸收的标准差与比吸收系数平均值的比值，如图 4.11 所示。

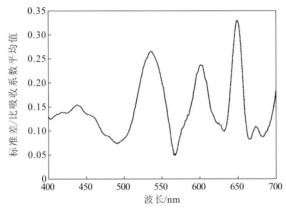

图 4.11　9 种浮游植物及两种混合藻类的标准差与比吸收系数平均值的比值

光谱表明在 438 nm、536 nm、600 nm 和 650 nm 处有 4 个峰值，标准差与比吸收系数平均值的比值分别为 0.15、0.26、0.24、0.33，在 677 nm 处有一个较小的峰。这表明藻类因素可以显著影响浮游植物的吸收特性，最大值在 650 nm 处达到了约 0.33。这些峰值与所检测浮游植物藻类中的不同辅助色素相关：440 nm 和 677 nm 处的峰值与叶绿素 a 吸收相关，而 650 nm 处的峰值与叶绿素 b 吸收相关（Stuart et al.，1998）。已知绿藻含有辅助色素叶绿素 b，而这种色素不存在于硅藻及定鞭藻中（Jeffrey et al.，1997）。536 nm 和 600 nm 处的峰值是由吸收光谱的最小峰值引起的，不同藻类的差异相对较小。

浮游植物的吸收光谱可以作为一个向量，因此可以使用一些指标来估计两个向量之间的距离。Millie 等（1997）使用两个向量之间角度的余弦作为相似性指数来计算吸收光谱，而 Lubac 等（2008）改变了相似性指数的形式，将测得的吸收光谱的四阶导数与已知浮游植物吸收光谱进行比较。用两个矢量之间的距离角评估吸收光谱的差异：

$$\text{angle}(S_1, S_2) = \cos^{-1} \frac{S_1 \times S_2}{\sqrt{S_1^2 + S_2^2}} \tag{4.2}$$

式中：S_1 和 S_2 为两种浮游植物的吸收光谱。

用式（4.2）计算 9 种藻类和 2 种藻类混合物的距离角，如表 4.4 所示。

表 4.4　9 种浮游植物和 2 种藻类混合物吸收光谱的距离角　　　　　　（单位：°）

	MONO	PAV	CCAL	CHGRA	ACTIN	PLATP	MC2	PLY429	TET	FLAG
TISO	6.3	6.3	9.5	6.8	9.9	11.7	9.9	11.2	13.9	8.6
MONO		2.1	4.7	5.0	7.2	9.8	8.1	9.0	11.3	4.0
PAV			4.3	3.9	6.7	10.3	7.7	9.4	12.0	4.6
CCAL				4.2	4.3	11.0	9.2	10.4	12.1	3.8
CHGRA					4.9	11.9	9.4	11.3	13.7	5.4
ACTIN						10.8	9.6	10.6	12.0	4.9
PLATP							5.1	1.9	2.6	8.9
MC2								3.6	6.8	7.7
PLY429									3.5	8.4
TET										10.1

　　三种定鞭藻类（TISO、MONO 和 PAV）之间的距离角相对较小，小于 6.4°。3 种硅藻（CCAL、CHGRA 和 ACTIN，<5.0°）和 3 种绿藻（PLATP、MC2 和 PLY429，<5.2°）之间的值也较小，说明同门藻类之间的差异相对较小，而不同门之间的差异较大，绿藻门与定鞭藻门、绿藻门与硅藻门之间的距离角约为 10°。此外，硅藻门与定鞭藻门之间的距离角不大，大多在 5.0° 左右。这两个藻类属于硅藻和鞭毛类群，具有相似的辅助色素（Jeffrey et al.，1997），这表明色素组成在光谱信号中起着主要作用。绿藻混合物（TET）与三种绿藻之间的距离角较小，而与其他藻类之间的值大于 10°。同样，定鞭藻混合物（FLAG）与硅藻之间的距离角很小。因此，对于具有相似吸收光谱的混合物，其光谱结构不会改变。如果利用遥感反射率（Lee et al.，2004）估算浮游植物的吸收光谱，通过与已知浮游植物的吸收光谱的匹配，可以利用距离角来确定藻类群落中的优势种。因此，建立已知藻类的标准吸收光谱数据库来作为参考光谱匹配实测吸收光谱是非常重要的。

　　图 4.10 表明，三种同门不同藻类浮游植物的吸收光谱差异较小，而 TET 与 FLAG 的吸收光谱差异显著。为了评估不同门之间浮游植物的吸收光谱特征，从三个浮游植物门中选择代表性样本，以代表该门的标准光谱，如图 4.12 所示。

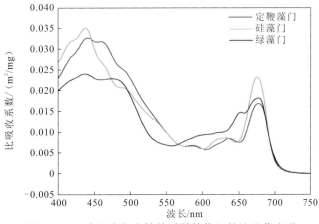

图 4.12　三个具有代表性的浮游植物门的比吸收光谱

从图 4.12 可以看到，三个门的光谱明显不同。在 440 nm 处，硅藻门的比吸收系数为 0.035 m^{-1}，比绿藻门高约 40%，677 nm 处为 0.025 m^{-1}，比定鞭藻门高约 20%。硅藻门在 677 nm 和 440 nm 处的值最高，在短波处的峰宽最窄，几乎是绿藻门的一半。红色波段处的峰宽都非常相似。Sathyendranath 等（2004）利用硅藻光学特性的差异，开发了一种生物光学算法，将西北大西洋以硅藻为主的种群和其他类型的浮游植物类群区分开来。因此，光谱特性的其他差异也可以用来区分藻类。

吸收光谱形状和藻类组成之间的关系有助于根据其光学特性来描述某些浮游植物群落（Lutz et al.，2003）。光谱的斜率可以用来评估浮游植物的光适应状态：适应强光的培养物在 490～530 nm 有更陡峭的吸收斜率（Eisner et al.，2003）；在 490～530 nm 的波长范围内，绿藻的吸收斜率比其他门类大得多。每种藻类的吸收特性随波长的变化而变化，对应个别色素的吸收有几个最大峰：定鞭藻在 440 nm、460 nm、500 nm、580 nm、640 nm 和 677 nm 处出现峰值；硅藻在 420 nm、440 nm、460 nm、490 nm、580 nm、638 nm 和 677 nm 处有最大峰，绿藻在 440 nm、480 nm、600 nm、655 nm 和 677 nm 处有最大峰。因此，光谱斜率和吸收标准差峰值可作为浮游植物吸收中藻类种类鉴定的指标。

Hoepffner 等（1993）使用归一化平均吸收光谱及浮游植物在 440 nm 处的吸收系数来获得浮游植物的吸收：

$$a_{ph}(\lambda) = a_{ph}(440)a_{ph}^*(\lambda) \tag{4.3}$$

由于该模型没有考虑藻类组成的影响，可能会导致浮游植物吸收的计算误差。为了评估藻类组成在吸收模型中的作用，使用 Hoepffner 等（1993）的比吸收系数值作为参考值，以获得由不同浮游植物藻类引起的模型相对误差估计值，如图 4.13 所示。

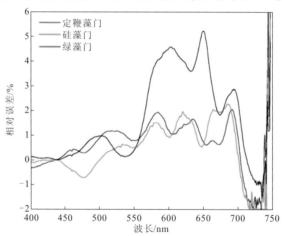

图 4.13 三种浮游植物在吸收模型中比吸收系数的相对误差

用作参考值的比吸收系数来自 Hoepffner 等（1993）

由图 4.13 可知，绿藻门的相对误差在 560～660 nm 波长范围高达 5%，在其他波长范围小于 1%，其他藻类在可见光波段的相对误差在 2% 以内。将吸收值归一化为 $a_{ph}(440)$ 和叶绿素 a 浓度，图 4.13 中的相对误差仅显示了藻类组成的光谱差异。因此，如果考虑藻类组成，浮游植物吸收模型的性能可以提高约 5%。

海洋藻类的吸收系数包含了最为丰富的光谱信息，多年来许多学者改进了大量的吸收系数的测量方法。Tassan 等（1995a，1995b，2002）提出通过将颗粒物过滤到滤膜，在分光光度计上使用透射反射法测量颗粒物的吸收系数，并在此基础上测量得到后向散射系数和总散射系数，但这种方法需要考虑膜光程放大作用，后来作者又对膜过滤法进行了修改，用于高悬浮物质的 II 类水体中藻类细胞的吸收系数测量。Bricaud 等（1998）使用细胞载玻片替代纤维膜用于分光光度计的透射反射测量，这样可以排除膜的光程放大效应，使吸收测量结果更准确。张运林等（2004）采用吸收衰减仪测量藻类水体的吸收和衰减系数，并由此得到散射系数。Babin 等（2003）将活体藻液放于积分球的测量方法消除大部分散射光的影响，得到较为准确的颗粒吸收系数。

国内外提出多种算法用于赤潮监测，大多数是基于色素吸收的方法。浮游植物中有各种各样的色素，如叶绿素、类胡萝卜素、叶黄素、藻胆素等，色素是浮游植物的光吸收体，浮游植物的吸收光谱主要是由该浮游植物中所有色素吸收决定。不同门类的浮游植物通常具有特殊色素，因此藻类色素经常作为鉴定不同藻类和估测浮游植物群落组成的特征标识物。叶绿素的吸收光谱曲线在 440~460 nm 和 650~670 nm 波段形成吸收峰，685~710 nm 波段的反射峰是叶绿素的荧光作用引起的特征峰。Haddad（1982）借助叶绿素特征波段算法，对佛罗里达陆架西部水域的短裸甲藻赤潮进行了成功识别。崔廷伟（2003）通过藻类围隔实验，发现赤潮水体和非赤潮水体在 685~735 nm 波段的光谱差异显著。除上述方法以外，还有基于反射法的赤潮识别方法，如黄韦艮等（1998）对发生在舟山海域的裸甲藻赤潮光谱进行了分析，提出以 690~710 nm 波段的反射峰可用于赤潮水体提取。Prangsma等（1989）用近红外波段与红光波段反射率的差与和的比值，用来监测自营养型生物产生的赤潮。楼琇林等（2003）基于赤潮水体温度变化的特征建立了人工神经网络，从赤潮暴发温度变化的角度成功对渤海夜光藻赤潮信息进行了提取。

浮游植物的光谱变化主要受细胞色素成分和色素包裹效应影响。常用包裹效应因子来说明包裹效应对光谱变化的影响大小，其定义为相同量的色素在活体细胞状态下和在溶液状态下的吸收比值，理想值为 1（即无包裹效应），其值大小与细胞内色素的成分、浓度及细胞的粒径有关。浮游植物的粒径结构是影响浮游藻类比吸收系数的一个重要因素，研究发现，随着叶绿素 a 浓度的升高，浮游植物比吸收系数呈减小趋势。Bricaud 等（1995）发现秘鲁近海中的马尾藻比吸收系数与其他水体中的马尾藻比吸收系数存在明显的差异，认为这种差异主要是由其粒径结构变化不同引起的。Ciotti 等（2006）研究了浮游藻类细胞粒径的大小对浮游藻类吸收光谱形状的贡献，实验表明浮游藻类光谱形状 80%的变化与浮游藻类粒径的结构变化有关，且随浮游藻类粒径的增大，浮游藻类的比吸收系数呈减小的趋势。Stuart 等（1998）的研究结果表明，色素包裹效应在 440 nm 及 675 nm 处对比吸收系数的影响分别约为 58%和 38%。Loumrhari 等（2009）的研究也认为色素包裹效应是影响浮游植物吸收系数变化的一个重要的因素，在大型藻类居多的水体环境下主要吸收峰处包裹效应的贡献甚至高达 62%。

4.2.2 基于一阶微分的藻类识别方法

常规的吸收光谱信息判别方法主要是根据几种特定辅助色素吸收光谱的不同来识别不同门类藻类，对含有相似辅助色素的不同门类藻类则较难识别。如主成分分析法可对藻类进行门类识别，但是对藻类种属识别较难。微分法对辅助色素引起的吸收光谱谱形变化较为敏感，但同时对测量噪声也很敏感，对纯种藻类识别效果较好，对混合藻类识别效果较差。

利用吸收光谱一阶微分，可以识别出海洋藻类吸收光谱中吸收峰值和吸收谷值，如图 4.14 所示。在 465 nm 附近，由于叶绿素 c 含量的不同，硅藻、隐藻和着色鞭毛藻中叶绿素 c 含量低，而甲藻和金藻中含量高，导致在 465 nm 处吸收光谱曲线上出现最大区别，由于叶绿素 c 含量相对较高，出现了与 440 nm 处叶绿素 a 相对称双吸收峰，表现为吸收曲线一阶导数在 465 nm 处大于零，而硅藻、隐藻和着色鞭毛藻仅有单峰结构，在 465 nm 处一阶导数远小于零，可以将硅藻、隐藻和着色鞭毛藻与甲藻、金藻、隐藻区分开来。但是无法对门类进行更详细区分。为进一步区分不同门类，采用小波分析方法对藻吸收曲线进行处理分析。

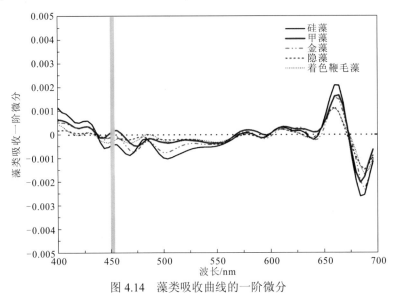

图 4.14 藻类吸收曲线的一阶微分

4.2.3 基于小波分析的藻类识别方法

小波变换是近年来发展较为成熟的信号处理方法，小波具有带通滤波器作用，具有多分辨率分析特点，通过小波多尺度分析可将信号分解为反映信号整体趋势的低频部分和反映信号细节的高频部分。海洋藻类吸收光谱信号不仅包含较强的主要色素光谱信息，还包含较弱的辅助色素光谱信息，能够将这些信息提取出来，那么在种属间对海洋藻类识别就成为可能。小波分析不仅能整体分析吸收光谱，而且能够很好地消除噪声，兼有强大局部分析能力，正好可以满足特征信息提取需求。

小波规范正交基代表小波分析开始，其构造出具有一定衰减性的光滑函数 ψ，二进伸缩与平移构成 $L^2(R)$ 的规范正交基成为小波分析发展史上一个重要转折点，Daubechies（1988）构造了具有紧支集的正交小波基。Mallat（1989）利用多分辨分析概念，统一了各种具体小波构造，提出了广泛应用的 Mallat 快速小波分解和重构算法，小波分析理论基础逐渐建立起来。

函数 $\psi(t) \in L^2(R)$ 称为基本小波，满足以下的"允许"条件：

$$C_\psi = \int_{-\infty}^{+\infty} \frac{|\hat{\psi}(t)|}{|\omega|} \mathrm{d}\omega < \infty \qquad (4.4)$$

式中：$\hat{\psi}$ 为小波的傅里叶表达式。

如果 $\hat{\psi}(t)$ 是连续的，则有

$$\hat{\psi}(0) = 0 \Leftrightarrow \int_{-\infty}^{+\infty} \psi(t)\mathrm{d}t = 0 \qquad (4.5)$$

$\psi(t)$ 又称母小波，因为其伸缩、平移可构成 $L^2(R)$ 的一个标准正交基：

$$\psi_{a,b}(t) = a^{-\frac{1}{2}} \psi\left(\frac{t-b}{a}\right), \quad a \in R^+, \quad b \in R \qquad (4.6)$$

连续小波变换可定义为函数与小波基的内积：

$$(W_\psi f)(a,b) = \langle f(t), \psi_{a,b}(t) \rangle \qquad (4.7)$$

式中：a 为尺度参数；b 为位置参数。

由于小波变换的核函数 $\psi_{a,b}(t)$ 可有多种解，连续小波变换恢复原信号的重构公式不是唯一的，连续小波变换中存在信息表述的冗余度。为了重构信号，需针对变换域的变量 a，b 进行离散化，以消除变换中冗余，取 $b = \dfrac{k}{2^j}$，$a = \dfrac{1}{2^j}$；$j,k \in Z$，则有

$$(DW_\psi f)(j,k) = \langle f(t), \psi_{j,k}(t) \rangle \qquad (4.8)$$

$$\psi_{j,k}(t) = 2^{\frac{j}{2}} \psi(2^j t - k), \quad j,k \in Z \qquad (4.9)$$

式中：$\psi_{j,k}(t)$ 为 $L^2(R)$ 的 Riesz 基。

海洋藻类的吸收光谱数据信号为一维数据，因此选用一维离散小波变换进行信号分析。一维离散小波的小波基有多种选择，适用于不连续的、跳变较多的信号分析；Daubechies（1988）小波则适合分析多项式结构组成的信号。根据 Mallat 算法的基于正交小波基性质，适合一维海洋微藻吸收光谱信号的小波分析的小波基有 haar、db、coif、meyer 和 sym，为验证这几种小波基的适应性，从 21 种藻类中选取球形棕囊藻（金藻）吸收光谱，分别用 haar、db、coif、dmey 和 sym 小波基进行 5 级小波分析，寻找适合的小波基，如图 4.15～图 4.19 所示。

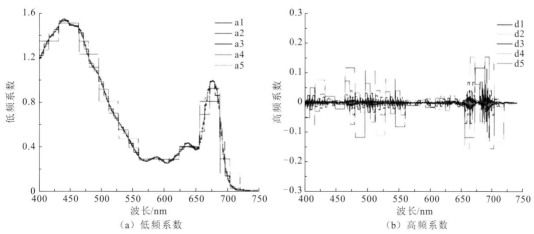

图 4.15　金藻 haar 小波基 5 级小波分析

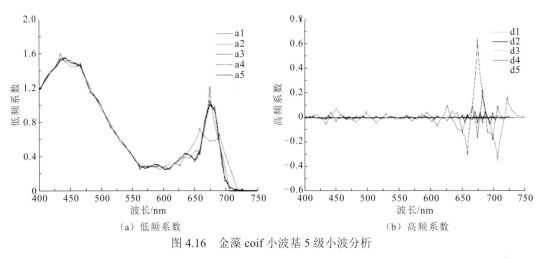

（a）低频系数 （b）高频系数

图 4.16　金藻 coif 小波基 5 级小波分析

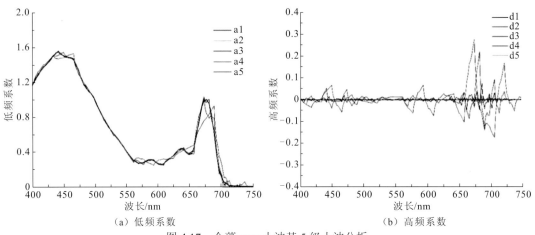

（a）低频系数 （b）高频系数

图 4.17　金藻 sym 小波基 5 级小波分析

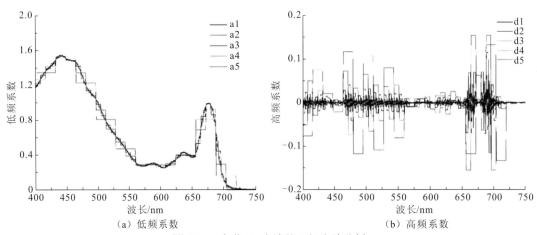

（a）低频系数 （b）高频系数

图 4.18　金藻 db 小波基 5 级小波分析

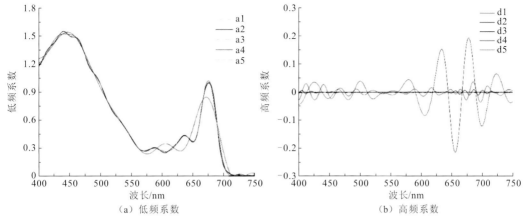

（a）低频系数 （b）高频系数

图 4.19 金藻 dmey 小波基 5 级小波分析

不同的小波基对球形棕囊藻（金藻）的吸收光谱小波分析提取的高低频信息差异较大；harr 小波由于光滑性和连续性差，频域分辨率低，适合分析跳变多的不连续信号，对藻类吸收光谱信号高低频信息处理效果较差；coif 小波消失距很大，因此适合做精度大的高频信息的提取，对藻类吸收光谱信号低频信息处理较差；db 小波和 sym 小波消失距相同，但仅适合局部高频提取的小波分析；dmey 小波是 meyer 小波的离散近似，具有正交性和对称性，能够最大程度减少小波分析中所带来的误差和对原始信息的损失，对藻类吸收光谱信号高低频信息处理效果都较好。本小节选择 dmey 作为藻类吸收光谱信息小波分析的小波基。分别对 21 种藻的吸收光谱做 6 级 dmey 小波分析，结果如图 4.20 和图 4.21 所示。

图 4.20 和图 4.21 所示为 21 种海洋微藻吸收光谱信号的低频信息和高频信息。从图 4.20 可以看出，原始吸收光谱信号上有很多小的波包，主要是附属色素的贡献。经过 dmey 小波分解的 1~6 级低频信号来看，a1~a4 级信号谱形变化较大，存在较多小的波包，a5~a6 级信号谱形较为光滑，基本上不存在小的波包。可以从原始吸收光谱信号上看出，海洋藻类的附属色素引起的吸收光谱变化通常在 10 nm 级左右。图 4.19 所示的 dmey 小波分解的 1~6 级高频信号中，d1 级和 d2 级频率高，且表现出随机性的特点，可认为是测量噪声的贡献，d3~d5 级则表现出由附属色素引起光谱谱形变化的特征，且随着分解级别增加，变化带宽越来越长。

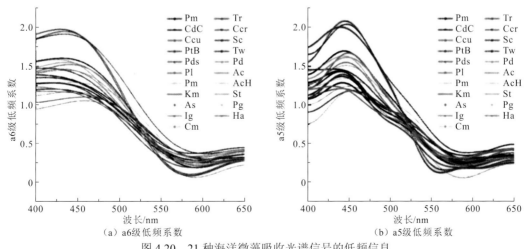

（a）a6级低频系数 （b）a5级低频系数

图 4.20 21 种海洋微藻吸收光谱信号的低频信息

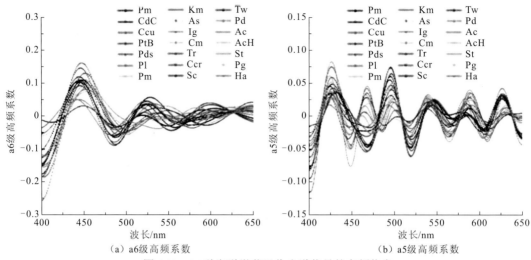

（a）a6级高频系数   （b）a5级高频系数

图 4.21   21 种海洋微藻吸收光谱信号的高频信息

对甲藻门和 5 个藻门的吸收光谱进行特征提取，发现同一门类的特征光谱相似度极大，而不同门类的浮游植物则表现出截然不同的特征，与从色素角度对海洋藻类吸收光谱的分析结果一致，且门类间不同藻类具有不同的高频信息。因此，将小波分析的结果当作代表各个藻类吸收特性的特征光谱信息，可采用聚类分析的方法对各条特征光谱进行聚类区分。

4.2.4   基于聚类分析的藻类识别方法

聚类分析是一组将研究对象分为相对同质群组的统计分析技术，将数据分类到不同的类或者簇的过程，因此同一个簇中的对象有很大相似性，而不同簇间对象有很大相异性。基本思想是在个体间定义距离来代表相似程度。根据相似程度大小，相似度大个体聚到一个小的类中，然后逐步扩大，使相似度高的小类聚到一个大类，直到所有个体都分类完毕，形成一个表示相似性关系大小的图谱。

聚类分析中表示相似程度的距离定义有多种，有欧氏距离、标准化欧氏距离、马氏距离、布洛克距离、闵可夫斯基距离等，尝试多种距离定义，其中选用布洛克距离聚类分析效果较好。两点 $P(a_1, a_2, a_3, a_j, \cdots)$ 与 $Q(b_1, b_2, b_3, b_j, \cdots)$ 之间布洛克距离定义为

$$D = \sum_{j=1}^{n} \left| a_j - b_j \right| \geqslant 0 \qquad (4.10)$$

对于信号的输入，尝试采用不同组合，发现用小波分解信号 d3+d4+d5+d6 或 d4+d5+d6 作为聚类信号输入均可获得最佳聚类效果，两者没有明显差别。这是因为 d3 幅值在 0.005 左右，而 d6 幅值在 0.1 左右，约为 d3 幅值的 20 倍，d3 不足以影响聚类结果。因此，把 d3+d4+d5+d6 作为聚类分析的输入信号。将 5 个门类的 21 个种类纯种浮游植物吸收曲线（其中甲藻 8 种，硅藻 9 种，金藻 2 种，隐藻 1 种，着色鞭毛藻 1 种）分别编号 1～21，如表 4.5 所示。由于吸收光谱数据是以叶绿素 a 归一化，650～700 nm 波段特征谱相同，只对 400～650 nm 波段的特征谱进行聚类分析。

表 4.5　藻类小波分析编号

门类	种类	中文名	编号
Bacillariophyta（硅藻）	*Pseudonitzschia multiseries*	拟菱形藻	1
	Thalassiosira rotula	圆海链藻	2
	Chaetoceros debilis Cleve	柔弱角毛藻	3
	Cyclotella cryptica	隐秘小环藻	4
	Chaetoceros curvisetus	旋链角毛藻	5
	Skeletonema costatum	中肋骨条藻	6
	Phaeodactylum tricornutum Bohlin	三角褐指藻	7
	Thalassiosira weissflogii	威氏海链藻	8
Dinophyta（甲藻）	*Prorocendrum dentatum* Stein	具齿原甲藻	9
	Prorocentrum donghaiense	东海原甲藻	10
	Prorocentrum lima	利马原甲藻	11
	Alexandrium catenella	亚历山大藻	12
	Prorocentrum micans	海洋原甲藻	13
	Amphidinium carterae Hulburt	强壮前沟藻	14
	Karenia mikimotoi	米氏凯伦藻	15
	Scrippsiella trochoidea	锥状斯克里普藻	16
	Akashiwo sanguinea	血红哈卡藻	17
Chrysophyta（金藻）	*Phaeocystis globsa*	球形棕囊藻	18
	Isochrysis galbana	球等鞭金藻	19
Cryptophyta（隐藻）	*Heterosigma akashiwo*	赤潮异湾藻	20
Chromophyta（着色鞭毛藻）	*Chattonella marina*	海洋卡盾藻	21

如图 4.22 所示，21 种藻类经过聚类分析后，可将 5 个门类的藻类分为 4 大类，分别为甲藻（编号 9~16），硅藻（编号 1~8），隐藻（编号 20），着色鞭毛藻（编号 21），其中金藻（编号 18，19）被归于甲藻门类，其中编号 17 的血红哈卡藻（*Akashiwo sanguinea*）被错分到一类，可以从色素角度来解释这一误分类原因。如表 4.3 所示，金藻（球形棕囊藻 *Phaeocystis globsa*、球等鞭金藻 *Isochrysis galbana*）所含主要色素大致与甲藻相同，甲藻与金藻的主要辅助色素的种类和含量有明显的差异（与叶绿素 a 含量比值大于 0.05）的有 Fuco[甲藻无此色素，金藻含有 0.05~0.06（相对浓度，后同）]、Peri（甲藻含有 0.05~0.07，金藻无此色素）、Chl c2（金藻含有 0.05~0.06，甲藻含量较少）。Fuco 色素主要在490 nm 附近有一个波峰，故在 490 nm 处金藻比甲藻峰值稍微陡峭，而这种低含量 Fuco 色素不足以对两种藻的峰值产生突变性影响。而 Peri 色素作用在 400~600 nm 处，峰值位置在 500 nm 处，甲藻 Peri 色素的含量与金藻 Peri 含量相当，对吸收的贡献波段区间也相当，在一定程度上相互替代使两门类的藻谱形差异相对减弱甚至可以忽略。Chl c2 对金藻的吸收峰贡献主要体现在 465 nm 处，金藻在 465 nm 处有明显的波峰正是 Chl c2 色素对光吸收

造成的，血甲藻色素 Chl c3 含量与金藻的 Chl c2 含量相当，对 465 nm 处光谱贡献也相当。这就可以解释金藻和甲藻在吸收光谱上不能识别的原因。

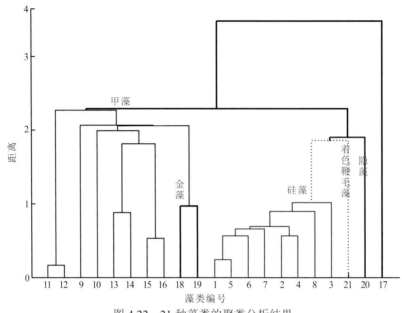

图 4.22   21 种藻类的聚类分析结果

如图 4.23 所示，选取一种典型甲藻（强壮前沟藻 *Amphidinium carterae* Hulburt）与金藻（球形棕囊藻 *Phaeocystis globsa*、球等鞭金藻 *Isochrysis galbana*）原始吸收光谱形上与小波分析 d4 级谱形做对比，也可以更直观地看出两种门类的藻类在吸收谱形上差异较小。

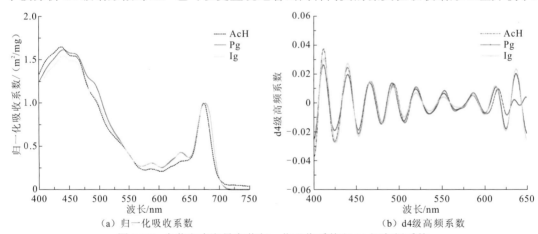

(a) 归一化吸收系数   (b) d4级高频系数

图 4.23   金藻和赤潮异弯藻归一化吸收系数和 d4 级高频系数

对于血红哈卡藻 *Akashiwo sanguinea* 的误识别，同样取其吸收原始谱与 d4 级分解高频信息和典型甲藻强壮前沟藻 *Amphidinium carterae* Hulburt 做对比，结果如图 4.24 所示。两种藻的谱形差异主要集中在 400～450 nm 波段，血红哈卡藻 *Akashiwo sanguinea* 含有其他藻类未含有的一种色素 Chlide a（相对浓度为 0.134，为其他藻类 10 倍以上），可能由这种色素导致其在 400～450 nm 波段吸收谱形表现异常，而其 d4 级高频分解信息可以看出在 400～550 nm 波段幅值差异接近两倍。

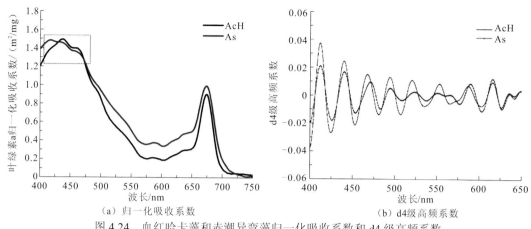

（a）归一化吸收系数 　　　　　（b）d4 级高频系数

图 4.24　血红哈卡藻和赤潮异弯藻归一化吸收系数和 d4 级高频系数

4.3　浮游植物的遥感反射率模拟

　　了解不同浮游植物藻类遥感反射率的光谱特征是利用卫星遥感识别各种藻类群的基础，面临的问题是如何将藻类对反射光谱的影响与其他因素分开。由于浮游植物藻类对反射率影响的非线性关系，以及浮游植物群落结构与水表面光学性质之间关系复杂，反射信号受色素浓度和成分、粒径结构、打包效应和碎屑等因素的影响，很难区分浮游植物藻类对实测反射率的影响（Ciotti et al.，2002），海水中黄色物质和悬浮沉积物等成分会影响浮游植物反射率的测量，即使在相同测量条件下，也很难同时测量不同藻类的反射率。仪器校准精度、海面粗糙度及风速等条件和数据处理方法等因素都会影响实测反射率（Hooker et al.，2002）。

　　卫星测量的反射率由瑞利散射反射率、气溶胶散射反射率、海面反射率和海水反射率组成（Gordon et al.，1994），由于卫星传感器捕获的反射率高达 90% 来自大气散射，只有一小部分来自离水反射率（Shanmugam et al.，2007），所以藻类组成对总反射率的影响相对较小。卫星测量的反射率可能受到浮游植物组成及其他因素的影响，如深度和光照水平，这些因素会改变不同光合色素的比例和浓度（Ramus et al.，1976），还受辐射定标、大气校正程序、像素覆盖范围和传感器质量等因素影响。显然，卫星测量或实测的反射率与浮游植物藻类之间的关系复杂，受到多种因素干扰，而浮游植物的遥感反射率模拟可能为认识反射率与浮游植物藻类提供一种途径。模拟高光谱反射率是根据反射率-藻类模型估算的，与实测或卫星测量的反射率不同，用于探索高光谱数据识别浮游植物藻类的可行性。

4.3.1　浮游植物的遥感反射率模拟方法

　　遥感反射率是海洋水色遥感的一个关键参数，受多种因素的影响，且很难区分各种参数对反射率的影响和评估浮游植物藻类组成对遥感反射率作用。实际上，藻类的遥感反射率是由藻类吸收与散射共同决定，而藻类的吸收则是由所含色素决定，其中叶绿素 a 作为藻类的主要色素，是决定遥感反射率主要因素之一。因此，遥感反射率可以通过模拟的方法获得。

利用基于辐射转移方程的生物光学模型，可以根据海水的生物光学特性估计海面的反射率。Morel（1991）建立了一个使用准单次散射近似估算海面反射率的分析模型。Westberry等（2005）使用了一个基于遥感反射率和海水固有光学特性（如吸收系数和后向散射系数）之间近似关系的半解析算法。Mobley等（1997）利用辐射传输数值模型开发了 Hydrolight软件，可用于区分和理解各种类型的微生物粒子对海洋光场的影响。Alvain等（2005）将海水固有光学特性仿真作为获取浮游植物群落的方法之一。建立生物光学模型可以为研究浮游植物光学特性与反射率的关系提供一种手段。

海水遥感反射率（R_{rs}）可从恰在海面下的反射率（r_{rs}）中得出（Lee et al., 1996）：

$$R_{rs}(\lambda) = \frac{0.52 r_{rs}(\lambda)}{1 - 1.7 r_{rs}(\lambda)} \tag{4.11}$$

$$r_{rs}(\lambda) = g_0 \frac{bb_t(\lambda)}{a_t(\lambda) + bb_t(\lambda)} + g_1 \left(\frac{bb_t(\lambda)}{a_t(\lambda) + bb_t(\lambda)} \right)^2 \tag{4.12}$$

式中：系数 g_0 和 g_1 根据粒子散射相位的变化而改变（Lee et al., 1999），参考 Lee 等（2002b）的研究，本小节使用的值分别为 0.0895 和 0.1247；bb_t 和 a_t 为海水中各种成分对海水的总吸收系数。例如，a_t 可以分解为纯海水吸收 a_w、浮游植物吸收 a_{ph}、有色可溶性有机物吸收和碎屑吸收 4 个部分。同样，bb_t 可分解为纯海水后向散射系数 bb_w、颗粒后向散射系数 bb_p 和碎屑后向散射系数。碎屑和有色可溶性有机物吸收具有特定的比例（Morel，1991）。因此，吸收系数和后向散射系数可以表示为

$$a_t(\lambda) = (a_w(\lambda) + a_{ph}(\lambda))(1 + 0.2 \exp(-0.014(\lambda - 440))) \tag{4.13}$$

$$bb_t(\lambda) = bb_w(\lambda) + bb_p(\lambda) \tag{4.14}$$

采用 Smith 等（1981）提供的纯海水吸收和后向散射值。浮游植物吸收率 a_{ph} 可通过以下幂方程从叶绿素 a 浓度中估算（Mao et al., 2010）：

$$a_{ph}(\lambda) = A(\lambda) \cdot Chl^{B(\lambda)} \tag{4.15}$$

式中：$A(\lambda)$ 和 $B(\lambda)$ 为根据实测估计的光谱系数；$A(\lambda)$ 为来自不同浮游植物藻类的比吸收系数；$B(\lambda)$ 设为常数 0.8。

根据 Sathyendranath 等（2004）的研究，总粒子散射 bb_p 也是根据叶绿素 a 的浓度估算的，一些系数的变化为

$$b_p(\lambda) = (0.006 Chl^{0.65})(700/\lambda)^{-0.2} \tag{4.16}$$

从式（4.16）中，可以根据叶绿素 a 浓度及不同浮游植物藻类的实测比吸收系数来估算反射率。因此，遥感反射率和浮游植物藻类的关系可以使用这种生物光学模型（以下称为反射率-藻类模型）来研究。

Hydrolight 软件是根据 Mobley（1994）的辐射传输理论模型开发的。假设海洋是由水平均匀的水体且其光学性质仅随深度变化的光学上独立水层组成，其固有光学性质和边界条件水平均匀，水体中的光谱强度分布是深度、方向和波长的函数，而通过辐射传输方程可求得随水深、天顶角、方位角、波长的分布变化的任意平面平行的水体内部和离开水体

的辐亮度，反射系数、平均余弦、K 函数、整个辐射场的分布（包括太阳直接入射辐射和天空光漫射辐射）可通过 Hydrolight 中的 Ecolight 模块来获取。

影响遥感反射率因素包括海底的深度、水体的多次散射和非弹性散射、叶绿素 a 和 CDOM 的荧光效应、海气界面的毛细波等，需要输入参数包括藻类颗粒物比吸收系数和比散射系数、CDOM 和叶绿素浓度、太阳高度角、水面风速、水深等外界环境参量。选用 Hydrolight 提供的适用于 II 类水体四组分 ABCASE2 模型（纯水、浮游植物、可溶性有机物、非藻类悬浮物），依次输入叶绿素 a 浓度、NPSS 的浓度、吸收系数和散射系数、后向散射概率、CDOM 的吸收、天顶角等，考虑水体非弹性散射包括叶绿素和 CDOM 的荧光效应与水的拉曼散射，模拟 400～750 nm 水体的遥感反射率。纯水选用 POPE 和 FRY 的纯水吸收值，吸收系数、散射系数、后向散射概率分别采用实验室内藻类实际测量值，CDOM 浓度统一设为 $0.5\ m^{-1}$，由于所模拟的水体为单一藻类，将其非色素颗粒浓度设为 0，考虑常规风速的影响，其值设为 2.5 m/s，大气模型选用半分析模型。

模拟 1 µg/L、3 µg/L、5 µg/L、10 µg/L、20 µg/L、30 µg/L、50 µg/L、100 µg/L 8 个叶绿素浓度下的 21 种藻类的遥感反射率，如图 4.25～图 4.28 所示，根据实验室所测的吸收、散射、后向散射固有量参数，利用 Hydrolight 模拟 5 个门类、21 种藻类水体在 8 个不同叶绿素浓度下的遥感反射率，共得到 168 组数据。

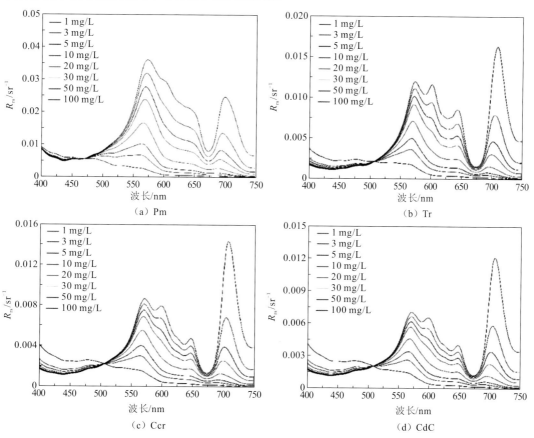

（a）Pm　　　　　　　　　　（b）Tr

（c）Ccr　　　　　　　　　　（d）CdC

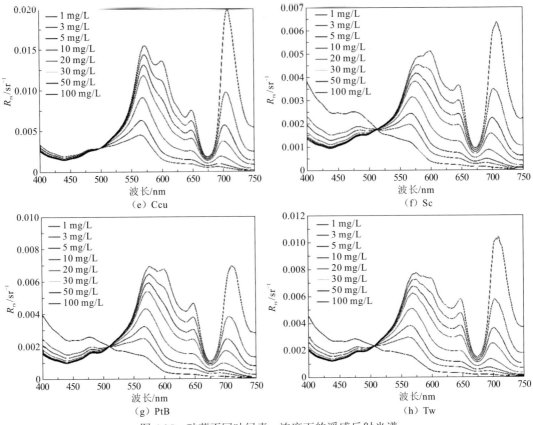

图 4.25 硅藻不同叶绿素 a 浓度下的遥感反射光谱

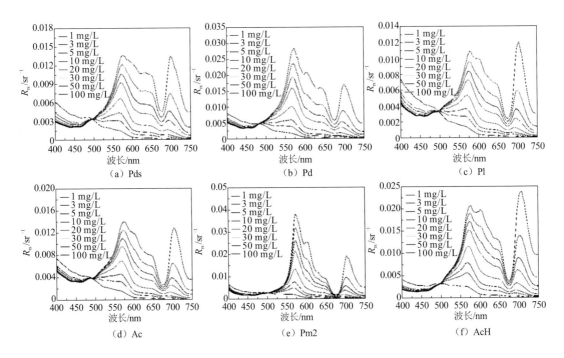

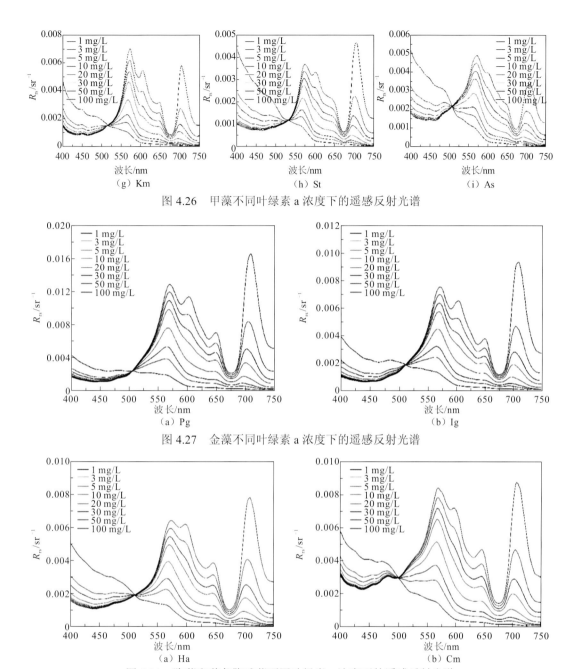

图 4.26 甲藻不同叶绿素 a 浓度下的遥感反射光谱

图 4.27 金藻不同叶绿素 a 浓度下的遥感反射光谱

图 4.28 隐藻和着色鞭毛藻不同叶绿素 a 浓度下的遥感反射光谱

如图 4.25~图 4.28 所示,当叶绿素 a 浓度较低(<30 μg/L)时,在 550~750 nm 波段遥感反射率光谱谱形波动较小,有三个明显的波峰结构(571 nm、647 nm 和 685 nm 附近)。其中:在绿光波段,藻类的吸收较弱,表现为高反射,这也是大多藻类为绿色的原因,故在 571 nm 附近有较强反射峰;在 647 nm 处,藻类的吸收光谱上存在一个小波谷,随着叶绿素浓度的升高,其反射率峰值表现得越来越明显;叶绿素 a 的荧光峰分布在 685~735 nm 波段,故在 685 nm 附近有峰值,且随着叶绿素 a 浓度的升高,峰高随之增加,中心峰值从 685 nm 移至 710 nm 附近的长波波段;而 675 m 处明显的波谷低值则是由叶绿素 a 在红光波段的强吸收所致;在 685~710 nm 后的红外波段遥感反射率逐渐降低是由纯水在红外波

段吸收较强所致，当叶绿素 a 浓度高达 100 μg/L 时，反射峰在 700 nm 处。从光谱整体上看，当叶绿素 a 从低浓度到较高浓度时，遥感反射率在 600 nm 的峰值逐渐明显，在 570～600 nm 表现为双峰结构，在近红外波段反射值则剧烈抬升，675 nm 处的波谷越发明显，由叶绿素 a 荧光效应造成的遥感反射率"红移"现象更加明显。

从藻类的门类上看，不同门类的藻类反射光谱有较大的差异，主要表现在 571 nm、600 nm 和 647 nm 处，5 个门类的遥感反射率在 571 nm 和 600 nm 处的量值上差别较为明显，表现为甲藻差异明显大于其他门类的藻类，而在 647 nm 处不同门类藻类的峰值随叶绿素 a 浓度升高的抬升速度明显不同，由图 4.9 色素吸收光谱可知，在此波段有吸收峰的色素有叶绿素 c（c1、c2、c3）和叶绿素 b，由表 4.3 中藻类的 HPLC 色素分析可知，绝大部分藻类的叶绿素 b 含量接近于零，而不同门类藻类的叶绿素 c 含量差别较大，如甲藻的叶绿素 c 含量（约 0.06 μg/L）最多，金藻的叶绿素 c 含量（约 0.05 μg/L）则与甲藻相当，着色鞭毛藻的叶绿素 c 含量次之，隐藻的叶绿素 c 含量（约 0.005 μg/L）较少，比甲藻小了一个量级，而硅藻的叶绿素含量极少接近于零，因此此处显著差异可能是叶绿素 c 的影响。

由于 571 nm 和 647 nm 处的反射峰差异，想区分 5 个门类的藻类可能性较小，金藻和甲藻的叶绿素 c 含量差异不大，表现为这两种藻的 571 nm 和 600 nm 处的反射峰差异也不明显。在 600 nm 处随着叶绿素浓度 a 升高，550～600 nm 波段反射谱形由单峰变为双峰，考虑三波段结合更有利于特征的提取。

4.3.2 浮游植物藻类对遥感反射率的影响

利用反射率-藻类模型计算了浮游植物在不同叶绿素 a 浓度下的反射率。在 5.0 mg/m³ 的叶绿素浓度下，估算三个门类的遥感反射率，如图 4.29 所示。对光谱宽度为 1 nm 的 400～750 nm 的 351 个波段的反射率进行了估计，代表一种高光谱反射率，具有详细的光谱特征。

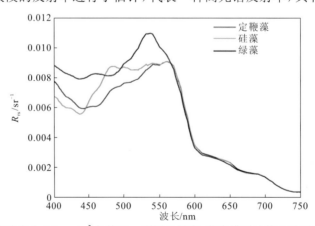

图 4.29 在叶绿素浓度为 5.0 mg/m³ 条件下，利用反射率-藻类模型计算 3 种浮游植物的反射光谱

图 4.29 表明，即使在相同的叶绿素 a 浓度下，三个代表性门类的反射光谱也是不同的。除叶绿素 a 外，其他色素对反射光谱的大小也有影响。400～560 nm 的短波长范围内反射率出现了很大变化。在 443 nm 处，硅藻门的反射率为 0.0057 sr^{-1}，绿藻的反射率为

0.0079 sr⁻¹，相差约为 38%。在 480 nm 处，定鞭藻的反射率为 0.0071 sr⁻¹，硅藻的反射率为 0.0087 sr⁻¹，相差约 23%。在 540 nm 处，绿藻的反射率为 0.011 sr⁻¹，比定鞭藻和硅藻的反射率高约 24%。因此，浮游植物的种类组成可能会影响较短波长反射率，但是在波长超过 570 nm 的情况下，藻类之间的差异就不太明显了。

同样，在相同的叶绿素 a 浓度下，藻类组成也会影响反射光谱的形状。绿藻的主反射峰位于 540 nm，硅藻的主反射峰位于 490 nm（相差 50 nm）。最小反射峰也因藻类而异。主反射峰的差异与藻类呈现的不同颜色有关。硅藻和定鞭藻是棕色的，因此反射峰在 570 nm 左右，而绿藻是绿色的，反射峰在 540 nm 左右。

显然，浮游植物藻类组成可以改变反射光谱的大小和形状。根据叶绿素 a 浓度来量化不同藻类间的差异是很重要的。用 9 种浮游植物及 2 种浮游植物混合物的吸收系数计算反射光谱，并计算反射率（由反射率–藻类模型估算得到）的标准差，如图 4.30 所示。

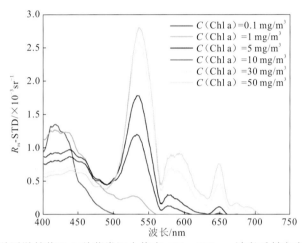

图 4.30　9 种浮游植物及 2 种藻类混合物在 400～750 nm 波段反射率光谱的标准差

如图 4.30 所示，在低叶绿素 a 浓度下，藻类组成的影响会导致较短波长（400～450 nm）反射率的标准差发生较大的变化。在叶绿素 a 浓度为 0.1 mg/m³ 的情况下，反射率的最大标准差约为 0.0014 sr⁻¹。在叶绿素 a 浓度大于 50 mg/m³ 的情况下，标准差要小得多（0.0006 sr⁻¹）。总的来说，在 470～510 nm 波长范围内，反射率的变化相对较小（标准差约为 0.0005 sr⁻¹），但在 510～550 nm 波长范围内，特别是在较高的叶绿素 a 浓度（大于 10 mg/m³）下，反射率会再次升高。波长大于 550 nm 时，标准差也相对较小，在 580 nm 和 650 nm 附近有两个小峰值。一般来说，藻类组成使低色素浓度下的反射率在 400～490 nm 变化，而在高色素浓度下，反射率会在 500～700 nm 变化。换句话说，在低叶绿素 a 浓度下，蓝色波段的反射率对藻类组成更为敏感，而绿色波段的反射率对高叶绿素浓度下藻类组成的变化更为敏感。

结果表明，不同种类的浮游植物具有与色素组成有关的特征吸收特性，根据“距离角指数”，吸收特性在各门内差异较小，而门间差异较大。通过比较吸收光谱（来自遥感反射率）与已知吸收光谱数据库的距离角，可以从卫星数据中识别优势浮游植物藻类。在浮游植物吸收模型中考虑藻类组成的作用，可以使模型的性能提高约 5%。

利用反射率–藻类模型从不同的浮游植物比吸收系数估算高光谱反射率，为分析反射率与藻类组成的关系提供了一种适宜的方法。在相同的叶绿素 a 浓度下,不同藻类在短波长下的反射率差异可达 33%。当叶绿素 a 浓度较低时,9 种植物反射率的标准偏差在 400~460 nm 达到最高;而当叶绿素 a 浓度较高时,标准偏差的最大值在 510~550 nm。因此,在低叶绿素 a 浓度下,蓝色波段的反射率对藻类组成更为敏感,而在高叶绿素 a 浓度下,绿色波段对藻类组成的变化更为敏感。利用反射信号的光谱特征有助于从高光谱遥感中识别浮游植物藻类。

4.3.3 基于遥感反射率的藻类识别方法

叶绿素 a 浓度影响海水中浮游植物的吸收和后向散射系数的大小,反过来又影响反射率。这就是海洋水色遥感可以用卫星数据绘制叶绿素 a 分布图的原因。此外,反射率还与浮游植物群落的组成和颜色有关。因此,使用高光谱遥感来识别浮游植物藻类是可行的。通过遥感反射率估算吸收光谱,可用于检测有害水华及分析浮游植物藻类丰度(Lee et al.,2004;Cullen et al.,1997;Millie et al.,1997)。此外,Hoepffner 等(1993)利用光谱吸收系数,使用高斯波段法来推导色素组成。浮游植物的吸收光谱特征为遥感识别藻类提供了潜在的、丰富的信息。

通过模拟方法获取 5 个门类藻不同叶绿素 a 浓度下的遥感反射光谱,如图 4.31 所示。对比不同藻类的反射信息可知,在低叶绿素 a 浓度时,遥感反射率光谱谱形波动较小,有三个明显的波峰结构和叶绿素 a 的荧光峰。随着叶绿素 a 浓度逐渐升高,遥感反射率在 600 nm 处会出现明显的峰值,表现为双峰结构,在近红外波段反射率也会剧烈抬升,675 nm

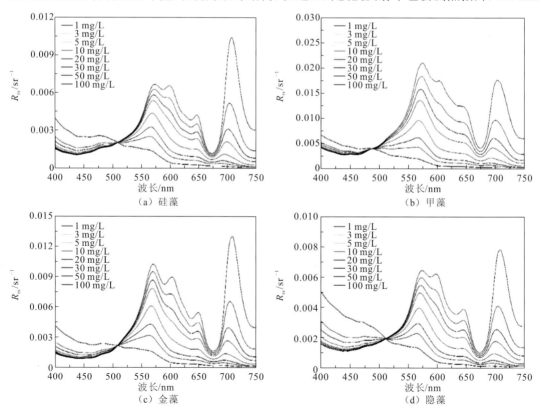

（a）硅藻　　　　　　　　　　　（b）甲藻

（c）金藻　　　　　　　　　　　（d）隐藻

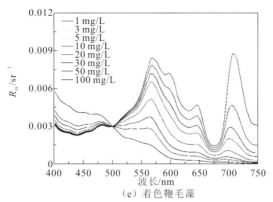

（e）着色鞭毛藻

图 4.31　5 个门类藻不同叶绿素 a 浓度下的遥感反射光谱

处的波谷越发明显，"红移"现象更加明显。不同门类的藻类反射光谱在 571 nm、600 nm 和 647 nm 处有较大的差异。这些差异性为识别甲藻、硅藻、金藻（和着色鞭毛藻）、隐藻等藻类提供了一种途径。

对同门类的藻类反射率进行归一化处理，得到具有代表性的不同门类的藻类水体遥感反射光谱，利用由色素造成的 571 nm、600 nm 和 647 nm 处遥感反射率差异性，通过波段分析法来设置一个指示参数识别不同门类的藻类，可设

$$X = [\, R_{rs}(571) - R_{rs}(600)] / R_{rs}(647) \tag{4.17}$$

$$R = \exp(1.32 - X) \tag{4.18}$$

由式（4.18）定义的 R 值与叶绿素 a 质量浓度的变化关系如图 4.32 所示，其中，黑线、蓝线、黄线、红线、绿线分别表示水体中只含硅藻、甲藻、金藻、隐藻、着色鞭毛藻的水体。5 个门类的藻类具有不同的 R 值，隐藻的量值最大，硅藻次之，其次是金藻、着色鞭毛藻、甲藻。整体上，R 值随着叶绿素 a 浓度的升高而增大。当叶绿素 a 质量浓度较低时，由于藻类的信号占水体反射总信号的比例较小，5 个门类的藻类水体的差异微弱很难区分。而当叶绿素 a 质量浓度达到或超过 10 μg/L 时，R 值的差别随着叶绿素 a 浓度的升高而逐渐增大，但金藻和着色鞭毛藻 R 值随叶绿素 a 浓度的变化而变化的趋势相似，则较容易区分。

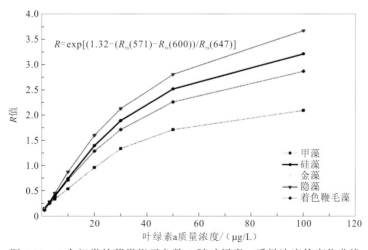

图 4.32　5 个门类的藻类指示参数 R 随叶绿素 a 质量浓度的变化曲线

但该方法有很大的局限性，一是要求区域的叶绿素 a 质量浓度大于 20 μg/L，如赤潮发生区域。因为叶绿素 a 浓度越高，甲藻、硅藻、金藻（和着色鞭毛藻）、隐藻在 R 值上的区别就越大，越利于区分。二是暴发区域内的所有混合藻类要有一种明显的优势藻类，可以看出隐藻和甲藻的 R 值差别最大，在叶绿素 a 质量浓度大于 20 μg/L 的海区，差异约为 2 倍，而金藻与隐藻的差异仅约为 1.2 倍左右。因此，只有当海区内的优势藻类较单一时，藻类识别才较为准确。

第 5 章　叶绿素 a 浓度高光谱遥感反演方法

叶绿素 a 是水体浮游植物进行光合作用的主要色素，是表征浮游植物生物量的指标，支撑初级生产力和碳循环等方面的研究。对叶绿素 a 浓度进行遥感监测，可为了解浮游植物变化规律、影响因子及浮游植物对环境因子变化响应机制提供基础数据支撑。内陆水体基本上均属于 II 类水体，光学特性复杂，区分浮游植物活体叶绿素与干扰因素非常困难，高光谱遥感可为解决该问题提供一种新的途径。

5.1　内陆水体叶绿素 a 浓度反演算法

海洋水体按照水体组分不同可分为 I 类水体和 II 类水体，一般来说，I 类水体主要是由浮游植物及其伴生物来确定其光学特性，大洋水体是典型的 I 类水体。II 类水体受浮游植物、有色可溶性有机物悬浮颗粒物等影响，其光学特性比 I 类水体复杂，常见的 II 类水体主要分布在内陆、河口和近海区域。目前可在大范围内业务化推广的常用叶绿素浓度反演算法主要有经验算法、半分析算法和神经网络算法等。由于常用的水色传感器波段设置不同，其算法也有差异。

5.1.1　遥感影像和现场测量数据

ENVISAT 卫星是欧洲空间局的对地观测卫星系列之一，是 ERS 系列卫星的后续星，于 2002 年 3 月 1 日发射升空，卫星轨道高度达 800 km，重访周期为 35 天，部分传感器的重访周期为 3 天。ENVISAT 是先进的极轨地球观测卫星，提供全球范围内的大气、海洋、陆地和冰的观测数据，支持地球科学研究、地球环境演变监测和气候变化研究，促进卫星数据的业务化和商业应用。

ENVISAT 卫星的海洋水色载荷是中分辨率成像光谱仪（MERIS），视场角为 68.5°，幅宽为 1150 km，海洋区域空间分辨率为 1040 m×1160 m，陆地和海岸带的空间分辨率为 260 m×290 m，每三天即可覆盖全球一次，可测量海洋和沿海地区的海水颜色，并进一步测量海水中浮游植物的叶绿素浓度、悬浮颗粒物浓度及有关生物-地质化学的特性。MERIS 共有 15 个通道，波段覆盖范围从可见光到近红外的太阳反射波段（390～1040 nm），光谱分辨率约为 2.5 nm，在海洋水色波段的信噪比高达 1700，特别适合水体监测。

MERIS 提供 3 个处理级别和 3 种空间分辨率的产品。全分辨率影像的空间分辨率为 260 m×290 m，较低分辨率影像的空间分辨率为 1040 m×1160 m，低分辨率影像的空间分辨率为 4160 m×4640 m。MERIS 传感器获取的是全分辨率的影像，在卫星上生成降低分辨率影像，而低分辨率影像是在地面重采样降低分辨率数据生成的。Level 2 级产品是地球表面具有明确生物物理化学意义的地表参量，是 Level 1B 大气顶层辐亮度产品经过辐射定标、大气校正、分类识别后生产的环境相关参量产品，根据象元类别属性的不同生成具有不同地理意义的产品，含水体遥感反射率数据。

本节使用同步（准同步）实验数据，包括 7 次太湖实验数据，实验时间总计 25 天。实验当天的 MERIS 影像和实测数据是准同步的，部分站点的测量时间和 MERIS 成像时间相距很近（30 min 以内），这些站点被定义为同步的。同步（准同步）点数量共有 98 个，涵盖 2006 年、2007 年和 2009 年共 3 年，覆盖 1 月、3 月、4 月、8 月、10 月共 5 个月，覆盖冬、春、夏、秋 4 个季节。所有 98 个同步（准同步）点来自 8 天的实验数据，相应的有 8 景同步（准同步）MERIS 影像。共获取 98 个同步（准同步）MERIS 数据，分成三类后每一类的数据分别有 26 个、60 个和 12 个，按 3∶1 的比例分配建模数据和检验数据，建模数据分别有 19 个、45 个和 9 个，检验数据分别有 7 个、15 个和 3 个。

5.1.2　面向多波段的叶绿素 a 浓度反演

MERIS 传感器共有 15 个波段，分布于 400～900 nm。其中 1～4 波段为蓝光波段，不能用于内陆浑浊富营养化水体的叶绿素 a 浓度反演。第 5 波段是叶绿素 a 的最小吸收处，在遥感反射光谱上形成了最大的反射峰。第 6 波段位于藻蓝蛋白吸收峰附近，对蓝藻有一定的指示作用。第 7、8 波段是叶绿素 a 的荧光峰位置，在遥感反射光谱上形成了叶绿素 a 最大的反射谷。第 9 波段是红边波段，叶绿素 a 在此波段有较强的反射特征。第 10、11、12 波段是近红外波段，水体在此波段有较强的吸收，在大洋水体其反射率接近于零，但在内陆水体还有一定的反射，经常被用于叶绿素 a 浓度的反演。第 13、14、15 波段处水体的吸收进一步增大，基本不用于叶绿素 a 浓度反演，但可以用于水体边界的提取。国内外的众多学者发展了多种针对 MERIS 数据的叶绿素 a 浓度反演算法，主要包括 4 大类：两波段比值算法、三波段及其改进算法、荧光基线高度法和最大叶绿素指数法。

1. 两波段比值算法

最简单、最常用的叶绿素 a 浓度反演算法是两波段比值算法。在内陆浑浊富营养化的水体，有色可溶性有机物和悬浮颗粒物含量较高，水体在蓝绿光波段的吸收很强，因此蓝绿光波段无法用于叶绿素 a 浓度的反演。两波段比值算法在内陆浑浊富营养化水体通常选择红波段和近红外波段。MERIS 数据在红光波段有两个通道，分别是第 7 波段、第 8 波段，中心波长分别为 665 nm 和 681.25 nm，这两个波段都在叶绿素 a 的强吸收波段附近，其遥感反射率能够较好地反映水体叶绿素 a 浓度。MERIS 第 9 波段的中心波长为 708.75 nm，位于"红边"区域，正好是叶绿素 a 的强反射波段。红边以后波段的遥感反射率受悬浮物和纯水的影响较大，几乎不受叶绿素 a 的影响。因此两波段算法通常选择 MERIS 的第 7 波段、第 8 波段作为红光波段，第 9 波段作为近红外波段。

通过两波段比值处理可以减小背景光对遥感反射率大小的影响，同时可以增强叶绿素 a 信息且波段比值容易计算。因此，两波段比值算法经常用来反演水体叶绿素 a 浓度。最常用的两波段比值算法模型如下：

第 9 波段和第 7 波段比值模型（BR9/7）：

$$C_{\text{Chla}} \propto R_{\text{rs}}(9) / R_{\text{rs}}(7) \qquad (5.1)$$

第 9 波段和第 8 波段比值模型（BR9/8）：

$$C_{\text{Chla}} \propto R_{\text{rs}}(9) / R_{\text{rs}}(8) \qquad (5.2)$$

类似于归一化植被指数（NDVI），归一化叶绿素指数（normalized difference chlorophyll index，NDCI）同样使用第 9 波段和第 7、8 波段建立。NDCI 有利于减少不确定性因素的影响，并可以减小不同季节太阳辐射变化及大气组分变化的影响。最常用的 NDCI 算法模型如下：

第 9 波段和第 7 波段 NDCI（NDCI9/7）：

$$C_{\text{Chla}} \propto [R_{\text{rs}}(9) - R_{\text{rs}}(7)] / [R_{\text{rs}}(9) + R_{\text{rs}}(7)] \qquad (5.3)$$

第 9 波段和第 8 波段 NDCI（NDCI9/8）：

$$C_{\text{Chla}} \propto [R_{\text{rs}}(9) - R_{\text{rs}}(8)] / [R_{\text{rs}}(9) + R_{\text{rs}}(8)] \qquad (5.4)$$

式中：$R_{\text{rs}}(7)$、$R_{\text{rs}}(8)$ 和 $R_{\text{rs}}(9)$ 分别为 MERIS 第 7 波段、第 8 波段和第 9 波段的遥感反射率。

2. 三波段及其改进算法

三波段算法是内陆浑浊富营养化水体叶绿素 a 浓度反演的经典算法。三波段算法要求：第一波段 λ_1 对浮游植物吸收最为敏感；第二波段 λ_2 处悬浮物、有色可溶性有机物和纯水的吸收影响最小；第三波段 λ_3 处水中所有物质对后向散射的影响都很小。因此，三波段算法建立在以下三个假设的基础上：①λ_2 处的悬浮物和有色可溶性有机物吸收与 λ_1 处相近；②λ_3 处的反射特性受水体组分吸收的影响最小，只受散射的影响；③三个波段的总后向散射近似相等。三波段算法同时要求所有波段需要在红外和近红外区域选择。

MERIS 第 7 波段和第 8 波段是红光通道，中心波长分别为 665 nm 和 681.25 nm，这两个波段处叶绿素 a 的吸收都很大，是浮游植物敏感波段。因此，三波段算法的 λ_1 波段可选 MERIS 第 7 波段或第 8 波段。MERIS 第 9 波段中心波长为 708.75 nm，位于红边位置。悬浮物和有色可溶性有机物的吸收呈负指数递减的趋势，从红光波段其吸收系数已经降到很低，第 7、8 和 9 波段位置悬浮物和黄色物质的吸收变化很小且纯水在该波长处的吸收也很小，满足假设①。因此，三波段算法的 λ_2 波段可选第 9 波段。MERIS 第 10、11 和 12 波段都位于近红外位置，该波长处水中各种物质的吸收都降到了很低，只有后向散射对遥感反射率的影响较大，满足假设②。但是，第 10 波段离第 7、8 和 9 波段最近，其吸收和散射与第 7、8 和 9 波段较为相似，该波长满足假设③三个波段的总后向散射近似相等。因此，MERIS 第 10 波段是三波段算法的最优 λ_3 波段。

利用第 7、9、10 波段构建三波段算法模型（TBI7）：

$$C_{\text{Chla}} \propto [R_{\text{rs}}^{-1}(7) - R_{\text{rs}}^{-1}(9)] \cdot R_{\text{rs}}(10) \qquad (5.5)$$

利用第 8、9、10 波段构建三波段算法模型（TBI8）：

$$C_{\text{Chla}} \propto [R_{\text{rs}}^{-1}(8) - R_{\text{rs}}^{-1}(9)] \cdot R_{\text{rs}}(10) \qquad (5.6)$$

式中：$R_{\text{rs}}(7)$、$R_{\text{rs}}(8)$、$R_{\text{rs}}(9)$ 和 $R_{\text{rs}}(10)$ 分别为 MERIS 第 7、8、9 和 10 波段遥感反射率。

对于高度浑浊水体，悬浮物在近红外波段具有明显的吸收和散射，Le 等（2009）认为近红外波段的这些吸收和散射不能被忽略，直接影响三波段算法的反演精度。所以，三波段算法的三个假设在内陆浑浊水体不成立，由此发展了四波段算法。四波段算法的主要改进在于去除悬浮物影响，并把纯水在近红外波段的吸收和散射影响降到最低。

四波段算法的前三个波段与三波段算法一致，也采用第7（或8）、9和10波段。第4波段 λ_4 也要求位于近红外波段，所以，第11波段和12波段可以考虑。但是，第11波段和第10波段的中心波长只相差7 nm，水中各种物质在这两个波段的吸收和散射相差无几，且第11波段位于氧气吸收位置，大气状况对反演结果影响较大，利用第11波段构建四波段模型难以达到降低悬浮物和纯水在近红外波段影响的目的。因此，λ_4 选用第12波段较为合适。

利用第7、9、10、12波段构建四波段算法模型（FBI7）：
$$C_{\text{Chla}} \propto [R_{\text{rs}}^{-1}(7) - R_{\text{rs}}^{-1}(9)]/[R_{\text{rs}}^{-1}(12) - R_{\text{rs}}^{-1}(10)] \tag{5.7}$$

利用第8、9、10、12波段构建四波段算法模型（FBI8）：
$$C_{\text{Chla}} \propto [R_{\text{rs}}^{-1}(8) - R_{\text{rs}}^{-1}(9)]/[R_{\text{rs}}^{-1}(12) - R_{\text{rs}}^{-1}(10)] \tag{5.8}$$

研究发现，即使在高度浑浊的水体，三波段算法的 λ_2 和 λ_3 处的水体组分吸收也较为相似（如：$a_{\text{ph}}(\lambda_2) \approx a_{\text{ph}}(\lambda_3)$，$a_{\text{d}}(\lambda_2) \approx a_{\text{d}}(\lambda_3)$，$a_{\text{cdom}}(\lambda_2) \approx a_{\text{cdom}}(\lambda_3)$）。因此，可以将 λ_2 重复使用两次来代替 λ_4，并将三波段算法模型写成四波段算法模型的形式，得到修正三波段指数（modified three-band index，MTBI）：
$$C_{\text{Chla}} \propto [R_{\text{rs}}^{-1}(7) - R_{\text{rs}}^{-1}(9)]/[R_{\text{rs}}^{-1}(10) - R_{\text{rs}}^{-1}(9)] \tag{5.9}$$

MTBI 可以用固有光学量的形式表示如下：
$$[R_{\text{rs}}^{-1}(7) - R_{\text{rs}}^{-1}(9)]/[R_{\text{rs}}^{-1}(10) - R_{\text{rs}}^{-1}(9)]$$
$$= [a_{\text{ph}}(7) + a_{\text{w}}(7) - a_{\text{w}}(9)]/[a_{\text{w}}(10) - a_{\text{w}}(9)] \tag{5.10}$$

式（5.10）表明 MTBI 在保持使用和三波段算法同样波段的同时，能够达到和四波段算法一样的效果，且克服了三波段算法假设不成立的问题。

3. 荧光基线高度法

荧光基线高度（fluorescence line height，FLH）法的理论依据是浮游植物发射荧光的原理，利用三个波段计算叶绿素荧光峰的高度（Letelier et al，1996）。这三个波段包括一个荧光峰波段和其左右两侧各一个波段。MERIS 的第8波段（681 nm）是荧光峰波段，其左右两边的第7波段和第9波段作为散射校正波段建立荧光基线。如图5.1所示，通过第7波段和第9波段的遥感反射率建立基线，计算得到基线在第8波段位置的大小，最后求得第8波段的遥感反射率和基线在第8波段遥感反射率的插值即为荧光高度值。荧光高度反映了水体中叶绿素a的浓度高低，荧光高度越大叶绿素a浓度越高，反之则越低。可得FLH的计算公式：
$$C_{\text{Chla}} \propto R_{\text{rs}}(8) - R_{\text{基线}} \tag{5.11}$$
式中：$R_{\text{基线}}$ 为基线高度，计算方法为
$$R_{\text{基线}} = R_{\text{rs}}(7) + [R_{\text{rs}}(9) - R_{\text{rs}}(7)] \cdot (681 - 665)/(709 - 665) \tag{5.12}$$
式中：$R_{\text{rs}}(7)$、$R_{\text{rs}}(8)$、$R_{\text{rs}}(9)$ 分别为第7、8、9波段的遥感反射率；665 nm、681 nm、709 nm 分别为第7、8、9波段中心波长。

FLH 对水体悬浮物浓度不敏感，且在较高的叶绿素a浓度情况下不饱和。因此 FLH 可以用于内陆浑浊富营养化水体的叶绿素a浓度反演。在内陆浑浊水体，悬浮物的增加会导

致红波段的遥感反射率明显升高，使 MERIS 第 8 波段的反射谷不再明显，叶绿素荧光高度降低，导致反演结果的误差。Shen（2010）针对 II 类水体悬浮物浓度较高的特点发展了基于综合叶绿素指数的叶绿素 a 浓度反演算法。综合叶绿素指数是表征叶绿素 a 浓度的参量，以综合叶绿素指数为自变量建立叶绿素 a 浓度反演模型即可反演水体叶绿素 a 浓度。综合叶绿素指数的原理是利用叶绿素 a 和悬浮物的光谱反射特性找到特征波长，用特征波长处的遥感反射率计算 H_{chl}、H_{Δ} 两个参数（图 5.1），将二者相减即可得到综合叶绿素指数。

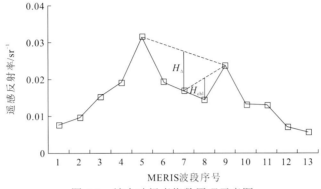

图 5.1 综合叶绿素指数原理示意图

综合叶绿素指数的计算公式如下：

$$H_{chl} = \left[R_{rs}(9) + \frac{709-681}{709-665}(R_{rs}(7) - R_{rs}(9)) \right] - R_{rs}(8) \tag{5.13}$$

$$H_{\Delta} = R_{rs}(7) - \left[R_{rs}(9) + \frac{709-665}{709-560}(R_{rs}(5) - R_{rs}(9)) \right] \tag{5.14}$$

$$C_{Chla} \propto SCI = H_{chl} - H_{\Delta} \tag{5.15}$$

式中：H_{chl} 为叶绿素 a 浓度的参数；H_{Δ} 为悬浮物浓度校正参数，用来校正悬浮物浓度对综合叶绿素指数的影响；560、665、681 和 709 为波长；$R_{rs}(5)$、$R_{rs}(7)$、$R_{rs}(8)$ 和 $R_{rs}(9)$ 分别为波长 560 nm、665 nm、681 nm 和 709 nm 处的遥感反射率。

如图 5.2 所示，MERIS 第 8 波段是叶绿素 a 的吸收峰，在 R_{rs} 上是反射谷，H_{chl} 相当于反射谷的深度（荧光峰的高度），它与叶绿素 a 浓度具有很好的正相关关系，H_{chl} 与叶绿素 a 浓度的相关性还受到悬浮物浓度的影响。当悬浮物浓度升高且叶绿素 a 浓度不变时，665 nm 处的遥感反射率会随之升高，相应的 H_{chl} 的值就会增加，如果不用 H_{Δ} 进行校正就会高估

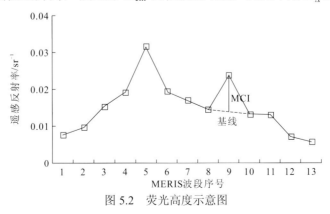

图 5.2 荧光高度示意图

叶绿素 a 的浓度。根据上面公式可知随着 665 nm 处遥感反射率的升高 H_Δ 的值也会增加，H_{chl} 和 H_Δ 的值相减就可以抵消由悬浮物浓度升高导致的 H_{chl} 值的虚高。因此，用 $H_{chl}-H_\Delta$ 估算叶绿素 a 浓度可以抵消悬浮物变化带来的影响（Zhang et al.，2014）。

    4. 最大叶绿素指数法

    最大叶绿素指数（MCI）指相对于基线的叶绿素 a 最大反射峰值的大小。MCI 的原理类似于荧光高度法，只是荧光高度法计算的是叶绿素最大荧光峰相对于基线的高度，而 MCI 计算的是叶绿素最大反射峰相对于基线的高度。针对 MERIS 数据，太湖的叶绿素 a 在红-近红外波段的最大反射峰位于第 9 波段，因此 MCI 算法计算第 9 波段的反射峰高度，基线选择第 9 波段和第 10 波段计算。MCI 值的大小能够有效地表征水体中叶绿素 a 浓度的高低，MCI 值越大叶绿素 a 的浓度越高，反之则越低。

    构建计算 MCI 的公式如下：

$$C_{Chla} \propto R_{rs}(9) - R_{rs}(8) - [R_{rs}(10) - R_{rs}(8)] \cdot (709 - 681) / (753 - 681) \tag{5.16}$$

通过构建基线计算的 MCI 代表了归一化的叶绿素 a 最大反射峰值，叶绿素 a 最大反射峰值前后两个波段的连线构建的基线可以有效减少环境光对遥感反射率的影响，也可以避免水体悬浮物后向散射对叶绿素反射的影响。

5.1.3 面向高光谱的叶绿素 a 浓度反演

    经验算法是比较常用的叶绿素反演算法，该算法利用现场实测叶绿素浓度数据和卫星反演的遥感反射率蓝绿波段（440~670 nm）比值建立统计关系，从而反演叶绿素浓度。SeaWiFS 常用的叶绿素浓度经验算法为 OC4 算法，MERIS 用到的叶绿素浓度反演算法为 OC4E 算法，MODIS 的叶绿素浓度反演算法为 OC3M 算法，VIIRS 的叶绿素浓度反演算法为 OC3v 算法。OC3/OC4 的反演公式可表示为

$$\lg(\text{chlor\_a}) = a_0 + \sum_{i=1}^{4} a_i \left(\lg \left(\frac{R_{rs}\lambda_{blue}}{R_{rs}\lambda_{green}} \right) \right)^i \tag{5.17}$$

式中：$R_{rs}\lambda_{blue}$ 为选用几个蓝光波段中与实测值相关系数值最优的波段，用以进行算法的反演。当前最常用的业务化产品中，标准算法是联合 OC3/OC4 波段比值算法和颜色指数（color index，CI）算法。CI 算法可表示为

$$CI = R_{rs}(\lambda_{green}) - \left[R_{rs}(\lambda_{blue}) + \frac{(\lambda_{green} - \lambda_{blue})}{(\lambda_{red} - \lambda_{blue})} \cdot (R_{rs}(\lambda_{red}) - R_{rs}(\lambda_{blue})) \right] \tag{5.18}$$

式中：λ_{blue}、λ_{green}、λ_{red} 分别为传感器中最接近 443 nm、555 nm 和 670 nm 的波段。CI 算法比较适用于相对清澈的水体，一般在叶绿素质量浓度小于 0.15 mg/m^3 时使用 CI 算法，在叶绿素质量浓度为 0.15~0.2 mg/m^3 时联合使用 OC 算法与 CI 算法，在叶绿素质量浓度大于 0.2 mg/m^3 时使用 OC 算法。

    OC4 算法反演的 SeaWiFS 叶绿素 a 浓度在近岸区域存在反演结果比实际值高，这种高估的问题在有色可溶性有机物和悬浮物占主导水体光学特性的夏末至初春这段时间更为严

重。基于英吉利海洋和比斯开湾等陆架区域的实测海洋光学数据集，通过建立查找表的方法将 OC4 算法、412 nm 和 555 nm 波段与实测的叶绿素 a 浓度关联起来，发展基于经验算法的不同叶绿素浓度下 OC4 算法的比值结果与 412 nm 和 555 nm 波段之间的参数化关系，这种算法一般称为 OC5 算法。OC5 算法将 412 nm 和 555 nm 通道的波段结合起来，对存在问题的 OC4 算法进行校正，其中 555 nm 通道主要用于揭示和修正悬浮物对 OC4 算法波段比值的影响，412 nm 波段主要用作修正和调整 OC4 算法中有色可溶性有机物和大气过校正的影响。OC5 算法可表示为

$$OC5_a = OC4(C_1) - A_1(OC4(C_1) - 0.55)^{A_2} \tag{5.19}$$

式中：参数 A_1 和 A_2 取值分别为 0.18 和 2.0。

利用 OC5 算法对 GF5-AHSI 数据进行叶绿素 a 浓度反演，鄱阳湖入湖河道区域的叶绿素 a 浓度分布如图 5.3 所示，洞庭湖区域的叶绿素 a 浓度分布如图 5.4 所示。从遥感反演结果的空间区域分布结果看，OC5 算法对高分 5 号 AHSI 数据的叶绿素 a 浓度具有一定的可信度。

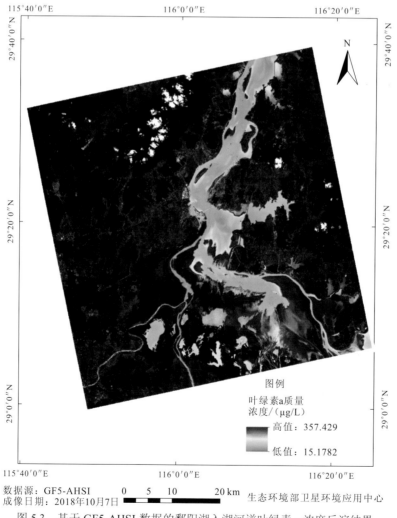

图 5.3　基于 GF5-AHSI 数据的鄱阳湖入湖河道叶绿素 a 浓度反演结果

数据源：GF5-AHSI　　　　0　3　　　9　km　　　生态环境部卫星环境应用中心
成像日期：2018年10月5日　　1.5　6　　12

图 5.4　基于 GF5-AHSI 数据的洞庭湖叶绿素 a 浓度分布图

　　经验算法比较简明且运算速度快，具有较强的区域适用性，将经验算法推广至全球范围内，在 I 类水体取得较好的效果，而在 II 类水体，由于不同区域的气溶胶、水体组分不同，经验算法经常出现问题。半分析算法在保留了经验算法优点的同时，结合辐射传输模型，将水体的表观光学量与固有光学量、固有光学量与水体组分之间的关系作为反演水色要素的依据，取得了较好的效果。比较有代表性的半分析算法有 GSM 算法和准分析算法（QAA）。

　　GSM 算法是根据吸收系数 $a(\lambda)$、后向散射系数 $b_b(\lambda)$ 与遥感反射率 $R_{rs}(\lambda)$ 间的二次方程关系建立的（Maritorena et al., 2002），其表达式为

$$R_{rs}(\lambda) = \frac{t^2}{n_w^2} \sum_{i=1}^{2} g_i \left(\frac{b_b(\lambda)}{b_b(\lambda) + a(\lambda)} \right)^i \tag{5.20}$$

式中：g_i 中 g_1 取值为 0.0949，g_2 取值为 0.0794。

　　纯水的吸收系数 $a_w(\lambda)$、浮游植物的吸收系数 $a_{ph}(\lambda)$ 和有色可溶性有机物吸收系数

$a_{cdm}(\lambda)$ 共同组成了总吸收系数 $a(\lambda)$:

$$a(\lambda) = a_w(\lambda) + a_{ph}(\lambda) + a_{cdm}(\lambda) \tag{5.21}$$

式中：$a_w(\lambda)$ 一般为一个固定值；$a_{ph}(\lambda)$ 与浮游植物叶绿素 a 浓度 $C(\text{Chl\_a})$ 的关系可表示为

$$a_{ph}(\lambda) = a_{ph}^*(\lambda)C(\text{Chl\_a}) \tag{5.22}$$

$a_{cdm}(\lambda)$ 与 $a_{cdm}(\lambda_0)$ 的关系可表示为

$$a_{cdm}(\lambda) = a_{cdm}(\lambda_0)\exp(-S(\lambda - \lambda_0)) \tag{5.23}$$

式中：S 为 CDOM 的光谱斜率，表示吸收值随波长的增加而下降的速率。纯水的后向散射系数 $b_{bw}(\lambda)$ 与悬浮颗粒的后向散射系数 $b_{bp}(\lambda)$ 组成了总的后向散射系数 $b_b(\lambda)$:

$$b_b(\lambda) = b_{bw}(\lambda) + b_{bp}(\lambda) \tag{5.24}$$

中心波长为 λ 的波段后向散射系数 $b_{bp}(\lambda)$ 与中心波长为 λ_0 的波段的后向散射系数 $b_{bp}(\lambda_0)$ 的关系为

$$b_{bp}(\lambda) = b_{bp}(\lambda_0)\left(\frac{\lambda}{\lambda_0}\right)^{-\eta} \tag{5.25}$$

式中：η 为悬浮物质后向散射衰减系数。根据实测数据和模型的优化，可以确定 $a_{ph}^*(\lambda)$、S、η 的值，纯水的吸收和散射系数 $a_w(\lambda)$ 与 $b_{bw}(\lambda)$ 可从参考文献中获取，最终 GSM01 模型中需要确定的参数有 $C(\text{Chl\_a})$、$a_{cdm}(\lambda_0)$ 与 $b_{bp}(\lambda_0)$。λ_0 作为模型中的参考波段，经常取值为 443 nm。对 GSM0 模型而言，已知某一像素 3 个波段及以上的 $R_{rs}(\lambda)$，就可利用非线性拟合的方法求出模型中的三个未知数 $C(\text{Chl\_a})$、$a_{cdm}(\lambda_0)$ 和 $b_{bp}(\lambda_0)$。

5.2　叶绿素 a 浓度硬分类反演方法

太湖是浑浊富营养化的内陆浅水湖泊，水体组分较为复杂，且水体组分浓度变化较快，不同时间、不同区域的水体组分和浓度都不相同，即使是表现最好的算法也很难适应所有的水体状况。因此先分类后反演的方法依然可以用于太湖叶绿素 a 浓度反演。先分类后反演的方法简称硬分类反演策略。硬分类反演策略首先需要对水体遥感反射率进行光学分类，分类算法依然采用基于光谱角度距离的逐步迭代的 k-mean 聚类方法。对不同类别的数据分别经过直接反演过程进行叶绿素 a 浓度反演和精度评价，从而找到不同水体组分状况下的最优算法，为分类反演提供最优算法来源。

5.2.1　硬分类反演方法

MERIS 共有 15 个波段，第 14、15 波段没有反射率产品，第 1~4 波段是蓝光波段，反射率反演精度较低，且内陆浑浊水体叶绿素 a 浓度反演不使用这 4 个波段，因此分类只采用第 5~13 波段。采用逐步迭代的 k-mean 聚类方法对 MERIS 数据进行光学分类，并针对 MERIS 数据对该方法进行微调。

光谱分类仍然从 19 类开始迭代聚类，类别数目依次减 1，直到 2 停止迭代，计算得到每次迭代后的光谱角度距离之和。从图 5.5 中可以发现，类别数目从 19 类减到 8 类的过程中光谱角度距离之和变化较小，且始终保持较低水平，不适合作为最终的聚类数目。当类别数目为 7 时光谱角度距离之和有小幅的跃升，比较适合作为最终的聚类数目。另外类别数目为 2、3、4 时光谱角度距离之和变化也很快，且数值迅速达到了较大值，因此 2、3、4 也可以作为最终的聚类数目。通过查看采用 3、4、7 类的分类结果发现，类别数目为 4 和 7 时有部分类的数据量偏小，无法进行叶绿素 a 浓度模型的建立和反演。另外，类别数目为 2 时分类数目偏少，无法代表典型的水质参数组分类型。因此，3 类成为最佳的分类数目，这 3 类水体光谱分别代表了不同物质主导类型的水体，可以较好地反映太湖总体的水质状况。

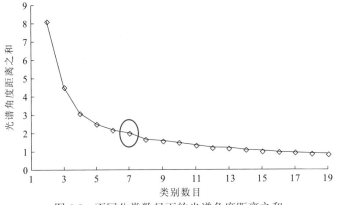

图 5.5 不同分类数目下的光谱角度距离之和

图 5.6 所示为将 MERIS 数据分为 3 类的分类结果，图 5.6（a）、（b）和（c）分别是第 1 类（C1）、第 2 类（C2）和第 3 类（C3）。图 5.6（b）的反射率数值明显高于（a）和（c），特别是 C2 类的质心光谱每个波段都大于 C1 类和 C3 类的质心光谱，可以推断 C2 类为非藻类颗粒物主导型水体。分析图 5.6（c）和（d）中 C3 类的质心光谱发现，光谱反射率在第 5（560 nm）波段和第 9（709 nm）波段有特别明显的反射峰；在第 8（681 nm）波段具有很强的反射谷；在第 6（620 nm）波段也具有较大的反射率拐点。而 560 nm 和 709 nm 正好是叶绿素 a 的反射峰位置，681 nm 也位于叶绿素 a 吸收导致的反射谷附近，620 nm 附近藻蓝蛋白的吸收峰导致反射率下降得较快。这些特征都是浮游植物光谱的典型特点，因此，C3 类是典型的浮游植物主导型水体。C1 类在第 5、9 波段的反射峰大小介于 C1 类和

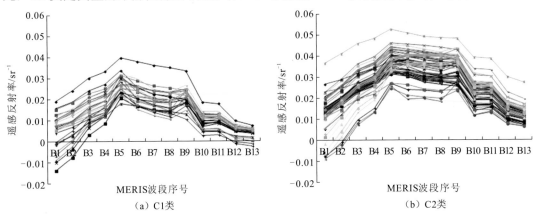

（a）C1类　　　　　　　　　　　　　　（b）C2类

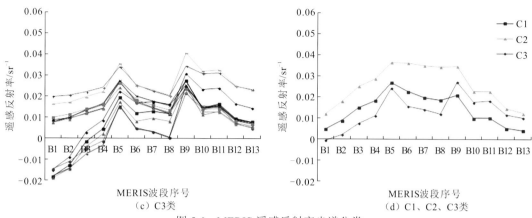

图 5.6　MERIS 遥感反射率光谱分类

C3 类，在第 8 波段的反射谷大小也介于 C1 类和 C3 类，在第 6 波段的藻蓝蛋白吸收波段反射率下降速度也介于 C1 类和 C3 类，因此 C1 类的光谱特征受浮游植物和非藻类颗粒物的共同影响，属于典型的浮游植物和非藻类颗粒物共同主导型水体。

表 5.1 是对 3 类 MERIS 数据对应的实测水质参数的统计结果，该数据进一步印证了上述对 3 类数据的水质参数主导型的推断。非藻类颗粒物主导型水体 C2 类的 NAP 最大值达到了 222.50 mg/L，平均值也达到了 110.19 mg/L，远远大于 C1 类和 C3 类，而 C2 类的叶绿素 a 浓度平均值却只有 12.06 mg/m³，是三类中最低的。浮游植物主导型水体 C3 类的叶绿素 a 浓度最小值都达到了 34.05 mg/m³，平均值更是远大于 C1 类和 C2 类。浮游植物和非藻类颗粒物共同主导型水体 C1 类的叶绿素 a 浓度介于 C2 类和 C3 类，NAP 的值与 C3 类相当。由于 3 类水体水质组分浓度的差异导致光谱特征的差异，可以据此建立适用的叶绿素 a 浓度反演模型，提高叶绿素 a 浓度反演的精度和适用性。

表 5.1　MERIS 分类水质参数统计结果

类别	水质参数	最小值	最大值	平均值
C1 （N=26）	TSM/（mg/L）	12.80	88.70	43.01
	NAP/（mg/L）	5.08	81.10	34.32
	$C(Chla)$/（mg/m³）	5.03	54.07	24.58
	$a_{CDOM}(440)$/m⁻¹	0.36	1.66	0.77
C2 （N=60）	TSM/（mg/L）	27.15	244.90	125.05
	NAP/（mg/L）	22.25	222.50	110.19
	$C(Chla)$/（mg/m³）	1.66	45.11	12.06
	$a_{CDOM}(440)$/m⁻¹	0.21	1.83	0.78
C3 （N=12）	TSM/（mg/L）	32.45	94.07	54.36
	NAP/（mg/L）	17.85	72.67	37.84
	$C(Chla)$/（mg/m³）	34.05	77.45	55.38
	$a_{CDOM}(440)$/m⁻¹	0.75	1.21	0.98

5.2.2　C1 类水体反演结果分析

C1 类水体共有 26 个站点的数据，利用这 26 个站点的数据，采用 3.2 节直接反演策略同样的方法经过步骤 1～8 进行叶绿素 a 浓度反演和精度评价，从而找到浮游植物和非藻类颗粒物主导型水体最适合的叶绿素 a 浓度反演方法。

图 5.7 为 C1 类水体 MERIS 数据的反演结果，图中数据点大部分在 1：1 线附近，但也有部分点的分布较为分散，特别是红圈标记的 3 个点，其反演结果偏离较大。另外，在 0～20 mg/m³ 的大部分点在 1：1 线上面，说明在该区间内叶绿素 a 浓度反演结果偏大；在大于 30 mg/m³ 的大部分点在 1：1 线下面，说明在该区间内叶绿素 a 浓度反演结果偏小。总之，对于浮游植物和非藻类颗粒物主导型水体，叶绿素 a 浓度反演精度较低，反演结果不太理想。原因可能是该类水体水质参数组分较为复杂，多种组分相互影响，水体光谱特征较为混乱，其他组分掩盖了叶绿素 a 的光谱特征，在一定程度上影响了叶绿素 a 浓度的反演结果。

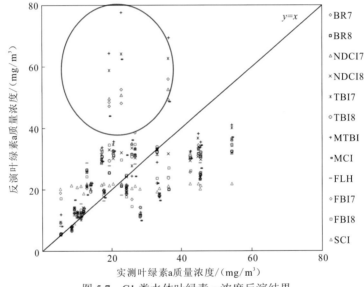

图 5.7　C1 类水体叶绿素 a 浓度反演结果

进一步分析 C1 类水体反演的绝对误差和相对误差来综合分析各种叶绿素 a 浓度的表现。图 5.8（a）为绝对误差分布图，随着实测叶绿素 a 浓度的升高，绝对误差也呈线性增加的趋势，但是绝对误差增大的速度小于实测叶绿素 a 浓度升高的速度，反映了在较大叶绿素 a 浓度区间内反演结果具有变好的趋势。另外，红圈内的反演结果异常，但是异常点较少，总体精度可以接受。

图 5.8（b）为 C1 类水体反演的相对误差分布图。从图中可知，随着实测叶绿素 a 浓度的升高相对误差减小。统计相对误差数值发现，相对误差在 0～50% 的数据点占总数据的 70.8%，相对误差在 50%～100% 的数据点占 22.1%，相对误差大于 100% 的点占 7.1%。由此可知，对浮游植物和非藻类颗粒物共同主导的水体虽然其反演效果不理想，但是反演趋势正确且大部分点的反演精度可以接受，总体反演效果仍然是可靠的。

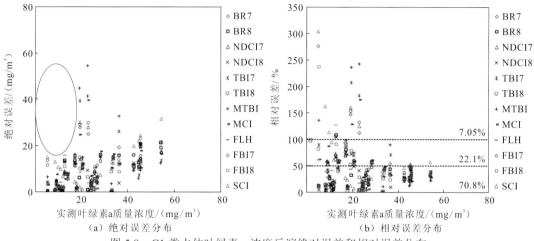

图 5.8　C1 类水体叶绿素 a 浓度反演绝对误差和相对误差分布

通过比较 12 种算法的平均值偏差、标准差偏差、平均绝对误差、平均相对误差和均方根误差可以客观地评价这些算法在 C1 类水体的适用情况，如表 5.2 所示。从表 5.3 中可以看出，平均值偏差介于 3.45%～15.78%，不同算法的表现差距较大。标准差偏差介于 1.97%～81.33%，不同算法之间的表现差距更大。平均绝对误差在 10 mg/m³ 左右，不同算法的表现差距较小。平均相对误差在 40% 左右，变化在 15% 以内。均方根误差介于 10.20～17.87 mg/m³。通过比较每一个精度评价指标在 12 种算法中的表现找到表现得较好的 3 个算法（在表中用黑体字表示）。其中 BR9/8 和 FLH 的平均绝对误差、平均相对误差、均方根误差都表现优异，但 FLH 的平均绝对误差和均方根误差都低于 BR9/8。TBI8 算法的平均绝对误差和均方根误差也较小，也是表现得较好的 3 个算法之一。因此，对于浮游植物和非藻类颗粒物主导型水体，FLH 表现得最好，其次是 BR9/8，然后是 TBI8。这三个算法可以作为建立软分类反演策略时该类数据的最优算法。

表 5.2　C1 类精度评价

算法	平均值偏差/%	标准差偏差/%	平均绝对误差/（mg/m³）	平均相对误差/%	均方根误差/（mg/m³）
BR9/7	**3.87**	10.24	9.72	40.67	12.42
BR9/8	8.81	38.68	**8.19**	**33.56**	**10.53**
NDCI7	5.12	**5.77**	10.04	41.92	13.00
NDCI8	**4.17**	35.21	8.43	**35.43**	10.63
TBI7	10.62	17.18	10.86	48.21	15.39
TBI8	7.30	34.03	**8.10**	35.56	**10.20**
MTBI	14.44	34.94	11.81	53.73	17.87
MCI	5.08	**1.97**	10.37	45.05	13.57
FLH	8.32	37.39	**8.12**	**35.47**	**10.29**
FBI7	**3.45**	**5.89**	11.46	55.23	13.85
FBI8	7.19	39.41	9.85	48.17	11.23
SCI	15.78	81.33	10.73	55.34	13.52

5.2.3　C2 类水体反演结果分析

    C2 类水体是非藻类颗粒物主导型水体,共有 60 个站点的数据,是三类中数量最多的一类。当水体中非藻类颗粒物浓度较高时会减少入射到水中的光,从而减少光合作用,浮游植物的生长就会受到限制,因此,C2 类水体的叶绿素 a 浓度总体较低,大部分点在 0~20 mg/m³,只有少数几个点在 20~50 mg/m³。图 5.9 为 C2 类水体叶绿素 a 浓度反演结果分布图,从图中可以看到,在 0~20 mg/m³ 反演结果基本分布在 1∶1 线附近,反演结果较为可靠;在 30~50 mg/m³ 数据点多数分布于 1∶1 线以下,反演结果偏小,但偏小的幅度不大。总之,在非藻类颗粒物主导型水体,反演结果总体趋势正确,反演结果较为可靠。

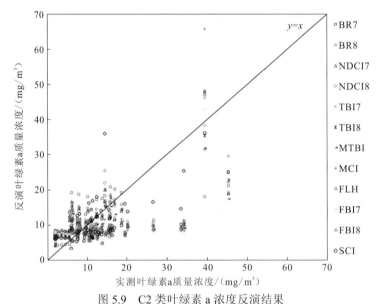

图 5.9　C2 类叶绿素 a 浓度反演结果

    通过分析绝对误差和相对误差发现 C2 类水体的反演精度并不高。图 5.10(a)是 C2 类水体反演结果绝对误差的分布图。当实测叶绿素 a 浓度大于 10 mg/m³ 时反演趋势是正确的,即绝对误差随着实测叶绿素 a 浓度的升高呈线性增加的趋势。但是当实测叶绿素 a 浓度小于 10 mg/m³ 时,绝对误差呈现随叶绿素 a 浓度降低而增加的趋势(图中红圈标记的区域)。在 0~10 mg/m³ 多数点位的相对误差大于 100%,即绝对误差和相对误差都呈现较大的趋势。原因是 C2 类水体是非藻类颗粒物主导的水体,在该类水体中非藻类颗粒物含量很高,而当浮游植物含量很低时,浮游植物本来就不强的光谱特征更容易被非藻类颗粒物所掩盖,因此,在 0~10 mg/m³ 的反演精度较低。对相对误差分布进行统计发现相对误差在 0~50% 的点占 67.2%,小于 C1 类和直接反演策略的统计数值;相对误差大于 100% 的点占比高达 15.3%,也远远大于 C1 类和直接反演。总之,在非藻类颗粒物主导的水体叶绿素 a 浓度的反演受到高浓度非藻类颗粒物的影响,反演精度总体偏低。但是,在浑浊水体反演叶绿素 a 浓度一直是水色遥感的难点,本小节所达到的精度也是可以接受的。

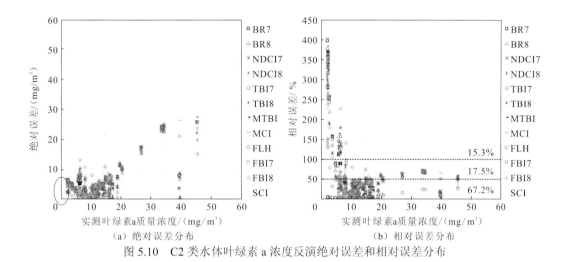

(a) 绝对误差分布　　　　　　　　　　　　　(b) 相对误差分布

图 5.10　C2 类水体叶绿素 a 浓度反演绝对误差和相对误差分布

所有 12 种 MERIS 数据叶绿素 a 浓度反演算法在 C2 类水体的表现也各有差异，如表 5.3 所示。从表中可见，平均值偏差总体低于 20%，最好的 BR9/8 算法达到了 6.90%。标准差偏差数据差异较大，数值变化幅度为 13.91%～57.33%。不同算法的平均绝对误差变化幅度较小，基本在（5±0.5）mg/m^3，其中，平均绝对误差最小的算法是 SCI、NDCI8和 TBI8。C2 类水体的平均相对误差较大，表现最好的 FLH、SCI 和 NDCI8 算法也超过了50%，表现较差的算法平均相对误差达到了 70%以上。均方根误差表现较为稳定，数值多数维持在（8±0.5）mg/m^3，表现最好的算法是 FLH、SCI 和 NDCI8，最小均方根误差达到 7.25 mg/m^3。从统计数值可以看到，SCI 算法是 5 个精度评价指标都表现最好的 3 个算法之一，该算法无疑是 C2 类水体反演精度最高的算法，该结果验证了 SCI 算法建立时重点考虑悬浮物影响带来的积极结果。NDCI8 算法的平均绝对误差、平均相对误差和均方根误差也都处于较低的水平，该算法的精度也较高。另外，FLH 算法的平均值偏差、平均相对误差、均方根误差的表现也很好，该算法在 C2 类水体中也是表现较好的算法。总之，在非藻类颗粒物主导型水体，表现最好的算法是 SCI，其次是 NDCI8，然后是 FLH。

表 5.3　C2 类水体叶绿素 a 浓度反演精度评价

算法	平均值偏差/%	标准差偏差/%	平均绝对误差/（mg/m^3）	平均相对误差/%	均方根误差/（mg/m^3）
BR9/7	17.45	39.02	5.47	71.56	8.46
BR9/8	6.90	28.08	5.25	69.60	8.34
NDCI7	17.35	38.24	5.47	71.62	8.46
NDCI8	15.50	40.10	5.14	63.87	7.99
TBI7	17.38	38.24	5.47	71.13	8.43
TBI8	15.97	44.29	5.24	64.15	8.01
MTBI	18.63	57.33	5.51	71.79	8.47
MCI	15.73	13.91	5.58	69.55	8.34
FLH	12.97	43.41	5.46	52.60	7.25
FBI7	17.56	43.69	5.42	70.36	8.39
FBI8	16.03	47.33	5.38	64.07	8.00
SCI	10.94	24.44	4.57	55.42	7.44

5.2.4 C3 类水体反演结果分析

C3 类水体是浮游植物主导型水体，在这类水体中叶绿素 a 浓度总体较高。但是这类水体的实测数据样本点较少，总共为 12 个，还有 6 个点因为水中有大量藻类颗粒，导致叶绿素 a 浓度测量失效，无法用于叶绿素 a 浓度建模和反演，因此，有效的数据点只有 6 个。图 5.11 为 C3 类水体叶绿素 a 浓度反演结果分布图。图中显示反演结果基本在 1：1 线附近，反演结果较为准确，但仍然存在较小区间高估、较大区间低估的问题。

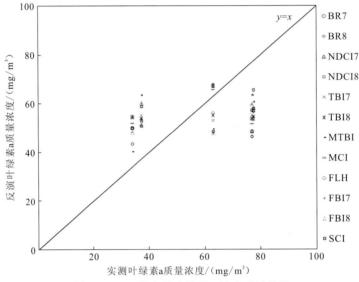

图 5.11 C3 类水体叶绿素 a 浓度反演结果

图 5.12 是 C3 类水体的绝对误差和相对误差分布图。图中显示绝对误差分布没有明显特点，误差数值较为稳定，但总体误差数值偏大，多在 20 mg/m³ 附近，与实测叶绿素 a 的平均值（55.38 mg/m³）相比还是可以接受的。相对误差随着叶绿素 a 浓度的升高有所降低，且总体处于较低水平。总之，对浮游植物主导型水体各种叶绿素 a 浓度反演算法的精度整体较高。

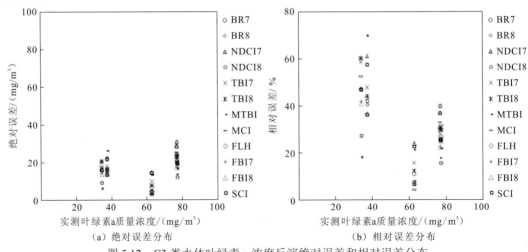

（a）绝对误差分布　　　　　　　　　　　（b）相对误差分布

图 5.12 C3 类水体叶绿素 a 浓度反演绝对误差和相对误差分布

根据表 5.4 可以分析不同算法在浮游植物主导型水体的精度表现。C3 类水体的平均值偏差在 5%±1.0%，总体处于较低水平，说明反演的叶绿素 a 浓度平均值和实测平均值较为接近。标准差偏差介于 47.54%～97.21%，偏差较大。平均绝对误差介于 14.42～18.44 mg/m³，不同算法有一定差距。平均相对误差在 30%±5.0%，表现最好的算法达到了 26.21%，所有算法的精度总体都处于较高水平，原因可能是浮游植物主导型水体叶绿素 a 的光谱特征处于控制地位，其他色素对叶绿素 a 光谱的影响较小，各种算法都能较好地应用于该类水体。均方根误差介于 15.09～17.44 mg/m³，变化幅度也处于较小水平。总之，在浮游植物主导型水体所有算法的精度都处于较高水平，反演效果均比较理想。但是，BR9/8、NDCI8 和 MTBI 3 种算法的所有 5 个精度评价指标都是最好的，这 3 种算法是 C3 类水体表现最好的算法。比较这 3 种算法发现，BR9/8 算法精度最高，其次是 NDCI8 算法，然后是 MTBI 算法。

表 5.4　C3 类水体叶绿素 a 浓度反演精度评价

算法	平均值偏差/%	标准差偏差/%	平均绝对误差/（mg/m³）	平均相对误差/%	均方根误差/（mg/m³）
BR9/7	5.21	63.37	16.59	30.76	16.78
BR9/8	4.71	47.54	14.42	26.21	15.43
NDCI7	5.18	63.39	16.55	30.70	16.76
NDCI8	4.40	47.62	14.43	26.36	15.42
TBI7	5.77	95.67	18.44	35.94	17.36
TBI8	5.90	97.21	18.21	35.33	17.43
MTBI	4.00	51.10	15.21	29.72	15.09
MCI	5.41	70.61	16.84	31.63	17.13
FLH	5.83	95.11	18.07	35.04	17.44
FBI7	5.10	70.34	17.76	34.87	16.44
FBI8	5.17	69.83	17.74	34.79	16.45
SCI	5.60	77.13	18.24	35.67	16.83

对 12 种 MERIS 数据叶绿素 a 浓度反演算法分别在 3 个类别内的精度评价和适用性进行分析，分析不同类别之间反演结果的差异和反演算法的表现。表 5.5 所示为 12 种算法在 3 类数据中的 5 个精度评价指标的平均值。例如 C1 类水体的平均值偏差是 12 种算法平均值偏差的平均值，该值是 C1 类水体叶绿素 a 浓度反演算法总体表现的指标。

表 5.5　三类数据反演误差均值

类别	C1	C2	C3	SCA
平均值偏差/%	7.85	15.20	5.19	8.26
标准差偏差/%	28.50	38.17	70.74	23.57
平均绝对误差/（mg/m³）	9.81	5.33	16.88	5.83
平均相对误差/%	44.03	66.31	32.25	35.57
均方根误差/（mg/m³）	12.71	8.13	16.55	7.62

注：SCA 为软分类反演结果

平均值偏差最大的类是 C2，C1 类和 C3 类较小，但是最大值也只有 15.20%，说明反演结果的平均值和实测叶绿素 a 浓度的平均值非常接近。C1 类水体的标准差偏差较小，C3 类水体的标准差偏差高达 70.74%，标准差偏差总体大于平均值偏差，说明反演结果的标准差和实测数值有较大差距。平均绝对误差最小的是 C2 类水体，其次是 C1 类水体，最大的是 C3 类水体，这与三类水体的叶绿素 a 浓度有关。C2 类水体是非藻类颗粒物主导型水体，水体叶绿素 a 浓度总体较低，而 C3 类水体是浮游植物主导型水体，水体叶绿素 a 浓度较高，C1 类水体是非藻类颗粒物和浮游植物共同主导型水体，水体叶绿素 a 浓度高低适中。平均相对误差最小的是 C3 类水体，其次是 C1 类水体，最大的是 C2 类水体。平均值相对误差的值与该类的平均叶绿素 a 浓度呈反比，平均叶绿素 a 浓度越高，相对误差越小，反之则越大。在非藻类颗粒物主导型水体，非藻类颗粒物对叶绿素 a 光谱具有掩盖作用，导致该类的叶绿素 a 浓度反演精度降低。均方根误差在三类水体中的分布趋势与平均相对误差几乎一样，但是数值稍大于平均绝对误差。总之，在浮游植物主导型水体叶绿素 a 浓度反演精度最高，其次是非藻类颗粒物和浮游植物共同主导型水体，反演精度最低的是非藻类颗粒物主导型水体。

　　在 C2 类水体中 SCI 算法的反演精度最高，其次是 NDCI8 和 FLH 算法。SCI 算法的设计专门考虑了高悬浮颗粒浓度对叶绿素 a 光谱造成的影响，通过减去 H_Δ 来校正叶绿素 a 反射谷的高度，从而达到减小悬浮颗粒物对叶绿素 a 反演影响的目的，实验证明该设计在高悬浮颗粒物浓度的 C2 类水体起到了应有的效果。在 C3 类水体中 BR9/8、NDCI8 和 MTBI 算法表现较好。其中，BR9/8 和 NDCI8 算法所用波段一样（第 8 和第 9 波段），二者都实现了较高的精度。可见，MERIS 第 8 和第 9 波段是叶绿素 a 的敏感波段，利用这两个波段可以较好地反演太湖水体的叶绿素 a 浓度。在 C3 类水体中表现最好的三种算法是 FLH、BR9/8 和 TBI8。

　　在所有 3 类数据的共 9 个最优算法中都使用了 MERIS 的第 8 波段，而很多学者的研究都使用了 MERIS 的第 7 波段而不是第 8 波段。原因是叶绿素 a 在 675 nm 附近具有较大的吸收峰形成了遥感反射率光谱上的反射谷，该吸收峰的位置在不同组分的水体有一定的差别。在叶绿素 a 浓度较低的水体该吸收峰的位置更偏向于短波方向，比较接近于 MERIS 的第 7 波段。而当叶绿素 a 浓度升高时吸收峰的位置出现“红移”现象，即吸收峰的位置向长波方向移动，叶绿素 a 的最大吸收峰更接近 MERIS 的第 8 波段。在太湖，叶绿素 a 浓度总体处于较高水平，因此，采用 MERIS 第 8 波段的算法表现明显优于采用第 7 波段的算法。

5.3　叶绿素 a 浓度软分类反演方法

　　采用非典型数据建立的模型在运用到与其差别较大的水体时会带来较大误差，检验数据过少也不能很好地代表典型的水体特征，且检验的结果随机性较大，不能客观地表达反演策略和模型的实际精度。鉴于以上原因，针对 MERIS 数据软分类反演策略的检验不再区分建模数据和检验数据。因为建模和检验所用数据相同，所以基于 MERIS 数据的精度检验更接近于模型拟合效果的分析，并非纯正意义上独立精度评价。对模型拟合效果较好的算法在一定程度上也会反演得到较高的精度，因此采用同样数据检验模型拟合效果也可以用来评价反演策略和反演模型的精度表现和适用性评估。利用 MERIS 影像检验软分类反演策略，同时与传统反演策略和硬分类反演策略对比，评价软分类反演策略的精度和优势。

5.3.1　软分类反演方法

利用逐步迭代的 *k*-mean 聚类方法将 98 个站点的 MERIS 数据分为 3 类，从而找到 3 类光谱的质心。对每一个站点的 MERIS 数据分别计算其到 3 个质心光谱的余弦距离，即光谱角度距离，即可表示该站点光谱与质心光谱的相似程度。光谱角度距离越小，二者的相似性越大；反之相似性越小。而软分类方法的反演结果融合需要根据光谱角度距离权重计算，光谱角度越小权重越大，光谱角度越大权重越小。因此，利用光谱角度距离的倒数作为距离权重，并对离 3 个质心光谱的距离权重做归一化处理，得到归一化的距离权重。归一化距离权重如图 5.13 所示。三角形的顶点分别是 3 个质心光谱，离顶点越近的点表示到该质心的光谱角度越小，归一化距离权重越大，反演结果加权求和时会给予较大的权重，其在最终结果中所占的比重越大，对最终结果的影响也就越大。图中 C2 的顶点处聚集了较多的点，说明非藻类颗粒物主导型的站点较多，且该类与质心光谱的相似度较高。C1 和 C3 的顶点处点的分布较少，且没有十分接近顶点的站点。另外，有部分站点分布在内小三角内或其附近，这些点离 3 个质心光谱的光谱角度距离都很大，其光谱特性受到 3 个质心光谱的综合影响，这样的点显然不应该被硬分为某一类。

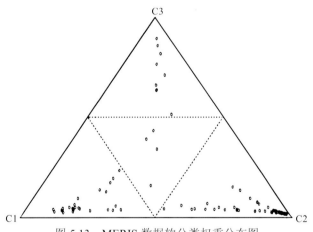

图 5.13　MERIS 数据软分类权重分布图

2006 年 1 月～2009 年 4 月，在太湖进行了 7 次野外水体光学实验、室内水质参数测量和水体固有光学量测量，获取了大量实测水体光学和水质数据，其中有 98 个站点的数据是和 MERIS 同步（准同步）获取的。将这些实验数据对应的同步（准同步）MERIS 数据运用于 12 个常用的水体叶绿素 a 浓度反演模型反演得到水体叶绿素 a 浓度，与实测叶绿素 a 浓度进行对比分析，评估 12 个叶绿素 a 浓度反演算法在浑浊富营养化水体（太湖）的适用性。

为了客观、全面、准确地评估 12 个常用的水体叶绿素 a 浓度反演算法的适用性，本小节使用所有 98 个站点的 MERIS 数据采用三种方法进行叶绿素 a 浓度的反演。第一种是传统反演方法，即使用全部数据建立反演模型并评价模型的精度和适用性；第二种硬分类反演方法，即将 98 个站点的数据分为 3 类，对每一类数据分别进行模型标定、精度评价和适用性评估；第三种是软分类反演方法，即采用硬分类反演方法中各类表现最好的三种算法的反演结果先进行类内加权融合，然后采用类别距离权重进行类间反演结果的加权融合。直接反演方法能够反映每种算法的总体通用性和其在太湖的表现，提供直观的算法精度表现。分类反演（硬分类和软分类）方法可以细致地表现每种算法在不同水体组分状况下的表现，为叶绿素 a 浓度分类反演方法选择不同水体组分状况下的最优算法组合，硬分类反演策略为基于软分类的 MERIS 数据叶绿素 a 浓度反演策略的建立打下基础。

由于同步（准同步）MERIS 数据较少，采用三次多项式模型容易出现拟合趋势线走向错误的情况。因此，基于 MERIS 影像的叶绿素 a 浓度反演模型改用二次多项式对数模型。在传统反演策略下，所有数据都参与建模和反演，反演步骤如下。

（1）选择每一种反演算法的适用波段。

（2）将适用波段代入算法模型计算得到与叶绿素 a 浓度相关的指数 C_{index}（如 NDCI、MCI、SCI 等）。

（3）计算实测叶绿素 a 浓度的对数 $\lg C_{Chla}$。

（4）分析步骤（2）计算的叶绿素 a 浓度相关指数 C_{index} 与 $\lg C_{Chla}$ 的关系，拟合得到二者关系模型：

$$\lg C_{Chla} = f(C_{index}) \tag{5.26}$$

（5）根据步骤（4）拟合的关系模型得出叶绿素 a 浓度反演公式：

$$C_{Chla} = 10^{f(C_{index})} \tag{5.27}$$

（6）利用式（5.27）计算得到每一种算法的反演结果。

（7）对步骤（6）计算的反演结果计算平均值偏差、标准差偏差、平均绝对误差、平均相对误差、均方根误差等精度评价指标。

（8）分析步骤（7）计算的精度评价指标并分析每一种算法的反演精度和适用性。

表 5.6 所示为采用传统反演方法拟合得到的 12 种算法的模型列表。

表 5.6　MERIS 影像直接反演方法算法模型表

序号	算法	模型	拟合度
1	BR9/7	$\lg C_{Chla} = -0.601x^2 + 2.8227x - 1.1648$	$R^2 = 0.362$
2	BR9/8	$\lg C_{Chla} = -1.1258x^2 + 4.0193x - 1.8896$	$R^2 = 0.420$
3	NDCI7	$\lg C_{Chla} = 1.8077x^2 + 3.0511x + 1.0534$	$R^2 = 0.361$
4	NDCI8	$\lg C_{Chla} = -4.6322x^2 + 3.7375x + 1.0101$	$R^2 = 0.420$
5	TBI7	$\lg C_{Chla} = -4.1413x^2 + 3.4955x + 1.0676$	$R^2 = 0.364$
6	TBI8	$\lg C_{Chla} = -3.852x^2 + 3.4148x + 1.0036$	$R^2 = 0.418$
7	MTBI	$\lg C_{Chla} = -0.7742x^2 + 1.5162x + 1.0777$	$R^2 = 0.354$
8	FBI7	$\lg C_{Chla} = -1.4994x^2 + 2.2336x + 1.0735$	$R^2 = 0.349$
9	FBI8	$\lg C_{Chla} = -1.4537x^2 + 2.1398x + 1.0138$	$R^2 = 0.386$

序号	算法	模型	拟合度
10	FLH	$\lg C_{\text{Chla}} = -28\,659x^2 - 292.3x + 0.8764$	$R^2 = 0.535$
11	SCI	$\lg C_{\text{Chla}} = -273.65x^2 - 16.229x + 1.1865$	$R^2 = 0.501$
12	MCI	$\lg C_{\text{Chla}} = 11\,246x^2 - 33.402x + 0.9197$	$R^2 = 0.350$

内陆水体的组分较为复杂，不同水体的光学特性千差万别，即使同一水体在不同的时间也有巨大变化，因此，没有任何一种叶绿素 a 浓度反演算法能够适用于所有水体。利用先分类后反演的方法可以有效提高算法的区域和季节适用性，即先将水体光学特性相似的水体归为一类，然后针对该类建立反演模型。但是传统的硬分类反演方法要求所有数据必须被分为特定的一类，而有些数据正好介于两类之间，如果硬生生地将其分到某一类显然是不符合现实情况的。软分类反演方法将改进这一做法，用数据到类质心的距离来表示分类结果，然后按距离加权进行反演结果的融合。

软分类反演方法需要将每一类数据的最优算法代入类别权重做加权求和。因此，最优算法的选择和加权求和是软分类反演方法的重要环节。通过精度评价和比较分析，在每一类数据中分别找到 3 个表现最好的算法，如表 5.7 所示，并对 3 个算法进行排序。考虑一个算法可能会造成反演结果的巨大偏差，采用 3 个算法加权求和的方法计算得到每一类的反演结果。根据算法排序，排序第 1～3 的算法分别给予 0.5、0.3 和 0.2 的权重，进行加权求和：

$$C_{\text{Chla-}i} = C_{\text{Chla-}i1} \cdot 0.5 + C_{\text{Chla-}i2} \cdot 0.3 + C_{\text{Chla-}i3} \cdot 0.2 \qquad (5.28)$$

式中：$C_{\text{Chla-}i}$ 为第 i 类反演结果，i 为类别数；$i1$、$i2$ 和 $i3$ 分别为第 i 类排序第 1、2 和 3 的三个算法；$C_{\text{Chla-}i1}$、$C_{\text{Chla-}i2}$ 和 $C_{\text{Chla-}i3}$ 分别为第 i 类排序第 1、2 和 3 的三个算法反演的叶绿素 a 浓度。

表 5.7　软分类反演方法最优算法属性表

类别	算法	反演模型	排序	权重
C1	FLH	$C_{\text{Chla}} = 10^{-52\,665 \cdot \text{FLH} \cdot \text{FLH} - 305.4 \cdot \text{FLH} + 1.057}$	1	0.5
	BR9/8	$C_{\text{Chla}} = 10^{-2.277 \cdot \text{BR9/8} \cdot \text{BR9/8} + 6.19 \cdot \text{BR9/8} - 2.695}$	2	0.3
	TBI8	$C_{\text{Chla}} = 10^{-8.762 \cdot \text{TBI8} \cdot \text{TBI8} + 3.506 \cdot \text{TBI8} + 1.198}$	3	0.2
C2	SCI	$C_{\text{Chla}} = 10^{127.06 \cdot \text{SCI} \cdot \text{SCI} + 36.232 \cdot \text{SCI} + 2.8635}$	1	0.5
	NDCI8	$C_{\text{Chla}} = 10^{-13.04 \cdot \text{NDCI8} \cdot \text{NDCI8} + 5.834 \cdot \text{NDCI8} + 0.95}$	2	0.3
	FLH	$C_{\text{Chla}} = 10^{-64\,740 \cdot \text{FLH} \cdot \text{FLH} - 362 \cdot \text{FLH} + 0.828}$	3	0.2
C3	BR9/8	$C_{\text{Chla}} = 10^{0.697 \cdot \text{BR9} + 0.44}$	1	0.5
	NDCI8	$C_{\text{Chla}} = 10^{2.843 \cdot \text{NDCI8} + 0.886}$	2	0.3
	MTBI	$C_{\text{Chla}} = 10^{-0.051 \cdot \text{MTBI} + 1.839}$	3	0.2

在类内加权求和的基础上，软分类反演方法还需要将 3 类反演结果通过距离权重进行类间加权求和得到最终的叶绿素 a 浓度反演结果。距离权重采用归一化距离权重：

$$C_{\text{Chla}} = C_{\text{Chla-}1} \cdot W_1 + C_{\text{Chla-}2} \cdot W_2 + C_{\text{Chla-}3} \cdot W_3 \qquad (5.29)$$

式中：C_{Chla} 为最终的叶绿素 a 浓度反演结果；$C_{\text{Chla-}1}$、$C_{\text{Chla-}2}$ 和 $C_{\text{Chla-}3}$ 分别为第 1、2 和 3 类的类内加权结果；W_1、W_2 和 W_3 分别为该站点到 3 个质心光谱的归一化距离权重。

基于软分类反演方法的 MERIS 数据叶绿素 a 浓度反演流程如图 5.14 所示，具体步骤如下。

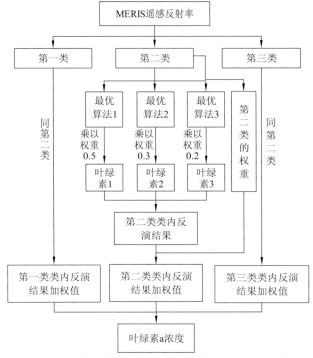

图 5.14　基于软分类的 MERIS 数据叶绿素 a 浓度反演流程

（1）MERIS 遥感反射率光谱输入。由于 MERIS 2P 遥感反射率产品的前 4 波段精度较差，不使用这 4 个波段。此外，MERIS 2P 遥感反射率产品没有第 14 和第 15 两个波段，因此输入的 MERIS 遥感反射率光谱只包含第 5～13 波段。

（2）用逐步迭代的 k-mean 聚类算法将实测遥感反射率分为三类，并求得每一类遥感反射率光谱的质心。

（3）分别计算每一个站点的遥感反射率光谱到三个质心的光谱角度距离，并进行归一化处理得到归一化的距离权重。

（4）选择每一类的 3 个最优算法，并计算总共 9 个最优算法的叶绿素 a 光谱指数并反演得到 9 个叶绿素 a 浓度。

（5）叶绿素 a 浓度反演结果类内加权求和。对每一类的 3 个最优算法分别给予 0.5、0.3、0.2 的权重，对 3 个最优算法和权重做乘积加权求和得到类内叶绿素 a 浓度反演结果。

（6）类间反演结果加权求和。计算归一化距离权重和步骤，反演得到的类内叶绿素 a 浓度做加权求和，得到最终的叶绿素 a 浓度反演结果。

5.3.2　软分类反演方法结果精度评价

基于软分类反演方法对太湖所有 98 个站点的 MERIS 数据反演了叶绿素 a 浓度。反演结果如图 5.15（a）所示。从图中可以发现，反演结果基本在 1∶1 线附近分布，且没有严重偏离 1∶1 线的站点，说明软分类反演策略总体较为稳定。另外，随着叶绿素 a 浓度的变化，软分类反演结果并没有出现明显偏大或偏小的趋势，说明软分类反演结果在整个叶绿素 a 浓度区间上的表现较为一致，没有明显的不适用区域。总之，基于软分类的 MERIS 数据叶绿素 a 浓度反演方法在太湖取得了较好的效果。

进一步分析软分类反演结果的误差分布情况，如图 5.15 所示。绝对误差基本在 20 mg/m³ 以下，没有出现绝对误差值偏离很大的点，反演结果较为稳定。绝对误差随着叶绿素 a 浓度的升高也有一定程度的增加，但是增加的速率远小于叶绿素 a 浓度升高的速度，这符合绝对误差分布的规律，而且表现出在较高叶绿素 a 浓度时反演精度有提高的趋势。

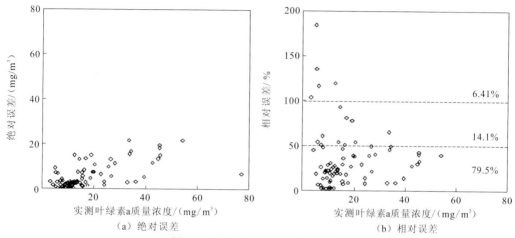

（a）绝对误差　　　　　　　　　　　（b）相对误差

图 5.15　软分类反演方法误差分布

图 5.16 比较了软分类反演结果和直接反演结果。结果显示，软分类反演结果的 5 个精度评价指标全面优于直接反演结果；软分类反演结果更趋于聚集在 1∶1 线附近，而直接反演结果则较为分散；软分类反演结果在整个叶绿素 a 浓度区间表现较为稳定，而直接反演结果在低叶绿素 a 浓度区域偏大，在高叶绿素 a 浓度区域偏小。软分类反演的平均值偏差比直接反演的平均值偏差小 10 个百分点，其标准差偏差也小于直接反演结果，证明软分类反演的结果相比直接反演结果更接近于实测叶绿素 a 浓度的分布状况。软分类反演结果的

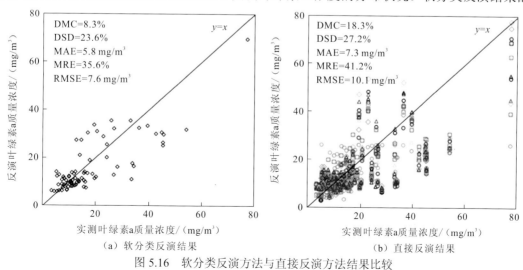

（a）软分类反演结果　　　　　　　　（b）直接反演结果

图 5.16　软分类反演方法与直接反演方法结果比较

平均绝对误差和均方根误差分别比直接反演结果降低了 1.5 mg/m³ 和 2.5 mg/m³，降低幅度约 20% 和 25%，平均相对误差也由 41.2% 下降到 35.6%，降低了约 6%。以上数据都证明，相比直接反演结果，软分类反演结果精度更高，在复杂的内陆浑浊富营养化的太湖具有很大优势。

此外，计算硬分类反演方法下三类反演结果的 5 个精度指标的平均值（平均值偏差 12.0%，标准差偏差 39.6%，平均绝对误差 7.9 mg/m³，平均相对误差 56.2%，均方根误差 10.4 mg/m³）。比较发现，软分类反演的 5 个精度评价指标也全面优于硬分类反演方法，这再一次证明软分类反演方法相比直接反演方法和硬分类反演方法有更大优势。

软分类反演结果相对误差分布图如图 5.15（b）所示。相对误差在较低叶绿素 a 浓度时出现了部分误差较大的点，但是这些异常点的最大相对误差也没有超过 200%。而直接反演方法和硬分类反演方法都出现了相对误差超过 200% 的点，部分点的相对误差甚至达到了 400%。表明在软分类反演方法下反演精度更加稳定，反演结果更为平滑，数值连续性较好。随着叶绿素 a 浓度的升高，相对误差迅速减小，精度有所提高。统计发现，相对误差小于 50% 的点占 79.5%，这一数字远远大于直接反演结果和硬分类反演结果。绝对误差大于 50% 区间内的点同比有较大减少。绝对误差的分布也有力地证明了软分类反演策略的优势。

图 5.17 是实测叶绿素 a 浓度与 12 种反演算法反演的叶绿素 a 浓度的关系散点图。图中显示，所有点基本在 1:1 线附近分布，说明所有算法的反演结果基本可靠，反演结果基本上反映了实际的叶绿素 a 浓度分布情况。仔细分析散点图的分布可以发现一些细节上的区别，例如：在 0~20 mg/m³ 点的分布更接近于 1:1 线，在 20~60 mg/m³ 点的分布更为分散，特别是在 80 mg/m³ 附近不同算法的反演结果差距更大。其原因可能是样本点的实测叶绿素 a 浓度值在 0~20 mg/m³ 分布较多，拟合的反演公式会更多地考虑该区间内的数值状况。另外，在 0~20 mg/m³ 内 1:1 线上部的点明显多于下部，且上部点偏离 1:1 线较多，这反映出在该区间内的反演结果偏大。在 20~30 mg/m³ 内 1:1 线上下点的分布较为平衡，没有明显的偏差。在 30~80 mg/m³ 点的分布大部分位于 1:1 线以下，反演结果明显偏小。以上现象说明，对所有数据采用统一模型具有一定的局限性，反演模型在考虑整个区间的同时势必会给局部反演结果带来较大的误差，具体表现在低浓度区反演结果偏大，高浓度区反演结果偏小。

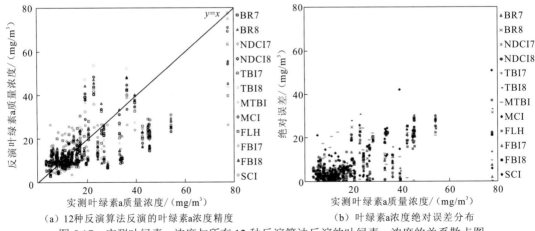

（a）12种反演算法反演的叶绿素a浓度精度　　　（b）叶绿素a浓度绝对误差分布

图 5.17　实测叶绿素 a 浓度与所有 12 种反演算法反演的叶绿素 a 浓度的关系散点图

从反演算法的绝对误差分布图看，最为集中的区域为 0～10 mg/m³，在该区域集中了大部分点，说明对绝大多数站点来说，绝对误差都处于较低水平。绝对误差在 10～30 mg/m³ 范围内的点也有一定数量，大于 30 mg/m³ 的点只有极少数。绝对误差数值分布符合"金字塔"模式，是比较理想的误差分布状况。另外，绝对误差值的大小和实测叶绿素 a 浓度有一定关系，主要表现为随着实测叶绿素 a 浓度的升高绝对误差值也变大，但是变大的速率低于 1，说明绝对误差的增加速度低于实测叶绿素 a 浓度升高的速度，随着实测叶绿素 a 浓度的升高，反演精度有升高的趋势。

图 5.18 为 12 种反演算法的总体相对误差分布情况。相对误差的分布范围为 0～250%，且相对误差随着实测叶绿素 a 浓度的升高而减小，说明随着实测叶绿素 a 浓度的升高反演精度有所提高。进一步统计相对误差的分布情况可知，相对误差在 0%～50%分布了 72.0% 的数据点，占据了几乎 2/3 的数量；相对误差在 50%～100%分布了 21.4%的数据点，而大于相对误差 100%的数据点只占 6.6%。这些数值表明相对误差绝大多数处于较低水平，少数处于较高水平。如果认为相对误差大于 100%的点为异常点，则 6.6%的异常水平也是较低的。

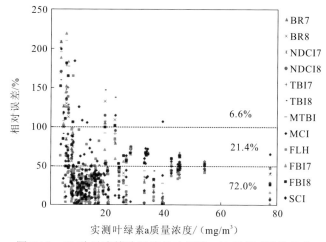

图 5.18　12 种反演算法反演的叶绿素 a 浓度相对误差分布

由以上反演结果、绝对误差、相对误差分布的分析可知，利用 MERIS 数据反演水体叶绿素 a 浓度具有可行性，反演趋势正确，反演精度可以接受。但是不同反演方法的反演精度不同，适用性也有差异。

表 5.8 统计了 12 种反演算法的平均值偏差、标准差偏差、平均绝对误差、平均相对误差和均方根误差。表中同一精度评价指标的数值较为接近，表明不同反演算法的表现较为接近，但有小的差别。大多数算法平均值偏差在 20%左右，属于正常水平，表现最好的是 FLH、SCI 和 BR9/8 算法。标准差偏差稍大于平均值偏差，大多数算法在 25%左右，偏差最小的是 MCI、NDCI7 和 TBI8 算法。平均值偏差和标准差偏差反映反演结果总体上与实测数据的偏离程度，数据表明，12 种算法的反演结果与实测数据的偏离程度较小且没有明显差别，所有算法的结果在偏离程度上没有明显的好坏之分。

表 5.8　主要 MERIS 反演算法总体精度

算法	平均值偏差/%	标准差偏差/%	平均绝对误差/（mg/m³）	平均相对误差/%	均方根误差/（mg/m³）
BR9/7	20.19	26.85	6.87	39.42	9.74
BR9/8	17.39	25.39	7.20	39.24	10.19
NDCI7	20.10	22.42	6.81	38.99	9.81
NDCI8	17.75	26.95	7.01	39.12	9.72
TBI7	20.25	29.56	7.20	41.38	9.81
TBI8	18.00	24.94	7.55	40.93	10.62
MTBI	21.11	32.46	7.41	43.06	10.03
MCI	18.20	10.74	7.45	40.67	11.01
FLH	13.50	28.35	7.37	40.68	9.81
FBI7	20.30	26.84	7.10	42.97	9.90
FBI8	19.37	28.85	7.61	42.69	10.42
SCI	13.65	43.23	7.39	45.46	10.43
SCA	8.26	23.57	5.83	35.57	7.62

注：SCA 为软分类反演结果

平均绝对误差、平均相对误差和均方根误差反映了反演算法精度的高低。表 5.8 中数值表明，平均绝对误差、平均相对误差和均方根误差在不同算法上的表现也较为接近，数值之间也是只有细微差别。通过分析这些细微差别可以找到表现最好的反演算法。平均绝对误差在 7 mg/m³ 左右，表现最好的是 NDCI7、BR9/7 和 NDCI8 算法；平均相对误差在 40% 左右，误差最小的是 BR9/8、NDCI7 和 NDCI8 算法；均方根误差在 10 mg/m³ 左右，其中 NDCI8 和 BR9/7 算法误差最小，NDCI7、TBI7 和 FLH 算法同为 9.81 mg/m³，表现也属较好水平。其中，NDCI7 和 NDCI8 两种算法的平均绝对误差、平均相对误差和均方根误差都很小，是反演精度最高的两种算法。另外，BR9/7 算法的平均绝对误差和均方根误差也很小，该算法的反演精度也是较高的。

总之，基于 MERIS 数据用直接反演方法在浑浊富营养化的太湖进行叶绿素 a 浓度遥感反演具有可行性。其中表现最好的是 NDCI7、NDCI8 和 BR9/7 三种算法，这三种算法可以作为太湖叶绿素 a 浓度反演的标准算法。

5.4　藻蓝蛋白遥感反演方法

藻蓝蛋白和藻红蛋白是蓝藻体内光合作用辅助色素，藻蓝蛋白存在于所有蓝藻体内，藻红蛋白只存在于部分蓝藻，可以达到细胞中总蛋白量的 50%（Francois，1997）。水体富营养化导致有些蓝藻异常生长，在生长过程中向水体中释放藻毒素，如微囊藻毒素、鱼腥藻毒素等（闫海，2002），通过食物链影响人类健康（杨坚波，2004）。掌握蓝藻分布对分析蓝藻异常生长原因、控制蓝藻水华、评价蓝藻及其毒素生态环境风险、了解内陆水体碳氮循环等方面相当重要，因此有必要开展蓝藻遥感监测。

5.4.1 藻蓝蛋白吸收特性

藻蓝素（phycocyanin，PC）的吸收系数一般表示为 $a_{PC}(620)$，以 $a_{PC}(620)$ 除以藻蓝素浓度来表示藻蓝素单位吸收系数，即 $a^*_{PC}(620)$。这两个参数对定量遥感反演藻蓝素浓度至关重要。从我国几个典型水体的藻类吸收光谱曲线（图 5.19、图 5.20）可以看出 3 个明显的吸收峰，绿色线指示叶绿素 a 的吸收峰（443 nm、675 nm），蓝色线指示藻蓝素的吸收峰（620 nm）。相比于叶绿素 a 的吸收峰，藻蓝素吸收信号较弱，大概只有叶绿素 a 吸收峰强度的 20%（Schalles et al.，2000）。所以要想在遥感上得到与叶绿素 a 等效的光谱信号，需要较高的藻蓝素浓度（Yan et al.，2018；Shi et al.，2015）。

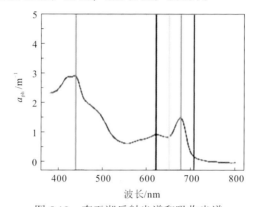

图 5.19 查干湖反射光谱和吸收光谱

蓝色为藻蓝素吸收峰；绿色为叶绿素 a 吸收峰；红色为散射峰；黄色为藻蓝素荧光峰

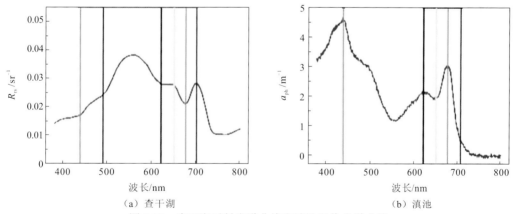

（a）查干湖   （b）滇池

图 5.20 查干湖反射光谱曲线和滇池吸收光谱曲线

不同类型内陆水体的 $a_{PC}(620)$ 值差异较大，$a_{PC}(620)$ 在我国东部湖泊数值范围为 $0.05\sim1.56$ m^{-1}（Duan et al.，2012），在荷兰北部湖泊为 $0.002\sim1.2$ m^{-1}（Simis et al.，2005），在美国印第安纳州水库为 $0.008\sim1.25$ m^{-1}（Li et al.，2015），这表明内陆水体 $a_{PC}(620)$ 有强烈的变异性。有研究表明，$a_{PC}(620)$ 会随着水体营养化等级的增加而增大（Matthews et al.，2020）。另外，$a_{PC}(620)$ 也呈现季节性变化，一般是夏秋季较高，春冬季较低（Schalles et al.，2000）。这些研究结果表明 $a_{PC}(620)$ 不仅具有时空变异性，同时也受水质类型的影响。

根据定义，藻蓝素单位吸收系数 $a_{PC}^*(620)$ 可以反映 $a_{PC}(620)$ 与藻蓝素浓度的关系，$a_{PC}^*(620)$ 通常与藻蓝素浓度呈负相关关系（Shi et al.，2015；Duan et al.，2012）。不同地区不同类型水体，$a_{PC}^*(620)$ 差别较大，我国东部湖泊 $a_{PC}^*(620)$ 的范围为 0.001~1.2 m²/mg（Duan et al.，2012），荷兰北部湖泊为 0.0088~0.1868 m²/mg。$a_{PC}^*(620)$ 受多种因素影响，包括细胞形态、光利用率、其他色素物质的干扰（Simis et al.，2005）。同时，藻蓝素浓度测定的不确定性也是 $a_{PC}^*(620)$ 强变异性的重要因素。利用生物光学模型精确反演藻蓝素的关键是选择一个合适的 $a_{PC}^*(620)$ 值，因此 $a_{PC}^*(620)$ 的变异是不可忽略的（Lyu et al.，2013；Duan et al.，2012；Ruiz-Verdú et al.，2008；Simis et al.，2005），Simis 等（2007，2005）将 $a_{PC}^*(620)$ 值固定为 0.0095 m²/mg，后来又调整为 0.007 m²/mg，因为新的藻蓝素提取方法使藻蓝素的萃取效率提高了 28%。但是，Jupp 等（1994）和 Mishra 等（2013）认为 0.007 m²/mg 仍然偏高，在研究中则使用了较低的 $a_{PC}^*(620)$，如 0.0043 m²/mg 和 0.0048 m²/mg，甚至在有的研究中，没有测定 $a_{PC}^*(620)$ 的值，而是直接使用已报道的平均值 0.0046 m²/mg（Li et al.，2015）。基于 $a_{PC}^*(620)$ 易变的性质，Mishra 等（2013）利用同一组数据集，考察了 3 种 $a_{PC}^*(620)$（报道过的 0.0048 m²/mg、平均值、模拟值）对藻蓝素浓度反演精度的影响，3 种情况下得到的藻蓝素估算平均相对误差为 10%~22%。结果还表明，$a_{PC}^*(620)$ 随着 $R_{rs}(620)/R_{rs}(665)$ 的比值呈线性增加。总而言之，$a_{PC}^*(620)$ 值不是一个固定值，受季节、细胞形态、蓝藻类类、色素浓度等多种因素影响。

在富含蓝藻的水体中，反射光谱曲线具有 3 个明显的反射峰，第 1 个反射峰位于 500~600 nm，是由藻类散射吸收引起的最大最宽的绿峰，第 2 个峰位于 640~660 nm，是由位于两边的 620 nm、670 nm 波段处的藻蓝素吸收、叶绿素 a 吸收共同作用形成的（Hunter et al.，2008），第 3 个峰位于 700~710 nm，是由叶绿素 a 强吸收和散射引起的。然而，这些峰并不是孤立的、固定不变的。有研究表明，藻蓝素光谱特征的位置是随着藻蓝素浓度在叶绿素 a 浓度比例中改变而变化的（Hunter et al.，2010）。在贫营养水体中，藻蓝素浓度很低，光谱曲线 620 nm 处没有明显的吸收谷，导致低浓度时，藻蓝素反演精度较低（Li et al.，2012b；Simis et al.，2007），而在中营养、富营养水体中 620 nm 处有明显的吸收谷，且藻蓝素浓度越高，620 nm 的吸收谷越深。在浮渣出现以后，即水面被蓝藻覆盖，光谱呈现典型植被特征光谱（753 nm 反射峰高于 709 nm）时，藻蓝素反演算法已经没有意义，此时应该考虑更换算法去检测浮渣蓝藻生物量（Shi et al.，2019）。

与其他两个散射峰相比，反映藻蓝素吸收的反射峰信号是最弱的，这给遥感反演藻蓝素浓度带来了一定难度，多数研究使用实测高光谱数据或高光谱航空遥感影像（AISA、CASI、CHRIS），以获得满意的离水辐亮度信号。对于多光谱卫星传感器，含有 620 nm 波段设置的也多被用于藻蓝素遥感反演研究。总之，结合藻蓝素光谱特征和其他峰、谷的分析，包括其量级的大小、位置、峰高、峰面积、求导等方法，可以开发各种藻蓝素反演算法。

5.4.2 藻蓝蛋白反演测量

藻蓝蛋白和藻红蛋白具有特定光谱吸收峰和荧光发射峰的特征，用来作为蓝藻检测指标。Hoge 等（1981）利用机载激光荧光对藻红蛋白进行了航空检测，随后采用被动遥感方法检测到水体藻红蛋白，主要采用三波段非线性算法，建立了 I 类水体中藻红蛋白的卫星遥感算法（Hoge et al.，1990），并在湖泊中检测到藻红蛋白荧光导致向上辐亮度在 560～600 nm 波段明显增加（Hoge et al.，1998）。Vincent 等（2004）采用藻蓝蛋白与叶绿素 a 的荧光比作为对照，相关系数达到 0.77，并建立了相应的算法。Simis 等（2005）利用 MERIS 资料对浊度较高内陆湖泊中藻蓝蛋白分布进行了检测。对水体中 620 nm 光吸收进行了遥感提取，建立了适用于较高浊度的藻蓝蛋白浓度生物光学算法。Pena-Martinez 等（2004）运用 MERIS 的第 9 波段与第 6 波段的比值对藻蓝蛋白浓度进行了提取，相关系数达到 0.723，并认为玉米素与这个波段比也有较好的相关性。

藻蓝蛋白的含量是通过分析 620 nm 光谱吸收峰来获得的：

$$a_{PC}(620) = a(620) - [a_{Chla}(620) + a_{CDOM}(620) + a_{Tripton}(620) + a_w(620) + a_{pi}(620)] \quad （5.30）$$

$$PC = a_{PC} / a_{PC}^* \quad （5.31）$$

式中：Tripton 为非生物性浮游物；w 为水；pi 为除叶绿素 a 及藻蓝蛋白的其他色素；a^* 为单位吸收。为了减少运算过程中的参数，在对藻蓝蛋白进行光谱检测过程中，选择 620 nm 和 709 nm 两个波段：

$$a = a_w(620) + a_{Chla} + a_{PC} \quad （5.32）$$

$$a = a_w(709) \quad （5.33）$$

$$b_b(620) = b_b(709) = b_b(778) \quad （5.34）$$

$$R(0^-) = f \frac{b_b}{a + b_b} \quad （5.35）$$

$$\gamma = \frac{R(620)}{R(709)} = \frac{a_w(620) + a_{Chla}(620) + a_{PC}(620) + b_b}{a_w(709) + b_b} \quad （5.36）$$

$$b_b(778) = \frac{a_w(778) \cdot R(778)}{f - R(778)} \quad （5.37）$$

式中：$a_w(778) = 2.69$；$a_w(709) = 0.70$。

则藻蓝蛋白浓度为

$$C_{PC} = \frac{1}{a_{PC}(620)^*} \cdot [\gamma \cdot (a_w(709) + b_b - a_w(620) - a_{Chla}(620) - b_b] \quad （5.38）$$

在测量过程中，测得的遥感反射率包括真正的遥感反射率和由误差获得的遥感反射率两个部分，即

$$R_{620}^m = R_{620}^t + R_{620}^E \quad （5.39）$$

$$R_{709}^m = R_{709}^t + R_{709}^E \quad （5.40）$$

$$R_{778}^m = R_{778}^t + R_{778}^E \quad （5.41）$$

式中：R^m 为测量的遥感反射率；R^t 为真正的遥感反射率；R^E 为由误差获得的遥感反射率。由于测量是同一系统中的测量，不同波长的测量误差是相同的，即

$$R_{620}^E = R_{709}^E = R_{778}^E = R^E \quad （5.42）$$

对误差求解，然后对藻蓝蛋白的浓度提取进行校正，即

$$C_{PC}^t = C_{PC}^m - C_{PC}^E \quad （5.43）$$

$$C_{PC}^t = \frac{1}{a_{PC}^*}\{\gamma^m \cdot [a_w(709)+b_b^m] - \gamma^E \cdot [a_w(709)+b_b^E] - b_b^m + b_b^E - a_{Chla}^m(620) + a_{Chla}^E(620)\} \quad (5.44)$$

式中：参数 γ^m、b_b^m、$-a_{Chla}^m(620)$ 等均可以通过测量获得，通过分析误差参数 γ^E、b_b^E、$-a_{Chla}^E(620)$ 可以获得水体中较为准确的藻蓝蛋白浓度。由于是同一系统中的误差，通过计算 $-a_{Chla}^E(620)$，就可以推算 γ^E、b_b^E。

5.4.3　藻蓝蛋白反演结果

将实测光谱按照不同传感器的光谱响应函数进行重采样，以获取与欧洲空间局即将发射的 ENVISAT/MERIS 后继卫星 Sentinel-3/OLCI 和星载高光谱成像仪 Hyperion 的各个波段的光谱反射率。这一步骤旨在构建相应的 PLS-ANN、TAB 和 OBR 模型。由图 5.21 可以看出，PLS-BPNN 仍然具有很好的建模精度与验证精度。其中 TBA(17c) 和 OBR(17e) 都采用了固定波段，因此无法进行波段搜索选取最优波段组合，但是 TBA 仍然具有较高的精度，可用于水体藻清蛋白的空间反演。由于无法对悬浮物造成的后向散射进行订正，OBR(17e) 反演结果明显低估藻清蛋白含量。图 5.21 是对应模型的 Hyperion 建模与验证样本和实测值之间的关系，可以看出高光谱遥感具有一定的优越性，基于高光谱数据构建的模型结果及模型验证精度都高于多光谱遥感数据。这主要是因为高光谱遥感数据可以进行波段优化，进而搜索最佳波段组合，提高了反演精度，而多光谱数据这方面受到限制。

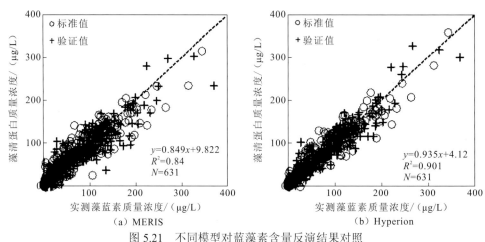

（a）MERIS　　　　　　　　　　（b）Hyperion

图 5.21　不同模型对蓝藻素含量反演结果对照

藻蓝素因其较弱的吸收特征增加了遥感反演难度。相对叶绿素 a 的单位吸收强度而言，藻蓝素小于叶绿素 a 约 2 个数量级。实验室测试藻蓝素一直以来都是非常烦琐的，而且由于中间环节多、吸收信号弱，造成测试误差较大（重复样误差约为 10%）。

美国 YSI 公司生产的多功能水质仪，配有蓝藻细胞浓度测定探头，应用蓝藻细胞的荧光效应可以测量水体中蓝藻细胞的数量。YSI 公司生产的蓝藻探头所检测的相对荧光强度与蓝藻细胞数量存在非常好的线性关系，表明该仪器可以快速对蓝藻丰度进行估计，测量结果如图 5.22 所示。

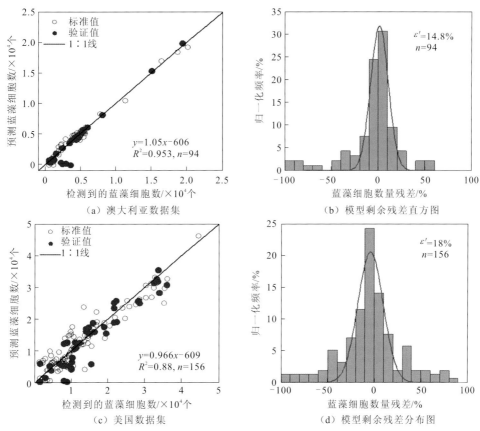

图 5.22　基于 YSI-PC 探头检测的蓝藻细胞数量与实测光谱构建的
三波段模型及其模型的剩余残差分布状况

　　构建内陆水体藻蓝素遥感模型，其中第一个波段为 620 nm 左右的藻蓝素强吸收诊断波段，而第二个波段基本落在藻蓝素与叶绿素吸收的过渡区（640～660 nm），最后一个用来消减水体中悬浮颗粒物影响，基本在大于 700 nm 之外的红外波段区，该谱区是悬浮颗粒物强散射集中反映区。研究表明三波段模型大大提高了藻蓝素反演精度，对照以往的二波段比值或者半解析算法，都有显著改善。YSI 公司测试了藻蓝素细胞数量，并构建二波段与三波段光谱模型，结果表明 YSI 公司探头测试结果构建的遥感模型反演精度与实验室测试结果类似。

第6章　有色可溶性有机物高光谱遥感反演方法

有色可溶性有机物（CDOM）广泛存在于海洋、湖泊、河流等各种自然水体中，通常称为水性胡敏酸或胡敏酸性物质，是由正在腐烂或已经腐烂的含碳物质组成，包括腐殖酸、芳香烃聚合物等，主要来源于土壤、浮游植物或水生植被的分解产物。CDOM 是水体中溶解有机物的重要指示因子，主要来自地表植被的分解和生活有机物的输入，包括溶解有机碳（DOC）中有色部分 60%以上，占可溶性有机物质的 10%～90%。CDOM 和 DOC 无色部分均来源于地表径流的陆源输入和浮游植物降解，常常被用于研究陆源 DOC 输入，特别是在近岸、河口和内陆等 II 类水体，因此可以被来分析人类活动对区域水环境的影响。CDOM 是水光学中非常重要的光学活性物质，也是水生系统中重要的有机物，参与了生物地球化学过程的碳循环，对 CDOM 浓度、来源、组成等的研究非常有必要。通过传统的水面监测方法实现大规模、持续的水质监测是十分困难的，而遥感技术可以快速实现对水体进行大尺度空间范围观测和长时间序列动态监测，但需要结合水体各组分吸收系数特征构建适用于不同水体的 CDOM 反演算法。

6.1　CDOM 吸收特性分析

由于 CDOM 来源和化学组成非常复杂，难以确定其浓度开展定性分析，常用 440 nm 处 CDOM 的吸收系数表示其浓度，用于跟踪其水体中的光学行为。CDOM 强烈吸收短波入射光，尤其是在波长小于 500 nm 波段。在 UV-B 辐射（280～320 nm）波段，CDOM 的强吸收作用有助于保护水生生态系统，同时其与浮游植物色素吸收重叠，影响离水辐射率，增加了水色遥感反演难度，表现为水体叶绿素 a 浓度的高估。CDOM 具有独特的光谱特征，该物质在蓝色到紫色波段范围内有较强的吸收光谱，随着波长向长波方向移动，其吸收光谱逐渐减弱并最终趋向于 0。

Bricaud 等（1981）对开阔大洋中 CDOM 的吸收进行了研究，发现开阔大洋中 CDOM 的光谱吸收系数在很小的范围内变化。Mannino 等（2008）研究了大西洋中部湾 CDOM 的吸收特性，并开发了 DOC 浓度与 CDOM 吸收系数的经验模型。Song 等（2017）针对我国不同区域、不同类型的湖泊、河流，分别分析了 CDOM 吸收特性及其组成来源，在此基础上提出了 275 nm、440 nm 处 CDOM 吸收系数与 DOC 浓度的计算模型。

CDOM 对入射光的吸收使 CDOM 与波长呈负相关关系，可以通过负指数变化来表示：

$$ag(\lambda) = ag(\lambda_0)\exp[Sg(\lambda_0 - \lambda)] \tag{6.1}$$

式中：$ag(\lambda)$为 CDOM 在波长λ的吸收系数；λ_0为参照波长，一般取 440 nm；S为指数函数曲线斜率参数。由于 CDOM 浓度无法测定，最常用方法是用 254 nm、320 nm、355 nm、375 nm 或 440 nm 等波长处的吸收系数来表示其浓度。S值反映水体中 CDOM 浓度的高低，与波段选取的范围及 CDOM 的组成有关，即腐殖酸和富里酸的比例，且光谱微分能够描述 CDOM 光谱斜率随波段的变化情况。

CDOM 吸收系数直接决定了水体中 CDOM 浓度，它与 DOC 有着密切的联系，通过建立它们的关系模型能够为利用卫星遥感进行海洋表层 DOC 浓度的监测提供有效手段。在海陆相互作用强的河口区域，CDOM 可以作为陆源有机碳输入的示踪物。此外，CDOM 的消光作用，特别是在紫外波段的吸收，调制着水下光场分布和强弱，影响海洋光合有效辐射，进而影响浮游植物的生长繁殖。因此，CDOM 吸收系数大小也是影响海洋初级生产力及碳循环的重要因素。

6.1.1 典型湖泊 CDOM 吸收特性分析

选取我国东北地区作为特定区域进行相关的 CDOM 实测及其水光学特性分析。我国东北地区自南向北跨越中温带与寒温带，湖泊和水库占土地面积的 0.65%。对位于东北地区的 30 个湖泊及水库进行采样，湖泊纬度为 40°N～50°N，湖泊面积为 5.3～1706 km²，平均水深为 0.4～10 m（表 6.1）。根据湖泊的电导率，可以将这 30 个湖泊分为淡水湖（15 个）和咸水湖（15 个）。这些采样湖泊为温带半干旱半湿润气候，周围土地利用类型多样，包括草地、森林、农田、盐碱地和湿地等；该地区年平均气温为 0.8～5℃，湖泊冰封期较长，无冰期为 90～180 天。采样期间，日平均气温为 18～25℃。东北地区年平均降雨量为 274～400 mm，且年蒸发量比较大，存在很多时令湖。

表 6.1　我国东北半干旱区采样湖泊特征

名称	英文缩写	面积/km²	容积/（×10⁸m³）	水深/m	类型	N	采样时间
月亮湖	YLP	206.1	4.74	3.6	F	6	2012 年 9 月，2015 年 9 月
小库力泡	XKLP	16	0.3	1.7	F	5	2012 年 9 月，2015 年 9 月
塔拉红湖	TLHR	71.6	1.89	1.8	F	8	2012 年 9 月，2015 年 9 月
大庆湖	DQR	56.1	1.03	1.3	F	9	2012 年 9 月，2015 年 9 月
红旗湖	HQR	26.2	0.83	2.8	F	9	2012 年 9 月，2015 年 9 月
布尔湖	BL	609	40.2	6.7	F	6	2013 年 9 月，2015 年 9 月
昆都仑湖	KDLR	—	0.79	—	F	4	2014 年 9 月
太平池	TPCR	1706	2.01	1.5	F	6	2015 年 9 月
南银湖	NYR	47.1	1.05	2.1	F	7	2015 年 9 月
拉玛斯湖	LMS	51	1.52	3	F	7	2015 年 9 月
龙虎泡	LHP	64.8	1.75	2.7	F	11	2015 年 9 月
西虎鲁泡	XHLP	89.3	1.98	2.1	F	8	2015 年 9 月
银河湖	YHR	29.8	2.26	10	F	2	2015 年 9 月
尼尔基湖	NEJR	500	86.1	—	F	16	2015 年 9 月
山口湖	SKR	84	9.95	—	F	4	2015 年 9 月

名称	英文缩写	面积/km²	容积/(×10⁸m³)	水深/m	类型	N	采样时间
新店湖	XDP	28	0.56	1.5	S	6	2012 年 9 月
查干湖	CGL	347.4	5.42	1.6	S	15	2012 年 9 月
南海湖	NH	5.8	—	—	S	6	2014 年 9 月
乌鲁苏海	WLS	233.0	3.28	1.1	S	6	2014 年 9 月
哈苏海	HSH	29.7	0.8	1.7	S	2	2014 年 9 月
岱海	DH	133.5	9.89	7.4	S	5	2014 年 9 月
龙凤湖	LFL	14.2	0.57	—	S	2	2015 年 9 月
库力泡	KLP	33.7	0.71	2.1	S	7	2015 年 9 月
东大海	DDH	16.5	0.25	0.4	S	2	2015 年 9 月
新华湖	XHL	7.4	0.18	1.3	S	3	2015 年 9 月
亚木旦格	YMDG	5.3	0.15	0.6	S	2	2015 年 9 月
碧绿湖	BLL	8	0.5	1.2	S	4	2015 年 9 月
中内湖	ZNP	13.6	0.55	1.7	S	2	2015 年 9 月
赵家屯	ZJTP	5.6	0.17	0.7	S	3	2015 年 9 月
呼伦湖	HLL	2339	138.5	5.9	S	28	2015 年 9 月

注：F 代表淡水湖，S 代表咸水湖

水体中光学活性物质各组分的光吸收贡献率可衡量太阳辐射的有效利用率和光学活性物质对光的衰减程度。根据线性叠加原理，水色物质的吸收系数贡献率为各水色因子吸收系数的和，由于纯水的吸收系数为常数，对东北各湖泊的研究以非藻类颗粒物、色素颗粒物和 CDOM 的吸收系数作为总吸收系数，计算不同水体各个样点、各水色物质在 PAR（400～700 nm）波段的吸收系数平均值，分析水体的吸收贡献率。对比分析 30 个湖泊的水质参数，结果表明这些湖泊基本都是碱性水体。

以我国东北地区查干湖、松花湖、石头口门水库和新立城水库为研究区域，结合实测光谱数据和室内实验数据，分析主要水质参数（叶绿素 a 浓度、总悬浮物和透明度）与水体特征波长处总吸收系数之间的关系；详细探讨各水色物质（总悬浮颗粒物、非藻类颗粒物、色素颗粒物和 CDOM）的吸收特性、来源和季节性差异。其中查干湖、石头口门水库水体为富营养化，松花湖和新立城水库水体为中营养化。

查干湖 9 月、10 月各采样点 CDOM 吸收光谱曲线如图 6.1 所示，CDOM 吸收系数随波长的增加呈现明显的负指数函数关系，且曲线在 700 nm 处趋近于零。不同水体 $a(440)$和 S 值比较见表 6.2。9 月、10 月 $a(440)$分别为 0.94 ± 0.5 m⁻¹、2.73 ± 2.78 m⁻¹，9 月绝大多数样点的吸收系数普遍低于 10 月，因此 10 月相比 9 月水体 CDOM 的分布呈现较强的空间异质性。$a(440)$和 TSM、叶绿素 a 无明显相关性，该结果表明查干湖水体中 CDOM 以湖泊内源为主，且远远大于水生浮游植被降解对 CDOM 的贡献。

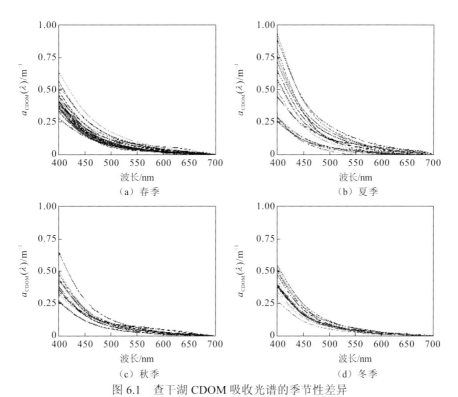

图 6.1　查干湖 CDOM 吸收光谱的季节性差异

表 6.2　不同水体 $a(440)$ 和 S 值比较

地点	时间	$a(\lambda)$		S		$M_{250/365}$ 平均值
		波长/nm	平均值/m^{-1}	波段/nm	平均值/μm^{-1}	
查干湖	2012 年 9 月	440	0.94	280～500	0.0193	11.47
查干湖	2009 年 10 月	440	2.73	280～500	0.0274	11.27
松花湖	2008 年 7 月	440	2.51	280～500	0.0122	5.53
松花湖	2008 年 9 月	440	1.61	280～500	0.0142	5.88
石头口门水库	2008 年 6 月	440	2.84	280～500	0.0126	6.19
石头口门水库	2008 年 9 月	440	2.28	280～500	0.0127	5.50
新立城水库	2012 年 9 月	440	0.77	280～500	0.0173	7.43
官厅水库	2012 年 9 月	440	0.72	—	—	
太湖	2004 年 10 月	440	1.04	280～700	0.0162	
巢湖	2009 年 10 月	440	0.50	280～700	0.0215	
珠江口	2013 年 7 月	440	0.28	291～450	0.0176	7.68
昆明湖	2011 年 9 月	440	0.30	300～650	0.0167	
黄东海	2002 年	—	—	380～500	0.0172	—

利用最小二乘法拟合 280～500 nm 波段得到查干湖 9 月 S 值为 0.0193±0.0037 μm^{-1}，R^2 均在 0.92 以上；10 月 S 值为 0.0274±0.049 μm^{-1}，R^2 均在 0.88 以上。基于 250 nm 和 365 nm

波长 CDOM 吸收系数的比值为 M，M 值越小，CDOM 分子量就越大，分子量的大小可反映腐殖酸和富里酸在 CDOM 中的比例，腐殖酸的分子量一般较大，富里酸则较小。CDOM 的陆源来自河流携带有机成分的输入，使腐殖酸的比例偏大，高分子量的腐殖酸表现的光谱斜率值比低分子量低。9 月查干湖 $M_{250/365}$ 变化范围为 7.05～15.09，均值为 11.47±2.08；10 月 $M_{250/365}$ 变化范围为 4.72～16.73，均值为 11.27±4.4，两个月 M 值并未表现明显差别，M 值的空间分布与 S 值相近，但与 a(440)相反，说明 10 月相比 9 月水体中腐殖酸所占比例逐渐增大。分别对 S 值和 M 值进行相关分析（$p<0.01$），10 月数据分析结果表明存在显著正相关。

松花湖 7 月和 9 月 a(440)分别为 2.51±0.54 m^{-1}、1.61±0.26 m^{-1}，夏季绝大多数样点的吸收系数平均值高于秋季，个别样点 CDOM 的分布呈现较强的空间异质性，随着气温上升、光照时数增加，紫外辐射的增强也促进了 CDOM 的光化学降解作用，9 月 a(440)值低于 7 月。通过 a(440)和 TSM、叶绿素 a 进行相关性分析（$p<0.01$），7 月均表现较好的相关性（相关系数分别为 0.84[**]和 0.64[**]），9 月均无相关性。该结果表明：松花湖水体夏季 CDOM 大部分来源于陆源输入，少部分来源于浮游植物降解；秋季 CDOM 则以湖泊内源为主。

利用最小二乘法拟合 280～500 nm 波段得到松花湖 7 月 S 值为 0.0122±0.0006 μm^{-1}，R^2 均在 0.98 以上；9 月 S 值为 0.0142±0.0011 μm^{-1}，R^2 均在 0.97 以上。7 月松花湖 $M_{250/365}$ 变化范围为 4.54～6.27，平均值为 5.53±0.45；9 月 $M_{250/365}$ 变化范围为 5.36～6.23，平均值为 5.88±0.2，说明秋季 9 月松花湖 CDOM 组成中的腐殖酸比例低于夏季 7 月。9 月叶绿素 a、TSM 浓度高于 7 月，分别对 S 和 M 值进行相关性分析（$p<0.01$），结果表明 7 月、9 月存在显著正相关。

石头口门水库 6 月和 9 月 a(440)分别为 2.84±3.01 m^{-1} 和 2.28±1.12 m^{-1}，6 月平均值高于 9 月，且个别样点呈现较高的 a(440)值，使 6 月相比 9 月水体 CDOM 的分布呈现较强的空间异质性。由于在 2008 年 6 月初，长春地区便开始陆续有不同程度的降雨，对于像石头口门水库流域这样水土流失较为严重的地区，降雨会使入库河流带来一定量的 CDOM。对两个月的 a(440)分别与 TSM、叶绿素 a 进行相关性分析（$p<0.01$），9 月 a(440)与 TSM、叶绿素 a 均无明显相关性，6 月 a(440)只与 TSM 具有较好的正相关，该结果表明石头口门水库夏季水体中 CDOM 主要来源于陆源输入，而 9 月可能由于降雨量逐渐减少，降低了陆源 CDOM 的输入，与 TSM 不存在相关性。

利用最小二乘法拟合 280～500 nm 波段得到石头口门水库 6 月 S 值为 0.0126±0.0038 μm^{-1}，R^2 均在 0.93 以上；9 月 S 值为 0.0127±0.0030 μm^{-1}，R^2 均在 0.95 以上。6 月石头口门水库 $M_{250/365}$ 变化范围为 2.90～8.79，平均值为 6.19±2.12；9 月 $M_{250/365}$ 变化范围为 4.09～7.44，平均值为 5.5±1.02。M 值变化规律与 S 值相近，但与 a(440)相反。石头口门水库由于夏季 6 月大量降水使水土流失携带陆源大分子量的腐殖酸入库，使 M 值高于秋季 9 月。分别对 S 和 M 值进行相关性分析，发现 7 月和 9 月存在显著正相关。

新立城水库 9 月 a(440)为 0.77±2.36 m^{-1}。将 a(440)与 TSM、叶绿素 a 进行相关性分析发现，均无明显相关性，说明新立城水库 CDOM 为水库内源。利用最小二乘法拟合 280～500 nm 波段得到新立城水库 9 月 S 值为 0.0173±0.0024 μm^{-1}，R^2 均在 0.96 以上。9 月新立城水库 $M_{250/365}$ 变化范围为 6.17～8.89，平均值为 7.43±0.76。分别对 S 和 M 值进行相关性分析，发现存在显著负相关。

以长春市八一水库水体为例,分析城市水体 CDOM 的光谱吸收特性的季节性变化。水体的 CDOM 吸收系数总体在紫外到可见光波段均呈指数递减变化,可见光波段吸收系数较小,尤其是波长达 600 nm 后吸收系数逐渐趋于 0。从 5 月到 11 月,不同月份水体在相同波长处的吸收系数不同,这间接反映了 CDOM 浓度、组成和来源存在季节性差异。

选取波长 355 nm 处的 CDOM 吸收系数进行不同月份间的差异性分析。6 个湖总体的 $a_{CDOM}(355)$ 是呈季节性变化的,春季(5 月)$a_{CDOM}(355)$ 为 2.65~7.60,平均值为 5.03±1.84;夏季(6~8 月)$a_{CDOM}(355)$ 为 2.18~12.32,平均值为 5.4±2.05;秋季(9~11 月)$a_{CDOM}(355)$ 为 2.31~8.06,平均值为 5.03±1.95,从范围和平均值上看,不同季节 $a_{CDOM}(355)$ 的大小顺序为夏季>秋季>春季,这一规律与降雨量及藻类生长周期是相符的。春季是冰雪初融期,气温水温均较低,水体中微生物及浮游植物成长缓慢,CDOM 内源来源较少,而由于所有湖泊均处于富营养化状态,夏季气温水温均较高,藻类生长旺盛,相对于降雨形成的地表径流带入的陆源输入,藻类内源释放成为 CDOM 来源的主导,这也是夏季 CDOM 浓度较高的主要原因。

6.1.2 CDOM 的斜率参数特性分析

CDOM 吸收系数随波长增加递减的程度可采用斜率参数 S 表征,其值变化来自 CDOM 组成的差异,受参考波长选择影响,但与 CDOM 浓度无关,可作为区分 CDOM 来源和组成的参数,表征 CDOM 分子组成的差异。一般来讲,S 值随着 CDOM 中大分子量物质的减少而升高。总体上看,春季 S 值为 0.018~0.0235,平均值为 0.021±0.0015,夏季 S 值为 0.019~0.025,平均值为 0.022±0.0015,秋季 S 值为 0.017~0.024,平均值为 0.021±0.001。从范围和平均值上看,不同季节 S 值的大小顺序为夏季>秋季>春季,S 值与降雨量的变化呈相反趋势,即降雨量增加 S 值减小。5 月降雨量骤然增加,初期降雨形成的地表径流,携带了大量的有机污染物,故 CDOM 的组分中陆源输入较多,即 S 值偏小;随着夏季藻类的快速生长,持续降雨带来的陆源成分不断被稀释,CDOM 的内源成分又占据主导地位。

M 值即 $a(250)/a(365)$,表征 CDOM 的分子量大小。M 值越小则 CDOM 分子量越大。CDOM 分子量能大致反映腐殖酸和富里酸在 CDOM 中的比例,因为腐殖酸分子量较大,而富里酸分子量较小,则 CDOM 分子量越大,腐殖酸的比例越高。总体上看,春季 M 值为 6.12~8.62,平均值为 7.32±0.7,夏季 M 值为 6.08~9.32,平均值为 7.67±0.79,秋季 M 值为 6.32~9.38,平均值为 7.5±0.82。从范围和平均值上看,不同季节 M 值的大小顺序为夏季>秋季>春季,这说明夏季的 CDOM 分子量较春季和秋季小,夏季 CDOM 中腐殖酸的相对含量较低,而富里酸的相对含量较高。这一结论可以解释为夏季藻类生长旺盛且微生物大量繁殖,可迅速降解大量腐殖酸,导致腐殖酸含量相对较低,而秋季藻类逐渐枯萎、微生物活动降低,CDOM 中腐殖酸含量相对升高。

图 6.2 显示了不同季节 S_{CDOM} 与 $a_{CDOM}(440)$ 的关系,当 $a_{CDOM}(440) < 0.2$ m^{-1},S_{CDOM} 与 $a_{CDOM}(440)$ 呈现负相关,这与 Carder 等(1989)的结论一致;当 $a_{CDOM}(440) > 0.2$ m^{-1},S_{CDOM} 与 $a_{CDOM}(440)$ 呈现正相关,但两者散点变化较大,这与 Babin 等(2003)结论一致。

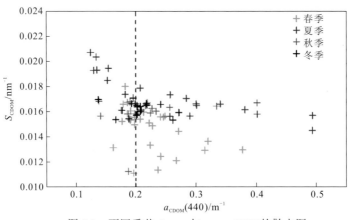

图 6.2　不同季节 S_{CDOM} 与 $a_{CDOM}(400)$ 的散点图

CDOM 组分不同是灰黄酸和腐殖酸比例不同造成的，S 值越大，灰黄酸比例越高。根据表 6.2 中查干湖、松花湖、石头口门水库和新立城水库的 $a(\lambda)$ 和 S 平均值，呈现 $M_{250/365}$ 和 S 变化趋势一致，且与 $a(\lambda)$ 变化趋势相反。各个水体的 $a(\lambda)$ 和 S 均具有较好的拟合系数，进一步说明 CDOM 的分子组成是影响形状因子 S 的因素之一，与其他研究结果一致，$M_{250/365}$ 值大小顺序为查干湖>新立城水库>石头口门水库>松花湖。查干湖的高 M 值则显示 CDOM 组成较其他水体 CDOM 的分子量小，更趋向于富里酸等小分子有机物，而低 M 值的水体陆源性有机成分的输入更大，CDOM 组成更趋向于腐殖酸大分子有机物。通过对比，内陆湖泊、水库及河流由于受到陆源性输入的影响，相比大洋及沿岸水体的 CDOM 浓度高。

总体上，石头口门水库中水体 $a(440)$ 夏季最高，其次为松花湖、查干湖和新立城水库。查干湖、松花湖、石头口门水库和新立城水库水体 CDOM 吸收曲线光谱斜率、CDOM 波段比变化趋势均一致，但与 $a(440)$ 相反。根据 S 值和 $M_{250/365}$ 大分子量不同水体中的变化趋势可以推测，查干湖水体中的 CDOM 组分更趋向于具有小分子量的富里酸等物质，而松花湖和石头口门水库水体中的 CDOM 组分更趋向于具有大分子量的腐殖酸等物质。

6.1.3　实测遥感反射率特征分析

国内外学者构建了许多 CDOM 反演算法，如：Morel 等（1977）和 Gordon 等（1983a）在海岸带颜色扫描仪（coastal zone color scanner，CZCS）上建立了利用叶绿素 a 浓度直接反演 CDOM 的经验模型，这些经验模型基于 CDOM 浓度与叶绿素 a 浓度共变的假设，因此，这些算法只适用于 I 类水体；Kutser 等（2009）利用多光谱 ALI 数据针对波罗的海沿岸水体提出了波段比值的 CDOM 反演算法；D'Sa 等（2003）针对 II 类水体（密西西比河浑浊水体）提出在低流量状况下利用经验比值算法来反演 CDOM；Mannino 等（2008）收集了亚特兰大海湾的实测数据，建立了基于 R_{rs} 波段比值的算法，反演精度保持在 30% 以内。

从实测的松花江与黑龙江交汇处的光谱反射率数据（图 6.3）可以看出，水体中光学活性物质（藻类、无机悬浮颗粒物、CDOM）含量的差异，导致松花江和黑龙江水体的遥感反射率存在一定的差异。由于悬浮颗粒物较大，而且底泥的再悬浮作用等，松花江水体遥感反射率普遍较高（$R_{rs} > 0.0125$）。相对而言，黑龙江水体遥感反射率整体较低（$R_{rs} < 0.0125$），这主要是因为黑龙江水体呈现明显的暗黑色，存在强烈的吸收作用。剔除悬浮颗

粒物后含量导致的水体遥感反射率的差异，可以看出，大部分被研究的水体遥感反射率在蓝光波段较低，主要是由藻类、CDOM与无机颗粒物的强吸收造成的。一般而言，在580 nm波长附近会有一个反射峰，主要是悬浮颗粒物（包括藻类）的后向散射造成的，悬浮颗粒物越多，其反射峰值越高，并且颗粒物浓度达到一定阈值后，遥感反射率的峰值会有一定的移动。通常 II 类水体的悬浮泥沙光谱曲线具有双峰特征，即在黄波段和近红外波段存在两个较为明显的悬浮物反射峰。对松花江和黑龙江交汇处的水体而言，这两个反射峰依次位于 560~600 nm 和 800~820 nm。研究表明，在水体反射率与悬浮物的关系中，悬浮物浓度、颗粒大小和组成是主要影响因素。随着悬浮物浓度的升高，即水的浑浊度升高，水体在整个可见光谱段的反射亮度升高，水体由暗变亮，同时反射峰位置向长波方向移动，反射峰的形态也变得更宽（图 6.3）。由于蓝藻特殊的藻清蛋白的存在，水体在 620 nm 附近存在明显的吸收特征，明显存在蓝藻的吸收特征，而黑龙江水体呈现出较弱的这一特点。水体在 675 nm 附近的吸收主要是由叶绿素 a 造成的，另外在 700 nm 附近的反射峰，主要是由叶绿素 a 的荧光效应造成的。总之，由于水体中光学活性物质（藻类、无机悬浮颗粒物、CDOM）的差异，水体的遥感反射率存在很大的差异，这恰恰也为遥感反演这些参数奠定了基础。

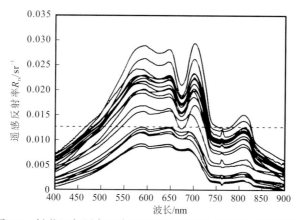

图 6.3　松花江与黑龙江交汇处的水体采样点的原始光谱曲线

对水面进行高光谱测量时，天气状况、水面风浪、周围环境及测量光谱角度等因素都会影响水体光谱反射率的大小。为了便于对不同测试的时间、地点及天气变化条件下测得的光谱曲线进行比较，采用式（6.2）对 400~900 nm 的原始光谱进行归一化处理：

$$R_N(\lambda_i) = \frac{R(\lambda_i)}{\sum\limits_{i=X}^{Y} R(\lambda_i)}$$

（6.2）

式中：$R_N(\lambda_i)$ 为归一化以后的光谱反射率；$R(\lambda_i)$ 为原始的光谱反射率；X 与 Y 分别为归一区间的开始波段和结束波段。

经过归一化处理后的光谱曲线变得相对集中，分散性大的原始光谱整体得到降低，同时光谱曲线的波峰和波谷变得更加突出，因此归一化处理后的光谱曲线可以有效地消除天气状况和水面风浪等环境因素造成的影响。基于归一化的水体实测光谱，可采用常用的单波段、一阶微分和波段比算法来建立估测松花江与黑龙江交汇处的水体 CDOM 浓度的模型，并对这三种不同的算法做精度比较。

6.2 CDOM 吸收系数反演方法

经验算法大多依赖数据，存在适用性较差的问题，而半分析算法在 II 类水体的反演中存在一定优势。Carder 等（1999）利用 MODIS 数据，建立了直接利用 R_{rs} 反演 CDM（包括 CDOM 和 NAP）吸收系数（a_{CDM}）的半分析算法。Hoge 等（2001）针对北大西洋西部水体优化了 Carder 等（1999）的算法，并将该算法成功应用于 SeaWiFS。Garver 等（1997）和 Maritorena 等（2002）开发 GSM 半分析算法，通过构建方程组，利用实测数据，求得颗粒物光谱斜率 Y、CDOM 光谱斜率 S_{CDOM}、浮游植物色素比吸收系数 a_{ph}^* 的优化解，再使用优化算法最终获取 a_{CDM}。Siegel 等（2002）在 GSM 半分析算法基础上，利用 nL_W 获得了 a_{CDM}，并将该算法成功应用于 SeaWiFS，首次获得了全球 CDM 遥感分布图。Chen 等（2017）提出了一种基于 QAA 和神经网络的半分析算法，该算法被证明可以很好地消除水色卫星获取的 R_{rs} 误差，能提高 CDOM 在卫星影像中的反演效果。

6.2.1 CDOM 遥感反演经验模型构建

CDOM 吸收系数的反演在水色遥感中越来越受到重视。Carder 等（1999）指出，即使在 I 类水体中，CDOM 和叶绿素 a 浓度共变的规律也不是完全成立的，利用叶绿素 a 浓度来反演 CDOM 会导致高估或低估的结果。此外，目前 NASA Ocean Color 只提供 a_{CDM} 遥感产品，没有 a_{CDOM} 产品，如果将 a_{CDM} 当作 a_{CDOM} 来使用，实际上会造成 a_{CDOM} 的高估。目前常用的 CDOM 遥感反演模型主要有单波段模型、一节微分模型和波段比值模型。

1. 单波段模型

在 400~900 nm 波段范围内，通过水体实测光谱反射率与 CDOM 吸收系数 $a(440)$ 相关性分析可以得出，在 400~500 nm 和 700~900 nm 波段范围内二者呈现出明显的负相关，最大负相关出现在 729 nm 波段处（$R^2=-0.845$）；而在 500~675 nm 波段范围内二者呈现出逐渐增加的正相关，在红波段 673 nm 处达到最高的正相关性（$R^2=0.899$）。对松花江和黑龙江交汇处采集的 24 个采样点而言，CDOM 吸收系数 $a(440)$ 与在红波段 673 nm 处的遥感反射率 $R_{rs}(673)$ 存在较好的正相关（$R^2=0.799$）。

2. 一阶微分模型

光谱的微分技术是处理高光谱常用的一种方法，在水色反演模型的构建中，通常用该技术处理水体高光谱反射率曲线，从而可以较快地找到光谱明显变化的弯曲点，以及最大或最小反射率波长所在的位置，进而可以比较精确地确定水质参数反演模型。对水体高光谱进行一阶微分处理，以去除其中线性或接近线性的背景值。由于实测的高光谱为离散的数据，通常采用式（6.3）对光谱曲线进行一阶微分计算：

$$R_{rs}(\lambda_i)' = \frac{R_{rs}(\lambda_{i+1}) - R_{rs}(\lambda_{i-1})}{\lambda_{i+1} - \lambda_{i-1}} \quad\quad (6.3)$$

式中：λ_{i-1}、λ_i 和 λ_{i+1} 为三个相邻的波长；$R_{rs}(\lambda_i)'$ 为波长 λ_i 处的遥感反射率的一阶微分。

相对于原始的反射率光谱，松花江与黑龙江交汇处水体遥感反射率的一阶微分曲线突出水色物质的特征变化峰，主要表现为叶绿素 a 在红波段的吸收峰、近红外波段的荧光特征峰、悬浮物在近红外波段的反射峰等，用于反演叶绿素 a 或悬浮物的特征波段可以用于反演 CDOM 浓度。分析松花江与黑龙江交汇处光谱的一阶微分变化值与实测的 CDOM 吸收系数 $a(440)$ 相关性的变化，相关系数最高值出现在绿波段与红波段之间的 618 nm 处（$R^2 = 0.930$）。对在松花江和黑龙江交汇处采集的 24 个采样点而言，CDOM 吸收系数 $a(440)$ 与在波段 618 nm 处的遥感反射率 $R_{rs}(618)$ 的一阶微分之间存在较好的正相关（$R^2 = 0.865$）。与单波段算法相比，一阶微分算法在一定程度上可抑制非水体信息的干扰，提高 CDOM 浓度的反演精度。

3. 波段比值模型

波段比值模型作为提取水体信息的一种常用的方法，可消除水体表面粗糙度和微波的影响，减少非水体信息的干扰，因此在某种程度上可提高水体 CDOM 反演的精度。为了找出所有波段的最佳组合，利用 Matlab 的编程计算在 400～900 nm 波段任意两个光谱波段组合比值与 CDOM 系数 $a(440)$ 之间的相关系数，进而确定适合反演松花江与黑龙江交汇处水体的 CDOM 浓度的最佳波段比值。

单波段模型、一阶微分模型和波段比值模型的 R^2 和 RMSE 的比较如表 6.3 所示。结果表明，模型的精度顺序为一阶微分模型＞单波段模型＞波段比值模型。这三种模型在实际应用中都存在模型参数差别较大的问题，这主要是建模估测 CDOM 浓度时对数据的精确度和稳定性要求较高，而水体在实际测量时存在测试环境差异大，所用仪器测试的方法还不够完善等问题，使得数据的质量较难得到保证。因此，这三种模型的适用性受到一定的限制。

表 6.3　不同 CDOM 浓度估测模型的比较

模型	斜率	截距	R^2	RMSE/m^{-1}	N
单波段模型	1 433.412	-1.692	0.799	0.352	22
一阶微分模型	186 316.588	2.490	0.865	0.288	22
波段比值模型	-13.091	14.968	0.751	0.391	22

目前使用较多的 CDOM 反演模型是经验模型，如 MODIS 在 400 nm 处的 CDOM 反演模型可表示为

$$a_{CDOM}(400) = 10^{0.65x^2 - 0.50x - 0.2} \quad\quad (6.4)$$

式中：$x = \lg(R_{rs}(490)/R_{rs}(590))$。Kowalczuk 等（2005）开发了该模型，发现在波罗的海区域反演效果较好。

Tassan（1994）分析了水色三要素的不同光谱特征，针对 SeaWiFS 提出了基于波段比值的 CDOM 反演的三波段算法：

$$\lg(a_{\text{CDOM}}(440)) = -1.93\lg\left(\frac{R_{\text{rs}}(412)}{R_{\text{rs}}(490)}\sqrt{R_{\text{rs}}(443)}\right) - 3 \qquad (6.5)$$

NASA 针对 MODIS 卫星也提出了基于多波段比值的 CDOM 反演算法:

$$a_{\text{CDOM}}(400) = 1.5 \times 10^{-1.01\rho_{15}^3 - 1.963\rho_{15} + 1.702\rho_{25}^2 + 0.856\rho_{25} - 1.147} \qquad (6.6)$$

式中:$\rho_{15} = \lg(R_{\text{rs}}(412)/R_{\text{rs}}(551))$; $\rho_{25} = \lg(R_{\text{rs}}(443)/R_{\text{rs}}(551))$。

6.2.2 CDOM 遥感反演半分析算法构建

QAA 将水体总吸收系数 a 分解成了 a_{ph} 和 a_{CDM},但没有继续将 a_{CDM} 分解 a_{CDOM} 和 a_{NAP},QAA 中 a_{ph} 的计算模型是针对以浮游藻类为主水体,在近岸和内陆等以 NAP 和 CDOM 为主的水体,模型误差较大。为此,先将 a_{NAP} 从 a 中分离,然后再分解出 a_{CDOM} 和 a_{ph}。

首先,建立 NAP 吸收系数的计算模型。NAP 作为总颗粒物的一部分,主要影响水体的后向散射系数,因此很多学者用水体颗粒后向散射系数来计算 a_{NAP}。Dong 等(2013)在 Lee(1994)研究的基础上提出了一种针对不同浑浊度水体的 $a_{\text{NAP}}(443)$ 计算模型:

$$a_{\text{NAP}}(443) = 0.6\eta^{0.9} \qquad (6.7)$$

式中:η 可表示为

$$\eta = 0.05[a(443) - a_{\text{w}}(443)] + 1.4^{\frac{R_{\text{rs}}(555) + R_{\text{rs}}(670)}{R_{\text{rs}}(443)}} \cdot b_{\text{bp}}(555) \qquad (6.8)$$

式中:$(R_{\text{rs}}(555) + R_{\text{rs}}(670))/R_{\text{rs}}(443)$ 为权重因子。

对于大洋水体,η 小于 1,此时 η 主要受纯水吸收的影响;对于近岸或者内陆水体,η 大于 1,此时 $b_{\text{bp}}(555)$ 在式(6.8)的计算中影响较大。通过式(6.7)和式(6.8)就可以计算出不同水体的 $a_{\text{NAP}}(443)$。值得注意的是,式(6.8)中的 a 和 b_{bp} 可由 QAA-GRI 算法获取。结果显示该模型能较好地计算 $a_{\text{NAP}}(443)$,与真实值的偏差较小,相关系数 R^2 达到了 0.76,均方根误差 RMSE 为 0.023 m^{-1}。根据前人的研究,S_{NAP} 在不同水体中的变化较小,通常为 $0.006 \sim 0.014$ nm^{-1},结合东海和千岛湖计算得到的 S_{NAP} 及文献推荐的 S_{NAP},取平均值 0.010 nm^{-1},可求得所有波段的 $a_{\text{NAP}}(\lambda)$。基于 443 nm 处 a_{phc} 基线高度建立 CDOM 吸收的半分析模型。由上节计算得到的 $a_{\text{NAP}}(\lambda)$,可以得到浮游藻类和 CDOM 吸收系数之和 a_{phc}:

$$a_{\text{phc}}(\lambda) = a(\lambda) - a_{\text{w}}(\lambda) - a_{\text{NAP}}(\lambda) \qquad (6.9)$$

为了将 a_{CDOM} 从 a_{phc} 中分离,期望找到一种指数能很好地反映浮游藻类与 CDOM 吸收的相对强弱关系。已知浮游藻类的吸收光谱在 443 nm 有一个吸收峰,而 CDOM 吸收光谱呈指数型单调递减,在 443 nm 没有吸收峰。通过对 a_{phc} 光谱形状的分析发现,当 a_{CDOM} 在 a_{phc} 中占主导时,a_{phc} 光谱在 443 nm 不会出现吸收峰,而当 a_{ph} 在 a_{phc} 占主导时,a_{phc} 在 443 nm 会出现明显的吸收峰(图 6.4 中 Box1、Box2)。受叶绿素 a 浓度荧光算法的启发,利用 412 nm、443 nm 和 490 nm 三个波段的 a_{phc} 定义 443 nm 处 a_{phc} 吸收光谱的基线高度 LH(443):

$$\text{LH}(443) = a_{\text{phc}}(443) - a_{\text{phc}}(490) - (a_{\text{phc}}(412) - a_{\text{phc}}(490)) \cdot \left(\frac{490 - 443}{490 - 412}\right) \qquad (6.10)$$

图 6.4 展示了在两种 a_{phc} 光谱形状下的 LH(443),图中线 BE 的长度即为的 LH(443) 大小。当浮游藻类吸收强于 CDOM 时,在 $400 \sim 500$ nm 波段光谱呈凸形,此时 LH(443) 指数

的值大于 0（图 6.4 中红色线，$BE>0$）；当 CDOM 吸收强于浮游藻类时，在 $400\sim500\ \text{nm}$ 光谱呈凹形，此时 LH(443) 指数的值小于 0（图 6.4 中红色线，$BE<0$）。综上，该指数结合了光谱形状特征，能很好地反映 a_{ph} 和 a_{CDOM} 的相对强弱，据此可以建立 a_{ph}、a_{CDOM} 与 LH(443) 的关系模型。

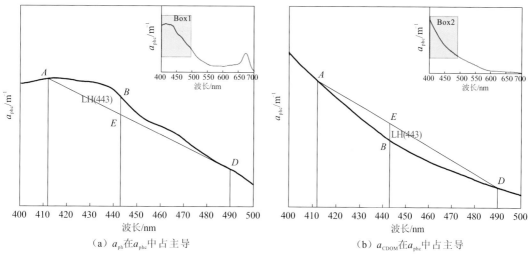

（a）a_{ph}在a_{phc}中占主导　　　　　　　　（b）a_{CDOM}在a_{phc}中占主导

图 6.4　两种不同类型 a_{phc} 光谱形状

利用 NOMAD 数据集建立 $a_{\text{ph}}(443)-a_{\text{CDOM}}(443)$ 与 LH(443) 的关系模型：

$$a_{\text{ph}}(443)-a_{\text{CDOM}}(443)=3.9824\text{LH}(443)-0.005 \tag{6.11}$$

图 6.5（a）展示了 $a_{\text{ph}}(443)-a_{\text{CDOM}}(443)$ 与 LH(443) 的建模结果，其相关系数 R^2 和均方根误差 RMSE 分别达到 0.78 和 0.041。利用未参与建模的 ECS 和 QDH 数据集对建立的模型进行验证，可以看出该模型在 ECS 和 QDH 数据集的计算值与实测值数据散点基本分布于 1∶1 线附近，ECS 和 QDH 各数据集的相关系数 R^2 分别达到 0.42 和 0.81。该模型在 QDH 数据集相较于 ECS 数据集的计算精度更好，说明该模型的计算精度受 CDOM 吸收贡献比的影响，CDOM 的吸收贡献越大，模型计算的精度越高。进一步，$a_{\text{ph}}(443)$ 可以由 $a_{\text{phc}}(443)$ 和 $a_{\text{CDOM}}(443)$ 相减得到，因此，$a_{\text{CDOM}}(443)$ 最终可表示为

$$a_{\text{CDOM}}(443)=\frac{a_{\text{phc}}(443)-(3.9824\text{LH}(443)-0.005)}{2} \tag{6.12}$$

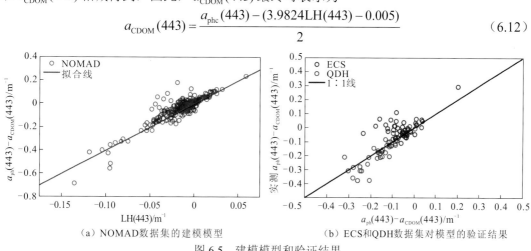

（a）NOMAD数据集的建模模型　　　　　　　　（b）ECS和QDH数据集对模型的验证结果

图 6.5　建模模型和验证结果

要计算整个光谱区间的 a_{CDOM}，还需要知道 CDOM 吸收光谱的斜率 S_{CDOM}。很多学者指出 S_{CDOM} 与 $a_{CDOM}(443)$ 存在一定的经验关系，随着 CDOM 吸收的增加，S_{CDOM} 值减小。在自然水体中，S_{CDOM} 取值范围变化较小，且受拟合波段范围的影响。利用 NOMAD、ECS 和 QDH 数据集对 S_{CDOM} 和 $a_{CDOM}(443)$ 进行拟合，得到 S_{CDOM} 的计算模型：

$$S_{CDOM} = 0.01463 + 0.01413 e^{-13.2602 \cdot a_{CDOM}(443)}$$ （6.13）

得到 S_{CDOM} 值，就可以计算任意波段的 CDOM 吸收系数 $a_{CDOM}(\lambda)$，从而建立完整的分离 $a_{CDOM}(\lambda)$ 的 $CDOM_{LH}$ 半分析算法。

6.2.3 CDOM 遥感反演结果

常规实地采样和实验室分析虽然精确度较高，但是费时费力，且对快速监测大面积水体的水质参数变化难以保证连续性。卫星遥感影像则可以提供整个水体的水质动态变化，实时性较强，且能够大面积同步提供更多的水体信息，省时省力。然而，CDOM 吸收可延伸到可见光的蓝光波段，与 TSM 和浮游植物叶绿素 a 吸收交叉重叠，对基于水色遥感的浮游植物生物量和初级生产力估算产生干扰（Zhang et al.，2007）。为了对具有明显浓度梯度的松花江和黑龙江交汇处的河水 CDOM 浓度进行监测，本小节选取 CDOM 吸收系数 $a(440)$ 代表水体 CDOM 的浓度，通过 Landsat 8/OLI 的波段 1～5、Sentinel 2B 的波段 2～4 和波段 8 的遥感影像信号提取松花江与黑龙江交汇处水体的遥感反射率，并构建与 CDOM 浓度的相关性，进而利用构建的 CDOM 反演模型对松花江和黑龙江交汇处的水体 CDOM 浓度进行大面积空间尺度的遥感估测。

图 6.6 为 NOMAD、ECS 和 QDH 三个数据集的 $a_{NAP}(443)$、$a_{CDM}(443)$ 及 $a_{NAP}(443)/a_{CDM}(443)$ 的统计结果。如图 6.6（a）所示，三个数据集的 $a_{NAP}(443)/a_{CDM}(443)$ 在

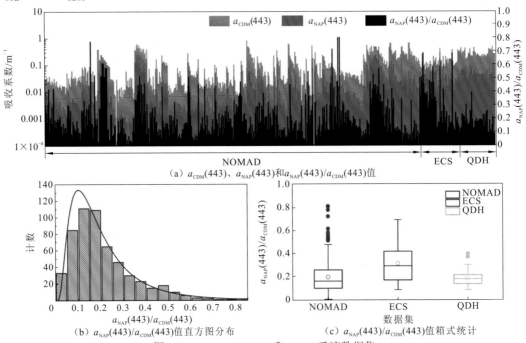

（a）$a_{CDM}(443)$、$a_{NAP}(443)$ 和 $a_{NAP}(443)/a_{CDM}(443)$ 值

（b）$a_{NAP}(443)/a_{CDM}(443)$ 值直方图分布

（c）$a_{NAP}(443)/a_{CDM}(443)$ 值箱式统计

图 6.6 NOMAD、ECS 和 QDH 反演数据集

$0.008 \sim 0.990$ 变动，平均值为 0.207。图 6.6（b）显示，三个数据集 $a_{\mathrm{NAP}}(443)/a_{\mathrm{CDM}}(443)$ 的频数分布符合对数分布的规律，大部分值位于小于 0.30 的区间。图 6.6（c）显示，ECS 数据集的 $a_{\mathrm{NAP}}(443)/a_{\mathrm{CDM}}(443)$ 平均值为 $0.30\ \mathrm{m}^{-1}$，在三个数据集中最大，NOMAD 和 QDH 数据集的 $a_{\mathrm{NAP}}(443)/a_{\mathrm{CDM}}(443)$ 平均值分别为 0.20 和 0.18。根据以上分析，若不将 a_{NAP} 从 a_{CDM} 中分离出来而直接使用 a_{CDM} 代替 a_{CDOM}，在 NOMAD 数据集会对 a_{CDOM} 造成约 20% 的高估，在 ECS 和 QDH 数据集将分别造成约 30% 和约 18% 的高估，可以断定在高悬浮泥沙的水体中会造成更大的高估。因此，无论是对 I 类水体还是 II 类水体，将 a_{CDOM} 从 a_{CDM} 中分离都是十分必要的。

图 6.7 显示了不同经验模型在 ECS 和 QDH 反演数据集的 CDOM 拟合结果比较。从图中可以看到，Kowalczuk 等（2005）模型在 ECS 和 QDH 数据集的应用效果较差，若用该模型对东海 CDOM 进行反演将造成明显的高估，Tassan（1994）和 NASA-MODIS 模型应用的效果较 Kowalczuk 等（2005）模型好。总体而言，三个模型在两个数据集的适用性均不高，这也是经验算法的局限所在。经验算法的建模依赖数据自身的特点，而不同区域、不同类型水体的光学特性差异较大，因此适用于一个区域的模型往往很难直接应用于另一个区域，这也给实际应用中 CDOM 的反演带来很大挑战。

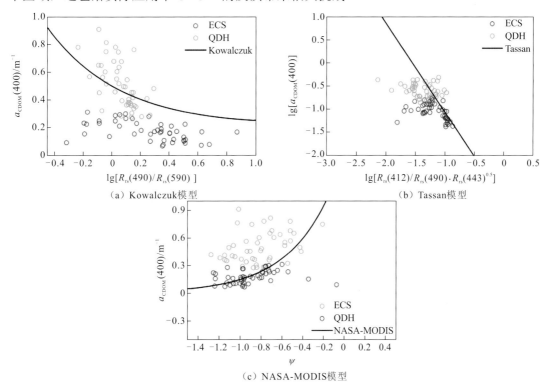

（a）Kowalczuk模型　　　　　　　　　　　（b）Tassan模型

（c）NASA-MODIS模型

图 6.7　不同经验模型在 ECS 和 QDH 反演数据集的 CDOM 拟合结果比较

对实测的高光谱数据在 $525 \sim 600\ \mathrm{nm}$ 和 $630 \sim 680\ \mathrm{nm}$ 求取遥感反射率的平均值 $\bar{R}_{\mathrm{rs}}(525 \sim 600)$ 和 $\bar{R}_{\mathrm{rs}}(630 \sim 680)$，分别对应遥感影像提取的绿波段 $R(\mathrm{B3})$ 和红波段 $R(\mathrm{B4})$ 的遥感反射率。将遥感影像提取的遥感反射率 $R(\mathrm{B3})$ 和 $R(\mathrm{B4})$ 分别与实测遥感反射率的平均值 $\bar{R}_{\mathrm{rs}}(525 \sim 600)$ 和 $\bar{R}_{\mathrm{rs}}(630 \sim 680)$ 建立相关性，$R(\mathrm{B3})$ 和 $\bar{R}_{\mathrm{rs}}(525 \sim 600)$ 存在较弱的正相关（$R^2=$

0.542），而 R(B4)与 $\overline{R}_{rs}$ (630～680)存在较强的正相关（R^2=0.796）。由此可以得出随着波段从 B3 增加到 B4，Landsat 8/OLI 提取的波段与实测光谱的波段相关性逐渐增强。

由于 FLAASH 模型对海岸带气溶胶波段（B1）的大气校正不完全，而且水体在波长大于近红外波段 B5 的信号太弱，选取蓝波段（B2）、绿波段（B3）和红波段（B4）之间的单波段或者波段比组合分别与 CDOM 吸收系数 a(440)建立相关性。表 6.4 所示为基于单波段或者任意两波段反射率组合（B2、B3 和 B4）分别与 CDOM 吸收系数 a(440)建立相关性，从皮尔逊相关系数可以得出，在红波段 B4（r=-0.957，$p<0.01$）和绿/红波段比值 B3/B4（r=-0.793，$p<0.01$）处的反射率分别与 CDOM 吸收系数 a(440)之间存在较强的相关性，该结果与实测光谱的研究结果一致。基于上述分析结果，建立 CDOM 浓度的反演模型。单波段反演 CDOM 浓度的模型：Y_{CDOM}=-142.954X+5.944，Y=CDOM，a(440)；X=R(B4)。波段比反演 CDOM 浓度的模型：Y_{CDOM}=-16.188X+17.307，Y=CDOM，a(440)；X=R(B3)/R(B4)。

表 6.4　Landsat 8/OLI 影像的各波段组合与 CDOM 吸收系数 a(440)之间的相关性

波段组合	r	波段组合	r
B2	-0.915**	B2/B3	0.423*
B3	-0.949**	B2/B4	-0.275
B4	-0.957**	B3/B4	-0.793**

**$p<0.01$；*$p<0.05$

由于 Landsat 8/OLI 用于反演 CDOM 浓度的单波段模型精度优于波段比模型，利用单波段 B4 模型反演松花江和黑龙江交汇处的 CDOM 浓度及 DOC 浓度，结果如图 6.8 所示。

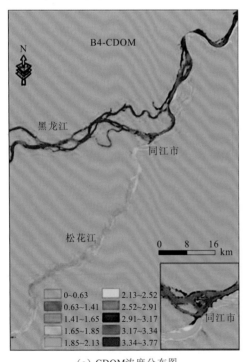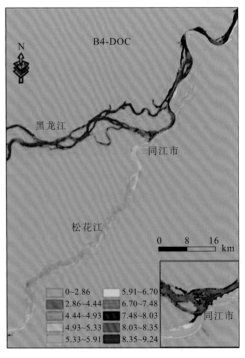

（a）CDOM浓度分布图　　　　　　　　（b）DOC浓度分布图

图 6.8　Landsat 8/OLI 单波段反演的 CDOM 和 DOC 浓度分布图

汇合前黑龙江的 CDOM 浓度大部分为 $3.17 \sim 3.77 \, \text{m}^{-1}$，松花江的 CDOM 浓度为 $1.41 \sim 1.85 \, \text{m}^{-1}$，黑龙江水体的 CDOM 浓度明显高于松花江水体；汇合时黑龙江与松花江存在明显的混合过程，混合后的水体 CDOM 浓度高于松花江水体而低于黑龙江水体。汇合前黑龙江的 DOC 浓度为 $8.03 \sim 9.24 \, \text{mg/L}$，松花江的 DOC 浓度为 $4.44 \sim 5.33 \, \text{mg/L}$，黑龙江水体的 DOC 浓度明显高于松花江水体；汇合时黑龙江与松花江存在明显的混合过程，混合后的水体 DOC 浓度高于松花江水体而低于黑龙江水体，反演结果与实际结果具有一定的相似性。

对 Sentinel 2B 遥感影像提取的绿波段中心波段反射率 R(B3)和红波段中心波段反射率 R(B4)分别与实测的高光谱在绿波段（559 nm）和红波段（665 nm）的遥感反射率 $R_{rs}(559)$ 和 $R_{rs}(665)$建立相关性，R(B3)和 $R_{rs}(559)$存在弱的正相关（$R^2 = 0.532$），然而 R(B4)和 $R_{rs}(665)$ 之间存在较强的正相关（$R^2 = 0.851$）。由此可以得出随着波段从 B3 增加到 B4，Sentinel 2B 遥感影像提取的 R 与实测 R_{rs} 相关性逐渐增强。

由于水体在近红外波段 B8 的反射信号特别弱，选取蓝波段（B2）、绿波段（B3）、红波段（B4）之间的单波段或者波段比组合分别与 CDOM 吸收系数 a(440)建立相关性，如表 6.5 所示。从皮尔逊相关系数可以得出，绿波段 B3（$r = -0.925$，$p < 0.01$）和绿/红波段比值 B3/B4（$r = -0.651$，$p < 0.01$）分别与 CDOM 吸收系数 a(440)之间存在较好的相关性。该结果与实测光谱的研究结果一致。

表 6.5 **Sentinel 2B 影像的各波段组合与 CDOM 吸收系数 a(440)之间的相关性**

波段组合	r	波段组合	R
B2	-0.913^{**}	B2/B3	-0.014
B3	-0.925^{**}	B2/B4	-0.502^{*}
B4	-0.909^{**}	B3/B4	-0.651^{**}

$**p < 0.01$；$*p < 0.05$

基于上述分析结果，建立 CDOM 浓度的反演模型。单波段反演 CDOM 浓度的模型：$Y_{\text{CDOM}} = -99.154X + 3.869$，$Y = \text{CDOM}$，$a$(440)，$X = R$(B3)。波段比反演 CDOM 浓度的模型：$Y_{\text{CDOM}} = -7.187X + 9.258$，$Y = \text{CDOM}$，$a$(440)，$X = R$(B3)$/R$(B4)。由于 Sentinel 2B 用于反演 CDOM 浓度的单波段模型精度优于波段比模型，利用单波段 B3 模型反演松花江和黑龙江交汇处的 CDOM 浓度及 DOC 浓度。汇合前黑龙江的 CDOM 浓度大部分为 $3.12 \sim 3.73 \, \text{m}^{-1}$，松花江的 CDOM 浓度为 $1.32 \sim 2.08 \, \text{m}^{-1}$，黑龙江水体的 CDOM 浓度明显高于松花江水体；汇合时黑龙江与松花江存在明显的混合过程，混合后的水体 CDOM 浓度高于松花江水体而低于黑龙江水体。汇合前黑龙江的 DOC 浓度为 $7.70 \sim 9.15 \, \text{mg/L}$，松花江的 DOC 质量浓度为 $5.05 \sim 5.92 \, \text{mg/L}$，黑龙江水体的 DOC 浓度明显高于松花江水体；汇合时黑龙江与松花江存在明显的混合过程，混合后的水体 DOC 浓度高于松花江水体而低于黑龙江水体，反演结果与实际结果具有一定的相似性。

太湖作为典型的内陆富营养化水体，其 NAP 和 CDOM 吸收值均较高，因此将 NAP 从 CDOM 中分离很有必要。图 6.9 所示为太湖 443 nm 处 NAP 吸收系数占比统计结果，从图中可以看出，太湖中由于水体悬浮颗粒物浓度较高，若不将 NAP 从 CDOM 中分离，将对 CDOM 吸收系数造成约 50%的高估。

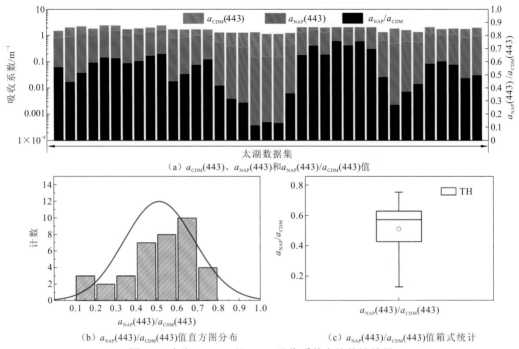

（a）$a_{CDM}(443)$、$a_{NAP}(443)$和$a_{NAP}(443)/a_{CDM}(443)$值

（b）$a_{NAP}(443)/a_{CDM}(443)$值直方图分布

（c）$a_{NAP}(443)/a_{CDM}(443)$值箱式统计

图 6.9　太湖 443 nm 处 NAP 吸收系数占比统计结果

图 6.10 所示为 $CDOM_{LH}$ 算法在太湖反演 CDOM 的结果，$CDOM_{LH}$ 算法反演的反演值与实测值散点大体上也分布于 1∶1 线附近。太湖数据集 CDOM 的反演结果表明，$CDOM_{LH}$ 算法能较好适用于太湖水体，具有较好的通用性。

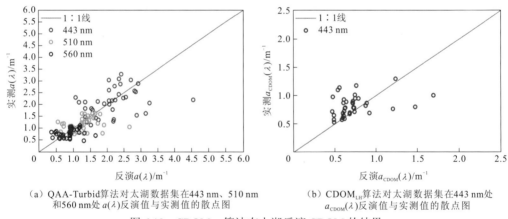

（a）QAA-Turbid算法对太湖数据集在443 nm、510 nm
和560 nm处 $a(\lambda)$反演值与实测值的散点图

（b）$CDOM_{LH}$算法对太湖数据集在443 nm处
$a_{CDOM}(\lambda)$反演值与实测值的散点图

图 6.10　$CDOM_{LH}$ 算法在太湖反演 CDOM 的结果

在 QAA-GRI 算法获取的 $a(\lambda)$ 和 $b_{bp}(\lambda)$ 基础上，结合 $CDOM_{LH}$ 算法可以将 a_{CDOM} 从 a 中分离出来，完整的算法称为 QAA-GRI-$CDOM_{LH}$。为了对算法反演精度进行分析，将 QAA-GRI-CDOMLH 算法与其他 CDOM 反演算法作比较，包括经验算法、半分析算法和矩阵算法。结果表明，QAA-GRI-CDOMLH 算法的 R^2 在所有算法中是最高的，同时在 RMSE、MAPE 和 BIAS 上均较低。在经验算法中，Mannino 等（2008）提出的 CO-a443S 算法表现最好；而在半分析算法和矩阵算法中表现良好的算法分别为 QAA-E 和 GSM 算法。

为了更加深入地讨论不同 CDOM 反演算法在各个数据集的反演精度，与 Mannino 等（2008）提出的经验算法——CO_a443S 算法和 Zhu 等（2011）提出的 QAA-E 半分析算法

进行比较。CO_a443S 算法利用 R_{rs} 波段比值来直接计算 a_{CDOM}，具体计算模型为

$$a_{CDOM}(443) = -\dfrac{\ln\left(\dfrac{R_{rs}(490)/R_{rs}(555)-a}{b}\right)}{c} \tag{6.14}$$

式中：a、b、c 分别为模型的拟合系数，取值为 0.4247、2.453、13.586。

QAA-E 半分析算法 CDOM 分离的核心计算模型如下。

a_{NAP}-based 模型：

$$a_{NAP}(440) = J_1[b_{bp}(555)]^{J_2}$$
$$a_{NAP}(\lambda) = a_{NAP}(440)e^{-S_{NAP}(\lambda-440)}$$
$$a_{CDOM}(\lambda) = a_{CDM}(\lambda) - a_{NAP}(\lambda) \tag{6.15}$$

a_p-based 模型：

$$a_p(440) = J_1[b_{bp}(555)]^{J_2}$$
$$a_{CDOM}(440) = a(440) - a_p(440) - a_w(440)$$
$$a_{CDOM}(\lambda) = a_{CDOM}(440)e^{-S_{CDOM}(\lambda-440)} \tag{6.16}$$

式中：J_1 和 J_2 为模型拟合系数，当 $0.5 < J_1 < 4.5$、$1 < J_2 < 1.5$ 时，模型的鲁棒性较好。

上述两种不同模型分别针对不同类型水体，a_{NAP}-based 模型主要适用于高浑浊度的近岸、河口等水体区域，而 a_p-based 模型则适用于浮游藻类浓度较高的水体。

图 6.11 显示了三种算法对 NOMAD、ECS 和 QDH 数据集在 443 nm 处 CDOM 吸收系数的反演结果比较，反演结果统计见表 6.6。从整体上来看，QAA-GRI-CDOM$_{LH}$ 算法的反

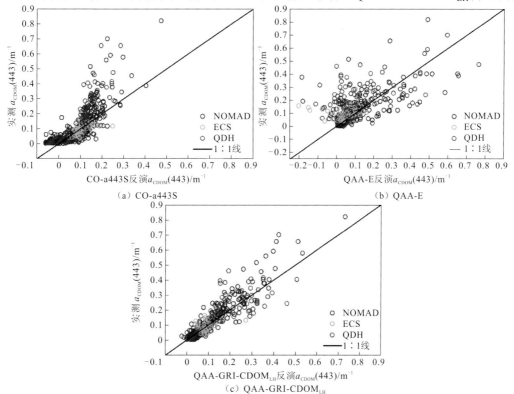

（a）CO-a443S　　　　　　　（b）QAA-E

（c）QAA-GRI-CDOM$_{LH}$

图 6.11　不同算法在 NOMAD、ECS 和 QDH 数据集的反演结果比较

演值与实测值的散点比 CO_a443S 算法和 QAA-E 算法的散点更集中地分布于 1∶1 线附近，说明 QAA-GRI-CDOM$_{LH}$ 算法在三个数据集的反演精度最高，其相关系数 R^2 和平均相对误差 MAPE 分别为 0.84 和 42.8%，优于 CO_a443S 算法（R^2=0.64，MAPE=72.9%）和 QAA-E 算法（R^2=0.40，MAPE=66.2%）。CO_a443S 算法在低值区和高值区都存在低估的问题，QAA-E 算法没有出现明显的低估或高估趋势，但算法整体反演的偏差较大。此外，CO_a443S 和 QAA-E 算法的 CDOM 反演值均出现了较多负值情况。对各数据集而言，可以发现 CO_a443S 和 QAA-GRI-CDOM$_{LH}$ 算法在东海的反演效果优于 QAA-E 算法，而 QAA-E 算法无论是在东海还是千岛湖，反演的偏差均较大，针对这类水体的反演精度还有待进一步提高。

表 6.6　CO_a443S、QAA-E 和 QAA-GRI-CDOM$_{LH}$ 算法在 NOMAD、ECS 和 QDH 数据集反演结果统计

吸收系数	数据集	算法	R^2	RMSE	MAPE/%
		CO-a443S	0.66	0.069	146.0
	NOMAD	QAA-E	0.47	0.087	63.9
		QAA-GRI-CDOM$_{LH}$	0.88	0.041	60.7
		CO-a443S	0.37	0.028	31.3
$a_{CDOM}(443)$	ECS	QAA-E	0.02	0.035	70.5
		QAA-GRI- CDOM$_{LH}$	0.11	0.033	39.7
		CO-a443S	0.22	0.076	41.6
	QDH	QAA-E	0.09	0.081	64.1
		QAA-GRI- CDOM$_{LH}$	0.12	0.078	28.2

6.2.4　算法的不确定性分析

QAA-GRI-CDOM$_{LH}$ 算法由两部分组成，一部分是反演 IOPs 的 QAA-GRI 算法，另一部分是将 a_{CDOM} 从 a 中分离的 CDOM$_{LH}$ 算法。QAA-GRI-CDOM$_{LH}$ 算法在 NOMAD、ECS 和 QDH 数据集的 CDOM 反演中都能取得良好的效果，说明该算法在不同水体的适用性较好，存在部分因素导致其反演的不确定性。

CO_a443S 算法是在区域数据集的基础上开发出来的经验算法，针对特定的水体适用性较好，而针对不同区域、类型水体，模型的拟合系数往往会发生变化，导致算法的适用性降低。QAA-E 算法依赖水体中颗粒物的浓度：在高浑浊水体中，由于 NAP 在颗粒物中占绝对主导，式（6.15）表现较好，模型可用于近岸、河口等悬浮泥沙浓度高的水体区域；在以浮游藻类为主且浮游藻类浓度较高的水体，式（6.16）表现较好，模型可用于一些富营养化水体；然而当水体中 NAP 和浮游藻类浓度都很低（如千岛湖）时，需要对水体中的区域进行模型参数的优化，这样才能取得较好的 IOPs 反演精度。

CDOM 反演不确定性来自现场和实验室对 CDOM 的测量与处理过程。现场采集水样并非精确来源于同一深度，而不同深度 CDOM 吸收值是有变化的，因此很难找到一个标准的深度来标定某个采样站点的 CDOM 吸收值。在实验室测量 CDOM 前，CDOM 水样储存

于船上和实验室冰箱的一周内会有不同程度变质，而在测量过程中，尽管按照测量规范进行操作，但不可避免地也会引入误差。

CDOM$_\text{LH}$算法本身也具有一些不确定性。443 nm 处 a_phc 基线高度指数 LH(443) 能在一定程度上反映浮游藻类和 CDOM 吸收的相对强弱，但在特定的水体中，若 CDOM 吸收强度与浮游藻类的吸收相当且量值较小时，LH(443) 的指示精度就会降低，最终影响 CDOM 的反演精度。此外，CDOM 光谱斜率 S_CDOM 尽管在很小的范围内变化，但在不同区域其值还是存在一定的差异，目前在 II 类水体中还没有通用的 S_CDOM 计算模型，因此 S_CDOM 的区域性特征也会给 CDOM 的反演引入不确定性。因此，目前仍然需要进一步收集大量不同区域水体的光学样本，一方面用以提高 S_CDOM 的计算精度和生物光学模型的校正，另一方面用于验证 QAA-GRI-CDOM$_\text{LH}$ 算法的适用性，这也是未来需要开展的工作之一。

6.3 高分 5 号 AHSI 影像数据反演 CDOM 结果

相较于经验模型，基于固有光学量的半分析算法具有更明确的物理含义，可以解释由不同组分吸收共同作用引起的吸收光谱形状的变化。在反演不同组分吸收系数时不能仅考虑某种组分的吸收光谱，而应该考虑吸收光谱信号之间的相互影响，这样能更好地提高反演的精度，而高光谱遥感资料具有这样潜在的优势。通过对误差传递和来源的分析发现，影响反演精度的内在因素是参考波段处吸收系数的计算模型及颗粒物后向散射光谱斜率的参数化模型，影响 CDOM 反演精度的因素主要是固有光学量参数的计算精度和参考波段处 CDOM 吸收系数模型的计算精度。这些影响反演精度的因素，可以通过高光谱遥感数据特性得到改善。

6.3.1 高分 5 号卫星 AHSI 高光谱研究区

选择营养状态和浑浊程度不同的官厅水库、太湖、潘家口水库和大黑汀水库共 4 个内陆水体作为研究区。官厅水库位于北京市西北部和河北省交界处，水库水面面积约为 130 km^2，是北京市的饮用水来源之一。太湖位于江苏省和浙江省的交界处，湖泊面积约为 2338 km^2，是我国五大淡水湖之一。大黑汀水库位于河北省唐山市，水面面积约为 30 km^2，上游为河北省承德市西南部的潘家口水库，两座水库相辅相成，是天津、唐山两地饮用水的重要补给地。不同研究区与高分 5 号卫星同步/准同步的水面实验采样点分布如图 6.12 所示。不同研究区内水面实验数据的相关统计信息见表 6.7。

与高分 5 号卫星同步/准同步的研究区采样点的 Z_sd 实测数据通过直径为 30 cm 的标准塞氏盘进行测量，同时采集水样带回实验室，并参考 NASA 的海洋光学规范完成 CDOM 吸收系数的测量。野外实验时，使用便携式 ASD 光谱仪按照水面以上测量法进行同步的水面光谱测量。每一个采样点按照以下步骤进行水面光谱测量：①测量 5 次标准参考板；②测量 10 次倾斜水体；③测量 5 次倾斜天空光；④测量 5 次标准参考板。在测量水面光谱时注意检查 10 次倾斜水体的光谱，由随机太阳耀斑造成的异常光谱需要剔除，然后将剩余光谱的平均值作为采样点水面实测光谱。

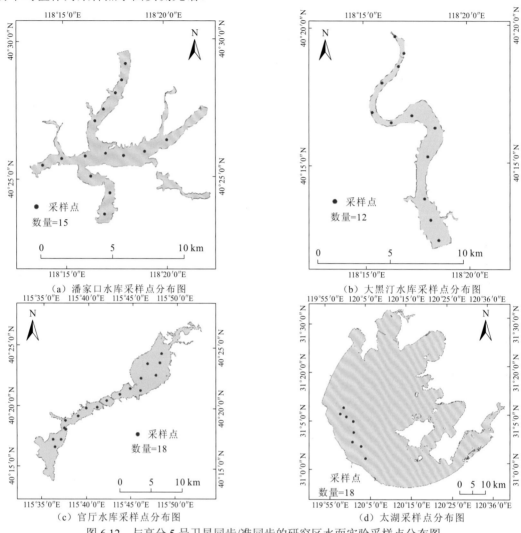

图 6.12　与高分 5 号卫星同步/准同步的研究区水面实验采样点分布图

表 6.7　与高分 5 号卫星同步/准同步获取的研究区实测 Z_{sd} 及 CDOM 浓度数据统计

研究区	时间	数量	Z_{sd}/m			$a_{CDOM}(440)$/m^{-1}		
			平均值	最大值	最小值	平均值	最大值	最小值
官厅水库	2019 年 5 月 22 日	18	1.16	2.15	0.30	0.44	0.79	0.37
太湖	2019 年 5 月 1 日	8	0.52	0.60	0.40	0.37	0.41	0.34
潘家口水库	2019 年 5 月 24 日	15	3.88	4.50	3.00	0.25	0.29	0.23
大黑汀水库	2019 年 5 月 25 日	12	1.38	2.10	0.85	0.30	0.32	0.29
总计		53	1.88	4.50	0.30	0.35	0.79	0.23

6.3.2　高分 5 号 AHSI 影像数据获取及处理

获取三景高分 5 号 AHSI 影像数据，其中官厅水库的 AHSI 影像数据获取时间为 2019 年

5 月 22 日，太湖的 AHSI 影像数据获取时间为 2019 年 5 月 1 日，潘家口水库和大黑汀水库的 AHSI 影像数据获取时间为 2019 年 5 月 24 日。官厅水库、太湖和潘家口水库的水面同步采样点数据获取时间与高分 5 号 AHSI 影像数据获取时间为同一天，大黑汀水库的水面准同步采样点数据获取时间比高分 5 号 AHSI 影像数据获取时间晚一天。

对于高分 5 号 AHSI 影像数据，在进行 Z_{sd} 和 CDOM 反演之前，需要进行辐射定标、大气校正、几何校正、水体提取、云及云阴影去除等一系列预处理工作。具体来说，首先对高分 5 号 AHSI 影像的可见光近红外波段和短波红外波段进行波段合成，然后加载辅助信息文件，添加波长信息和定标系数，以进行辐射定标，再使用 ENVI 5.3 中的 FLAASH 模块进行大气校正，然后基于 Landsat-8 参考数据选取控制点进行几何校正，最后手动确定阈值完成水体提取，同时通过指数法对部分影像中出现的云及云阴影进行掩膜处理。其中，FLAASH 大气校正得到的是地表反射率，还需要通过式（6.17）将地表反射率转化为遥感反射率：

$$R_{rs}^{c}(\lambda) = \frac{\rho(\lambda)}{\pi} - \Delta \tag{6.17}$$

式中：$R_{rs}^{c}(\lambda)$ 为遥感影像上近似估计的遥感反射率；$\rho(\lambda)$ 为地表反射率；Δ 为校正系数。一般情况下，水体在短波红外的反射率趋于 0，可以用短波红外计算 Δ。但是，由于 AHSI 的辐射定标系数是基于地表亮目标计算得到的，而水体作为暗目标，水体像元在短波红外波段的噪声较大，上述方法不适用于 AHSI 地表反射率影像的天空光校正。因此，本节忽略天空光的影响，将遥感反射率近似为 $\rho(\lambda) / \pi$。

6.3.3　基于高分 5 号 AHSI 影像反演 CDOM 浓度

基于 QAA 计算得到水体固有光学量 $a(\lambda)$ 和 $b_{bp}(\lambda)$ 后，可以用于反演水体 CDOM 浓度。根据总悬浮物后向散射系数和吸收系数的经验关系，可根据式（6.18）计算 a_p：

$$a_p(440) = j_1(b_{bp}(555))^{j_2} \tag{6.18}$$

式中：$a_p(440)$ 为 440 nm 处总悬浮颗粒物的吸收系数；$b_{bp}(555)$ 为 555 nm 处颗粒物后向散射系数；j_1 和 j_2 分别为 0.63 和 0.88。

根据水体总吸收系数的贡献组成，CDOM 浓度可根据式（6.19）得到：

$$a_{CDOM}(440) = a(440) - a_p(440) - a_w(440) \tag{6.19}$$

式中：$a_{CDOM}(440)$ 为 440 nm 处 CDOM 的吸收系数，反映 CDOM 浓度大小；$a_w(440)$ 为纯水吸收系数。

表 6.8 比较了 QAA_v5 和 QAA_M14 两种算法反演吸收系数和后向散射系数的步骤。其中：R_{rs} 为遥感反射率；r_{rs} 为水面下遥感反射率；a 为水体总吸收系数；a_w 为纯水的吸收系数；b_{bp} 为总悬浮物后向散射系数；b_{bw} 为纯水的后向散射系数；b_b 为水体后向散射系数（b_{bp} 与 b_{bw} 的和）；u 为后向散射系数与吸收和后向散射系数之和的比值 $\left(\dfrac{b_b}{a+b_b}\right)$；$\lambda_0$ 为参考波长。

表 6.8　半解析模型反演吸收系数和后向散射系数的步骤

步骤	变量	QAA_v5 算法	QAA_M14 算法
1	$r_{rs}(\lambda)$	$\dfrac{R_{rs}(\lambda)}{T+\gamma QR_{rs}(\lambda)}$ $T=0.52,\quad \gamma Q=1.7$	同 QAA_v5 算法
2	$u(\lambda)$	$\dfrac{-g_0+\left[\left(g_0^2+4g_1r_{rs}(\lambda)\right)\right]^{1/2}}{2g_1}$ $g_0=0.0895,\quad g_1=0.125$	同 QAA_v5 算法
3	$a(\lambda_0)$	$a_w(\lambda_0)+10^{-1.146-1.366x-0.469x^2}$ $x=\log_2\left(\dfrac{r_{rs}(443)+r_{rs}(490)}{r_{rs}(\lambda_0)+5\dfrac{r_{rs}(667)}{r_{rs}(490)}r_{rs}(667)}\right)$ $\lambda_0=555$	$a_w(\lambda_0)+10^{-0.7153-2.054x-1.047x^2}$ $x=\log_2\left(\dfrac{0.01r_{rs}(443)+r_{rs}(620)}{r_{rs}(\lambda_0)+0.005\dfrac{r_{rs}(620)}{r_{rs}(443)}r_{rs}(620)}\right)$ $\lambda_0=708$
4	$b_{bp}(\lambda_0)$	$\dfrac{u(\lambda_0)a(\lambda_0)}{1-u(\lambda_0)}-b_{bw}(\lambda_0)$	同 QAA_v5 算法
5	η	$2.0\left[1-1.2\exp\left(-0.9\dfrac{r_{rs}(443)}{r_{rs}(555)}\right)\right]$	同 QAA_v5 算法
6	$b_{bp}(\lambda)$	$b_{bp}(\lambda_0)\left(\dfrac{\lambda_0}{\lambda}\right)^{\eta}$	同 QAA_v5 算法
7	$a(\lambda)$	$\dfrac{(1-u(\lambda))(b_{bp}(\lambda)+b_{bw}(\lambda))}{u(\lambda)}$	同 QAA_v5 算法

　　使用不同的半解析模型（QAA_v5、QAA_v6、QAA_L09 和 QAA_M14），基于与 AHSI 影像数据中心波长最接近的 $R_{rs}^m(\lambda)$ 进行 CDOM 浓度反演，利用与实测光谱数据同步实验获取的 CDOM 浓度作为真值进行检验，通过计算 MRE、RMSE 和 R^2 对不同半解析模型的 CDOM 浓度反演结果进行精度评价。

　　通过表 6.9 可以发现，QAA_L09 和 QAA_M14 算法的 CDOM 浓度反演精度较低，QAA_L09 算法的 MRE 和 RMSE 分别为 390.73% 和 1.73 m^{-1}，QAA_M14 算法的 MRE 和 RMSE 分别为 140.40% 和 0.73 m^{-1}。QAA_v5 和 QAA_v6 算法的 CDOM 浓度反演精度相对较高，QAA_v5 算法的 MRE、RMSE 和 R^2 分别为 95.96%、0.41 m^{-1} 和 0.58。QAA_v6 算法针对近岸和内陆水体进行了改进，该算法的 CDOM 浓度反演精度有所提高，MRE、RMSE 和 R^2 分别为 73.66%、0.31 m^{-1} 和 0.58。综合考虑 MRE、RMSE 和 R^2，QAA_v6 算法的 CDOM 浓度反演精度最高，其次是 QAA_v5 算法。因此，选择 QAA_v5 和 QAA_v6 算法进一步应用于 AHSI 影像数据。

表 6.9　基于 $R_{rs}^m(\lambda)$ 使用不同半解析模型反演 CDOM 浓度精度评价

项目	数量	QAA_v5	QAA_v6	QAA_L09	QAA_M14
MRE/%	53	95.96	73.66	390.73	140.40
RMSE/m^{-1}	53	0.41	0.31	1.73	0.73
R^2	53	0.58	0.58	0.53	0.47

通过上述对不同半解析模型的 CDOM 浓度反演结果精度评价，分别使用 QAA_v5 和 QAA_v6 算法基于 $R_{rs}^c(\lambda)$ 进行 CDOM 浓度反演，并利用与 AHSI 影像数据同步/准同步的实测 CDOM 浓度进行精度评价。如表 6.10 所示，QAA_v5 算法的 CDOM 浓度反演精度相对较低，该算法的 MRE、RMSE 和 R^2 分别为 26.37%、0.10 m^{-1} 和 0.61。QAA_v6 算法的 CDOM 浓度反演结果与实测 CDOM 浓度具有较强的一致性，MRE、RMSE 和 R^2 分别为 17.33%、0.08 m^{-1} 和 0.76，符合水色遥感的主流精度。因此，使用 QAA_v6 算法基于 AHSI 影像数据反演内陆水体 CDOM 浓度。

表 6.10　基于 $R_{rs}^c(\lambda)$ 使用不同半解析模型反演 CDOM 浓度精度评价

项目	数量	QAA_v5 算法	QAA_v6 算法
MRE/%	53	26.37	17.33
RMSE/m^{-1}	53	0.10	0.08
R^2	53	0.61	0.76

基于 QAA_v6 算法完成研究区 4 景 AHSI 影像数据的 CDOM 浓度反演，可以从图 6.13 中看到不同研究区 CDOM 浓度的空间分布情况：①潘家口水库的 CDOM 浓度空间分布较

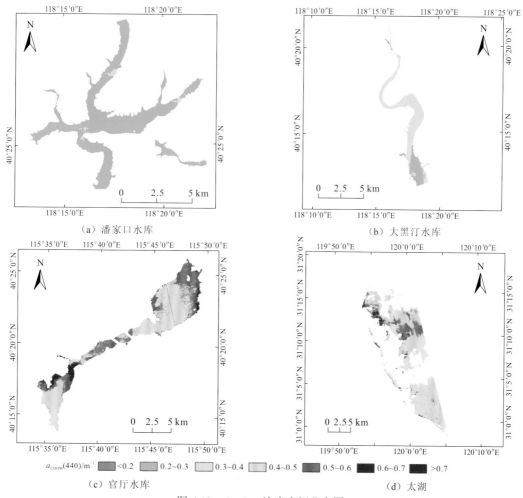

（a）潘家口水库　　　　　　　　　　（b）大黑汀水库

$a_{CDOM}(440)/\text{m}^{-1}$ ■ <0.2　□ 0.2~0.3　□ 0.3~0.4　□ 0.4~0.5　■ 0.5~0.6　■ 0.6~0.7　■ >0.7

（c）官厅水库　　　　　　　　　　（d）太湖

图 6.13　CDOM 浓度空间分布图

为均匀，整个区域的 $a_{CDOM}(440)$ 在 0.2~0.3 变化；②大黑汀水库的 CDOM 浓度由北向南逐渐降低，其中北部的 $a_{CDOM}(440)$ 最高，南部的 $a_{CDOM}(440)$ 最低；③官厅水库的 CDOM 浓度整体偏高，其中东部和西南部靠近陆地的区域 $a_{CDOM}(440)$ 达到最大值（大于 0.7）；④太湖受 AHSI 影像数据的局限性和云层的影响，CDOM 浓度分布特征不明显，整体的 $a_{CDOM}(440)$ 为 0.45 左右。

6.4 CDOM 与其他物质的相关性

半分析算法均只反演得到 a_{CDM}，并没有将 a_{CDM} 进一步分解为 a_{CDOM} 和 NAP 吸收系数（a_{NAP}）。没有分解的原因主要有三个方面：①CDOM 和 NAP 有着相似的吸收光谱曲线，它们在 440 nm 处光谱斜率动态范围一致，一般在 $0.010~0.029~nm^{-1}$ 变化，因此很难区分它们在水体中各自的吸收信号；②水色遥感算法研究的重点是浮游藻类色素，特别是叶绿素 a 浓度，CDM 更像是它的副产品，很多研究并不关注 CDOM；③多数水色遥感算法主要针对 I 类水体，而 I 类水体中 CDOM、NAP 与叶绿素 a 浓度共变，此外，I 类水体中 NAP 的吸收量值很低，特别是在 440 nm 处的吸收对总吸收的贡献率很低，从而在 I 类水体中可以认为 a_{CDM} 与 a_{CDOM} 近似相等，因此很多研究者都把 a_{CDM} 当作 a_{CDOM} 来使用。

Lee 等（2002a）提出的 QAA 将 a 分解为 a_{CDM} 和浮游藻类吸收系数（a_{ph}）的算法。Roesler 等（1989）、Ciotti 等（2006）、Zheng 等（2013）和 Zhang 等（2015）也提出了将 a 分解为 a_{CDM} 和 a_{ph} 的算法（表 6.11）。此外，Dong 等（2013）提出了一种基于 QAA 改进的 CDOM 浓度反演算法，该算法继承了 QAA 算法第一部分的所有模型，同时针对 QAA 算法的第二部分提出了新的 a_{CDM} 分离方法，算法相对误差为 45%，该算法被应用到 MODIS，并对台湾海峡的 CDOM 浓度季节性变化进行分析。Zhu 等（2011）提出了一种基于 QAA 的 CDOM 分离算法，该算法通过建立 $a_{NAP}(400)$ 与 $b_{bp}(555)$ 之间的关系，从而将 a_{NAP} 从 a_{CDM} 中分离出去，最终获得 a_{CDOM}，但该算法较适用于浑浊水体，在开阔大洋和 CDOM 主导的水体中适用性还需验证。

表 6.11 $a(\lambda)$ 分解为 $a_{ph}(\lambda)$ 和 $a_{CDM}(\lambda)$ 的不同算法描述

算法开发者	基于的假设及相应分离方法	额外输入参数	是否用于水色卫星
Roesler 等（1989）	$a_{CDM}(\lambda)$ 具有固定的光谱斜率 S_{CDM}； $a_{ph}(\lambda)$ 的吸收峰定义使用了色素数据	C_{Chl-a} C_{Phaeo}	否
Lee 等（2002a）	$a_{CDM}(\lambda)$ 具有固定的光谱斜率 S_{CDM}； 建立了 $r_{rs}(\lambda)$ 与 $a_{ph}(\lambda)$ 的经验关系	无	是
Ciotti 等（2006）—方法 1	$a_{CDM}(\lambda)$ 光谱斜率 S_{CDM} 呈指数衰减； 建立了 C_{Chl-a} 与 $a_{ph}(\lambda)$ 的经验关系	C_{Chl-a}	是
Ciotti 等（2006）—方法 2	$a_{CDM}(\lambda)$ 光谱斜率 S_{CDM} 呈指数衰减； $a_{ph}(\lambda)$ 通过 Pico-和 Micro-浮游藻类参数化	C_{Chl-a}	是

算法开发者	基于的假设及相应分离方法	额外输入参数	是否用于水色卫星
Zheng 等（2013）	$a_{CDM}(\lambda)$ 光谱斜率 S_{CDM} 呈指数衰减； $a_{ph}(\lambda)$ 光谱形状通过波段比值（412:443、510:490）来定义； 预先设定边界，通过约束方程选取最优解	预设边界约束	是
Zhang 等（2015）	$a_{CDM}(\lambda)$ 光谱斜率 S_{CDM} 呈指数衰减； $a_{ph}(\lambda)$ 通过 Pico-、Nano-和 Micro-浮游藻类的不同组成进行参数化	a_{ph}^{*}	否

注：C_{Phaeo} 和 a_{ph}^{*} 分别为脱镁叶绿素a浓度和浮游藻类比吸收系数

以上 CDOM 反演算法，无论是经验算法、半分析算法，还是基于神经网络的算法，都存在一定的局限性，如反演精度不高，一般只适用于特定区域、类型水体。随着越来越多的学者认识到 CDOM 研究的重要性和必要性，开发适用性更高、精度更好的 CDOM 反演算法，是满足日益增长的水色遥感算法在开阔大洋、近岸和内陆水体应用的必然需求。

6.4.1 CDOM 吸收系数与水质参数相关性分析

CDOM的吸收光谱呈现近指数趋势分布，在700 nm之后基本为0，而在短波波段（280～600 nm）呈指数增长。不同湖泊CDOM的吸收光谱趋势图形状基本一致，但数值差别较大。淡水湖中，$a(254)$ 和 $a(320)$ 数值范围分别为14.47～47.46 m^{-1}和4.61～14.83 m^{-1}。SUVA(254)（图6.14）和 $E(250:365)$ 数值范围分别为1.20～5.68 L/（mg·m）（均值为3.57 L/（mg·m））和6.75～11.97 L/（mg·m）（均值为9.42 L/（mg·m））。分位数回归分析（图6.15）表明，淡水湖中SUVA(254)与TSM浓度和盐度都呈现显著负相关（$p < 0.0001$，$n = 101$），但是在淡水湖中SUVA(254)与pH、叶绿素a和营养盐浓度均无相关性（$p > 0.05$，$n = 101$）。

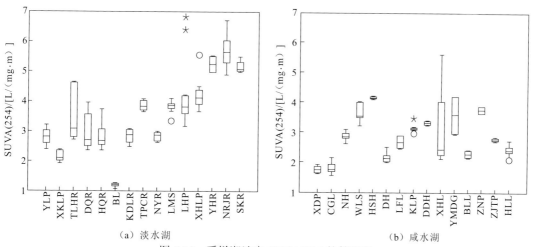

（a）淡水湖 （b）咸水湖

图 6.14 采样湖泊中 SUVA(254)的箱形图

箱子上下边缘分别代表最大值和最小值，上下线分别代表 75%和 25%数值；
箱内黑线代表均值，空心圈代表离群值，星号代表极端值；横坐标英文字母为不同湖泊名称缩写

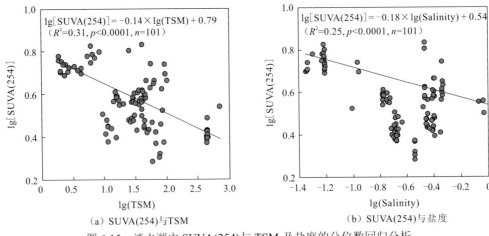

（a）SUVA(254)与TSM   （b）SUVA(254)与盐度

图 6.15　淡水湖中 SUVA(254)与 TSM 及盐度的分位数回归分析

淡水湖的SUVA(254)值（2.20～5.68 L/(mg·m)）与之前报道的东北地区水体SUVA(254)值基本相当，松嫩平原水体SUVA(254)值为2.3～8.7 L/(mg·m)，内蒙古高原水体SUVA(254)值为0.79～4.79 L/(mg·m)。这些CDOM特性可能与强紫外线辐射、光解及蒸发有关。大量研究指出，CDOM光谱斜率（S值）与CDOM分子质量呈密切负相关。与之前报道过的内源DOM占主要成分的淡水水体相比，大部分淡水湖都展现了较高的$S(275～295)$值（16.28～26.44×10^{-3} nm^{-1}），这表明在半干旱地区的淡水湖中，外源CDOM的降解率和内源CDOM的比例都比其他地区的淡水湖要高。

与淡水湖相比，所涉及的咸水湖呈现更高的$a(254)$和$a(320)$均值。但是淡水湖与咸水湖的CDOM光谱斜率（S值）差别并不大，统计分析表明无论是$S(350～400)$和$S(275～295)$都没有明显差别。咸水湖的SUVA(254)均值（2.94±0.74 L/(mg·m)）明显低于淡水湖（3.57±1.23 L/(mg·m)）（$p<0.01$）。此外，咸水湖的$E(250:365)$均值也明显高于淡水湖。分位数回归分析表明咸水湖中SUVA(254)与TSM浓度和pH都呈现显著负相关（$p<0.0001$，$n=88$）（图6.16），但与盐度、叶绿素a和营养盐浓度均无相关性（$p>0.05$，$n=88$）。

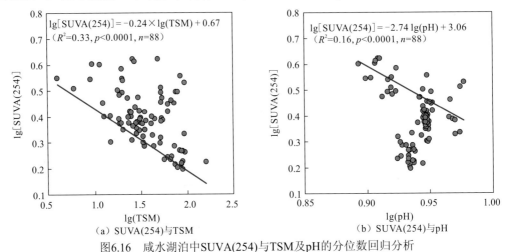

（a）SUVA(254)与TSM   （b）SUVA(254)与pH

图6.16　咸水湖泊中SUVA(254)与TSM及pH的分位数回归分析

咸水湖 SUVA(254)值（1.77～4.17 L/（mg·m））要明显高于我国其他地区湖泊中的数据：青藏高原两个咸水湖中 SUVA(254)值为 0.67～0.69 L/（mg·m），内蒙古高原咸水湖中 SUVA(254)值为 0.79～3.74 L/（mg·m），这可能是因为我国半干旱地区的咸水湖 DOM 中芳香性基团浓度更高。CDOM 光谱斜率比值（S_R）被研究者用来追踪 CDOM 分子量和来源，S_R 值也表明淡水湖 CDOM 更多来源于流域输入，与咸水湖比较，淡水湖中的 CDOM 物质也含有更多的高分子量成分。地质特征、土地利用类型和人类活动都对淡水湖中陆源性 DOM 物质有所影响，近年来淡水湖中渔业发展迅速，且湖边城市建设盛行，这都为湖泊中陆源性 DOM 输入提供了有利条件。

6.4.2　湖泊水体 CDOM 与 DOC 吸收关系

对位于我国东北地区的 30 个湖区及水库进行采样，根据湖泊的电导率，可以将这 30 个湖泊分为淡水湖（15 个）和咸水湖（15 个）。对比分析 30 个湖泊的水质参数，结果表明这些湖泊基本都是碱性水体，DOC 质量浓度范围为 4.19～31.27 mg/L，均值为（15.80±8.01）mg/L。淡水湖与咸水湖 DOC 浓度具有显著差异性（$p<0.001$）。在淡水湖中，DOC 质量浓度均值为（10.03±5.02）mg/L，但咸水湖 DOC 质量浓度均值为（21.56±6.04）mg/L，明显高于淡水湖。研究发现湖水中 DOC 浓度与盐度（S）具有显著正相关关系，可以表述为 $C_{DOC}=6.95×S+10.11$（$R^2=0.42$，$p<0.01$）。

在本节研究的湖泊中，$a(320)$ 与 DOC 浓度并没有相关性，但分位数回归分析表明，$a(254)$ 和 DOC 浓度有显著线性关系，可以用 90%的分位数回归方程来描述：$C_{DOC}=0.22×a(254)+4.67$（$R^2=0.30$，$p<0.001$，$n=106$）[图 6.17（a）]。咸水湖 CDOM 的 $a(254)$ 值和 DOC 浓度的显著正相关关系在咸水湖中仍有所体现，用 90%的分位数回归方程来描述 $C_{DOC}=0.21×a(254)+14.56$（$R^2=0.26$，$p<0.0001$，$n=88$）[图 6.17（b）]，而 $a(320)$ 与 DOC 浓度并没有相关性。将淡水湖和咸水湖数据合并分析 $a(320)$ 与 DOC 浓度的相关性，结果发现 $a(320)$ 与湖泊 DOC 浓度的中值呈现正相关性（中位数回归方程：$\lg C_{DOC}=0.66×\lg a(320)+0.47$，$R^2=0.13$，$p<0.0001$）（图 6.18）。

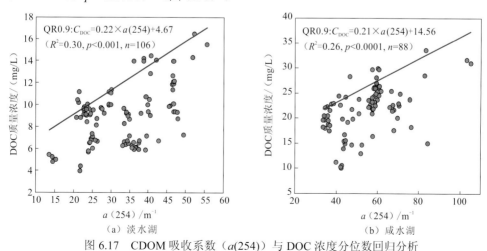

图 6.17　CDOM 吸收系数（$a(254)$）与 DOC 浓度分位数回归分析

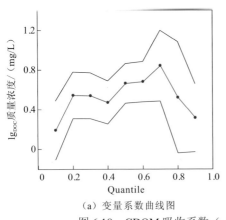

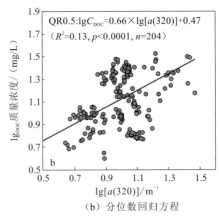

（a）变量系数曲线图　　　　　　　　　　　（b）分位数回归方程

图 6.18　CDOM 吸收系数（$a(320)$）与 DOC 浓度分位数回归分析

虽然目前的研究都表明 DOC 浓度和 a_{CDOM} 的相关性可以作为反演 DOC 浓度的基础，但是这个相关性在很多地区和不同生物光学特性的湖泊中都存在较大的差异。Toming 等（2016）的研究表明，单独使用 CDOM 吸收系数作为 DOC 浓度的估算指标时具有较大的不确定性，尤其在光学特性复杂的内陆水体。通过分位数回归分析模型明确指出淡水湖和咸水湖中 DOC 浓度与 a_{CDOM} 的相关性完全不同（图 6.17），但是湖水的盐度并不是造成相关性不同的唯一指标。例如，C_{DOC}-$a(320)$在淡水湖和咸水湖均没有相关性，但是当把所有数据合并在一起后，可以建立 R^2 值较低的关系（图 6.18），这就说明盐度对 C_{DOC}-$a(320)$关系没有直接影响。

6.4.3　河流水体 CDOM 与 DOC 吸收关系

对海洋和海岸带水体而言，在短波长处 CDOM 吸收系数与 DOC 浓度存在较强的正相关性。随着波长的增加，CDOM 吸收系数与 DOC 浓度的相关性逐渐降低，这主要是由于 CDOM 吸收系数在长波长处变得较弱而不准确。CDOM 和 DOC 之间的关系模型可用于利用遥感数据大面积地估测水体 DOC 浓度。不同类型的水体（湖水、河水和城市水体）DOC 浓度与 CDOM 吸收系数之间的关系如表 6.12 所示。湖水和河水基本上呈现随着波长的增加，CDOM 吸收系数与 DOC 浓度的关系逐渐减弱；而城市水体 CDOM 吸收系数与 DOC 浓度的关系比较复杂。这主要是由于当水体受到人类活动的工农业废水和家庭污水污染后，水质明显下降，DOC 浓度与 CDOM 吸收系数的关系也会受到较大影响，相关性变得不稳定。

表 6.12　不同水体 DOC 浓度与 CDOM 吸收系数的相关性

吸收系数	湖水	河水	城市水体
$a(254)$	0.711**	0.698**	0.783**
$a(280)$	0.646**	—	—
$a(350)$	0.294**	0.631**	—
$a(355)$	—	—	0.809**

**$p<0.01$；*$p<0.05$（皮尔逊相关系数 r；显著性水平 p）

近年来，大量的研究者逐渐把关注点放在研究河水 CDOM 与 DOC 的关系模型上，从而估测由陆地经过河流输送到大气和海洋中 DOC 的通量。随波长增大 CDOM 吸收系数与 DOC 的相关性变得较弱，因此对松花江、辽河、海河、黄河和淮河、长江、珠江和内流区青海湖流域的河水 CDOM 在短波长的吸收系数 $a(254)$ 与 DOC 浓度的相关性进行研究（表 6.14）。对全国范围内七大河流流域的所有采样点而言，CDOM 的吸收系数 $a(254)$ 与 DOC 浓度的相关性很弱（$R^2=0.487$）。进一步分别对各个流域内的 CDOM 吸收系数 $a(254)$ 与 DOC 浓度的相关性进行分析。在松花江流域（$R^2=0.700$）和辽河流域（$R^2=0.780$），CDOM 吸收系数 $a(254)$ 与 DOC 浓度分别存在比较强的相关性[图 6.19（a）和（b）]。青藏高原地区青海湖流域内，吸收系数 $a(254)$ 和 DOC 浓度中存在非常强的相关性（$R^2=0.940$）[图 6.19（c）]。然而，在其他流域内，CDOM 吸收系数 $a(254)$ 和 DOC 浓度的关系变得特别弱（黄淮流域 $R^2=0.530$；长江流域 $R^2=0.386$；珠江流域 $R^2=0.437$），除了海河流域内仅有非代表性的 11 个采样点，线性关系的 R^2 达到了 0.830。

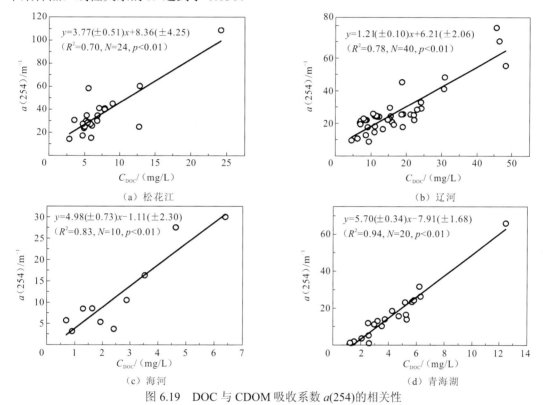

图 6.19　DOC 与 CDOM 吸收系数 $a(254)$ 的相关性

　　对于松花江流域、辽河流域和青海湖流域，CDOM 吸收系数 $a(254)$ 与 DOC 浓度的这种强的相关性表明，河水 DOC 主要来自陆源输入。相比于辽河流域（线性关系的截距为 6.21±2.06），松花江流域中 CDOM 吸收系数 $a(254)$ 与 DOC 浓度的线性关系的截距（8.36±4.25）比较大[图 6.19（a）和（b）]，这就说明松花江流域内的河水 DOC 中更多的组分来自陆源物质，这些陆源物质的组分中含有更多的植被脉管和黑土壤成分。而不同于松花江流域和辽河流域的河水，青海湖流域中的 CDOM 吸收系数 $a(254)$ 和 DOC 浓度线性关系中出现负的截距（-7.91±1.68）[图 6.19（d）]，表明青海湖流域 DOC 中包含有色的和无色的两种组分。

　　CDOM 吸收系数 $a(254)$ 和 DOC 浓度关系中出现的负截距说明，只利用 CDOM 吸收系数 $a(254)$ 估测 DOC 浓度模型变得不准确。这些结果都进一步说明，对于全国范围内大部分河流流域，仅利用 CDOM 吸收系数 $a(254)$ 估测 DOC 浓度将不再适用。因为在某些流域（黄河、淮河、长江、珠江流域）CDOM 吸收系数 $a(254)$ 和 DOC 浓度的关系特别弱；而对于青藏高原地区的青海湖流域，由于强烈光照，部分有色 DOC 已经光解为无色 DOC，CDOM 吸收系数 $a(254)$ 变得很低，接近于零 [图 6.19（d）]。相较于吸收系数，CDOM 的荧光特性对 DOM 浓度变化的响应更为敏感，因此，对于 CDOM 吸收较弱的河流流域，在 CDOM 荧光组分与 DOC 浓度之间建立相关性变得尤为重要，这将为大面积地估测这些河水的 DOC 浓度提供依据。

对河水 CDOM 吸收系数 $a(254)$ 与 DOC 浓度的相关性进行分析，如图 6.20 所示。对于河水荧光区域而言，类富里酸 R3 荧光区域（$R^2=0.690$，$p<0.01$），类腐殖酸 R5 荧光区域

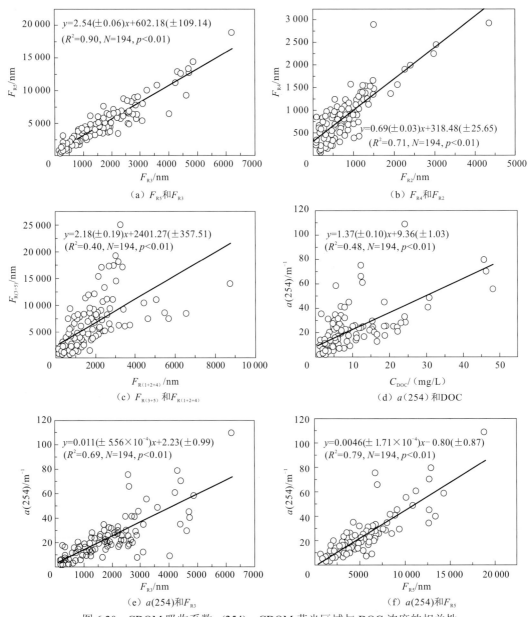

图 6.20　CDOM 吸收系数 $a(254)$、CDOM 荧光区域与 DOC 浓度的相关性

（$R^2=0.790$，$p<0.01$）分别与 $a(254)$ 存在较强的正相关。然而，对于类酪氨酸 R1 荧光区域、类色氨酸 R2 荧光区域和微生物作用产生的类蛋白 R4 荧光区域，任意两者都不存在较强的相关性（表 6.13）。类富里酸 R3 荧光区域的荧光强度 F_{R3} 和类腐殖酸 R5 荧光区域的荧光强度 F_{R5} 存在明显的正相关性（$R^2=0.900$，$p<0.01$），表明这两种荧光区域可能来源于同一种物质。类色氨酸 R2 荧光区域的荧光强度 F_{R2} 与微生物作用产生的类蛋白 R4 荧光区域的荧光强度 F_{R4} 存在中等的相关性（$R^2=0.710$，$p<0.01$），说明这两种荧光区域中的一部分组分可能来自同一种物质。

表 6.13　CDOM 吸收系数、DOC 浓度与荧光区域积分荧光强度（F_{R1}，F_{R2}，F_{R3}，F_{R4} 和 F_{R5}）的相关性

研究区		F_{R1}	F_{R2}	F_{R3}	F_{R4}	F_{R5}	C_{DOC}	$a(254)$
松花江	F_{R1}	1	0.602	0.418	0.621	0.336	0.071	0.248
	F_{R2}		1	0.953**	0.838**	0.903**	0.566**	0.777**
	F_{R3}			1	0.784**	0.982**	0.654**	0.852**
	F_{R4}				1	0.747**	0.328	0.565**
	F_{R5}					1	0.691**	0.889**
	C_{DOC}						1	0.843**
辽河	F_{R1}	1	0.880	0.649	0.880	0.438	0.203	0.259
	F_{R2}		1	0.709**	0.973**	0.447**	0.171	0.270
	F_{R3}			1	0.716**	0.941**	0.678**	0.834**
	F_{R4}				1	0.471**	0.205	0.293
	F_{R5}					1	0.804**	0.947**
	C_{DOC}						1	0.887**
海河	F_{R1}	1	0.824	0.037	0.518	−0.043	0.058	−0.048
	F_{R2}		1	0.355	0.638*	0.243	0.357	0.217
	F_{R3}			1	0.641*	0.989**	0.946**	0.973**
	F_{R4}				1	0.615	0.623	0.613
	F_{R5}					1	0.931**	0.991**
	C_{DOC}						1	0.923**
黄河和淮河	F_{R1}	1	0.898	0.637	0.645	0.231	0.127	−0.046
	F_{R2}		1	0.830**	0.866**	0.522**	0.267	0.117
	F_{R3}			1	0.827**	0.809**	0.432**	0.442**
	F_{R4}				1	0.730**	0.431**	0.276
	F_{R5}					1	0.530**	0.590**
	C_{DOC}						1	0.729**

研究区		F_{R1}	F_{R2}	F_{R3}	F_{R4}	F_{R5}	C_{DOC}	$a(254)$
长江	F_{R1}	1	0.879	0.769	0.892	0.752	0.723	0.625
	F_{R2}		1	0.918**	0.890**	0.864**	0.752**	0.764**
	F_{R3}			1	0.780**	0.943**	0.709**	0.810**
	F_{R4}				1	0.816**	0.757**	0.703**
	F_{R5}					1	0.791**	0.843**
	C_{DOC}						1	0.621**
珠江江	F_{R1}	1	0.851**	0.814**	0.890**	0.730**	0.346	0.444
	F_{R2}		1	0.942**	0.940**	0.808**	0.182	0.431
	F_{R3}			1	0.918**	0.937**	0.298	0.681**
	F_{R4}				1	0.857**	0.320	0.530*
	F_{R5}					1	0.477	0.866
	C_{DOC}						1	0.644**
内流河	F_{R1}	1	0.771	0.234	0.488	0.119	0.142	0.126
	F_{R2}		1	0.757**	0.739**	0.663**	0.683**	0.687**
	F_{R3}			1	0.687**	0.989**	0.936**	0.954**
	F_{R4}				1	0.645**	0.585**	0.567**
	F_{R5}					1	0.933**	0.951**
	C_{DOC}						1	0.970**
全部	F_{R1}	1	0.826	0.530	0.638	0.351	0.227	0.273
	F_{R2}		1	0.757**	0.844**	0.580**	0.416**	0.455**
	F_{R3}			1	0.702**	0.949**	0.590**	0.830**
	F_{R4}				1	0.600**	0.341**	0.418
	F_{R5}					1	0.636**	0.889**
	C_{DOC}						1	0.698**

**$p < 0.01$；*$p < 0.05$（皮尔逊相关系数 r；显著性水平 p）

相关性分析表明 $a_{CDOM}(355)$ 与（COD_{Mn}）、DOC 浓度分别呈显著线性正相关（图 6.21）。由此可见，对 CDOM 的研究有助于对水体污染的监测与评价。S 值和 M 值都能反映 CDOM 的组成变化，对两者的相关性分析发现，两者呈指数正相关，这也进一步说明了 S 值越大 M 值也越大。从图 6.21 中可知，叶绿素与 TSM 呈显著正相关，这说明水体中悬浮颗粒物中叶绿素所占比例较大。

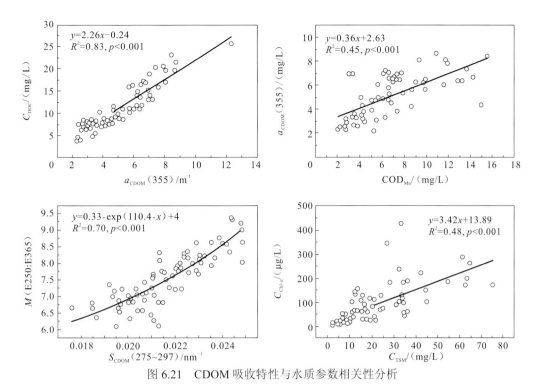

图 6.21　CDOM 吸收特性与水质参数相关性分析

来自陆源的物质与自产生的物质之间存在比较弱的线性关系（$R^2 = 0.400$，$p < 0.01$）。在海河流域内（$N = 10$），类富里酸 R3 荧光区域（$R^2 = 0.890$）、类腐殖酸 R5 荧光区域（$R^2 = 0.870$）与 DOC 浓度分别存在较强的正相关；同样的在内流河区域内，类富里酸 R3 荧光区域（$R^2 = 0.880$）、类腐殖酸 R5 荧光区域（$R^2 = 0.870$）分别与 DOC 浓度存在较强的正相关。在辽河流域（$R^2 = 0.650$；$N = 40$）和长江流域（$R^2 = 0.630$；$N = 45$），类腐殖酸 R5 荧光区域与 DOC 浓度均存在中等程度的相关性。以上结果表明，在海河流域、辽河流域和内流河区域，DOC 主要以陆源的物质为主。然而，由于其他流域（松花江、黄河、淮河、长江、珠江）的水文、地理和气候特点各不相同，这 5 个荧光区域与 DOC 浓度之间的关系变得比较复杂。即使在同一个河流流域内，由于降雨量、污染程度和藻类含量的不同，荧光区域与 DOC 的关系也会比较复杂。

第 7 章　悬浮物浓度高光谱遥感反演方法

内陆湖泊是世界上最具生物生产力的水生环境之一（Aurin et al., 2013）。悬浮物是水体各种营养物和污染物的源或汇，通过改变水质条件影响水生生物的生存环境，悬浮物与水体生态环境有密切关系，对确定水流挟沙能力和研究河口水流泥沙运动规律具有重要的作用，对研究内陆湖泊的水质、生态及环境等具有重要意义（汪小钦 等，2000）。悬浮物浓度作为衡量水体环境质量的重要参数，影响水体光学性质，可显著降低水体透明度，并通过散射和吸收造成穿透海面太阳光的衰减，调节初级生产力和氧循环。由于悬浮物在粒度分布与物质成分上千差万别，不同研究区域水体光学特性呈现不同特征，利用实地观测资料建立的不同研究区域的悬浮颗粒物光学特性模型并不具备普适性（Binding et al., 2005）。悬浮物通过输运、沉降、再悬浮等物理过程对水下地形进行塑造，高悬浮物浓度会直接影响水质和底栖物质。河流的改道变迁、径流与输沙等都对悬浮颗粒物时空变化具有驱动作用，了解悬浮物浓度时空动态是监测湖泊环境状况的关键。基于现场采样的传统方法受限于空间范围和时间频率，遥感提供了悬浮物浓度等水质参数信息，需要通过对水体固有光学特性的观测与模拟，建立能代表具有明显季节性变化和高动态特性的内陆湖泊水体的高光谱遥感模型。

7.1　悬浮物浓度对遥感反射率的调制机理

本节以海洋光学和辐射传输理论为基础，从水体固有光学特性及悬浮物浓度的影响出发，采用不同的方法对离水辐射亮度进行模拟，探索电磁辐射与悬浮颗粒物浓度的相关性，结合辐射传输模型与经验方程，从中求解满足遥感观测的水体组分浓度，对辐射传输方程进行近似简化求解衍生出一系列反演算法。考虑理论计算与水体散射机制之间的差距及一些水体参数测定方面的困难，理论模式在实际应用时多采用水体光学理论模式简化后的半分析模型，通过对水体固有光学特性参数，主要是吸收系数、后向散射系数或散射系数的反演，来获取水体组分信息。悬浮物对光具有吸收和散射作用，不同的吸收和散射特性使水体呈现出显著光谱特征，通过水中悬浮物浓度对遥感反射率的调制机理进行研究，为悬浮物浓度的遥感反演提供理论支撑。

7.1.1　悬浮物浓度与反射峰值波长关系分析

任何波段反射率与悬浮物浓度都呈显著相关，随着水体中悬浮物浓度的升高，悬浮物引起的反射辐射将会达到饱和，但悬浮物的饱和浓度在不同的波段范围内表现并不一致：短波区悬浮物的饱和浓度较低，长波区悬浮物的饱和浓度较高。由悬浮物的光谱特性可知，光谱反射率随浓度的升高而增大，反射率峰值同样增大，且反射峰的位置也向着长波方向移动，这样悬浮物浓度与反射率峰值及峰值发生波长之间的关系有可能建立起来。

对悬浮颗粒物固有光学特性的理论模拟和实地调查都表明，悬浮颗粒物的光学特性与颗粒物浓度、形状、粒度分布和折射率密切相关（Babin et al.，2003a）。Bukata 等（1995）对海岸带水体悬浮颗粒的吸收和后向散射特性做了初步探讨，认为悬浮颗粒物吸收系数、后向散射系数与波长呈负指数关系。欧洲 SALMAN 计划项目对埃里克（Eric）湖、韦特恩（Vattern）湖和梅拉伦（Malaren）湖的固有光学特性进行测量，建立了水质参数生物光学模型（Binding et al.，2008；Belzile et al.，2004）；Giardino 等（2007）和 Dekker 等（2001）在俄罗斯贝加尔（Baikal）湖，意大利阿尔巴诺（Albano）湖、加尔达（Garda）湖及芬兰和爱沙尼亚的一些湖泊进行了光学特性测量，尝试了基于辐射传输模型的水质参数特性分析研究。

我国学者通过对近岸悬浮颗粒物吸收与散射系数的测量，提出了黄东海、长江口、太湖等浑浊水体区域悬浮颗粒物固有光学量与浓度的表达关系式（王繁，2008；李铜基 等，2004；朱建华 等，2004）。孙德勇等（2008）分别进行了巢湖和太湖水体固有光学特性研究。李云梅（2006）在太湖采用基于辐射传输理论分析模型进行了悬浮颗粒物浓度探索。陈晓玲等（2008）通过考察悬浮颗粒物浓度与散射、吸收特性关系，研究悬浮颗粒物对水体光学性质影响。

水体中悬浮颗粒物的光谱后向散射系数 b_x 与波长之间满足下列关系：

$$\frac{b_x(\lambda_1)}{b_x(\lambda_2)} = \left(\frac{\lambda_1}{\lambda_2}\right)^{-n} \tag{7.1}$$

对于不同的水体，悬浮颗粒物的后向散射比例 $\tilde{b}_{b_x}$ 存在以下规律：对于 II 类水体，$n=0$，$\tilde{b}_{b_x}$ 为 0.010～0.033；对于高叶绿素 a 浓度的 I 类水体，$n=1$ 或 2，$\tilde{b}_{b_x} \leqslant 0.005$；对于 I 类水体，$n=2$，$\tilde{b}_{b_x}$ 为 0.010～0.025。

悬浮颗粒物矿物质组成在不同地区不一样，其光谱吸收特性也有很大差别，需要测量典型区域的悬浮颗粒物光谱吸收系数。但不同区域泥沙的吸收、散射特性仍有一定的共性，一般蓝色波段吸收较强，因此水体常呈现黄色。悬浮颗粒物是 II 类水体水色的主要影响因素，当前对悬浮颗粒物吸收系数的研究虽然很多，但没有得到比较公认的具有严格物理意义的表达式。悬浮颗粒物浓度遥感定量反演的关键是水体光谱反射率与悬浮颗粒物浓度关系的建立，即

$$S = f(R_{rs}) \tag{7.2}$$

式中：R_{rs} 为遥感反射率；S 为悬浮颗粒物浓度。

对悬浮颗粒物水体光漫反射的理论模型作了一次近似后，提出泥沙水体遥感反射率 R_{rs} 的近似模型：

$$R_{rs} = f\left(\frac{b_b(\lambda)}{a(\lambda) + b_b(\lambda)}\right) \tag{7.3}$$

式中：a 为海水的总吸收系数；b_b 为海水的总后向散射系数；f 为某种函数关系。

假设吸收系数 a 和后向散射系数 b_b 均为悬浮颗粒物浓度 S 的线性函数，即

$$\begin{cases} a = a_1 + b_1 \cdot S \\ b_b = a_2 + b_2 \cdot S \end{cases} \tag{7.4}$$

式中：a_1、b_1、a_2、b_2 均为常数。

假设水分子散射量很小，可忽略不计，最后得到

$$R_{rs} = C + \frac{S}{A + B \cdot S} \qquad (7.5)$$

式中：A、B、C 均为常数。

含悬浮颗粒物的水体辐射率 L 与 $b_b(\lambda) / [a(\lambda) + b_b(\lambda)]$ 存在明显的非线性关系，是基于水体光学性质完全均一的假设得到的，这一点对含悬浮颗粒物的水体是不成立的。实际上水体含悬浮颗粒物的量在垂直方向上有明显变化，水体不同剖面悬浮颗粒物浓度分布会影响遥感反射率。对辐射传输方程进行简化时，考虑含悬浮颗粒物的水体光学性质的垂向变化，采用平面分层模型，认为水体的光学性质随水深变化，是水深 z 的函数，得到负指数模式：

$$R_{rs} = A + B(1 - e^{-D \cdot S}) \qquad (7.6)$$

式中：A、B、D 均为常数。负指数关系式克服了只适用于低浓度泥沙水体的缺点，从函数本身的数学特性上更接近遥感反射率随悬浮物浓度的变化趋势。

国内外学者利用悬浮颗粒物原样配比监测水槽中悬浮颗粒物水体的光谱特性，分析水面光场及水中光场与水体颗粒物浓度的关系，得出结论：①悬浮颗粒物水体离水辐射率 R_{rs} 随着悬浮颗粒物浓度 S 的升高而增大，即 $dR_{rs}/dS > 0$；②变化率 dR_{rs}/dS 不是常量，它随着 S 的升高而减小，即 $d^2R_{rs}/d^2S < 0$；③$S=0$ 时，R_{rs} 为一个大于 0 的常数；R_{rs} 随 S 的升高而迅速地趋于一个小于 0 的极值。

对于高浑浊水域，蓝光到红光波段的 R_{rs} 不敏感，且不适合用于监测悬浮泥沙浓度（suspended sediment concentration，SSC）的变化，高 SSC（>250 mg/L）变化趋于稳定，光学饱和现象抑制了波长小于 600 nm 的遥感建模（Nechad et al.，2010），但在 750~950 nm 的近红外波段却有显著升高（Doxaran et al.，2002）。对于 MERIS 推荐采用 778 nm 进行高 SSC 建模。因此，近红外波段（700~950 nm）为浑浊水域悬浮物浓度遥感提供合适波段（Onderka et al.，2011）。

高光谱数据中很可能有各种因素带来的随机误差，为避免这些误差，按下列原则确定各站点反射率曲线的反射率峰值和峰值发生波长：

$$\frac{1}{3}\sum_{i=1}^{3} R_i = \overline{R}_{max} \qquad (7.7)$$

$$\lambda_{R_{max}} = \lambda_{R_2} \qquad (7.8)$$

式中：R_i 为某一站点反射率曲线中任意三个相邻波长的光谱反射率，即选取反射率曲线中相邻三个波长的反射率累加平均值最大（$\overline{R}_{max}$）的作为确定峰值发生波长的首要条件，然后选取这三个相邻波长的中心波长作为反射率峰值发生波长（$\lambda_{R_{max}}$）。

图 7.1 为黄河口海域 2018 年 11 月 1 日的高分 5 号 AHSI 大气校正结果影像，选取第 15（450 m）、50（600 nm）、100（813 nm）三个波段合成的伪彩色影像。

黄河口海域的悬浮物浓度空间分布具有典型的区域特征，一般来说，从河口向外海悬浮物存在明显减少趋势。图 7.2 为图 7.1 中 6 个典型测点的 AHSI 高光谱大气校正结果光谱，图中红点是光谱曲线最大值所对应的中心波长位置。

如图 7.2 所示，悬浮物浓度与光谱反射率峰值存在良好相关性。由于悬浮物对水体光

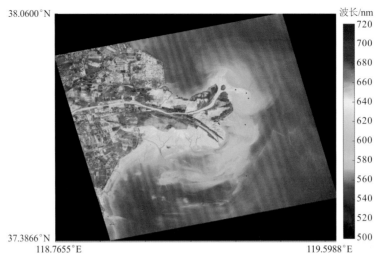

图 7.1　黄河口海域的高分 5 号 AHSI 高光谱影像大气校正处理结果

6 个红点是遥感反射率光谱比较的测点

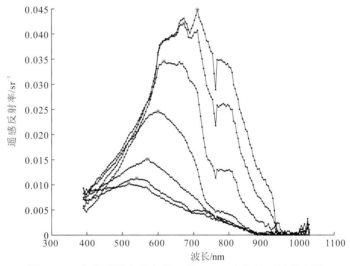

图 7.2　6 个典型测点的高分 5 号 AHSI 大气校正结果光谱

场具有强的散射作用，光谱反射率随悬浮物浓度升高而增大。悬浮物浓度低的水体光谱反射峰在可见光波段，随着水体悬浮物浓度升高，反射峰向较长的红外波段移动，这就是所谓的"红移"现象，并且当悬浮物浓度达到某一值时，红移停止。"红移"存在一个极限波长，对该极限波长，不同研究者有不同结果，对应的悬浮物浓度也不尽相同（徐建军，2009）。

　　从图 7.2 可以看出，光谱形态随悬浮物浓度会发生变化。当水体中悬浮物浓度低时，反射率的光谱形态呈单峰，峰值位于 510 nm 左右；当水体中悬浮物浓度升高时，可见光波段反射率也升高，峰值出现在黄红波段区；当水体中悬浮物浓度升高到一定程度时，水体反射光谱呈现双峰特征，主反射峰值出现在 560～590 nm 波段内，次级峰位于红外波段 800 nm 左右，第一峰值高于第二峰值，水体明显变浑浊；随着悬浮物浓度超过某一程度时，第二峰值特征更加显著，峰值超过第一峰值。从以上分析可以看出，水体反射率光谱的特征可以为悬浮物浓度反演提供有效信息。

对黄河口的 AHSI 高光谱大气校正后影像进行光谱特征分析，提取最大反射光谱峰值所在的中心波长位置，其空间分布结果如图 7.3 所示。从图中可以看出，黄河口海域的水体遥感反射率峰值波长的空间分布呈明显的区域性。波长范围分布比较广，覆盖了 500～720 nm。整个黄河水体的峰值波长比较集中，基本上都在 710 nm 左右；两个黄河口入海小区域的峰值波长也很集中，基本上都在 660 nm 左右；从黄河口向南边方向扩散的大片区域，峰值波长基本上在 600 nm 左右；该区域的周边存在更大区域，峰值波长基本为 560 nm 左右；在最外围区域存在比较清净的水体，峰值波长基本为 520 nm 左右。从上述结果看，水体遥感反射率的峰值波长与悬浮物浓度存在良好的关系。

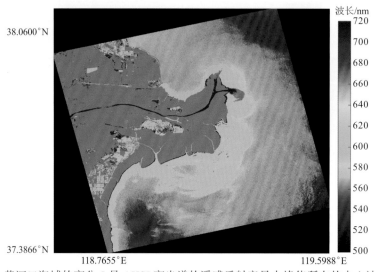

图 7.3　黄河口海域的高分 5 号 AHSI 高光谱的遥感反射率最大峰值所在的中心波长分布

　　对香港附近海域的高分 5 号 AHSI 高光谱影像进行遥感反射率的最大峰值波长提取，结果如图 7.4 所示。从图中可以看出，香港附近海域遥感反射率的峰值波长呈明显的空间区域性分布，波长范围覆盖了 480～580 nm。沿岸区域呈现红色，代表峰值波长为 560 nm左右；从该区域向外覆盖了大片黄色的区域，峰值波长为 530 nm 左右；蓝色区域的峰值波

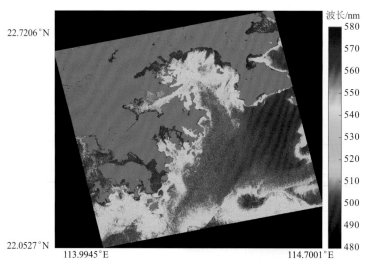

图 7.4　香港附近海域的高分 5 号 AHSI 高光谱的遥感反射率最大峰值所在的中心波长分布

长为 500 nm 左右。与黄河口海域的峰值波长比较，该区域的波长分布明显偏短波方向，波长覆盖范围更窄。

对鄱阳湖区域的高分 5 号 AHSI 高光谱影像进行遥感反射率的最大峰值波长提取，结果如图 7.5 所示。从图中可以看出，2019 年 8 月 23 日和 8 月 30 日成像的鄱阳湖区域水体遥感反射率峰值波长的空间分布呈明显的区域性，波长范围分布覆盖了 550~600 nm。该区域的长江河流段水体的峰值波长比较集中，基本为 590 nm 左右；从长江入口开始的北部区域的峰值波长很集中，基本为 580 nm 左右；从南边区域的峰值波长基本为 560 nm 左右；鄱阳湖周边存在一些小的水体区域，峰值波长基本为 550 nm 左右。

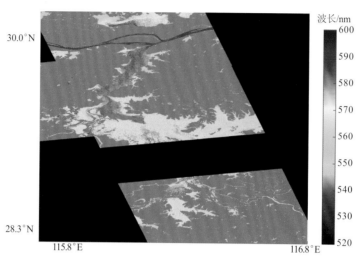

图 7.5　2019 年 8 月 23 日和 8 月 30 日成像的鄱阳湖区域的高分 5 号 AHSI 高光谱的
遥感反射率最大峰值所在的中心波长分布

对 2018 年 10 月 7 日和 2019 年 6 月 26 日成像的鄱阳湖区域的高分 5 号 AHSI 高光谱影像进行遥感反射率的最大峰值波长提取，结果如图 7.6 所示。与图 7.5 结果比较，2018 年 10 月 7 日和 2019 年 6 月 26 日成像的鄱阳湖区域水体遥感反射率峰值波长明显偏短波方向，波长范围分布覆盖了 520~580 nm。长江河流段水体与部分鄱阳湖北部区域的峰值波长接

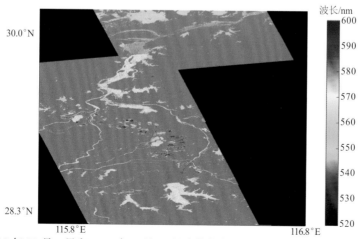

图 7.6　2018 年 10 月 7 日和 2019 年 6 月 26 日成像的鄱阳湖区域的高分 5 号 AHSI 高光谱的
遥感反射率最大峰值所在的中心波长分布

近，基本为 578 nm 左右；南部区域的峰值波长基本为 560 nm 左右；鄱阳湖周边一些小的水体区域峰值波长基本为 530 nm 左右。2018 年 10 月 7 日成像的结果与 2019 年 6 月 26 日成像存在显著差异，可能是由不同时间水体变化引起的。

表 7.1 为悬浮物浓度与反射率峰值发生波长关系的回归分析结果，可以看出两者的线性关系并不显著，很多情况下低浓度的 $\lambda_{R_{\max}}$ 比高浓度的 $\lambda_{R_{\max}}$ 还要高。排除各种环境和测量因素，也表明在低浓度悬沙水体，两者的关系本来就不太显著。但在 $\lambda_{R_{\max}}$ 处于 550～600 nm 波段和 $\ln \mathrm{SSC} > 4$ 的高浓度悬沙水体，两者还是具有一定的线性相关性。

表 7.1 悬浮物浓度与反射率峰值发生波长关系的回归分析结果

条件	回归方程	R^2	平均相对误差/%
550 nm< $\lambda_{R_{\max}}$ <600 nm	ln SSC=0.151 $\lambda_{R_{\max}}$ −83.538	0.727	60.7
SSC>50 mg/L	ln SSC=0.012 $\lambda_{R_{\max}}$ −2.542	0.871	27.1

目前针对湖泊悬浮颗粒物光学特性的调查与研究并不多见。一方面是因为相对于藻类颗粒物对水体光学特性的贡献，水体中无机矿物类颗粒物对环境污染的影响不是很直接，无机矿物类颗粒物的研究并不受到重视（Wozniak et al., 2004）。另一方面，观测仪器的测量范围制约了高浓度悬浮颗粒物水体固有光学特性测量与研究。而 AHSI 高光谱遥感资料为悬浮颗粒物水体固有光学特性等方面研究提供了一种新的数据源。

7.1.2 悬浮物浓度与反射率峰值关系分析

对所有站点的反射率峰值和悬浮物浓度的对数进行线性拟合，得到

$$\ln \mathrm{SSC} = 107.421 R_{\max} - 0.235 \tag{7.9}$$

所有站点的悬浮物浓度与反射率峰值的关系曲线如图 7.7 所示。考虑反射率曲线有两个峰值，第一峰值（550～600 nm）在中低浑浊度水体随泥沙浓度变化较大，第二峰值（800～820 nm）在高浑浊度水体随泥沙浓度变化明显，将所有站点分为 SSC<100 mg/L 和 SSC>50 mg/L 两个范围，将前者与第一峰值建立关系，后者与第二峰值建立关系，回归分析结果如表 7.2 所示。

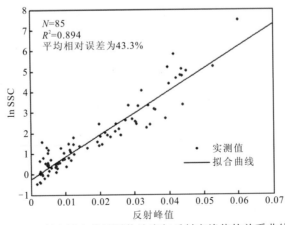

图 7.7 所有站点的悬浮物浓度与反射率峰值的关系曲线

表 7.2　悬浮物浓度与反射率峰值关系的回归分析结果

悬浮物浓度	回归方程	R^2	平均相对误差/%
全部	$\ln \text{SSC}=107.421 R_{\max} -0.235$	0.894	43.3
<100 mg/L	$\ln \text{SSC}=89.841 R_{\max 1} -0.048$	0.849	33.7
>50 mg/L	$\ln \text{SSC}=57.327 R_{\max 2} +3.803$	0.902	23.1

各波段反射率与悬浮物浓度对数的相关曲线有两个极值，在 602 nm 处达到 0.915，在 807 nm 处有个较小的峰值 0.625，比值 $\dfrac{R_{\text{rs}620}}{R_{\text{rs}531}}$ 与悬浮物浓度有很好的相关性。现分别以单独的 $R_{\text{rs}602}$、 $R_{\text{rs}602}$ 与 $R_{\text{rs}807}$ 组合和 $\dfrac{R_{\text{rs}620}}{R_{\text{rs}531}}$ 比值为自变量，悬浮物浓度对数为因变量作线性回归，得到的回归方程和误差如表 7.3 所示。

表 7.3　对数关系式结果对比

回归方程	R^2	平均相对误差/%
$\ln \text{SSC} = 113.898 R_{\text{rs}602} + 0.341$	0.915	39.4
$\ln \text{SSC} = 102.984 R_{\text{rs}602} + 21.943 R_{\text{rs}807} + 0.392$	0.92	39.1
$\ln \text{SSC} = 4.195 \dfrac{R_{\text{rs}620}}{R_{\text{rs}531}} - 0.485$	0.91	38.3

7.1.3　悬浮物浓度与反射率导数关系分析

光谱微分技术是处理高光谱遥感数据的一种重要方法。一般认为，对光谱的一阶微分处理可以去除部分线性或接近线性的背景噪声光谱对目标光谱的影响，已有的研究结果表明，利用光谱反射率的一阶微分可以估算水体中的悬浮物浓度。微分光谱对高频噪声特别敏感，为减小来自仪器和环境的随机噪声，对得到的一阶微分光谱进行 7 点平滑过滤处理。利用高分 5 号卫星高光谱传感器波段设置（波段范围为 398～902 nm；波段宽度为 1～2 nm 不等），将实测光谱数据转换为模拟高分 5 号光谱数据，进行归一化处理，以消除环境遮挡、测量角度变化等不确定性影响要素（焦红波，2006）。具体公式如下：

$$R_{\text{N}}(\lambda_i) = \frac{R(\lambda_i)}{\dfrac{1}{n} \sum_{i=398}^{902} R(\lambda_i)} \tag{7.10}$$

式中：$R_{\text{N}}(\lambda_i)$ 为归一化后的水体遥感反射率；$R(\lambda_i)$ 为原始水体遥感反射率；n 为 398～902 nm 波段的波段数。

微分处理可以很好地去除部分线性或接近线性的环境背景、噪声光谱对目标光谱的影响，并且能够迅速地确定光谱拐点及最大、最小反射率的波长位置（冯伟 等，2007；浦瑞良 等，2000）。为了充分利用光谱隐含信息，对归一化模拟高分 5 号光谱数据进行一阶［式（7.11）］、二阶［式（7.12）］微分处理，处理后的光谱如图 7.8 所示。

$$R'_{\text{rs}}(\lambda_i) = \frac{R_{\text{rs}}(\lambda_{i+1}) - R_{\text{rs}}(\lambda_i)}{\lambda_{i+1} - \lambda_i} \tag{7.11}$$

$$R''_{rs}(\lambda_i) = \frac{R'_{rs}(\lambda_{i+1}) - R'_{rs}(\lambda_i)}{\lambda_{i+1} - \lambda_i} \tag{7.12}$$

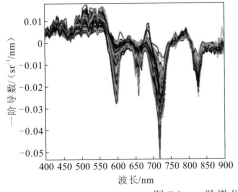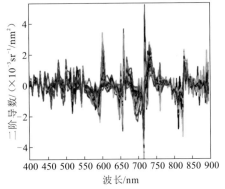

图 7.8 一阶微分光谱和二阶微分光谱

从图 7.8 可以看出，经过一阶微分和二阶微分处理后，光谱曲线具有更加突出的光谱吸收和反射特征。一阶微分光谱反映的是反射光谱的斜率，在 550 nm、600 nm、720 nm、820 nm 附近各采样点反射光谱的斜率差别较大。

利用高分 5 号遥感数据建立反演模型。反演值与实测值的拟合度越高，说明该模型越能有效地反演水体悬浮物浓度的真实状况。通过比较波段与水体悬浮物浓度实测值的相关性大小，可以获得与实测水体悬浮物浓度相关性最大的归一化光谱、一阶微分光谱和二阶微分光谱敏感波长，并以该波长的归一化光谱、一阶微分光谱和二阶微分光谱来反演水体悬浮浓度。采用皮尔逊相关系数进行分析：

$$r = \frac{\mathrm{cov}(X, Y_i)}{\sigma_X \sigma_{Y_i}} \tag{7.13}$$

式中：X 为悬浮物浓度；当 $i=1$ 时，Y_i 表示归一化光谱，当 $i=2$ 时，Y_i 表示一阶微分光谱，当 $i=3$ 时，Y_i 表示二阶微分光谱；$\mathrm{cov}(X, Y_i)$ 为 X 与 Y_i 的协方差；$\sigma_X \sigma_{Y_i}$ 为 X 与 Y_i 的标准差。

根据式（7.13）分别求出归一化光谱、一阶微分光谱和二阶微分光谱与悬浮物浓度的相关系数。各波段反射率的一阶微分与悬浮物浓度对数的相关系数如图 7.9 所示，正相关和负相关各有两个峰值，两个正相关峰值发生波长正好对应于两个反射峰的上升波段（500～

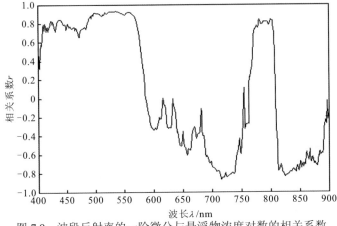

图 7.9 波段反射率的一阶微分与悬浮物浓度对数的相关系数

550 nm、780 nm 附近），两个负相关峰值发生波长正好对应于两个反射峰的下降波段（720 nm 和 820 nm 附近）。选取相关系数绝对值最大的波段 536 nm，分析该波段的一阶微分与悬浮物浓度的关系[式（7.14）]，结果见图 7.10。

$$\ln SSC = 18\ 726.632DR(536) + 0.621 \tag{7.14}$$

式中：DR(536) 为 536 nm 波长处的反射率一阶微分值。

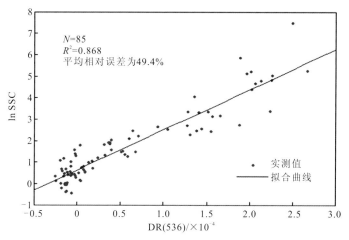

图 7.10　所有站点的悬浮物浓度与 536 nm 的反射率一阶微分的关系

高浓度悬浮物水体的反射率曲线在第一反射峰的变化和中低悬浮物浓度水体表现得略有不同，因此去除悬浮物质量浓度 300 mg/L 以上的站点，重新计算相关系数，如图 7.11所示。第一反射峰的上升和下降波段对应的相关系数绝对值都很显著，正相关最大发生在529 nm，负相关最大发生在 713 nm，因此构建如式（7.15）和式（7.16）所示的关系式。

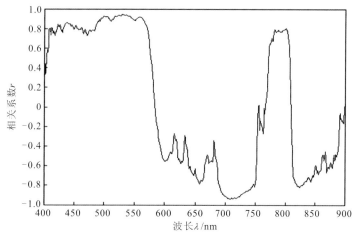

图 7.11　SSC＜300 mg/L 的悬浮浓度对数与反射率一阶微分的相关系数

$$\ln SSC = 21\ 596.083DR(529) + 0.557 \tag{7.15}$$
$$\ln SSC = 6259.786(DR(529) - DR(713)) + 0.519 \tag{7.16}$$

式中：DR(529) 为 529 nm 波长处的反射率一阶微分值；DR(713) 为 713 nm 波长处的反射率一阶微分值。

微分处理后的光谱数据相比于归一化光谱数据，其与悬浮物浓度的相关性具有显著变化，据此可以寻找相关系数较大波长作为悬浮物浓度反演的敏感波长进行探讨。

7.2 悬浮物浓度遥感反演方法

水体悬浮物遥感反演算法所提出模式主要可分为两种：经验模式是通过遥感数据与地面同步或准同步测量数据建立相关关系式；理论模式是通过光辐射在水中传输特性产生的效应与悬浮物遥感数据建立相关关系。由于 II 类水体组分的复杂性，各种算法模型都有各自优缺点，目前还未有普适性的算法。根据传感器波段设置差异、实际研究区域等来选择最合适的悬浮颗粒物浓度反演算法，根据内陆湖泊水体高动态特性来提高悬浮颗粒物浓度反演精度等方面有待探索。

7.2.1 悬浮物浓度定量遥感反演方法

Garver 等（1997）和 Maritorena 等（2002）通过迭代法构建了水体组分反演的 GSM 算法。GSM 算法作为标准水色算法之一，通过对水体各组分吸收光谱与后向散射光谱的模拟，采用非线性最小二乘法计算得到需要的水色组分信息。Kuchinke 等（2009a，2009b）构建了利用近红外波段水体及大气光学的双层模型对遥感影像进行大气校正和水体组分反演的 SOA 算法。Hoge 等（1996）基于固有光学特性对遥感反射率进行模拟提出三波段线性矩阵反演（linear matrix inversion，LMI）模型，从水下辐照度提取水体叶绿素和悬浮物。Lee 等（2002a）通过 Hydrolight 模拟不同组分水体遥感，建立通过多波段遥感反射率估算水体总吸收系数，进而实现固有光学参数反演的 QAA 模型。

针对 MODIS 遥感数据，Carder 等（2004）采用经验方法对后向散射系数光谱进行反演，并利用不同波段浮游植物吸收光谱的相关关系和非藻类颗粒物的指数衰减光谱模型，构建了 Carder-MODIS 固有光学特性半分析反演方法。部分算法应用于鄱阳湖地区时，会受到各种假设及简化条件的限制。如 Zhou（2009）发现，对于颗粒物质量浓度高于 100 mg/L 的区域，在利用 GSM 算法进行鄱阳湖水体光学特性反演时精度不高。Salama 等（2010）采用 SOA 模型进行鄱阳湖水体后向散射系数反演时，由于缺乏固有光学特性参数，只能定性对散射系数反演结果进行评价。

随着计算机和人工智能等科学技术的发展，一些特殊算法也被引入悬浮颗粒物浓度的反演问题研究中，如光谱混合分析法、代数算法、非线性优化算法、主成分分析法、神经网络方法、遗传算法、贝叶斯方法、支持向量机、最小二乘法等（詹海刚 等，2006；杨燕明 等，2005；Doerffer et al.，2002；Loisel et al.，2001a；Lira et al.，1997；Mertes，1993）。与传统经验统计算法不同的是，这些方法或基于辐射传输机理，或基于黑箱原理，从全局把握各水色要素对水体光学特性的共同作用，进而实现对多水色参数的同时反演。非线性最优化法、主成分分析法、神经网络方法是其中较为典型、运用广泛的方法（陈晓玲 等，2008）。

多波段关系式是考虑颗粒物浓度 S 与 n 个波段的反射率 R_i 或者辐亮度 L_i 的某种组合之间的关系，最早由 Yarger 等（1973）提出。后来很多研究者提出了自己的多波段关系式，可大致归纳为以下几种形式。

（1）线性组合：

$$S = A + \sum_{i=1}^{n} B_i R_i \tag{7.17}$$

（2）多项式：

$$S = A + \sum_{i=1}^{n} (B_i R_i + C_i R_i^2) \tag{7.18}$$

（3）比值：

$$S = f\left(R_i \bigg/ \sum_{i=1}^{n} R_i \right) \tag{7.19}$$

（4）非线性组合：

$$S = (R_1 - A)(B - R_2) \tag{7.20}$$

采用多波段关系式主要基于这样的考虑：各干扰因素对几个波段的影像相互之间有一定的关系，用多波段组合的方法有助于消除这些影响，以便提高遥感模式的精度。对应到 SeaWiFS 波段可以看出，555 nm 和 670 nm 波段与悬浮物浓度有较大的相关性。555 nm 波段对叶绿素浓度较为敏感，处于叶绿素的反射峰，同时 490 nm 波段对叶绿素浓度及水体也较为敏感。如果取这两个波段的离水辐射率作为自变量，得到线性回归表达式为

$$\ln \mathrm{SSC} = 0.195 + 0.279\,\mathrm{Lwn}(555) + 0.496\,\mathrm{Lwn}(670) \tag{7.21}$$

韩震等（2003）对悬浮物反射光谱特性进行实验研究，参考 II 类水体悬浮物反演模式，选用遥感参数 X_s：

$$X_s = [\mathrm{Lwn}(\lambda_5) + \mathrm{Lwn}(\lambda_6)] / [\mathrm{Lwn}(\lambda_3) / \mathrm{Lwn}(\lambda_5)] \tag{7.22}$$

式中：Lwn 为各波段的归一化离水辐亮度；下标 3、5、6 分别对应 SeaWiFS 的第 3 通道、第 5 通道、第 6 通道，即 490 nm、555 nm、670 nm 波段。$\mathrm{Lwn}(\lambda_5) + \mathrm{Lwn}(\lambda_6)$ 可以较好地反映出悬浮物的特征，$\mathrm{Lwn}(\lambda_3)/\mathrm{Lwn}(\lambda_5)$ 可以去除叶绿素对悬浮物遥感信息的干扰。

恽才兴等（1987）通过理论模型推导出幂指数模型：

$$S = \left[R_{\mathrm{rs}} / (a_0 - b_0 \cdot R_{\mathrm{rs}}) \right]^d \tag{7.23}$$

式中：a_0、b_0、d 为常数。该模型应用于长江口、杭州湾与鸭绿江等河口海域的海面悬浮颗粒物的遥感定量反演中，其相对误差为 10%。

黎夏（1992）提出了悬浮颗粒物定量遥感的统一模式：

$$R_{\mathrm{rs}} = \mathrm{Gordon}(S) \cdot \mathrm{Index}(S) = A + B[S / (S + G)] + C[S / (S + G)]\mathrm{e}^{-D} \tag{7.24}$$

式中：A、B、C 为相关式的待定系数；S 为水体含沙量；G、D 为待定参数；$S/(S+G)$ 和 $[S/(S+G)]\mathrm{e}^{-D}$ 为相关项。

线性关系式的一般表达式为

$$R_{\mathrm{rs}} = A + B \cdot S \quad (B > 0) \tag{7.25}$$

式中：R_{rs} 为某一波长处的光谱反射比；A、B 为常系数。

从数学观点来看，式（7.25）并不能满足前面提到的悬浮颗粒物浓度与离水辐射率的关系特性，只适用于低浓度水体的粗略计算。对数关系式的一般表达式为

$$R_{\mathrm{rs}} = A + B \cdot \ln(S) \quad (B > 0) \tag{7.26}$$

式中：A、B 为常系数。

多波段关系式的经验算法是建立含沙量 S 与多个波段的离水辐射率 R_{rs} 或辐射率 L_i 的某种组合之间的函数关系，但是由于各波段的辐射透视深度不同，这种方法的误差较大。对数关系式仅适用于颗粒物含量较低的水域，对于颗粒物含量高的水域，对数关系式反演的结果与实测结果相差较大。由于不同传感器的波段设置不同，多波段组合的方法不具备通用性。

非线性最优化法的原理是先确定一个海洋水色预测模型，通过不断调整作为输入参数的水体各组分反演浓度（叶绿素、悬浮颗粒物、有色可溶性有机物和气溶胶光学厚度），计算与之对应的辐亮度，当模式计算所得的辐亮度与实际所测得的辐亮度的误差 χ^2 最小时，获得的水色预测模型参数即为非线性最优化结果。实测辐亮度与模型计算辐亮度的误差定义如下：

$$\chi^2 = \sum \lambda (L_{sat} - L_{mod})^2 \tag{7.27}$$

式中：$\sum \lambda$ 为对所有波长求和；L_{sat} 为卫星测得的辐亮度；L_{mod} 为使用模式的计算值。

在计算机迭代算法中，通常预设一个 χ^2 的阈值来限制测量和计算的次数，并约束迭代结果的精度。各水体组分与遥感反射率关系的构建可采用如下的分析模型：

$$R = \frac{k-a}{k+a} \tag{7.28}$$

式中：R 为离水反射率；k 为漫射衰减系数；a 为吸收系数。这里的 k 和 a 分别由纯水、浮游植物的叶绿素、无机悬浮物和有机的有色可溶性有机物的贡献组成：

$$k = k_w^* + C_{chl} k_{chl}^* + C_s k_s^* + k_g^* \tag{7.29}$$

$$a = a_w^* + C_{chl} a_{chl}^* + C_s a_s^* + a_g^* \tag{7.30}$$

式中：a^* 和 k^* 为单位浓度的吸收系数和漫射衰减系数；C 为浓度。

使用式（7.28）建立离水反射率 R 与水色三要素浓度的关系，再利用次表面漫反射率推导获得离水辐亮度，建立离水辐亮度与水色三要素浓度的关系。

非线性最优化法可采用的海洋水色预测模型如下：

$$L_{mod} = \alpha(\lambda, \lambda_4) \cdot LPA(\lambda_4) + t(\lambda) \cdot L_w(\lambda) \tag{7.31}$$

式中：L_w 为离水辐亮度；$LPA(\lambda_4)$ 为第 4 波段的气溶胶散射辐亮度；$\alpha(\lambda, \lambda_4) \cdot LPA(\lambda_4)$ 为在波长 λ 处气溶胶散射的辐亮度；$t(\lambda)$ 为大气和海气界面的透射率。离水辐亮度 L_w 包含海水中三种物质浓度信息，L_{mod} 是不包含大气分子瑞利散射的辐亮度。

非线性最优化法用于海洋水色要素反演时，最大优势在于能够体现海水的非线性特征，不依赖先验的模拟数据集，易于区域化。但这种方法也有它的缺陷：①算法需要的计算时间太长，效率不高；②预测模型的参数设置时，反演的未知参量之间的相关性过高会严重影响运算结果的准确性，因此，在参数设置时，要考察各水色要素之间的相关性；③初始条件的设定对运算过程有一定影响。如果无边界条件约束，运算过程中 χ^2 会出现许多最小值，方程会出现多个解。为了保证运算结果的收敛性，应该为每一个需要反演的未知量设定各自上限和下限，从而保证得到确切的最小值，还可以提高运算速度。

传统水色反演算法必须考虑大气散射和吸收对卫星遥感接收到的辐射作用，通过大气校正来消除其影响。主成分分析法根据海水组分浓度的变化范围、大气特性和卫星传感器的光谱特性，用辐射传递模型模拟大气层顶的辐射，因此不必经过大气校正处理。主成分分析法通过确定反演所需的光谱波段数及每一个光谱波段在反演水色组分浓度时所占的权重，建立加权因子表来表征 II 类水体在不同波段数据间的相关性影响。对于传感器的 m 个光谱波段，若每个光谱波段有 n 个观测值，则遥感反射率或漫反射率可表示为 r_{it}，其中 $i=1$，$2,\cdots,m$；$t=1,2,\cdots,n$。反射率数据的矩阵形式为

$$\boldsymbol{R} = (r_{it}) \tag{7.32}$$

将原变量矩阵 $\boldsymbol{R}$ 进行正交线性变换，得到新变量：

$$z_{it} = \sum_{k=1}^{m} v_{ik} r_{kt} \quad (i = 1, 2, \cdots, m; t = 1, 2, \cdots, n) \tag{7.33}$$

式中：r_{kt} 为正交线性变换后的遥感反射率。

对应矩阵形式为

$$\boldsymbol{Z} = \boldsymbol{V}' \boldsymbol{R} \tag{7.34}$$

求解待定 $\boldsymbol{V}$，可归结为求解样本原变量 $\boldsymbol{R}$ 的协方差矩阵 $\boldsymbol{S}$ 的特征问题，即转化为求解方程：

$$(\boldsymbol{S} - \lambda \boldsymbol{I}) \boldsymbol{V} = 0 \tag{7.35}$$

式中

$$S_{it} = \frac{1}{n} \sum_{i=1}^{n} (r_{it} - \overline{r}_i)(r_{jt} - \overline{r}_j) \quad (i, j = 1, 2, \cdots, m) \tag{7.36}$$

式中：$\overline{r}_i$ 为 $\boldsymbol{R}$ 的第 i 波段变量各观测值的均值；$\overline{r}_j$ 为 $\boldsymbol{R}$ 的第 j 波段各观测值的均值。

正交线性变换要求：

$$|\boldsymbol{S} - \lambda \boldsymbol{I}| = 0 \tag{7.37}$$

利用雅可比（Jacobi）法可求 $\boldsymbol{S}$ 的特征值与对应的特征向量 $\boldsymbol{V}$，m 阶矩阵有 m 个特征值 $\lambda_1 \geqslant \lambda_2 \geqslant \lambda_3 \geqslant \cdots > \lambda_m$，对应的特征向量是 $v_1, v_2, v_3, \cdots, v_m$，可求出主因子 $Z_1, Z_2, \cdots, Z_m$。根据所规定的方差贡献率确定选取主因子的个数，设选取 k 个主因子 $Z_1, Z_2, \cdots, Z_k (k < m)$，则反演浓度与主因子存在以下关系：

$$C_i = \sum z_{ij} L_j + E_i \tag{7.38}$$

式中：C_i 为各反演产品，如色素浓度、气溶胶光学厚度等；z_{ij} 为第 i 个变量对第 j 波段的权重系数；L_j 为第 j 波段的辐射率；E_i 为变量 i 的偏差值。

主成分分析法采用线性算法，简单、稳定，运算速度快；大气影响自动体现在加权因子中，不必进行大气校正；在反演各组分的质量浓度时，可利用区域光学模式确定各个波段的加权因子，从而进行优化。即使实际水色因子与光谱辐射呈非线性关系，也可将数据分段进行线性分析，或引入辅助变量表示非线性，采用多变量准线性回归方法进行分析。

7.2.2 近红外波段悬浮物指数模型构建

目前已开发的各种悬浮物浓度遥感反演算法，更多的是将水体固有光学特性与基于辐射传输理论的表观光学特性联系起来，构建物理模型或半解析模型（Dekker et al.，2001）、卫星遥感反射率与同步实测 SSC 的回归分析实证模型（Zhang et al.，2014；Tarrant et al.，2010；Miller et al.，2004；Doxaran et al.，2002）。这些模型主要基于可见光的蓝光到绿光波段，或者不同波段组合（Park et al.，2014；Dekker et al.，2001）。例如：Hu 等（2004）和 Miller 等（2004）利用 645 nm 的遥感反射率 R_{rs} 的单波段算法来反演 SSC；Doxaran 等

（2009）在非常浑浊的水域中，提出利用卫星观测的 545 nm 和 840 nm 处 R_{rs} 的波段比模型，以消除粒度分布和遥感数据的双向变化影响；Tassan（1993）利用 Landsat TM 数据在波长 488 nm、555 nm 和 645 nm 处的 R_{rs} 反演 SSC 的多波段算法；Zhang 等（2010）针对黄海和东海的 MODIS 观测进行了调整。还有基于 IOP 算法，如 490 nm 处的水漫射衰减系数（Son et al.，2012），或利用其后向散射系数（Shi et al.，2018）来反演 SSC。

利用近红外波段反射率估算悬浮物浓度具有一些优势（Myint et al.，2002），因为叶绿素 a 和 CDOM 的吸收系数随着波长增加而减小，并且在近红外波段接近于零（Loisel et al.，2014），近红外波段遥感反射率主要是由悬浮物的后向散射系数所主导（Doxaran et al.，2006），因此近红外波段在估算浑浊水体的悬浮物浓度上具有很大的潜力（Nechad et al.，2010）。一些初步研究说明，在高浑浊水域中利用近红外或短波红外波段进行悬浮物浓度反演具有可能性，并发现这些波段的反射率与悬浮物浓度存在良好的关系（Shi et al.，2018；Knaeps et al.，2015）。然而，对利用基于近红外波段的悬浮物浓度监测、大气校正、低信噪比效应、灵敏度和局限性等关键问题的系统评价仍然很少。

对浑浊水体或可忽略底质影响的光学深水，辐照度比 R 与 IOPs 的关系（Gordon et al.，1975）可表示为

$$R = f \frac{b_{b}(\lambda)}{a(\lambda) + b_{b}(\lambda)} \tag{7.39}$$

式中：f 为由光照条件和水体类型确定的经验系数，对于天顶太阳和大部分自然水体，通常采用 0.33（Morel et al.，1977）；水体的总吸收系数 $a(\lambda)$ 和后向散射系数 $b_{b}(\lambda)$ 可以表示为来自水（w）、浮游植物色素（pH）和非藻类色素（NAP）的贡献和的形式：

$$a_{t}(\lambda) = a_{w}(\lambda) + a_{ph}(\lambda) + a_{NAP}(\lambda) + a_{CDOM}(\lambda) \tag{7.40}$$

$$b_{b}(\lambda) = b_{bw}(\lambda) + b_{bph}(\lambda) + b_{bNAP}(\lambda) \tag{7.41}$$

对于近红外波段的辐照度比 R，纯海水的吸收系数 $a_{w}(\lambda)$ 明显大于其他水成分。例如，$a_{w}(862)$ 的值接近于 5 m^{-1}，但 $a_{ph}(862)$、$a_{CDOM}(862)$ 和 $a_{NAP}(862)$ 的值都接近于 0（Lee，2006；Babin et al.，2002）。此外，在近红外波段，浮游植物色素浓度的后向散射系数变得不显著（Mobley，1994）。对于浑浊水体中的遥感，沉积物的后向散射比水体的后向散射大得多，如鄱阳湖（Wu et al.，2011）。根据近红外波段的吸收和后向散射特征，有

$$R \propto f \frac{b_{bs}(\lambda)}{a_{w}(\lambda) + b_{bs}(\lambda)} \tag{7.42}$$

结果表明，在以悬浮物为主的高浑浊水体中，反射率信号是由悬浮物对水的吸收和其光学特性决定的（Wu et al.，2011）。悬浮物的光学特性与悬浮物浓度近似成正比。因此，近红外波段的辐射度比 R 与 SSC 可以建立经验关系。

基于现场测量的 SSC 和 SVC HR-1024 野外便携光谱仪测量的水面，建立近红外波段算法。从鄱阳湖的实测和模拟的天宫 2 号 MWI 遥感反射率 R_{rs} 光谱可以看出，在 820 nm 附近的局部 R_{rs} 峰值均随着 SSC 的升高而升高，在 820 nm 附近的 R_{rs} 可能与 SSC 有关。因此，近红外波段悬浮泥沙指数（near-infrared suspended sediment index，NISSI）的数学定义为

$$NISSI = R_{rs}(820) - R'_{rs}(820) \tag{7.43}$$

$$R'_{rs}(820) = R_{rs}(750) - (R_{rs}(980) - R_{rs}(750)) \times (820 - 750) / (980 - 750) \tag{7.44}$$

受 MODIS 荧光线高度（Letelier et al.，1996）、MERIS 最大叶绿素指数（Gower et al.，2005）和 MODIS 浮藻指数（Hu，2009）等基线减法的启发，采用 750 nm 和 980 nm 波段确定 NISSI 斜率；同时，通过 R_{rs}(820)减去基线来计算 NISSI 高度。由图 7.12 可知，当 SSC 由 5 mg/L、43 mg/L、139 mg/L 升高到 250 mg/L 时，NISSI 值分别为 0.0014、0.0058、0.0071 和 0.0106。虽然 SSC 建模中也广泛选择了红光波段，但本节研究表明近红外波段优于红色波段，原因如下：①与红光波段相比，近红外波段对 SSC 异常更为敏感。例如，当 SSC 从 5 mg/L 升高到 250 mg/L 时，R_{rs}(820)的变化约为 13 倍（0.005～0.065），而 R_{rs}(650)的变化约为 3 倍（0.025～0.075）；②红光波段的光学特性比近红外波段复杂，这是由于有相对丰度的 CDOM 和浮游植物的存在，而在近红外波段中，其影响可忽略；③可见光波段适用于估算中低 SSC（小于 50 mg/m^3）（Devred et al.，2013），但在高浑浊的沿海和内陆水域则趋于饱和。因此，近红外波段遥感反射率将产生更好的 SSC 反演结果（Doxaran et al.，2002）。

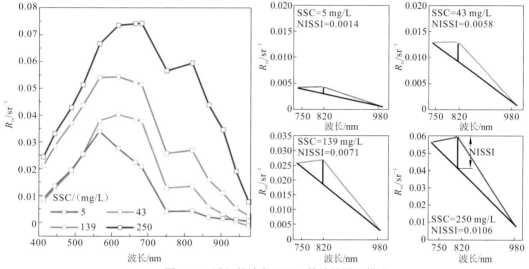

图 7.12　近红外波段 NISSI 算法的图形描述
SSC 为悬浮泥沙浓度

本小节建立的 SSC 反演算法是基于现场实测的 R_{rs} 数据，因此，天宫 2 号 MWI 数据应该进行大气校正，以获得经验证的 R_{rs} 在算法中使用。受高浊度、复杂的气溶胶性质，以及邻近土地覆盖影响，大气校正精度很难保证，将瑞利校正值作为一种替代参数用于水质参数估计（Feng et al.，2012；Hu，2009）。此外，基线减法的优势在于它对传感器噪声和大气校正不完全所引起的各种误差的敏感性较低，是消除大气效应的一种有效方法。

为了考虑不同的水环境条件，利用鄱阳湖的实测数据建立 SSC 与 NISSI 的经验关系，如图 7.13 所示。建立基于 NISSI 的 SSC 反演算法：
$$\text{SSC} = 8.5 + 12.3\exp(278.7 \cdot \text{NISSI}) \qquad (7.45)$$

对比 NISSI 模型与传统模型的精度估计，首先用来估计模型的定标系数，而相同验证子集则用于验证这些模型。进行对比的传统模型包括 Doxaran 等（2002）、Miller 等（2004）、

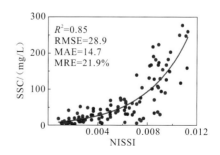

图 7.13　鄱阳湖的 SSC 与 NISSI 的经验关系

Feng 等（2012）、Tarrant 等（2010）和 Nechad 等（2010）构建的模型。选择这些模型考虑了波段比值、单波段和波段运算，并包括线性、指数和多项式算法，这些是 SSC 建模中常用的指标和算法。

表 7.4 给出了这些 SSC 模型的模型性能对比。不同模型的 SSC 估计值与测量值存在显著差异，Doxaran 等（2002）、Miller 等（2004）、Feng 等（2012）、Tarrant 等（2010）和 Nechad（2010）模型的 MRE 值分别为 38.0%、67.9%、29.7%、72.8% 和 23.4%。所有这些模型往往随着 SSC 的升高而趋于饱和，SSC 实测值升高到超过 150 mg/L，SSC 估计值也稳定保持在 150 mg/L 左右。因此，这些模型不适用于较高的 SSC 区域。

表 7.4　采用实测数据集估算鄱阳湖悬浮泥沙浓度的模型对比

算法开发者	模型	指标	R^2	RMSE	MRE/%
Doxaran	SSC=exp(1156.2X+14.4)	$X=R_{rs}(865)/R_{rs}(565)$	0.76	38.4	38.0
Miller	SSC=2727.7X−76.8	$X=R_{rs}(664)$	0.45	40.5	67.9
Feng	SSC=2.63exp(49.6X)	$X=R_{rs}(664)$	0.79	30.5	29.7
Tarrant	SSC=391 151X^2−29 604X+558.51	$X=R_{rs}(664)−R_{rs}(865)$	0.64	42.7	72.8
Nechad	SSC=1664.01X/(1−X/0.21)+1.59	$X=R_{rs}(865)$	0.78	25.1	23.4

注：MRE 为平均相对误差；RMSE 为均方根误差

必须提出关于 NISSI 模型进一步应用潜力和局限性的三个重要问题。①目前对于非常浑浊的沿海或内陆水域，尤其是对于没有设置短波红外波段的传感器，尚没有实用且精确的大气校正方法（Feng et al.，2012；Hu，2009）。因此，模型评估使用瑞利校正作为替代方案，其敏感性至关重要，它有可能会受到未消除的气溶胶辐射影响。②在 SSC 模型中采用近红外波段时，应考虑其低信噪比引起的噪声效应。③还应考虑近红外波段悬浮物的强烈后向散射引起的 SSC 过饱和情况。

7.2.3　悬浮物浓度神经网络法遥感反演

人工神经网络（artificial neural network，ANN）起源于对人脑功能的模拟，类似于生物神经系统单元，它由许多并行运算的简单单元组成。人工神经网络是一种大规模并行的非线性动态系统，具有很强的自适应学习能力和非线性映射能力，已被广泛应用于众多的科学领域。运用网络模型可实现函数逼近、数据聚类、模式分类和优化计算等功能。本小节介绍多层反向传播算法的神经网络算法，它是在输入层与输出层之间增加若干层神经元，这些神经元称为隐单元，与外界没有直接联系，但其状态的改变，则能影响输入与输出的关系。使用 f 表示各个神经元的输入与输出的关系函数，即

$$V_i^k = f(u_i^k) \tag{7.46}$$

$$u_i^k = \sum_j W_{ij} V_j^{k-1} \tag{7.47}$$

式中：u_i^k 为第 k 层的第 i 单元的输入；V_i^k 为第 k 层的第 i 单元的输出；W_{ij} 为由第 $k-1$ 层的第 j 个神经元到第 k 层的第 i 个神经元的权重。此外，定义误差函数 r 为期望输出与实际输出之差的平方和：

$$r = \frac{1}{2} \sum_j (V_j^m - y_j)^2 \tag{7.48}$$

式中：y_j 为输出单元的期望输出；V_j^m 为实际输出。如果期望输出与实际输出不符，就产生误差信号，这就需要通过某种公式改变权重 W_{ij}。后一次的权重更新是适当考虑上一次的权重之后获得的更新值。

在该结构中，每个输入节点代表一个波段，输入层的值分发到隐含层的每个节点，并在此进行如上的运算，隐含层的输出再次成为输出层的输入，并再次进行运算，输出层的输出即是所要求的物理量。隐含层的节点数由函数的复杂程度决定。网络需要足够节点去模拟，但多节点将导致训练时间增加和过激。过激表示神经网络在训练过程中信号噪声引起实际应用时性能降低。

神经网络方法作为一种有效的非线性逼近方法，是一种功能强大、灵活多变的 II 类水体水色因子反演和大气校正方法，可以实现最复杂的辐射传递模型。网络输入界面可以是卫星在大气层顶探测的辐亮度 $L_i(\lambda)$，也可以是遥感反射率 R_{rs}、大气瑞利散射校正后的辐亮度、大气校正后的离水辐亮度等，输出可以是海水组分浓度或光学变量，再由区域光学模式（包含遥感过程）进行详细的物理描述，易于区域化，可实时应用（张亭禄 等，2002；詹海刚 等，2000）。

反向传播（back propagation，BP）网络由输入层、输出层和隐含层（一层或多层）组成；相邻层之间的神经元由权重系数相互连接；同一层内的神经元之间是平行的、无连接关系。当一对学习样本提供给网络后，神经元的激活值从输入层经各中间层向输出层传播，在输出层的各神经元获得网络的输入响应。接下来，按照减少目标输出与实际误差的方向，从输出层经过各中间层逐层修正各连接权值，最后回到输入层。随着这种误差逆的传播修正不断进行，网络对输入模式响应的正确率也不断上升。

BP 神经网络的传递函数要求必须是可微的，常用的有 Sigmoid 型的对数、正切函数或线性函数。由于传递函数处处可微，对 BP 神经网络来说：一方面，所划分的区域不再是一个线性划分，而是由一个非线性超平面组成的区域，它是比较光滑的曲面，因而它的分类比线性划分更加精确，容错性也比线性划分好；另一方面，网络可以严格采用梯度下降法进行学习，权值修正的解析式十分明确。

经网络模型为三层前馈型神经网络结构，且只有一个输出节点。在一般情况下，网络需多少个隐含层节点是不知道的，必须进行试验、比较才能确定。如何组合各波段遥感反射率也是不知道的。为此，以表 7.5 中的 5 种遥感反射率波段组合作为网络的输入模式。

表 7.5　不同波段组合的输入模式

模式	输入波段组合	输入节点数	输出
Model-1	Lwn(412)，Lwn(443)，Lwn(490)，Lwn(510)，Lwn(555)，Lwn(670)	6	悬浮物浓度
Model-2	Lwn(490)，Lwn(555)，Lwn(670)	3	悬浮物浓度
Model-3	Lwn(555)，Lwn(670)	2	悬浮物浓度
Model-4	Lwn(555)+Lwn(670)，Lwn(490)/Lwn(555)	2	悬浮物浓度
Model-5	Lwn(490)，Lwn(555)，Lwn(670)，Lwn(555)+Lwn(670)，Lwn(490)/ Lwn(555)	5	悬浮物浓度

选取归一化离水辐射率和浓度数据相互匹配的 74 个站点，取 50 个为训练集，剩下的 24 个为测试集。为保证网络快速收敛，同时也有利于以后的比较，输出数据取对数。根据表 7.5 的 5 个模式，训练结果如表 7.6 所示。

表 7.6　神经网络各模型反演结果

模式	隐含层结点	R^2	RMSE	RRMSE	平均相对误差/%
Model-1	13	0.9726	0.1030	0.7241	26.2
Model-2	4	0.9836	0.0800	0.6511	23.2
Model-3	7	0.9809	0.0859	0.8359	27.2
Model-4	7	0.9791	0.0954	0.5665	22.0
Model-5	11	0.9769	0.0945	0.1912	12.3

可以看出所有模型的相关系数都比较高，均方根误差（RMSE）和相对均方根误差（relative root mean square error，RRMSE）都很低。当输入为 Model-5 时，RRMSE 和平均相对误差最小；当输入与经验统计算法相同的波段组合时（Model-4），结果也比较好，误差与经验统计算法相当。对测试集的 24 个样本的离水辐射率分别引入±5%和±10%的随机噪声，代入 Model-4 和 Model-5 两个模式，如表 7.7 所示。加入噪声后，Model-4 影响较小，Model-5 影响稍大。

表 7.7　引入噪声对反演误差的影响

模式	指标	未加噪声	引入±5%随机噪声	引入±10%随机噪声
Model-4	R^2	0.9791	0.9576	0.8697
	RMSE	0.0954	0.1276	0.2297
	RRMSE	0.5665	0.5743	0.6119
	平均相对误差/%	22.0	23.2	26.3
Model-5	R^2	0.9769	0.9607	0.9127
	RMSE	0.0945	0.1226	0.1835
	RRMSE	0.1912	0.3721	0.6529
	平均相对误差/%	12.3	21.5	33.5

由于系统是非线性的，初始权值对学习能否达到局部最小和是否能够收敛非常重要。初始权值在输入累加时，每个神经元的状态值接近于零，权值一般取随机数，要比较小。输入样本也同样希望进行归一化处理，使那些比较大的输入仍落在传递函数梯度大的地方。

虽然 BP 神经网络得到了广泛应用，但其自身也存在一些缺陷和不足，主要包括以下几个方面的问题。①由于学习速率是固定的，网络的收敛速度慢，需要较长的训练时间。对于一些复杂的问题，BP 神经网络需要的训练时间可能会非常长，可采用变化的学习速率或自适应的学习速率加以改进。②BP 神经网络可以使初始权值收敛到某个值，但并不能保证其为误差平面的全局最小值，这是因为采用梯度下降法可能会产生一个局部最小值。对于这个问题，可以采用附加动量法来解决。③BP 神经网络隐含层的层数和单元数的选择尚无理论上的指导，一般是根据经验或者通过反复试验确定。因此，网络往往存在很大的冗余性，在一定程度上也会增加网络学习的负担，网络的学习和记忆具有不稳定性。也就是说，如果增加学习样本，训练好的网络就需要从头开始重新训练。

7.3 悬浮物浓度高光谱遥感反演

7.3.1 鄱阳湖悬浮物浓度高光谱遥感反演

鄱阳湖（28°22′N～29°45′N，115°47′E～116°45′E）是我国第一大淡水湖，也是我国第二大湖。根据多年遥感观测，丰水期鄱阳湖平均面积为 5100 km²，枯水期平均面积为 510 km²，是典型的过水性湖泊。鄱阳湖具有复杂的生物光学特性，尤其是悬浮物浓度的高动态变化（Feng et al.，2012）。作为我国最大的淡水湖，鄱阳湖一直受到人类活动的影响，尤其是三峡大坝和采砂对沉积物变化的影响。因此对鄱阳湖水质进行有效的监测和调控有迫切需要（Gao et al.，2014；Feng et al.，2013）。

目前鄱阳湖悬浮颗粒物遥感反演研究多采用经验模型。张伟等（2010）借助实测数据对 HJ-1A/B CCD 影像进行遥感监测。刘茜等（2008）利用实测光谱对 MODIS 影像进行鄱阳湖悬浮物浓度反演算法的研究，指出 MODIS 第一波段反射率与鄱阳湖的悬浮物浓度之间匹配性很好（$R^2 =0.91$），MODIS 的特点很适合大型湖泊水库的悬浮物监测。Cui 等（2009）分析实测数据，建立了基于 MODIS 影像的鄱阳湖悬浮物浓度反演的三次模型，并利用建立的模型反演了鄱阳湖丰水期悬浮物浓度，结果表明，MODIS/Terra 影像红光波段与悬浮物浓度具有显著的相关性（$R^2 =0.92$），2000～2007 年鄱阳湖南部水体悬浮物浓度无明显变化，在北部呈升高趋势，而中部水体泥沙浓度波动较大。

2005～2017 年，分别在旱季和雨季对鄱阳湖进行 7 次实地观测，包括相对清澈的水域及高度浑浊的水域。每次实地观测都同步采集了水面高光谱遥感反射率和水样数据。分别于 2009 年 10 月 15～23 日、2011 年 7 月 17～26 日、2016 年 10 月 1～14 日在鄱阳湖 138 个站点进行了水样数据采集，外业测量期间天气状况良好，数据采集时间段在每天的上午 9 点至下午 3 点，以保证光谱数据观测质量。在水样数据采集的同时，同步进行了水体光谱数据采集，分别获取水样数据及水体光谱数据 75 组、21 组、38 组，剔除异常数据样本数 19 组，剩余 115 组样本。根据水面以上测量法，利用 SVC HR1024 地物光谱仪获取现场光谱实测数据。

悬浮物浓度采用电子天平称重的方法测定。使用孔径为 0.45 m 的聚碳酸滤膜，用真空过滤装置过滤，海水过滤结束后，用过离子水冲洗容器 1 次；滤膜洗盐 3 次，每次用蒸馏水 50 mL。实验室称重采用精度为 0.01 mg/L 的电子分析天平，空白滤膜及悬浮物进行多次称量，前后 2 次称重误差控制在 0.01 mg/L 数量级以内。将称好的悬浮物（包括滤膜）放入坩埚，先用酒精将滤膜燃烧，将盖好的坩埚放入马弗炉，在 500 ℃ 高温下燃烧 1 h，将去除有机物的样品冷却后称重，得到无机物含量。

在鄱阳湖随机选取 92 个水样作为训练数据集，其余 46 个水样作为验证数据集。训练数据集的 SSC 为 1.78～330.43 mg/L（平均值为 74.38 mg/L）。验证数据集的 SSC 为 0.32～523 mg/L（平均值为 79.41 mg/L）。同样地，在太湖随机选取 32 个和 16 个水样分别对 SSC 模型进行训练和验证，结果分别为 23.12～208.89 mg/L 和 16.63～285.60 mg/L。

对 2019 年 8 月 23 日和 8 月 30 日成像的鄱阳湖区域高分 5 号 AHSI 高光谱影像进行了悬浮物浓度反演，结果如图 7.14 所示。

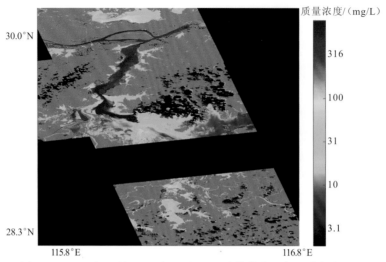

图 7.14　2019 年 8 月 23 日和 8 月 30 日成像的鄱阳湖区域高分 5 号
AHSI 高光谱影像的悬浮物浓度反演结果

从图 7.14 可以看出，鄱阳湖区域悬浮物浓度分布具有明显区域性，整个区域悬浮物浓度的梯度分布明显，分布范围为 3～1000 mg/L，该影像质量反映出 AHSI 高光谱性能指标适合鄱阳湖区域的悬浮物浓度遥感研究。在长江河道水体，悬浮物质量浓度都很高，高于 300 mg/L；在北边鄱阳湖区域，悬浮物质量浓度比较高，基本为 300 mg/L，湖区中间地带水体悬浮物浓度明显比两边高；南边湖区的悬浮物质量浓度比较低，基本在 100 mg/L 以下，靠两边的蓝色区域的悬浮物质量浓度约为 10 mg/L。对图 7.14 的悬浮物浓度进行直方图统计，结果如图 7.15 所示。

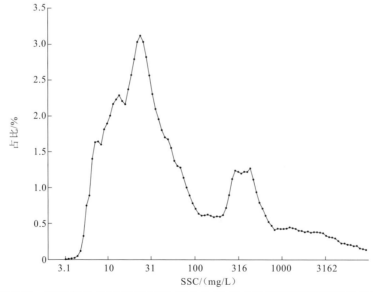

图 7.15　2019 年 8 月 23 日和 2019 年 8 月 30 日成像的鄱阳湖区域高分 5 号
AHSI 高光谱影像的悬浮物浓度反演直方图统计结果

直方图统计结果可以清晰地反映出悬浮物浓度情况，X 轴表示悬浮物浓度范围，说明鄱阳湖区域存在少量水体面积的悬浮物质量浓度超过了 3000 mg/L，Y 轴表示 X 轴浓度对应的这个值所占比例。从图 7.15 可以明显看出，鄱阳湖悬浮物浓度分布特征存在双峰结构，峰值分别位于 20 mg/L 和 330 mg/L，这种特征体现出鄱阳湖悬浮物浓度在南北两个湖区的显著性差异，因为南边湖区面积明显比北边要大，南边湖区所对应的第一峰值明显比第二峰值高。对 2018 年 10 月 7 日和 2019 年 6 月 26 日成像的鄱阳湖区域高分 5 号 AHSI 高光谱影像进行了悬浮物浓度反演，结果如图 7.16 所示。

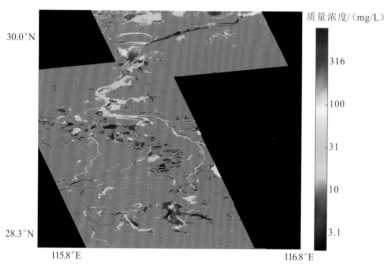

图 7.16　2018 年 10 月 7 日和 2019 年 6 月 26 日成像的鄱阳湖区域高分 5 号
AHSI 高光谱影像的悬浮物浓度反演结果

从图 7.16 可以看出，不同时间成像的鄱阳湖悬浮物浓度分布具有明显差异，北边部分是 2019 年 6 月 26 日成像，南边部分是 2018 年 10 月 7 日成像，重叠区域的北边悬浮物质量浓度约为 200 mg/L，而南边区域只有约 15 mg/L，这种差异反映出鄱阳湖区域悬浮物浓度存在显著性的时空变化。在长江河道悬浮物质量浓度很高，约为 100 mg/L，但比 2019 年 8 月 23 日成像时的浓度低；在北边鄱阳湖区，2018 年 10 月 7 日成像的悬浮物质量浓度明显比 2019 年 8 月 23 日成像的低，约为 30 mg/L，湖区面积也缩小了，悬浮物浓度分布的区域性不明显。在鄱阳湖南边，湖区面积显著性缩小，有些区域变成河道的形态，在这些河道区域悬浮物浓度相对较高，约为 50 mg/L；有些区域变成独立的小湖泊，这些小湖泊的悬浮物浓度非常低，基本在 10 mg/L 以内。对图 7.16 的悬浮物浓度进行直方图统计，结果如图 7.17 所示。

从图 7.17 可以看出，存在少量悬浮物质量浓度超过 3000 mg/L 的区域，主要分布在小的河道。此外，悬浮物浓度分布存在不显著的双峰结构，第二峰的特征不明显，峰值对应的悬浮物质量浓度比 2019 年 8 月 23 日低，约为 180 mg/L，第一峰对应的悬浮物质量浓度也比 2019 年 8 月 23 日低，约为 10 mg/L。总体上，2018 年 10 月 7 日的鄱阳湖水域面积明显比 2019 年 8 月 23 日小，悬浮物浓度也明显低。因此，遥感可以监测鄱阳湖水体环境的时空变化。

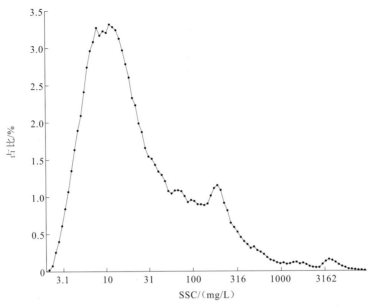

图 7.17 2018 年 10 月 7 日和 2019 年 6 月 26 日成像的鄱阳湖区域高分 5 号
AHSI 高光谱影像的悬浮物浓度反演直方图统计结果

7.3.2 太湖悬浮物浓度高光谱遥感反演

对 2019 年 3 月 4 日和 4 月 17 日成像的太湖区域高分 5 号 AHSI 高光谱影像进行悬浮物浓度反演，结果如图 7.18 所示。

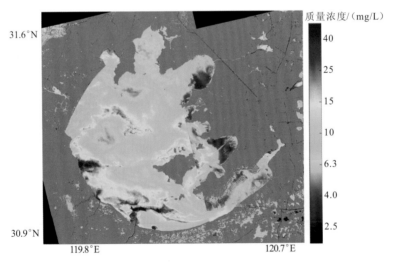

图 7.18 2019 年 3 月 4 日和 4 月 17 日成像的太湖区域高分 5 号
AHSI 高光谱影像的悬浮物浓度反演结果

图 7.18 显示了太湖悬浮物浓度的空间分布特征，总体上悬浮物浓度不高，分布范围为 2～50 mg/L，该影像质量反映出 AHSI 高光谱性能指标适用于太湖悬浮物浓度遥感研究。高悬浮物浓度基本上分布在太湖的西南角，南边悬浮物空间分布形态可以看出周边河流对太湖水域的影响；在太湖东边区域，悬浮物质量浓度比较低，约为 5 mg/L。图 7.18 的太湖左边水

域是 2019 年 3 月 4 日成像，右边水域是 2019 年 4 月 17 日成像，相差约一个半月时间，对图中接缝区域的悬浮物浓度对比看，二者存在一定差异，说明遥感影像的覆盖范围对悬浮物浓度业务化监测存在一定影响。对图 7.18 的悬浮物浓度进行直方图统计，结果如图 7.19 所示。

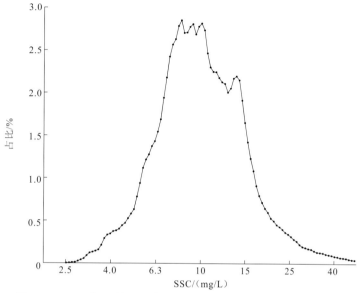

图 7.19　2019 年 3 月 4 日和 4 月 17 日成像的太湖区域高分 5 号
AHSI 高光谱影像的悬浮物浓度反演直方图统计结果

从图 7.19 可以看出，悬浮物浓度类似高斯分布，峰值对应的悬浮物质量浓度约为 10 mg/L。该直方图统计结果可以定量地评估太湖悬浮物浓度的分布情况。

7.3.3　黄河口海域悬浮物浓度高光谱遥感反演

黄河是我国第二大河，也是世界上含沙量最大的河流之一，水少沙多，每年携带大量的泥沙进入半封闭的渤海，河口近岸海域存在高浓度的悬浮物。近年来黄河入海水沙显著减少，由水少沙多逐渐转变为枯水少沙，特别是流域大型水库建设和调水调沙等人类活动对入海水沙和近岸海域动力环境产生重要影响。

建立黄河口海域的悬浮物浓度经验模型，利用 MODIS 影像反演黄海、东海总悬浮物浓度。认为不同波段光谱反射率之比可部分消除悬浮物颗粒折射系数和后向散射对光谱反射率的影响，当 TSM 质量浓度高于 20 mg/L 时，悬浮颗粒物的后向散射测量精度将降低。麻勇（2010）利用 Landsat 和 SPOT 数据对锦州港附近海域悬浮物进行了遥感分析，冬季海冰对降低海域含沙量有积极作用，工程区附近工程施工对局部含沙量变化有较大影响。奥勇等（2011）利用 Landsat TM 数据对曹妃甸近海表层悬浮物进行了遥感定量监测的研究，指出曹妃甸海域水体光谱曲线呈单峰现象，最大波峰位于 550 nm 处。

河口水体中的悬浮物除了深受流域自然环境变化和人为活动影响，还在潮的作用下呈现出高动态变化。属于半日潮地区的杭州湾，在一天中有两次高潮和两次低潮，水动力条件变化非常复杂。从杭州湾实地定点观测的悬浮物质量浓度短周期变化曲线看，最大值达到 1566.2 mg/L，最小值只有 215.6 mg/L，每隔 1 h 的浓度变化都很大。杭州湾一天内由涨落潮引起的短周期振动幅度甚至超过月度内大中小潮导致的变异程度。

大多数悬浮物遥感监测都是使用国外卫星影像数据，针对国产自主卫星开展的研究还比较少，如何有效将国产卫星数据应用于河口水环境监测中，最大限度发挥国产卫星数据的优势，是一个需要解决的问题。刘大召等（2010）建立了适合珠江口海域的三波段悬浮物质量浓度遥感反演模式，利用混合光谱线性分解模型得出的丰度对 Hyperion 高光谱数据的珠江口表层悬浮物进行了遥感反演模式研究。禹定峰等（2010）利用导数光谱对珠江河口水体悬浮物浓度进行了估算，指出一阶导数光谱可用于珠江河口的悬浮颗粒物估算。对 2018 年 11 月 1 日成像的黄河口海域高分 5 号 AHSI 高光谱影像进行了悬浮物浓度反演，结果如图 7.20 所示。

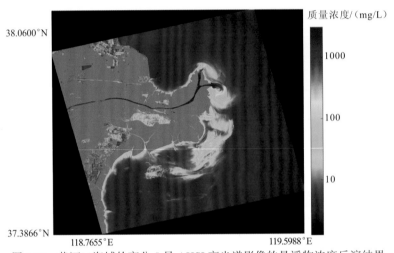

图 7.20　黄河口海域的高分 5 号 AHSI 高光谱影像的悬浮物浓度反演结果

从图 7.20 可以看出，黄河口海域悬浮物浓度的分布具有明显区域性，整个区域悬浮物浓度的梯度分布明显，分布范围为 1~1000 mg/L，该影像质量反映出 AHSI 高光谱性能指标适用于黄河口海域的悬浮物浓度遥感研究。黄河河道的悬浮物浓度都很高，基本在 1000 mg/L 以上；黄河口附近存在小区域的高悬浮物浓度分布，在 100 mg/L 以上；从黄河入海口到外海，悬浮物浓度显著降低，其影像结构反映出黄河水体入海后的扩散情况。黄河口的南面沿岸存在一些高悬浮物浓度分布区域，可能是由该区域的潮流等因素造成的。外海区域的悬浮物浓度很低，基本在 10 mg/L 以下。对图 7.20 的悬浮物浓度进行直方图统计，结果如图 7.21 所示。

从图 7.21 可以看出，悬浮物浓度呈现出明显的偏态分布，峰值对应的悬浮物质量浓度约为 3.2 mg/L。此外，黄河水道和黄河口附近高悬浮物浓度的区域相对于外海的面积明显偏小，造成高悬浮物浓度在直方图的特征不明显。因此，对悬浮物浓度进行定量评估时，直方图统计所选的区域非常关键，会直接影响直方图的分布特征。

7.3.4　香港附近海域悬浮物浓度高光谱遥感反演

对 2018 年 10 月 5 日香港附近海域高分 5 号 AHSI 高光谱影像进行悬浮物浓度反演，结果如图 7.22 所示。

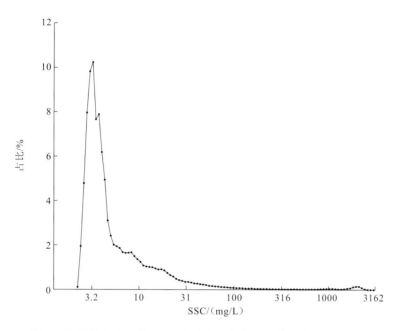

图 7.21　黄河口海域的高分 5 号 AHSI 高光谱影像的悬浮物浓度反演直方图统计结果

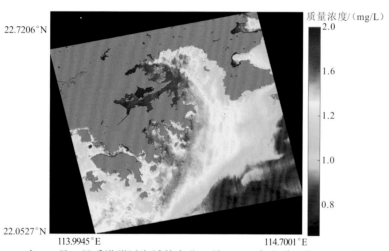

图 7.22　2018 年 10 月 5 日香港附近海域的高分 5 号 AHSI 高光谱影像的悬浮物浓度反演结果

　　从图 7.22 可以看出，香港附近海域的悬浮物浓度的分布具有明显区域性，尽管分布范围很小，为 0.7～2.0 mg/L，但该影像能够显示整个区域悬浮物浓度明显的梯度分布，因此 AHSI 高光谱性能指标适用于沿岸低悬浮物浓度区域遥感研究。总体上，高悬浮物浓度分布在港湾区域，特别是长条形的港湾，低悬浮物浓度分布在外海区域。对图 7.22 的悬浮物浓度进行直方图统计，结果如图 7.23 所示。

　　图 7.23 清晰地反映出香港附近海域的悬浮物浓度情况，从图中可以明显看出：悬浮物浓度分布特征存在不明显的双峰结构，峰值分别位于 0.8 mg/L 和 1.3 mg/L；第一峰值较低，对应于外海区域的悬浮物浓度分布；第二峰值较高，代表了沿岸大部分水域的悬浮物浓度分布。

　　悬浮颗粒物浓度反演算法多数为具有区域特性的经验统计模式或半经验模式，需要大

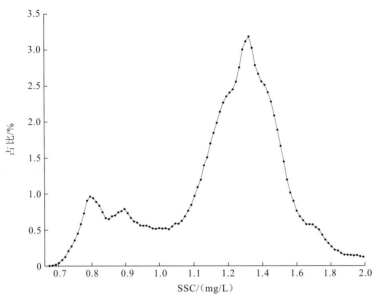

图 7.23 2018 年 10 月 5 日香港附近海域的高分 5 号 AHSI 高光谱影像的悬浮物浓度直方图统计结果

为方便作图，横坐标 1.2～2.0 mg/L 悬浮物浓度间隔调整为 0.2 mg/L

量同步实测资料，通常受制于建模数据时相与区域性特征，具有很强的区域性和时效性，针对不同水域得到的经验模式不能实现时间空间上的有效移植。以少量实地观测为依据的经验算法无法实现对各季节湖区水环境参数的准确描述，在进行季节性、多时相应用时精度不高，不是湖泊遥感的最佳方法。半分析模型作为理论模型的近似与简化，为了减少算法中的未知量而采用一些大胆却并不准确的假设，在一定程度上依赖地面测量数据的准确性，反演结果存在不可避免的误差。由于水体组分本身具有复杂性，而且各种算法模型都有各自优缺点，如何利用高光谱遥感数据特点，开发出合适的悬浮颗粒物浓度反演算法，是内陆湖泊水体高光谱遥感研究的发展方向。

第8章 漫射衰减系数与透明度高光谱遥感反演方法

作为表征辐照度 E_d 衰减快慢的漫射衰减系数 K_d，是水光学一个重要的表观光学参数，涉及辐射传输、浮游植物光合作用和初级生产力过程等方面，与太阳高度角、天空和水面环境、水中物质成分和浓度都有关系，经常使用的是一定深度水层内的平均值 $\overline{K_d}$。漫射衰减系数 $K_d(\text{PAR})$ 是水生态学研究中重要的水体光学参数，与水体中悬浮物、叶绿素和有色可溶性有机物的浓度和成分密切相关，决定了水体中的光强和光场结构。当水体中 $K_d(\text{PAR})$ 较大时，可能导致沉水植物因没有足够的光照进行光合作用而死亡或衰退，水生生态系统类型可能发生转变。

水体透明度 SD 是量化水体浑浊程度的重要指标之一，与水体光场分布密切相关，能够对光在水中透射能力进行直观描述，在评估水生植物的多样性、生产力和水体营养程度等方面具有重要意义。透明度通常定义为塞氏盘（Secchi disk）垂直放入水中后能够被肉眼所观察到的极限深度，因此水体透明度又被称为塞氏盘深度。通过塞氏盘方法测量水体透明度操作简便，被广泛应用于水体透明度现场测量，已超过 100 年历史。利用海水透明度分布特征可以研究水团分布和流系等，在海洋军事上也有着重要的意义。

8.1 漫射衰减系数遥感反演

遥感以大空间覆盖范围、重复性观测等特点已经成为区域环境监测中切实有效的手段，利用遥感方法进行区域湖泊漫射衰减系数的反演，为区域水环境监测、变化研究提供帮助。

8.1.1 采样湖泊漫射衰减系数分布特征

2015 年 4～9 月，对东北地区进行 5 次野外采样工作，其中对光合有效辐射进行测量的样点数共 185 个，覆盖 20 个湖泊，面积大于 10 km² 的采样湖泊 18 个。对各湖泊采样点的真光层深度取平均值，作为该湖的平均真光层深度，其空间分布情况如图 8.1 所示。

从图 8.1 可以看出，位于山区较为狭长的水库真光层深度通常较大，这是因为山区植被覆盖度很高，水土流失强度较弱，水中泥沙浓度低，水体流速逐渐减慢，使泥沙逐渐沉

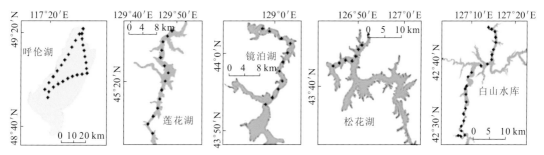

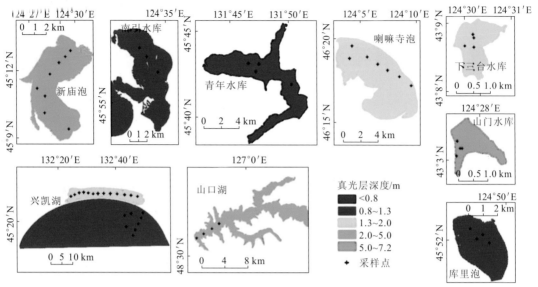

图 8.1 部分湖泊平均真光层深度分布

积,同时山区水库水深较深且两侧有山体阻挡,悬浮物受风力的再悬浮作用很小。平原地区湖泊因为水面较为开阔,水深较浅,风力影响较大,而且平原地区耕地的水土流失情况比山区更严重,入湖河流携带的泥沙浓度较高,容易造成水体的富营养化,造成真光层深度较小。

从表 8.1 可以看出,采样湖泊真光层深度分布在 0.31~10.09 m,平均值为 2.59 m,标准差为 1.99,其中松花湖真光层深度最大,平均值为 7.09 m,山门水库次之,青年水库真光层深度最小,平均值为 0.33 m。

表 8.1 各湖泊采样信息统计表

地名	湖泊面积/km²	统计值	Z_{eu}/m	透明度/m	C_{TSM}/(mg/L)	$a_{CDOM}(440)$	$a_{CDOM}(355)$	C_{Chla}/(μg/L)
白山水库	105.47	平均值	4.41	1.28	6.29	1.19	5.08	28.02
		最大值	6.36	2.00	12.50	1.61	5.87	60.94
		最小值	2.59	0.78	2.38	0.92	4.38	6.36
		标准差	1.08	0.40	3.31	0.15	0.37	20.35
山门水库	1.54	平均值	5.96	1.54	3.17	1.44	7.86	5.88
		最大值	6.28	1.60	4.50	1.60	7.98	6.35
		最小值	5.55	1.41	2.17	1.29	7.81	5.34
		标准差	0.33	0.09	1.05	0.13	0.08	0.48
下三台水库	1.29	平均值	1.69	0.70	18.75	2.14	10.56	32.84
		最大值	1.84	0.74	19.67	2.35	10.79	37.39
		最小值	1.54	0.68	17.00	1.89	10.25	29.19
		标准差	0.13	0.03	1.20	0.22	0.25	3.45
新庙泡	26.59	平均值	2.13	0.51	26.01	0.72	3.51	7.66
		最大值	3.42	0.70	64.00	0.92	3.92	18.16

地名	湖泊面积 /km²	统计值	Z_{eu} /m	透明度 /m	C_{TSM} /(mg/L)	$a_{CDOM}(440)$	$a_{CDOM}(355)$	C_{Chla} /(μg/L)
新庙泡	26.59	最小值	0.86	0.29	10.75	0.46	3.22	3.86
		标准差	0.80	0.17	17.32	0.15	0.24	4.60
小兴凯湖	162.05	平均值	1.29	0.36	34.77	0.94	4.43	6.21
		最大值	1.65	0.51	67.50	1.15	5.23	10.04
		最小值	1.00	0.24	16.00	0.68	3.76	3.33
		标准差	0.21	0.09	15.87	0.16	0.60	2.01
大兴凯湖	1062.38	平均值	0.85	0.23	55.17	0.44	1.85	6.58
		最大值	0.86	0.24	58.00	0.57	2.08	9.02
		最小值	0.82	0.21	51.33	0.30	1.65	4.88
		标准差	0.01	0.01	2.19	0.08	0.18	1.19
青年水库	41.13	平均值	0.33	0.11	174.50	1.00	5.14	4.31
		最大值	0.37	0.12	184.00	1.15	5.36	5.11
		最小值	0.31	0.10	166.00	0.91	4.95	3.35
		标准差	0.03	0.01	8.85	0.11	0.17	0.73
莲花湖	111.68	平均值	3.43	1.28	8.12	1.01	4.30	16.89
		最大值	6.09	2.56	22.60	1.17	4.76	43.11
		最小值	1.15	0.33	2.83	0.61	3.27	6.81
		标准差	1.61	0.74	6.33	0.15	0.42	10.43
镜泊湖	88.82	平均值	5.00	1.52	4.61	1.17	4.84	23.00
		最大值	9.40	2.99	10.20	1.56	6.36	61.67
		最小值	1.81	0.56	2.14	0.91	3.58	9.94
		标准差	2.57	0.78	2.30	0.22	0.82	14.61
松花湖	216.16	平均值	7.09	2.60	1.48	0.52	2.41	5.41
		最大值	10.09	4.32	3.33	0.69	2.76	14.91
		最小值	4.78	1.17	0.83	0.45	2.20	1.32
		标准差	1.75	1.29	0.97	0.09	0.21	5.03
库里泡	11.57	平均值	1.10	0.33	22.10	2.21	10.56	3.74
		最大值	1.42	0.38	29.60	2.35	10.99	4.53
		最小值	0.85	0.21	18.50	2.05	9.97	3.05
		标准差	0.24	0.08	5.06	0.13	0.44	0.65
南引水库	96.36	平均值	0.86	0.25	34.17	0.70	3.22	40.04
		最大值	0.96	0.26	40.00	0.73	3.27	42.79
		最小值	0.80	0.25	29.00	0.69	3.16	38.58
		标准差	0.09	0.01	5.53	0.03	0.05	2.38

地名	湖泊面积 /km²	统计值	Z_{eu} /m	透明度 /m	C_{TSM} /(mg/L)	$a_{CDOM}(440)$	$a_{CDOM}(355)$	C_{Chla} /(μg/L)
喇嘛寺泡	47.86	平均值	1.65	0.44	16.10	1.39	6.03	59.80
		最大值	1.84	0.51	20.33	1.47	6.23	67.15
		最小值	1.32	0.38	14.33	1.32	5.85	54.07
		标准差	0.17	0.04	1.95	0.06	0.13	4.95
龙虎泡	126.90	平均值	1.13	0.28	36.33	1.39	4.69	12.27
		最大值	1.41	0.33	42.00	3.98	9.68	35.76
		最小值	0.95	0.23	25.50	0.56	2.64	4.58
		标准差	0.14	0.03	5.56	1.19	2.41	10.14
他拉红	67.48	平均值	0.82	0.24	56.00	1.49	6.49	20.62
		最大值	0.90	0.25	64.00	1.52	6.60	22.67
		最小值	0.75	0.23	48.00	1.45	6.38	18.56
		标准差	0.11	0.01	11.31	0.06	0.16	2.90
西葫芦泡	57.91	平均值	0.74	0.25	50.00	1.11	4.71	21.25
		最大值	0.86	0.32	63.00	1.28	4.96	24.76
		最小值	0.69	0.21	40.67	0.89	4.30	18.12
		标准差	0.06	0.04	8.26	0.12	0.23	2.56
霍烧黑泡	64.34	平均值	1.19	0.37	27.18	0.91	4.53	9.02
		最大值	1.63	0.43	35.33	1.12	5.25	21.53
		最小值	0.86	0.31	21.33	0.69	3.99	2.26
		标准差	0.24	0.04	5.05	0.14	0.40	6.50
呼伦湖	2050.16	平均值	1.34	0.40	28.38	1.18	5.23	7.37
		最大值	1.82	0.50	44.50	2.05	7.15	16.24
		最小值	1.02	0.35	12.50	0.90	4.67	1.67
		标准差	0.25	0.04	7.45	0.23	0.45	4.23
尼尔基水库	429.56	平均值	3.34	1.68	4.24	1.53	6.53	4.46
		最大值	4.84	2.56	8.60	2.13	7.60	16.09
		最小值	1.69	0.67	1.89	1.16	5.69	1.20
		标准差	1.10	0.69	2.17	0.29	0.62	3.37
山口湖	64.93	平均值	3.63	1.85	1.99	1.50	7.59	6.88
		最大值	3.66	2.16	2.25	1.56	7.73	7.64
		最小值	3.60	1.66	1.71	1.45	7.48	5.63
		标准差	0.03	0.27	0.27	0.05	0.13	1.10
汇总		平均值	2.59	0.87	23.93	1.15	5.10	15.16
		最大值	10.09	4.32	184.00	3.98	10.99	67.15
		最小值	0.31	0.10	0.83	0.30	1.65	1.20
		标准差	1.99	0.78	28.25	0.47	1.81	15.78

8.1.2 K_d(PAR)遥感反演

Austin 等（1981）和 Mueller（2000）先后提出了经验算法，$\overline{K_d}$(490) 为蓝绿两个波段离水辐亮度或反射率比值的线性关系，$\overline{K_d}$ 在其他波段的值 $\overline{K_d}(\lambda)$ 可以由它和 $\overline{K_d}$(490) 的经验关系得到。Morel（1988）和 Morel 等（2001）提出了另一个算法，首先从蓝绿两个波段的反射率 R_{rs} 比值提取叶绿素 a 浓度，再由另一个经验关系从叶绿素 a 浓度得到 $\overline{K_d}(\lambda)$。Lee 等（2005）根据辐射传输的数值模拟建立了漫射衰减系数的半分析模型。王晓梅等（2005）根据 2003 年春秋两季的实测数据，提出了针对黄海、东海的漫射衰减系数和透明度的反演统计模式。

根据采样时的 GPS 定位坐标，提取采样点对应的像元值，通过像元值与 K_d(PAR)建立反演的经验模型。建立反演模型时使用 Landsat5、7、8 卫星的数据和 MODIS 500 m 日反射率产品（MYD09GA）的蓝、绿、红、近红外波段数据，由于不同数据源中这 4 个波段的编号不一致，分别用 Blue、Green、Red、NIR 代表这 4 个波段以便于统一描述。

在建立反演模型时，首先对 4 个波段分别进行比值和差值的波段运算，其中比值运算包括 Blue/Green、Blue/Red、Blue/NIR、Green/Red、Green/NIR、Red/NIR，差值运算包括 Blue-Green、Blue-Red、Blue-NIR、Green-Red、Green-NIR、Red-NIR。将原始波段值与波段运算后的值作为自变量，K_d(PAR)作为因变量进行多元逐步回归分析，选择参与模型建立的变量。其中 MOD09GA 选择出变量为 Blue-Red，模型 R^2 为 0.781。对于 Landsat，有 4 种方案可以选择，分别是①Blue-Red，②Blue-Red、Red/NIR，③Blue-Red、Red/NIR、Green/Red，④Blue-Red、Red/NIR、Green/Red、Red，模型 R^2 分别为 0.817、0.824、0.832、0.842。可以看出，无论对于 MODIS 数据还是对于 Landsat 数据，均是 Blue-Red 与 K_d(PAR)的相关性最好，这是因为蓝光对水体的穿透能力最大，能够反映水体对光的衰减，红光与悬浮物浓度的相关性最好，常用于悬浮物浓度反演，而悬浮物浓度又是影响 K_d(PAR)的主要因素。透明度可以表征真光层深度，Landsat 卫星的蓝红波段比较适合透明度的遥感反演，蓝红波段也可以用来反演真光层深度或 K_d(PAR)。分析 Blue-Red 与 K_d(PAR)的相关关系，结果如图 8.2 所示。

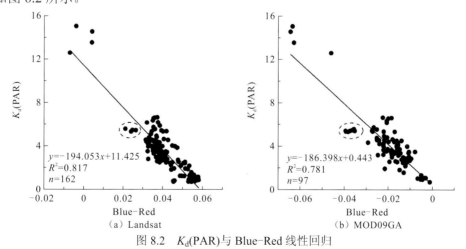

图 8.2 K_d(PAR)与 Blue-Red 线性回归

图 8.2 中椭圆形包围的点为大兴凯湖，可以看出大兴凯湖实测的 K_d(PAR)值明显低于模型预测的值。这是因为其选取的影像时间为 2015 年 8 月 15 日，当天风速较大，大兴凯

湖水域开阔，由风引起的风浪也较大，且其平均深度为 3.5 m（李思佳等，2015），容易卷起湖底的悬浮泥沙，当天对小兴凯湖采样结束后，发现大兴凯湖湖边被风浪卷起的水体近乎黑色。2015 年 8 月 17 日采样时湖面比较平静，因此 K_d(PAR)值也远低于 2015 年 8 月 15 日的值，这也解释了图中的问题。

考虑上述原因，对 Landsat 数据进行建模时，剔除大兴凯湖的数据，而对于 MOD09GA 数据，用 2015 年 8 月 20 日的数据替换 2015 年 8 月 15 日的数据，重新进行了多元逐步回归分析。结果表明，MOD09GA 数据选择的出变量为 Blue-Red 或 Blue-Red、Blue/Red，模型 R^2 分别为 0.851 和 0.863。对于 Landsat 4 种方案没有发生变化，模型 R^2 分别变为 0.821、0.832、0.838 和 0.863。模型的自变量数目多时会使线性模型的可解释性降低，而且自变量增加到 4 个时，模型的 R^2 升高并不明显。因此，对于 MODIS 数据选择 Blue-Red、Blue/Red 建立模型（记为 MOD 模型），对于 Landsat 数据选择 Blue-Red、Red/NIR 建立模型（记为 Landsat 模型），结果分别如式（8.1）和式（8.2）所示。

$$K_d(\text{PAR}) = -2.571 - 235.872 \times (\text{Blue}-\text{Red}) + 3.115 \times \frac{\text{Blue}}{\text{Red}} \quad (8.1)$$

$$(R^2 = 0.863, \quad \text{RMSE} = 0.935, \quad n = 96)$$

$$K_d(\text{PAR}) = 12.713 - 208.589 \times (\text{Blue}-\text{Red}) - 0.287 \times \frac{\text{Red}}{\text{NIR}} \quad (8.2)$$

$$(R^2 = 0.832, \quad \text{RMSE} = 0.967, \quad n = 158)$$

为了评价模型的精度，采用 10 折交叉检验（10-folder cross validation）评价模型精度，即将原始数据任意分成 10 组，对于 MYD09GA 数据，每组包含 9 对数据，对于 Landsat 每组包含 15 对数据，依次选择 9 组用来建立模型，剩余 1 组作为验证数据，直到每一组数据都充当过一次验证数据则完成一次 10 折交叉检验。对两种数据都做了 10 次 10 折交叉检验，结果如图 8.3 所示。Landsat 模型的 R^2 为 0.831 ± 0.012，RMSE 为 0.952 ± 0.017，MOD 模型的 R^2 为 0.860 ± 0.016，RMSE 为 0.910 ± 0.024，与上式中的结果相差不大。验证部分 Landsat 模型的平均相对误差 MRE 为 0.334 ± 0.097，RMSE 为 0.971 ± 0.156，MOD 模型的平均相对误差 MRE 为 0.189 ± 0.053，RMSE 为 0.907 ± 0.221。可以看出，MOD 模型的精度较高，平均相对误差明显低于 Landsat 模型。

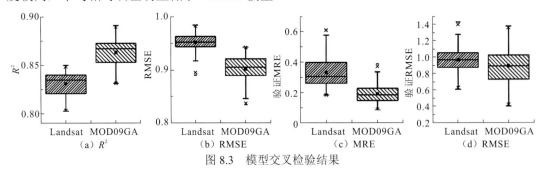

图 8.3　模型交叉检验结果

8.1.3　K_d(490)遥感反演

利用现场实测数据，建立该海域由遥感反射比反演 490 nm 波段的漫射衰减系数

$\overline{K_d}(490)$ 和透明度 SD 的统计反演模式。所用数据包括漫射衰减系数 $\overline{K_d}(490)$、海水透明度和遥感反射比 R_{rs}。其中遥感反射比由表面系统的便携式地物光谱仪测量，其光谱范围为 350～1050 nm。漫射衰减系数由剖面仪系统（SPMR & SMSR）测量并经过数据处理计算得到，有 412 nm、443 nm、490 nm、510 nm、520 nm、555 nm、565 nm、670 nm、780 nm 9 个通道。漫射衰减系数是根据接近水面的向下辐照度处理得到的，为该层辐照度数据对数变换后的回归直线的斜率。

本次测量共有 83 个站点 85 组数据，由于部分站点海水浑浊度较高等原因，测量误差较大，选出能提供正常漫射衰减系数 $\overline{K_d}$ 值的有 75 组。Mueller（2000）针对 SeaWiFS 开发的漫射衰减系数反演算法为

$$\overline{K_d}(490) = K_w(490) + 0.156\,45\left(\frac{L_w(490)}{L_w(555)}\right)^{-1.5401} \tag{8.3}$$

式中：$K_w(490)$ 为纯水的漫射衰减系数，取 0.016。由于遥感反射率是离水辐射率和水面下行辐照度的比值，式（8.3）变为

$$\overline{K_d}(490) = 0.016 + 0.156\,45\left(\frac{E_d(490)}{E_d(555)}\frac{R_{rs}(490)}{R_{rs}(555)}\right)^{-1.5401} \tag{8.4}$$

在不同的太阳高度角，海水表面的 $E_d(490)/E_d(555)$ 在 1.03 左右波动很小，这里就看作一个常量。该模式在 $\overline{K_d}$ 小于 0.25 m^{-1} 的 I 类水体效果很好，却不能很好地适应黄海、东海这样的近岸 II 类水体，如图 8.4 所示。

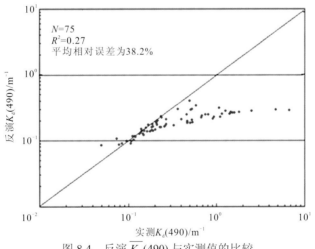

图 8.4　反演 $\overline{K_d}(490)$ 与实测值的比较

这里的平均相对误差等于 $\frac{1}{N}\sum_{i=1}^{N}\frac{|K_i^p - K_i^o|}{K_i^o}$，$N$ 为样本数，K_i^p 为反演值，K_i^o 为实测值。

由图 8.4 可见，在中高浊度海域，反演结果严重偏低，这表明清洁大洋水体与浑浊近岸水体在水色机理上有很大的差异。

由图 8.5 的遥感反射比曲线可以发现，对应 SeaWiFS 波段，中低浑浊度水体在 555 nm 有很好的信号变化，中高浑浊度水体在 670 nm 有较明显的信号变化，这说明对近岸 II 类水体而言，高浓度的悬浮物对水色信息的影响占主导作用，670 nm 是一个比较重要的波段，

用于反演的模型为

$$\ln(\overline{K_d}(490)) = -0.32 + 37.148(R_{rs}(555) + R_{rs}(670)) - 1.526(R_{rs}(490)/R_{rs}(555)) \quad （8.5）$$

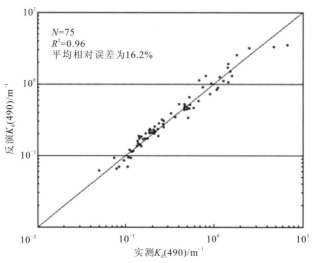

图 8.5　漫射衰减系数统计反演结果与实测值对比图

表 8.2 为 $\ln \overline{K_d}(490)$ 与各波段遥感反射率 R_{rs} 之间的相关系数，从表中可以看出 555 nm 和 670 nm 两个波段的遥感反射率与漫射衰减系数的相关性最大。

表 8.2　$\ln \overline{K_d}(490)$ 与各波段遥感反射率 R_{rs} 之间的相关系数

项目	波段/nm					
	412	443	490	510	555	670
R^2	0.726	0.695	0.681	0.711	0.816	0.817

结合水体的光谱特征，经过不同波段的组合试验，发现利用 $R_{rs}(555)+R_{rs}(670)$ 和 $R_{rs}(490)/R_{rs}(555)$ 两个因子作线性回归，反演的 $\overline{K_d}(490)$ 值与现场实测值非常吻合，相关系数达到 0.96，平均相对误差达 16.2%，图 8.5 为反演结果与实测值的对比图。

8.2　漫射衰减系数时空分析

8.2.1　不同卫星遥感数据反演一致性分析

为了比较 Landsat 模型和 MOD 模型反演结果的一致性，随机选取一些湖泊的影像数据，分别利用 Landsat 模型、MOD 模型对这些湖泊的 K_d(PAR)进行反演，取湖泊的平均值进行比较。先利用 Landsat 数据根据 MNDWI 提取出湖泊边界，将湖泊边界向内缓冲 500 m，将所得的区域作为感兴趣区域（ROI），求取感兴趣区域内像素的平均值。对 Landsat 数据需要定标为大气顶层反射率，利用大气校正方法进行大气校正，计算感兴趣区域内像元的 K_d(PAR)，先将各像素值从小到大排列，然后根据像素个数取 2%～98%的平均值，可以剔除异常大和异常小的值，使计算结果更能代表整个湖的平均水平。由于 Landsat7 卫星数据存在条带缺失，只利用湖泊未缺失部分像元求 $K_d(PAR)$ 平均值。

对于 MYD09GA 数据，由于 MODIS 数据存在一些噪声，需要根据每景 MYD09GA 数据中的 QC 波段，将存在问题的像元剔除，然后才能计算平均值。根据 MODIS 陆地反射率产品的用户文档，QC 波段的像元值是 32 bit 的无符号长整型值，可以转换为 32 位的二进制值，具体格式如式（8.6）所示。当实际 QC 波段的像元值转换为二进制后不足 32 位时，需要在前面进行补零至 32 位。

$$\underset{1\sim2}{\underline{00}}\ \underset{3\sim6}{\underline{0000}}\ \underset{7\sim10}{\underline{0000}}\ \underset{11\sim14}{\underline{0000}}\ \underset{15\sim18}{\underline{0000}}\ \underset{19\sim22}{\underline{0000}}\ \underset{23\sim26}{\underline{0000}}\ \underset{27\sim30}{\underline{0000}}\ \underset{31}{\underline{0}}\ \underset{32}{\underline{0}} \tag{8.6}$$

当第 1～2 位是 00 时表示该像元所有波段质量都较高，如果是 01 则表示部分波段的质量较差，第 3～30 位中每 4 位对应一个波段，如果值为 0000 则表示该波段数据质量较好，第 31、32 位分别表示是否进行了大气校正与邻近像元校正。MOD 模型只用到了蓝光和红光波段，因此，只需要判断第 1～2、3～6、11～14、31、32 位即可将数据质量不好的像素予以剔除。取湖泊 $K_d(PAR)$ 平均值时使用的方法与 Landsat 数据的相同，但是对于面积较小的湖泊，其对应的 MODIS 数据的像元数较少，因此当像元数少于或等于 5 个时，则直接取所有像元的平均值。

根据影像质量，随机选取无云的 Landsat 影像 13 景，选取结果如表 8.3 所示，根据 Landsat 影像日期选取对应时间的 MYD09GA 影像。其中 2015 年 9 月 11 日的 Landsat 影像与 MODIS 数据选取时间相差 1 天，因为当天 MYD09GA 数据有云的影响，选取了邻近日期。

表 8.3　Landsat 与 MYD09GA 数据选取结果

地点	Landsat			MYD09GA 数据日期
	行列号	卫星编号	日期	
大庆市周边湖泊及月亮泡	119028	LC8	2013-10-07	2013-10-07
大庆市周边湖泊及月亮泡	119028	LE7	2012-08-09	2012-08-09
大庆市周边湖泊及月亮泡	119028	LT5	2010-09-13	2010-09-13
大庆市周边湖泊及月亮泡	119028	LT5	2010-09-29	2010-09-29
大庆市周边湖泊及月亮泡	119028	LT5	2011-10-02	2011-10-02
大庆市周边湖泊及月亮泡	119028	LC8	2015-05-22	2015-05-22
大庆市周边湖泊	119028	LC8	2015-09-11	2015-09-10
大、小兴凯湖及青年水库	114028	LE7	2012-09-07	2012-09-07
大、小兴凯湖及青年水库	114028	LT5	2009-10-09	2009-10-09
二龙湖及新立城水库	118030	LT5	2011-06-05	2011-06-05
二龙湖及卧龙湖	119030	LC8	2015-04-20	2015-04-20
查干湖及新庙泡	119029	LC8	2015-04-20	2015-04-20
呼伦湖	124026	LC8	2015-09-14	2015-09-14

经过处理，得到各湖泊 $K_d(PAR)$ 的平均值，结果如图 8.6（a）所示，可以看出 MYD09GA 数据的反演结果略高于 Landsat 数据的结果。对这些点进行线性回归，控制截距为零，拟

合得到直线的斜率为 1.203，略高于 1∶1 线，当不控制截距为零时，拟合得到的直线方程为 $y=1.245x-0.274$，R^2 为 0.846，低于控制截距为零的情况。虽然两种模型的反演结果有一些偏差，但是其变化趋势比较一致。

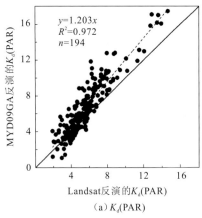

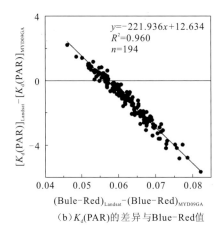

图 8.6　K_d(PAR)反演结果比较和差异分析

为了分析导致这一偏差的原因，计算每个湖泊 Blue-Red 的均值。由于计算 K_d(PAR)的均值时取的是 2%～98%的像元，所以计算 Blue-Red 均值时需要取相同的像元参与计算。将每个湖泊反演结果的差异与 Blue-Red 值的差异进行相关性分析，结果如图 8.6（b）所示。可以看出，两种模型对 K_d(PAR)反演结果的差异主要来源于两种数据 Blue-Red 的差异，其决定系数 R^2 达到了 0.960，这是因为 K_d(PAR)与 Blue-Red 的相关性最大，在两个模型中其贡献也最大。为了便于分析，从 K_d(PAR)与 Blue-Red 的关系入手，分析 MYD09GA 数据与 Landsat 数据之间 Blue-Red 的不同会如何影响 K_d(PAR)的反演结果。通过利用采样点数据进行线性回归分析，得到两种数据的 Blue-Red 与 K_d(PAR)的关系：

$$\left[K_d(\text{PAR})\right]_{\text{MYD09GA}} = -215.23 \times (\text{Blue}-\text{Red})_{\text{MYD09GA}} + 0.112$$
$$(R^2 = 0.851, \quad \text{RMSE} = 0.960, \quad n = 96) \tag{8.7}$$

$$\left[K_d(\text{PAR})\right]_{\text{Landsat}} = -199.75 \times (\text{Blue}-\text{Red})_{\text{Landsat}} + 11.702$$
$$(R^2 = 0.821, \quad \text{RMSE} = 0.994, \quad n = 158) \tag{8.8}$$

要使式（8.7）和式（8.8）等号左端相等，需要满足以下条件：

$$(\text{Blue}-\text{Red})_{\text{MYD09GA}} = 0.9276 \times (\text{Blue}-\text{Red})_{\text{Landsat}} - 0.053\,84 \tag{8.9}$$

如果式（8.9）左边小于右边，即图 8.7 下方阴影部分，就会使 MYD09GA 数据的反演结果高于 Landsat。将各个湖泊 Blue-Red 的平均值绘制于图 8.7 中，可以看出大部分 MYD09GA 数据的值落在了阴影区域，所以使其反演结果大于 Landsat 数据的结果。这主要是以下原因造成的。①由于 Landsat、MYD09GA 传感器的波段响应函数不同、大气校正方法不同，同一天、同一湖泊的平均$(\text{Blue}-\text{Red})_{\text{Landsat}}$ 与 $(\text{Blue}-\text{Red})_{\text{MYD09GA}}$ 也有较大不同，从图 8.7 中虚线可以看出 Landsat 数据与 MYD09GA 数据的 Blue-Red 值的关系，斜率不等于 1，说明它们之间还存在一定的缩放关系，同时由于建立模型所用数据的影像日期与采样日期并不完全相同，特别是 Landsat 数据，采样点的$(\text{Blue}-\text{Red})_{\text{Landsat}}$ 与 $(\text{Blue}-\text{Red})_{\text{MYD09GA}}$ 的关系与上述同一天时的关系存在差异，其线性关系为 $y=0.908x-0.0534$，与式（8.9）相近，这两者关系的差异使模型在应用时必然会产生一些误差。②建立的模型[式（8.7）和式（8.8）]

使用的数据是采样点对应的像元值数据，而不是整个湖泊的平均值，它们之间存在尺度上的差异，而且由于 MYD09GA 数据空间分辨率低、部分像元噪声较大，从中提取的像元值也会给模型的建立造成一定的误差。

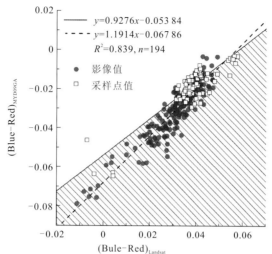

图 8.7　Landsat 与 MYD09GA 的 Blue-Red 分析

图中影像值代表上述选取的湖泊在影像上的 Blue-Red 平均值，采样点值为依据采样点
提取的用于建立模型的像元 Blue-Red 值

从 Landsat 数据大气校正方法来看，这种方法通常用于移除气溶胶散射的影响，而不能消除瑞利散射的影响，但是蓝光波段恰恰受瑞利散射的影响最大，导致蓝光波段的反射率偏大，从而使 Blue-Red 的值大于 0，而 MODIS 数据校正了瑞利散射的影响，Blue-Red 的值通常小于 0，说明蓝光波段的值小于红光波段，如果蓝光波段的值较大，说明光在水体中的穿透能力较强，即 K_d(PAR)较小，因为 Landsat 数据未能消除瑞利散射的影响，使蓝光波段反射率偏高，所以反演得到的 K_d(PAR)相比 MYD09GA 数据偏小。

虽然 MOD 模型的反演结果相对偏高，但是从交叉检验的结果来看，其平均相对误差都比较小，而且模型的 R^2 相对较高，说明其模型精度可以用于 K_d(PAR)的反演。此外，虽然 MOD 模型与 Landsat 模型反演结果存在一些差异，但是它们反演结果的趋势还是非常一致的，表明两个模型都可以用于 K_d(PAR)的反演。

为了比较 MOD 模型与 Landsat 模型反演结果在空间表现上的一致性，以大庆市周边湖泊 2013 年 10 月 7 日及呼伦湖 2015 年 9 月 14 日的反演结果为例，对比分析反演结果，如图 8.8 和图 8.9 所示。

从图 8.8 和图 8.9 可以看出，Landsat 模型与 MOD 模型反演结果的取值范围差异很大，例如大庆市周边湖泊 Landsat 反演结果为 1.0～13.9 m^{-1}，而 MYD09GA 反演结果为 1.3～22.3 m^{-1}，但是最大值只出现在个别湖泊的个别像素，说明大部分像元反演结果的范围比较接近，只是一小部分像元值反演结果偏大，这可能与 MODIS 数据空间分辨率较低，部分水体像元受噪声的影响比较大有关。图 8.9 中的大龙虎泡、南引水库、月亮泡的 MOD 模型反演结果偏大，而其他湖泊反演结果比较一致。对于一些较小的湖泊，受空间分辨率的限制，MODIS 数据不能反映 K_d(PAR)的空间变化趋势，而 Landsat 的反演结果更能体现一些细节信息。对于大型湖泊如呼伦湖，Landsat 和 MODIS 数据反演结果在空间上也表现得

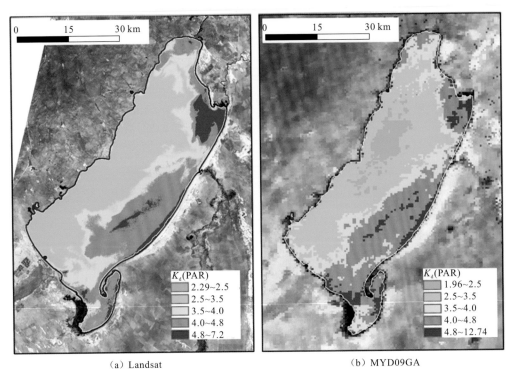

（a）Landsat （b）MYD09GA

图 8.8 呼伦湖 Landsat 与 MYD09GA 反演结果对比

（a）Landsat （b）MYD09GA

图 8.9 大庆市周边湖泊 Landsat 与 MYD09GA 反演结果对比

非常一致，说明 MODIS 数据也能较好地反映透明度的空间变化趋势。同时由于 MODIS 数据空间覆盖范围广、重访周期短，其在大空间尺度应用中优势比较明显，特别是应用于大型湖泊。

MYD09GA 为 Aqua 卫星 MODIS 数据逐日的陆地反射率产品，其影像通常受云的影响非常大，在大区域范围内很少能够获取一幅无云的影像，因而会限制它的广泛应用。MYD09A1 是陆地反射率 8 天合成的产品，它对 8 天内的日反射率数据进行分析，综合考虑视数、视角、气溶胶、云及云阴影的影响，选取每个像素最好条件下的值作为该像素的最终值，因而影像质量较好，可用于大范围的反演。

为了分析日反射率产品建立的模型应用于 8 天合成产品时是否可行，将 MOD 模型分别应用于 MYD09GA 和 MYD09A1 数据并对比反演结果。选取的影像数据日期见表 8.4。其中 MYD09GA 选择的数据与表 8.3 中 Landsat 对比时选择的数据相同，然后按照其成像时间选择了 MYD09A1 数据。

表 8.4 MYD09GA 与 MYD09A1 影像选取结果

地点	MYD09GA 日期	MYD09A1 日期
大庆市周边湖泊及月亮泡	2013-10-07	2013-09-30～10-07
大庆市周边湖泊及月亮泡	2012-08-09	2012-08-04～08-11
大庆市周边湖泊及月亮泡	2010-09-13	2010-09-06～09-13
大庆市周边湖泊及月亮泡	2010-09-29	2010-09-22～09-29
大庆市周边湖泊及月亮泡	2011-10-02	2011-09-30～10-07
大庆市周边湖泊及月亮泡	2015-05-22	2015-05-17～05-24
大庆市周边湖泊	2015-09-10	2015-09-06～09-13
大、小兴凯湖及青年水库	2012-09-07	2012-09-05～09-12
大、小兴凯湖及青年水库	2009-10-09	2009-10-08～10-15
二龙湖及新立城水库	2011-06-05	2011-06-02～06-09
二龙湖及卧龙湖	2015-04-20	2015-04-15～04-22
查干湖及新庙泡	2015-04-20	2015-04-15～04-22
呼伦湖	2015-09-14	2015-09-14～09-21

MYD09A1 数据的处理方法与 MYD09GA 数据相同，均使用取平均值的方法。在判断像元质量好坏时都使用了 QC 波段，但是因为 MYD09A1 数据还有一个记录合成产品质量的波段即 State QA 波段，因此使用该波段对质量不好的像元进行剔除。根据 MODIS 陆地反射率产品的用户文档，State QA 波段的像元值是 16 bit 的无符号整型值（unsigned integer），可以转换为 16 位的二进制值，具体格式如式（8.10）所示。

$$\underbrace{00}_{1\sim2}\ \underbrace{0}_{3}\ \underbrace{000}_{4\sim6}\ \underbrace{00}_{7\sim8}\ \underbrace{00}_{9\sim10}\ \underbrace{0}_{11}\ \underbrace{0}_{12}\ \underbrace{0}_{13}\ \underbrace{0}_{14}\ \underbrace{0}_{15}\ \underbrace{0}_{16} \tag{8.10}$$

16 个二进制位分别表示云、云阴影、陆地与水体标志、气溶胶等多种情况，其中第 1～2 位如果为 00 表示该像元不受云的影响，第 3 位为 0 表示不受云阴影的影响，第 7～8 位为 11 则表示气溶胶含量较高。主要对像元是否为云、是否受云阴影的影响、气溶胶含量进行判断，如果像元不为云且不受云阴影的影响，同时气溶胶含量不高，则认为该像元质量

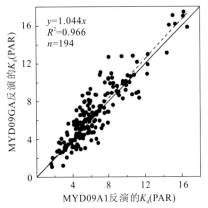

$y=1.044x$
$R^2=0.966$
$n=194$

图 8.10　MYD09A1 与 MYD09GA 反演结果对比

较好，可以参与计算湖泊 $K_d(PAR)$ 平均值。

对比其反演结果如图 8.10 所示，可以看出两者的反演结果比较一致，其线性回归结果的直线斜率为 1.044，但是从图中可以看出一些点偏离 1∶1 线较远，说明它们的反演结果差异较大，主要是因为 MYD09A1 是合成产品，考虑云和气溶胶的多种影响，选用像元值的日期与 MYD09GA 的日期可能会相差几天，当天气特别是风速相差较大时，一些湖泊的 $K_d(PAR)$ 值在短短几天内会相差较大，因此也会导致 MYD09A1 与 MYD09GA 数据的反演结果差异较大。总体来看，由于 MYD09A1 与 MYD09GA 的数据源比较一致，因此可以将由 MYD09GA 数据建立的模型应用于 MYD09A1 数据，而且其反演结果不会相差很大，只有湖泊在 8 天内的 $K_d(PAR)$ 发生巨大变化的情况下，才会导致两种数据反演结果差异较大，当短期内湖泊水体特性变化程度不大时，可以使用 MYD09A1 数据进行大区域的 $K_d(PAR)$ 反演。

通过多元逐步回归分析建立 Landsat 数据、MODIS 数据反演 $K_d(PAR)$ 的模型发现，对两种数据来说，均是蓝光与红光波段的差值与 $K_d(PAR)$ 的相关关系最好。交叉检验的结果表明两种模型的反演精度均较高，能够满足反演的精度需求，其中 MODIS 数据建立的模型精度高于 Landsat 数据的模型精度。对两种模型反演结果的一致性进行分析，发现 MODIS 数据的反演结果比 Landsat 数据反演结果偏高，这与两种数据的空间分辨率不同、参与建立模型的影响日期不同、大气校正方法不同有关，但是两个模型反演结果的趋势比较一致，且反演结果在空间分布上也比较一致。将 MODIS 日反射率产品建立的模型应用于 8 天合成反射率产品，发现两者的反演结果非常一致。MODIS 数据以大空间覆盖范围、高时相分辨率可以应用于大尺度的 $K_d(PAR)$ 反演，而 Landsat 数据由于空间分辨率相对较高，对一些面积较小或形状比较狭长的湖泊比较适用，能够反映 $K_d(PAR)$ 空间变化的细节。

8.2.2　湖泊漫射衰减系数空间分布分析

为了获得东北地区的真光层深度，利用 Landsat 数据根据上述模型对湖泊的 $K_d(PAR)$ 进行反演。选取数据之前先根据东北水体分布数据选择面积大于 5 km² 的水域，然后根据水域位置确定需要的影像行列号。选取的影像主要为 2015 年 9 月东北地区的 Landsat8 OLI 数据，当区域没有质量较好的影像时，选择 2015 年其他月份或 2014 年 9 月的影像进行替代，共选取了 33 景影像，选取的影像日期和行列号见表 8.5。

表 8.5　东北地区 $K_d(PAR)$ 反演所用 Landsat 影像日期

影像日期	影像行列号	影像日期	影像行列号
2014-09-06	121028	2014-09-15	120028
2014-09-10	117031	2014-09-21	114028

影像日期	影像行列号	影像日期	影像行列号
2014-09-24	119028	2015-09-14	124026，124025，124030
2015-07-05	123026	2015-09-15	115029，115028
2015-07-07	121031，121029	2015-09-20	118030，118032，118028
2015-08-26	119025	2015-09-27	119030
2015-09-04	118026，118031，118027，118026	2015-09-29	117029，117028，117030
2015-09-06	116029	2015-10-04	120028，120027，120026
2015-09-13	117026	2015-10-13	119031，119029，119030，119032

反演前先利用改进的归一化差异水体指数（徐涵秋，2005）对水体边界进行提取，使水体边界与影像能更好地匹配，然后选取 178 个面积大于 5 km^2 的湖泊进行反演，即辐射定标为大气层顶部并经过大气校正后，将各个湖泊视为感兴趣区域（ROI）进行反演。

东北地区 K_d(PAR)的反演结果如图 8.11 所示。图 8.11（4）中湖泊主要位于松嫩平原西部，其 K_d(PAR)相对其他地区较高，这主要是因为该区域为半干旱半湿润区，蒸发量较大，湖泊集水区多为盐碱化农田和牧场，部分湖泊为尾闾湖，造成湖水盐碱度大，湖水较为浑浊（Song，2013），另外，该区域风速也较大，而且湖盆较浅，容易造成颗粒物的再悬浮作用，使光的衰减较强。图 8.11（6）和（7）覆盖区域主要为东北地区的东部山区，该地区湖泊也主要以水库形式存在，其 K_d(PAR)相对较小，说明水体比较清澈。一方面是因为山体植被覆盖度较高，水流携带的泥沙浓度较低，且水库水流较慢，悬浮物发生沉积，使水体透明度较高。另一方面山区水库较为狭长，深度较大，且受山体阻挡，风力对其影响较小，泥沙的再悬浮作用很弱。

反演出各个湖泊的 K_d(PAR)后，按前述方法统计各个湖泊的 K_d(PAR)平均值，178 个湖泊的 K_d(PAR)平均值在 0.49～15.80 m^{-1} 变化。其中 K_d(PAR)最大的湖泊出现在黑龙江省八五一一农场水库[图 8.12（a）]，其次为青年水库[图 8.12（b）]，平均值分别为 15.80 m^{-1}、13.94 m^{-1}，从影像上看，其真彩色合成时水体颜色近似黄色，这主要是由悬浮物浓度较高引起的。图 8.12（c）～（f）的 K_d(PAR)平均值均小于 1 m^{-1}（分别为 0.94 m^{-1}、0.64 m^{-1}、0.49 m^{-1}、0.64 m^{-1}），但它们的影像光谱差异较大，图 8.12（c）～（e）所示湖泊为山区水库，水体较为清澈，在真彩色合成影像上接近蓝色，而图 8.12（f）所示的三个湖泊真彩色合成影像上接近黑色，这主要是因为它们周围存在大面积的湿地，水中 CDOM 浓度较高，对光的吸收较强，离水辐射较低，导致反演的 K_d(PAR)值也较小，而实际的 K_d(PAR)值应该较大。可以看出，对光学特性影响因素差异很大的水体应用相同的反演模型可能会带来较大的误差，因此如果能先按照光学活性物质的主导因素对水体进行分类，然后再分别反演，应该可以取得较好的反演效果（Le et al.，2011）。

利用 Landsat 数据对东北地区湖泊 2015 年 9 月的 K_d(PAR)进行反演，发现不同区域湖泊的 K_d(PAR)相差较大。K_d(PAR)最大的湖泊为三江平原的八五一一农场水库和青年水库，主要原因是它们的悬浮颗粒物浓度较大，松嫩平原西部湖泊的 K_d(PAR)普遍高于其他区域，东部山区水库的 K_d(PAR)普遍较小。利用 MODIS 反射率 8 天合成产品反演东北地区 10 个

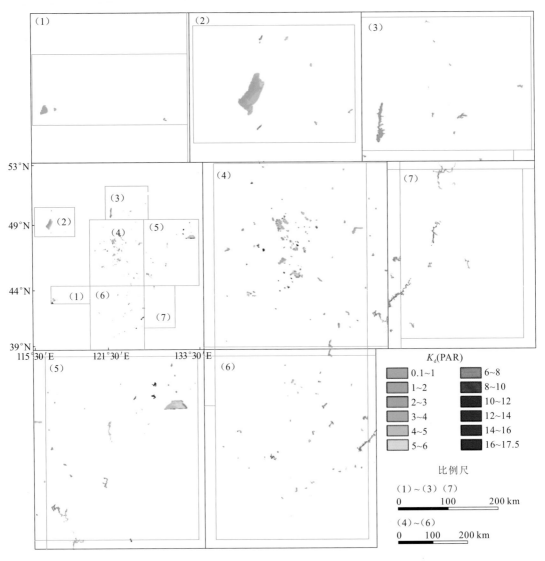

图 8.11　东北地区 K_d(PAR)反演结果

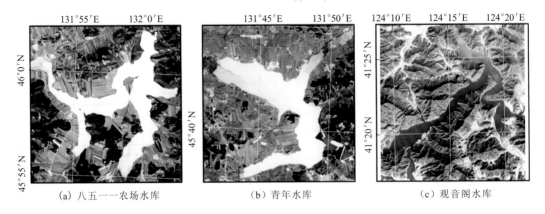

（a）八五一一农场水库　　　　　（b）青年水库　　　　　（c）观音阁水库

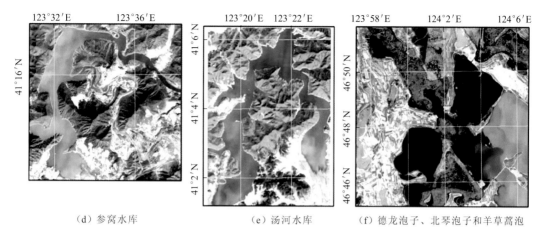

| （d）参窝水库 | （e）汤河水库 | （f）德龙泡子、北琴泡子和羊草蒿泡 |

图 8.12　K_d(PAR)反演结果中最大及最小湖泊真彩色合成影像

较大的湖泊在 2015 年 5～10 月的 K_d(PAR)，发现各湖泊年内变化并没有一致的规律，因为每个湖泊各自的特点及受环境因素的影响不同，部分湖泊在丰水期 K_d(PAR)较小，而部分湖泊在丰水期 K_d(PAR)较大。

8.2.3　典型湖泊漫射衰减系数年内变化分析

Landsat 卫星数据的时相分辨率较低，且容易受到云的影响，较难进行同一湖泊较高频率的反演与检测。MODIS 数据虽然空间分辨率较低，但是时间分辨率很高，可以对同一湖泊进行高频率观测。MODIS 数据与 Landsat 数据的反演结果比较一致，特别是对于比较大型湖泊，其反演结果在空间分布上也比较一致，因此可以利用 MODIS 数据对大型湖泊进行高时间频次反演，进而分析湖泊真光层深度的变化情况。

MYD09GA 数据中云的影响较大，MYD09A1 数据通过对 8 天数据合成，可以减小云的影响，且两者反演 K_d(PAR)的结果比较一致，利用 MYD09A1 数据反演并分析东北地区大型湖泊的 K_d(PAR)时间变化趋势，选择影像时间为 2015 年 5 月 1 日～10 月 16 日的 MYD09A1 数据，共 21 期，每期需要 h25v03、h25v04、h26v03、h26v04、h27v04、h27v05 共 6 景影像才能覆盖东北全境。

反演时对数据的处理方法与前述方法相同，即只对水体边界向内缓冲 500 m 后覆盖的像元进行计算，同样采用质量波段对参与取湖泊平均值的像元进行筛选，然后计算湖泊 K_d(PAR)的平均值。由于有时覆盖某个湖泊的 8 天内的影像均会受到云的影响，在对像元质量进行判断后统计可用的像元与总像元的个数，并计算其百分比，当可用像元百分比大于 40%时，则将计算的结果视为该时间段内湖泊 K_d(PAR)的平均值，否则不采用该值，记该时间段内的值缺失，如果一个湖泊的缺失值太多，则不能用于 K_d(PAR)时间变化的分析。最终共选取分布在东北地区的 10 个湖泊进行分析，分别为查干湖、大兴凯湖、小兴凯湖、呼伦湖、南引水库、达里诺尔、大庆水库、连环湖、尼尔基水库、月亮泡，它们的面积均大于 50 km^2。这些湖泊中缺失值最多的为南引水库，有 4 个时间段的值缺失，而查干湖、大兴凯湖、呼伦湖没有缺失值，整体上来看，选取的湖泊可用值个数能够满足 K_d(PAR)的时间变化趋势分析。分析 10 个湖泊 K_d(PAR)的变化趋势，结果如图 8.13 所示。

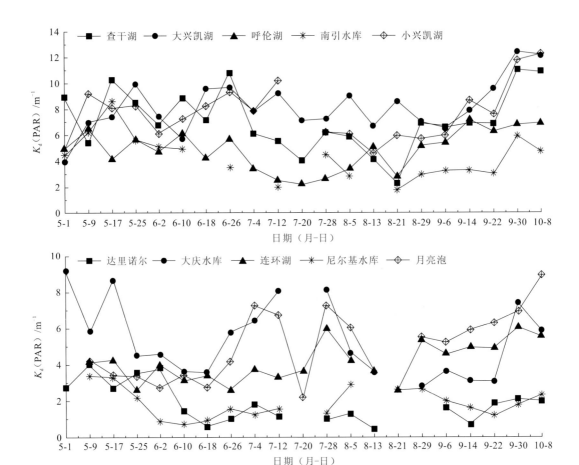

图 8.13 东北地区大型湖泊 $K_d(PAR)$ 2015 年年内变化

从图 8.13 可以看出,各湖泊的 $K_d(PAR)$ 年内变化均没有明显统一的规律,波动情况比较随机,因为各湖泊分布在不同地区,所受环境因素影响的差异较大。只有大兴凯湖与小兴凯湖的波动规律比较相近,这是因为两个湖泊空间距离较近,受风力、降水等自然因素的影响比较一致。呼伦湖、尼尔基水库、查干湖、南引水库在 2015 年 5~6 月时 $K_d(PAR)$ 较高,进入 7~8 月后 $K_d(PAR)$ 逐渐降低,通常一年中的最低值出现在这段时间内,而后在 9~10 月 $K_d(PAR)$ 又逐渐升高。这可能是因为 7~8 月为丰水期,湖泊水量较大,水体相对清澈,而其他两个时期为枯水期,水体中悬浮颗粒物浓度相对较高。屈明月(2014)对丹江口水库不同时期真光层深度分析也发现,丰水期的真光层深度一般大于枯水期,即 $K_d(PAR)$ 在丰水期小于枯水期。月亮泡的 $K_d(PAR)$ 在 5~6 月变化相对较为平稳,但是在 7 月后 $K_d(PAR)$ 开始升高,图 8.13 中月亮泡在 7 月 20 日的值明显低于它相邻两个日期的值,这是因为该时段计算 $K_d(PAR)$ 均值的可用像素百分比为 57.4%,而相邻两个时段可用像素均达到 90% 以上,因此该点可能存在较大误差,$K_d(PAR)$ 在 7 月开始升高的原因可能是月亮泡的入湖河流洮儿河在丰水期悬浮物浓度较高,向湖中输送的泥沙量较大,导致湖水对光的衰减较大,而且月亮泡与嫩江相连通,也会受嫩江的影响。大庆水库在丰水期的 $K_d(PAR)$ 也比较高,其原因可能与月亮泡相同。

8.3　高分 5 号高光谱透明度反演

大区域范围内的湖泊光学特性复杂多样，不同光学活性物质主导的水体光谱虽然会有一些差异，但是对 Landsat 数据和 MODIS 数据而言，其光谱通道数较少，且 Landsat 卫星的光谱通道较宽，未必能够捕捉到这些差异，因此影像上光谱表现相同的水体其 $K_d(PAR)$ 不一定相同，例如对于 CDOM 浓度较高的湖泊，由于吸收作用较强而散射作用较弱，离水辐射较低，在影像上的表现与清澈的水体会比较相近，但是它们的 $K_d(PAR)$ 其实差异较大。利用高光谱数据便可以捕捉到这些差异，基于光谱数据将水体分成不同的类型（Le et al.，2011），针对不同类型的水体建立反演模型，可以提高反演精度。

8.3.1　基于固有光学量反演透明度

基于 QAA 计算得到水体固有光学量 $a(\lambda)$ 和 $b_{bp}(\lambda)$ 后，可以用于反演水体透明度，但先要计算中间变量 K_d。根据辐射传输理论，K_d 可以由吸收系数和后向散射系数计算得到，Lee 等（2013）根据式（8.11）完成 K_d 的反演：

$$K_d(\lambda) = \left(1 + m_0 \times \theta_s\right) a(\lambda) + \left(1 - \gamma \frac{b_{bw}(\lambda)}{b_b(\lambda)}\right) \times m_1 \times \left(1 - m_2 \times e^{-m_3 \times a(\lambda)}\right) b_b(\lambda) \qquad (8.11)$$

式中：θ_s 为太阳天顶角；a 为水体总吸收系数；b_{bw} 为纯水的后向散射系数；b_b 为水体后向散射系数；总悬浮物后向散射系数 b_{bp}、b_{bw}、$m_{0\sim3}$ 和 γ 分别为 4.26、0.52、10.8 和 0.265。

Lee 等（2015b）提出水体透明度 Z_{sd} 反演可通过式（8.12）进行计算，因此可以在半解析模型的基础上进行 Z_{sd} 反演：

$$Z_{sd} = \frac{1}{2.5 \min(K_d(tr))} \ln\left(\frac{|0.14 - R_{rs}(tr)|}{0.013}\right) \qquad (8.12)$$

式中：$\min(K_d(tr))$ 为水体在 410～665 nm 可见光范围内的漫射衰减系数的最小值；$R_{rs}(tr)$ 为 K_d 最小值对应波段的遥感反射率。

8.3.2　基于水面实测光谱数据反演透明度

随着海洋水色遥感技术的发展及水色产品制作业务化，利用遥感手段监测水体透明度（Z_{sd}）的问题，傅克忖等（1999）根据现场采集数据，采用统计回归算法由离水辐亮度及遥感反射比估算海水透明度。何贤强（2002）根据水下光谱辐射传输理论及对比度传输理论，开展了利用 SeaWiFS 提取海水透明度的模式研究，建立了海水透明度的定量遥感模式。海水透明度与漫射衰减系数的倒数有较好的相关性，因此采用同样因子线性回归得

$$\ln SD = 0.819 - 36.885(R_{rs}(555) + R_{rs}(670)) + 1.24(R_{rs}(490) / R_{rs}(555)) \qquad (8.13)$$

可以发现在透明度反演关系式中，各系数与漫射衰减系数为倒数关系，说明透明度与漫射衰减系数呈负相关。数据使用 Excel 的 Rand 函数随机划分，其中 2/3 的数据（58 个样点）设置为训练集，1/3 数据（29 个样点）划分为验证集，模型通过训练及交叉验证，最后完成预测与误差分析。实验结果表明，湖泊在蓝、绿、红及近红外波段的反射率与水质

参数的相关性均较好，因此在模型的构建中，将所有波段纳入训练。查干湖为浑浊水体，透明度受水中非生物物质对光吸收和散射的影响，反射率与透明度的相关性会随着时间及季节而发生变化。利用 SVM 算法训练模型，主要是将相关性较好的波段纳入模型的训练，因此决定将各波段投入 SVM 算法中，通过 400～865 nm 的 15 个全波段进行训练，得到模型效果最显著，最终确定反演模型。SDD 模型的构建相关系数达 0.934，其线性模型的斜率为 0.896，RMSE 为 2.115 cm，MAE 为 1.036，数据均匀分布在 1∶1 线的两侧。

使用半解析模型（QAA-V5、QAA-V6、QAA-L09 和 QAA-M14 算法），基于与 AHSI 影像数据中心波长最接近的水面实测光谱数据 $R_{rs}^{m}(\lambda)$ 进行 Z_{sd} 反演，利用与实测光谱数据同步实验获取的 Z_{sd} 作为真值进行检验（图 8.14），通过 MRE、RMSE 和 R^2 对不同半解析模型的 Z_{sd} 反演结果进行精度评价。

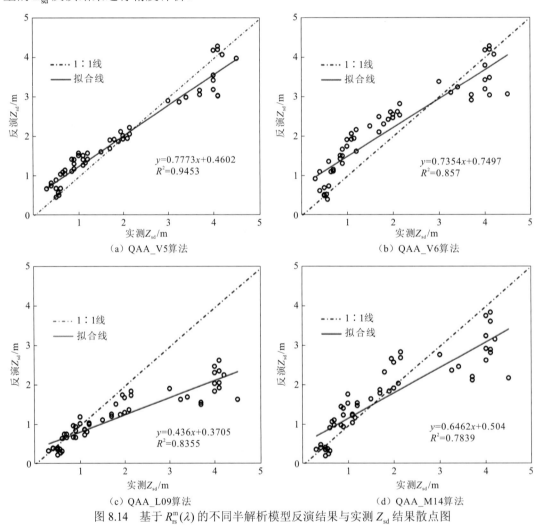

图 8.14　基于 $R_{rs}^{m}(\lambda)$ 的不同半解析模型反演结果与实测 Z_{sd} 结果散点图

表 8.6 所示为基于 $R_{rs}^{m}(\lambda)$ 的不同半解析模型反演 Z_{sd} 精度评价。可以发现，QAA_V6 算法和 QAA_L09 算法的 Z_{sd} 反演精度较差，其中 QAA_V6 算法的 MRE 为 43.14%，QAA_L09 算法反演结果的 RMSE 为 1.07 m。QAA_V5 算法的反演结果与实测 Z_{sd} 具有较好的一致性，该算法的 MRE、RMSE 和 R^2 分别为 27.54%、0.4 m 和 0.95；QAA_M14 算法是在 QAA 基

础上针对浑浊水体改进提出的，由于在较清澈水体中 Z_{sd} 反演精度略差，因此整体上的反演精度要略低于 QAA_V5 算法，MRE、RMSE 和 R^2 分别为 28.09%、0.69 m 和 0.78。

表 8.6　基于 $R_{rs}^m(\lambda)$ 的不同半解析模型反演 Z_{sd} 精度评价

项目	数量	QAA_V5	QAA_V6	QAA_L09	QAA_M14
MRE/%	53	27.54	43.14	29.27	28.09
RMSE/m	53	0.40	0.60	1.07	0.69
R^2	53	0.95	0.86	0.84	0.78

综合考虑 MRE、RMSE 和 R^2，QAA_V5 算法的 Z_{sd} 反演精度最高，其次是 QAA_M14 算法。因此，选择 QAA_V5 和 QAA_M14 算法进一步应用于 AHSI 影像数据。

8.3.3　基于高分 5 号 AHSI 影像数据反演透明度

使用 QAA_V5 和 QAA_M14 算法基于高分 5 号 AHSI 影像数据 $R_{rs}^c(\lambda)$ 进行 Z_{sd} 反演，并利用与 AHSI 影像数据同步/准同步的 Z_{sd} 数据进行精度评价，如图 8.15 所示。

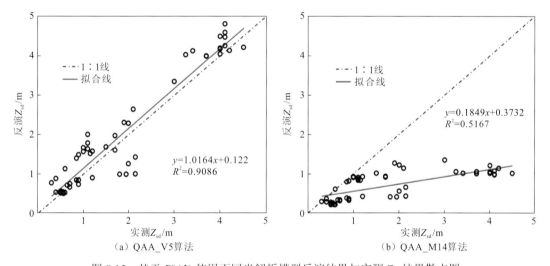

图 8.15　基于 $R_{rs}^c(\lambda)$ 使用不同半解析模型反演结果与实测 Z_{sd} 结果散点图

表 8.7 所示为基于 $R_{rs}^c(\lambda)$ 使用不同半解析模型反演 Z_{sd} 精度评价，可以发现，QAA_M14 算法的 Z_{sd} 反演精度较低，其 MRE、RMSE 和 R^2 分别为 50.80%、1.62 m 和 0.52。QAA_V5 算法的 Z_{sd} 反演结果与实测数据具有较强的一致性，在 4 个湖库的 MRE、RMSE 和 R^2 分别为 28.05%、0.46 m 和 0.91，符合水色遥感的主流精度。因此，可以使用 QAA_V5 算法基于 AHSI 影像数据反演内陆水体 Z_{sd}。

表 8.7　基于 $R_{rs}^c(\lambda)$ 使用不同半解析模型反演 Z_{sd} 精度评价

项目	数量	QAA_V5	QAA_M14
MRE/%	53	28.05	50.80
RMSE/m	53	0.46	1.62
R^2	53	0.91	0.52

基于精度最高的QAA_V5算法完成研究区4景AHSI影像数据的Z_{sd}反演,可以从图8.16看出不同研究区水体Z_{sd}的空间分布情况:①潘家口水库的Z_{sd}分布情况比较均匀,Z_{sd}整体上在4 m左右;②大黑汀水库最北端的Z_{sd}略低于其他区域,其中大部分区域的Z_{sd}在2 m左右;③官厅水库的西南部的Z_{sd}明显高于东北部区域,其中西南部的Z_{sd}在2 m左右、东北部的Z_{sd}在1 m左右;④太湖受AHSI影像数据的局限性及云层的影响,空间分布特征不明显,其整体的Z_{sd}在1 m左右,部分区域的Z_{sd}小于0.5 m。

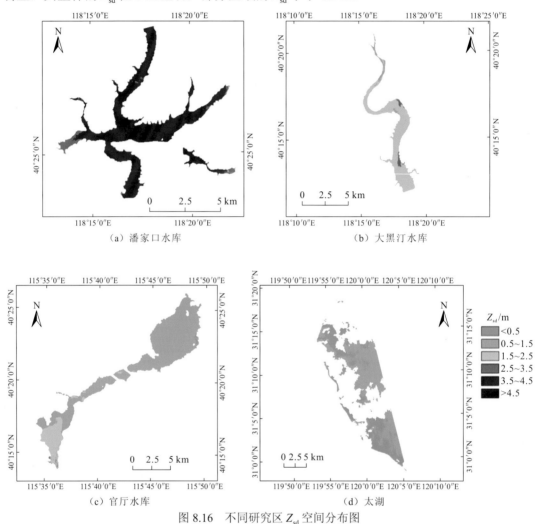

(a)潘家口水库　　　　　　　　　　（b）大黑汀水库

(c)官厅水库　　　　　　　　　　　（d）太湖

图8.16　不同研究区Z_{sd}空间分布图

8.4　漫射衰减系数与其他参数的关系

基于东北地区的采样数据,分析东北地区水体光学活性物质的吸收系数特征、$K_d(PAR)$与水体光学活性物质、透明度的关系,计算 $K_d(PAR)$ 与三种水体光学活性物质的灰色关联度。

8.4.1 漫射衰减系数与透明度的关系

水体透明度是野外最容易测量的参数（Lee et al.，2015b），也能够表示光在水体中的衰减，因此可以对 $K_d(PAR)$ 与透明度进行相关性分析，建立由透明度计算 $K_d(PAR)$ 的方法，进而计算真光层深度。湖泊的透明度数据测量时间通常较长，利用透明度的变化反映 $K_d(PAR)$ 的变化可以为研究 $K_d(PAR)$ 的长时间变化趋势提供帮助。

在海洋调查中，经常采用塞氏盘深度来推算垂直漫射衰减系数。两者的关系主要存在 Poole 等（1929）模式。将透明度与水下光场变化进行比较，透明度与水体漫射衰减系数成反比关系。这个关系可以从朗伯-比尔定律来获得

$$E_d(SD) = E_d(0^-)\exp(-K_d \cdot SD) \tag{8.14}$$

式中：SD 为水体透明度；0^- 为 0 m 水深下界面。

求解 SD 为

$$SD = -\frac{\ln\left[\dfrac{E_d(SD)}{E_d(0^-)}\right]}{K_d} \tag{8.15}$$

这里值得注意的是，要使朗伯-比尔定律成立，必须是对窄波段而言，否则，由于不同波段的水体漫射衰减系数不同，朗伯-比尔定律不成立。如在红光波段的水体漫射衰减系数一般比蓝光波段大。但实际上，光透到透明度盘深度时，一般为单色光。Jerlov（1977）指出，对于清洁水体，当辐照度降到表层的 30%时，蓝光（430～480 nm）成为主导波段，而对于湖泊和近岸水体，一般黄绿光（530～580 nm）为主导波段。因此，式（8.15）中的 K_d 是指水体中穿透能力最强的窄波段的漫射衰减系数。同理，$E_d(0^-)$、$E_d(SD)$ 也是指在水次表面和透明度盘深度窄波段的向下辐照度。

令 $A = -\ln\left[\dfrac{E_d(SD)}{E_d(0^-)}\right]$，则有

$$SD = \frac{A}{K_d} \tag{8.16}$$

即透明度与水体中穿透能力最强的窄波段的漫射衰减系数成反比。Robert 等（1989）根据在东南地中海测得的透明度与水下光场分布资料，统计出 $\dfrac{E_d(SD)}{E_d(0^-)} \approx 22\% \pm 3\%$（95%的置信度）。这样 $A \approx 1.54 \pm 0.13$，故有

$$SD \approx \frac{1.54}{K_d} \tag{8.17}$$

对于近岸水体，A 取值为 1.4，可见在利用透明度计算真光层深度时，需要根据区域实测数据计算适用于该区域的参数。

$\overline{K_d}(490)$ 和 SD 的反演关系式非常相似，于是这里很自然地想到比较 $\ln(\overline{K_d}(490))$ 与 $\ln SD$ 的相关性。经过线性回归计算，得到

$$\ln(\overline{K_d}(490)) = 0.248 - 0.993\ln SD \tag{8.18}$$

相关系数 $R^2=0.87$。两边用 e 乘幂，变成

$$\overline{K_d}(490) = 1.2815(SD)^{-0.993} \qquad (8.19)$$

图 8.17 为漫射衰减系数与透明度的乘幂关系图。如果已知透明度 SD，利用式（8.19）计算 $\overline{K_d}(490)$，计算值与实测值的平均相对误差为 21.8%。如果是比较透明度的倒数与漫射衰减系数的线性关系，用在黄海、东海可表示为 $\overline{K_d}(490) = 1.676SD^{-1} - 0.103$，相关系数为 0.93，比前面的结果要高一点，但是计算 $\overline{K_d}(490)$ 值与实测值的平均相对误差为 33.3%，不及前面的精度高。

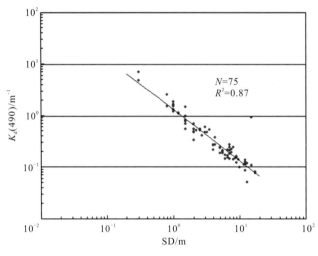

图 8.17　漫射衰减系数与透明度的乘幂关系图

8.4.2　K_d(PAR)与光学活性物质浓度的灰色关联度

以 CDOM 355 nm 处的吸收系数表示 CDOM 浓度，利用所有采样点数据计算 K_d(PAR) 与各光学活性物质浓度之间的灰色关联度，其结果如表 8.8 所示。可以看出三种关联度计算结果比较一致，悬浮物浓度与 K_d(PAR)的关联度最大。

表 8.8　光学活性物质浓度与 K_d(PAR)的灰色关联度

项目	TSM	$a_{CDOM}(355)$	Chl-a
邓氏关联度	0.82	0.51	0.61
改进的广义绝对关联度	0.85	0.69	0.67
绝对关联度	0.97	0.87	0.85
皮尔逊相关系数	0.95	-0.08	-0.09

为了统计结果比较可信，选择采样点数不少于 10 个的湖泊，计算单个湖泊 K_d(PAR) 与光学活性物质之间的灰色关联度，结果如表 8.9 所示。可以看出虽然不同湖泊的关联度值有较大不同，但均是悬浮物浓度与 K_d(PAR)的关联度最大。分析表 8.9 中 7 个湖泊的总颗粒物吸收系数曲线（图 8.18）可以看出，部分湖泊的总颗粒物吸收系数曲线表现出浮游藻类色素的吸收特征，说明这些湖泊浮游藻类在总颗粒物的吸收中占有主导地位，但是它们 K_d(PAR)的主要影响因素依然是悬浮物，这与时志强（2012）对博斯腾湖的研究结果一致。

表 8.9 单个湖泊 $K_d(PAR)$ 与光学活性物质之间的灰色关联度

湖名	OACs	邓氏关联度	改进的广义绝对关联度	绝对关联度	皮尔逊相关系数
白山水库	TSM	0.77	0.91	0.92	0.94
	$a_{CDOM}(355)$	0.47	0.78	0.82	-0.07
	Chl-a	0.73	0.87	0.91	0.94
小兴凯湖	TSM	0.83	0.77	0.88	0.87
	$a_{CDOM}(355)$	0.57	0.47	0.76	-0.78
	Chl-a	0.73	0.74	0.74	0.17
莲花湖	TSM	0.86	0.93	0.92	0.98
	$a_{CDOM}(355)$	0.55	0.71	0.89	0.71
	Chl-a	0.66	0.72	0.77	0.21
镜泊湖	TSM	0.73	0.73	0.94	0.93
	$a_{CDOM}(355)$	0.63	0.87	0.92	0.93
	Chl-a	0.58	0.81	0.83	0.78
龙虎泡	TSM	0.73	0.65	0.86	0.51
	$a_{CDOM}(355)$	0.66	0.45	0.63	-0.49
	Chl-a	0.71	0.53	0.82	0.25
呼伦湖	TSM	0.73	0.54	0.78	0.49
	$a_{CDOM}(355)$	0.68	0.45	0.76	0.30
	Chl-a	0.65	0.30	0.75	-0.16
尼尔基水库	TSM	0.72	0.71	0.89	0.92
	$a_{CDOM}(355)$	0.62	0.56	0.81	0.79
	Chl-a	0.57	0.46	0.87	0.28

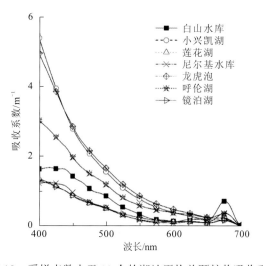

图 8.18 采样点数大于 10 个的湖泊平均总颗粒物吸收系数

8.4.3 $K_d(PAR)$与各光学活性物质相关性分析

对光学活性物质（OACs）浓度和$K_d(PAR)$进行线性回归分析，可以得到$K_d(PAR)$的主要影响因素，并确定$K_d(PAR)$与OACs的定量关系。分析所有采样点的$K_d(PAR)$与OACs的相关关系，以及按湖泊取平均值后的相关关系，结果如图8.19所示。可以看出$K_d(PAR)$与TSM的相关性最高，两种关系的R^2分别为0.907和0.949，其中取平均值后的线性关系R^2较高，这是因为在采样与实验中可能存在一些误差，出现一些异常点，通过取平均值可以减小误差的影响，从而提高模型的精度。各湖泊采样点的平均值也反映出各湖泊$K_d(PAR)$的影响因素在整体上表现一致，即TSM对$K_d(PAR)$的影响占主要地位。

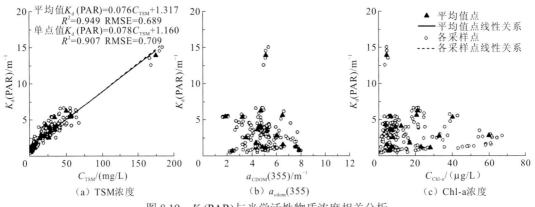

图8.19 $K_d(PAR)$与光学活性物质浓度相关分析

由上述分析可知，$K_d(PAR)$与TSM的相关性最好，但是对每个湖泊而言，其线性关系可能不同，因此针对每个湖泊分析$K_d(PAR)$与TSM的相关关系，结果如图8.20所示。从图中可以看出不同湖泊$K_d(PAR)$与TSM的关系有较大不同，部分湖泊之间的相关关系较好，如白山水库、尼尔基水库、镜泊湖等；部分湖泊两者相关关系较差，如呼伦湖、西葫芦泡等，其散点图分布较为离散，这可能是因为不同湖泊中影响水体光学特性的各物质含量的比例不同，导致对光学特征的贡献程度有所差异，一些湖泊可能主要受两种或三种光学活性物质的共同影响，而非单一TSM作用占据主导地位。此外，在PAR的野外测量过程中，受风浪影响，测量值会存在误差，当湖泊的$K_d(PAR)$变化不大时，这种误差会对分析结果造成较大的影响。

选取采样点数不少于7个的湖泊，分析$K_d(PAR)$与OACs浓度的关系，结果如表8.10所示。可以看出，不同湖泊$K_d(PAR)$与OACs的线性关系不同。如白山水库、新庙泡的$K_d(PAR)$与TSM、叶绿素a（Chl-a）的R^2均较高；小兴凯湖、莲花湖、喇嘛寺泡、尼尔基水库的$K_d(PAR)$与TSM、CDOM的R^2均较高；镜泊湖$K_d(PAR)$与三种光学活性物质的线性关系模型的R^2都较高。松花湖是采样湖泊中水体透明度最高的湖泊，其平均TSM浓度最低，但是它的Chl-a浓度、CDOM浓度与部分采样湖泊相比差异不大，因此$K_d(PAR)$与Chl-a、CDOM线性关系的R^2较高，而与TSM的R^2很低，表明不同湖泊OACs对$K_d(PAR)$的影响是不同的。

线性回归分析结果中不同自变量的系数可以用来评价该变量对因变量的影响程度，由于自变量的单位不同，需要使用标准化后的系数进行分析。用SPSS软件对上述湖泊的$K_d(PAR)$

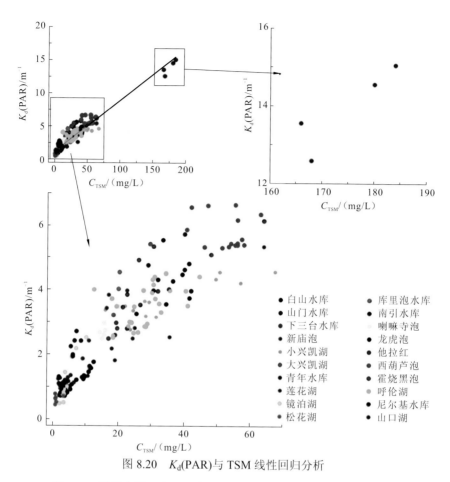

图 8.20 K_d(PAR)与 TSM 线性回归分析

表 8.10 采样点数不少于 7 个的湖泊 K_d(PAR)与光学活性物质相关分析

地名	OACs	截距	斜率	R^2	地名	OACs	截距	斜率	R^2
白山水库	TSM	0.575	0.085	0.892	喇嘛寺泡	TSM	0.328	0.154	0.805
	Chl-a	0.724	0.014	0.888		Chl-a	4.230	−0.024	0.123
	CDOM	1.381	−0.053	0.004		CDOM	−9.232	1.996	0.558
新庙泡	TSM	0.707	0.070	0.935	龙虎泡	TSM	2.287	0.050	0.326
	Chl-a	0.560	0.257	0.889		Chl-a	4.004	0.009	0.034
	CDOM	1.476	0.299	0.003		CDOM	4.614	−0.107	0.275
小兴凯湖	TSM	2.511	0.033	0.753	西葫芦泡	TSM	5.432	0.016	0.076
	Chl-a	3.335	0.050	0.029		Chl-a	8.946	−0.128	0.466
	CDOM	7.094	−0.778	0.610		CDOM	5.304	0.196	0.009
大兴凯湖	TSM	4.093	0.024	0.459	霍烧黑泡	TSM	2.003	0.073	0.209
	Chl-a	5.361	0.010	0.025		Chl-a	3.608	0.044	0.122
	CDOM	4.958	0.255	0.353		CDOM	0.025	0.878	0.191
莲花湖	TSM	0.356	0.178	0.962	呼伦湖	TSM	2.330	0.043	0.244
	Chl-a	1.404	0.024	0.046		Chl-a	3.722	−0.024	0.025
	CDOM	−6.606	1.954	0.509		CDOM	1.338	0.422	0.088

地名	OACs	截距	斜率	R^2	地名	OACs	截距	斜率	R^2
镜泊湖	TSM	−0.098	0.285	0.867	尼尔基水库	TSM	0.453	0.262	0.843
	Chl-a	0.352	0.038	0.607		Chl-a	1.336	0.051	0.076
	CDOM	−2.650	0.799	0.856		CDOM	−3.566	0.785	0.628
松花湖	TSM	0.564	0.080	0.223					
	Chl-a	0.526	0.029	0.773					
	CDOM	−0.961	0.681	0.733					

与 OACs 做多元线性回归分析,可以得到模型的非标准化系数与标准化系数,结果如表 8.11 所示。从表中可以看出,除松花湖外,TSM 的标准化系数均大于其他光学活性物质,说明 TSM 比 Chl-a、CDOM 对 $K_d(PAR)$ 的影响更大,TSM 的变化是造成 $K_d(PAR)$ 变化的主要因素。但是不同湖泊 TSM 对 $K_d(PAR)$ 的影响大小是不同的,其中莲花湖 TSM 的影响最大,白山水库 TSM 的影响最小,TSM 与 Chl-a 对 $K_d(PAR)$ 的影响比较相近。说明这些湖泊在整体上虽然表现得比较一致,但还具有一些差异性。

表 8.11　部分湖泊 $K_d(PAR)$ 与光学活性物质多元线性回归

地名	非标准化系数				标准化系数			R^2
	常量	TSM	Chl-a	CDOM	TSM	Chl-a	CDOM	
白山水库	0.636	0.048	0.006	—	0.533	0.420	—	0.899
新庙泡	0.562	0.045	0.103	—	0.627	0.376	—	0.961
蛤蟆通水库	−6.239	0.047	—	1.329	0.653	—	0.339	0.815
莲花湖	−0.504	0.169	—	0.219	0.926	—	0.080	0.966
喇嘛寺泡	−4.512	0.120	—	0.893	0.700	—	0.334	0.878
尼尔基水库	−0.985	0.208	—	0.255	0.729	—	0.258	0.873
镜泊湖	−1.862	0.217	0.501	−0.015	0.709	−0.311	0.580	0.954
松花湖	1.126	—	0.040	−0.274	—	1.218	−0.344	0.776

在 75 组数据中,各波段漫射衰减系数、海表悬浮物浓度与叶绿素 a 浓度之间的相关系数 R^2 见表 8.12。

表 8.12　各波段漫射衰减系数与海表悬浮物浓度、叶绿素 a 浓度之间的相关系数

	SSC	Chl-a	$K_d(412)$	$K_d(443)$	$K_d(490)$	$K_d(510)$	$K_d(555)$	$K_d(670)$
SSC	1							
C_{Chl-a}	0.006	1						
$K_d(412)$	0.57	0.016	1					
$K_d(443)$	0.563	0.02	0.996	1				
$K_d(490)$	0.554	0.017	0.979	0.991	1			
$K_d(510)$	0.564	0.019	0.99	0.994	0.994	1		
$K_d(555)$	0.557	0.012	0.982	0.992	0.996	0.996	1	
$K_d(670)$	0.536	0.034	0.976	0.986	0.977	0.984	0.978	1

相比于悬浮泥沙，叶绿素 a 浓度与各波段 $\overline{K_d}(\lambda)$ 的相关系数非常小，说明在沿岸海域，悬浮物对水下光场的影响要远大于叶绿素 a 的影响，叶绿素 a 对水下光的传输影响，在很大程度上被掩盖了。对悬浮物浓度和 $\overline{K_d}(490)$ 分别作线性、二次和三次拟合回归，相关系数 R^2 分别为 0.554、0.581、0.581。试验发现，$\ln \text{SSC}$ 与 $\ln(\overline{K_d}(490))$ 的相关性非常好，相关系数达到 0.90。同样，透明度的对数 $\ln \text{SD}$ 与 $\ln(\overline{K_d}(490))$ 相关系数为 0.83。经过线性回归计算，得到

$$\ln \text{SSC} = 2.626 + 1.168 \ln \overline{K_d}(490) \tag{8.20}$$
$$\ln \text{SSC} = 2.96 - 1.192 \ln \text{SD} \tag{8.21}$$

等式两边乘幂后变为

$$\text{SSC} = 13.818 \overline{K_d}(490)^{1.168} \tag{8.22}$$
$$\text{SSC} = 19.298 \text{SD}^{-1.192} \tag{8.23}$$

图 8.21 为悬浮物浓度与漫射衰减系数的乘幂关系图。虽然不同湖泊主导吸收系数的光学活性物质不同，但是影响湖泊 $K_d(\text{PAR})$ 的主要因素是悬浮颗粒物浓度。邓氏关联度、改进的广义绝对关联度、绝对关联度的计算结果均表明，悬浮颗粒物浓度与 $K_d(\text{PAR})$ 的关联度最大。虽然不同湖泊的总悬浮颗粒物浓度与 $K_d(\text{PAR})$ 的相关关系不同，而且相关系数大小也有较大区别，但是整体的相关关系很强，悬浮颗粒物浓度可以解释 90% 的 $K_d(\text{PAR})$ 变化。

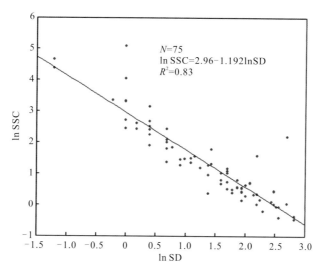

图 8.21　悬浮物浓度与漫射衰减系数的乘幂关系图

第 9 章　水华与水草高光谱遥感监测方法

当人类活动频繁密集，生活及工农业生产中产生的大量含有磷、钾、氮等营养元素的废污水进入水体后，水中的蓝藻、绿藻、硅藻等优势类群大量繁殖，在水体表面形成一层类似于油污的现象，称为水华。水华的暴发说明水环境已遭受了严重的破坏，同时它也是一种二次污染，通常伴有难闻的气味（马荣华 等，2008），附近水域水体颜色也会发生变化（段洪涛 等，2008）。水华现象在国内外屡见不鲜，已成为一种全球性的水质公害（李俊生 等，2009；高中灵 等，2006）。由于 20 世纪工业的发展，氮磷等营养元素的大量排放，美国许多河流如阿波普卡（Apopka）湖、麦迪逊（Madison）湖流域都暴发了水华。随着我国经济的快速发展，太湖（王甘霖，2015）、巢湖（王书航 等，2011）、滇池、洞庭湖（薛云 等，2015）、洪泽湖等湖泊呈现了富营养化的态势。2007 年，无锡市暴发了饮用水危机，其原因就是太湖蓝藻水华的暴发（张晓晴 等，2011）。水华不仅会危害水域生态环境中栖息生物的生存与发展，而且会破坏水域生态景观（金焰 等，2010），更会威胁人类身体健康（梁文广 等，2014）。因此，必须提高我国湖泊水华的时空分布监测能力（刘文杰，2013），这也是实现我国水环境治理从而改善水体环境的关键。

水草是一种可以生长在水中的草本植物（张寿选 等，2008），水草与水生动物、水体、底砂共同营造一个循环生态系统，它可以通过光合作用为水中动物提供氧气，同时水草本身也为一些鱼类等提供食物，而且水草可以吸收杂质、净化水质。水草对水体生态环境的意义重大（李继影 等，2014），监测湖泊中的水草分布是研究水草的基础。

在湖泊富营养化和水华频繁暴发的大环境下，对富营养化湖泊的水华、水草进行实时的监测已迫在眉睫。传统实地监测方法耗费人力物力，然而水华往往随风速、风向变化很快，实地监测很难达到效果。采用卫星遥感的手段对水华与水草的监测具有大范围、长时间周期、高效率、低成本等优势（徐昕，2012）。高光谱遥感是遥感领域的前沿研究方向，可以利用极小的光谱宽度探测多光谱数据不能探测到的地物特征，提升水华与水草的遥感监测能力。

9.1　水华与水草遥感提取方法

多源遥感数据如中等分辨率光谱辐射计、专题制图仪（thematic mapper，TM）（Pu et al.，2012）、增强型专题制图仪（Oyama et al.，2015a）、快鸟卫星、伊科诺斯卫星、高级陆地成像仪（Pu et al.，2013）、宽视场海洋观测传感器等已经广泛应用于水华和水草的监测中，国内外学者对水华暴发的区域如我国的太湖（晟姜 等，2014）、巢湖、洞庭湖、滇池、三峡水库（潘晓洁 等，2015），以及国外的波罗的海（Reinart et al.，2006）等区域做了相关研究，提出了单波段阈值、两波段差值与比值、浮游藻类指数（floating algae index，FAI）（Hu et al.，2010）、归一化蓝藻指数（林怡 等，2011）等算法，采用了决策树等模型（夏

晓瑞 等，2014）提取水华的空间分布，并对水华的发生机理（郑国臣 等，2013）、危害（李保全 等，2015）、成因（焦雅敏，2013）、驱动因素（官涤 等，2011）、防控措施（王娟，2011）及科学预测（赵超，2015）等方向进行探索。

Hu 等（2010）采用 9 年时间的 250 m 和 500 m 空间分辨率的 MODIS 数据做瑞利散射校正预处理，并结合 30 m 空间分辨率的 ETM+数据作为检验数据，研究了 2000～2008 年太湖水华的空间分布规律，提出了 FAI，先利用梯度法去除影像上水体颗粒浓度较大的区域（FAI<–0.01）和非常厚的水华区域（FAI>0.02），取得在小灰度范围内的众数梯度值，然后求得该众数梯度值对应像元的灰度均值作为该景水华提取的阈值，再基于各景影像的阈值进行统计得到一个统计阈值-0.004 来提取水华分布范围。Oyama 等（2015a）则提出了利用 FAI 和归一化差异水体指数（normalized difference water index，NDWI）相结合的水华、水草识别模型提取 TM 和 ETM+影像上的水华和水草区域，首先利用 FAI 提取出水体区域，再利用短波红外波段构建 NDWI 区分水华和水草，以日本与印度尼西亚的 9 个湖泊作为研究区，利用 FAI=0.05 和 NDWI=0.63 作为提取阈值，并分析了该模型在大气影响与混合像元效应下的稳定性。

Reinart 等（2006）利用多源传感器如 SeaWiFS 和 MODIS，以及中等分辨率成像光谱仪等探索了波罗的海水华的分布规律。Trescott（2012）则对目前利用卫星探测水华现状及今后的研究趋势给出了自己的判断。Kutser 等（2006）指出，300 m 分辨率的 MERIS 数据，可以结合 MERIS 数据第 6 波段附近的 630 nm 左右藻蓝蛋白的吸收峰，从而设计算法对蓝藻水华进行探测。Palmer 等（2015）结合叶绿素 a 浓度的物候特征探究了匈牙利巴拉顿（Balaton）湖的水华情况。

Matthews 等（2015）和 Matthews（2014）利用 MERIS 数据，采用了改进的最大波峰高度（maximum peak height，MPH）法，通过反演叶绿素 a 浓度的方法研究内陆水体的富营养化与水华暴发规律，利用在中国太湖、美国密歇根湖获取的大量实测数据检验发现，最大波峰高度法效果好于荧光基线高度（fluorescence line height，FLH） 法和最大叶绿素指数（MCI）法。Matthews （2014）对南非内陆 50 个主要湖泊的富营养化情况进行了监测，得出如下结论：①62%的湖泊呈现出富营养化状态；②所有湖泊都出现过蓝藻水华并且水华面积最大时达到水体面积的 10%；③3～5 月水华面积达到一年中的最大值；④54%的湖泊中出现的水华现象已影响人体健康。

Oyama 等（2015b）提出了根据 FAI 构建的视觉蓝藻指数（visual cyanobacteria index，VCI），将水华划分为 6 个不同等级。Kudela 等（2015）通过机载高光谱成像仪研究美国加利福尼亚州平托（Pinto）湖的水华情况，并为以后的高光谱传感器进行水华监测提供了宝贵的探索。王甘霖（2015）利用 HJ-CCD（"HJ"代表环境小卫星，"CCD"代表电荷耦合器件）遥感影像研究了深圳大梅沙、小梅沙附近的赤潮分布情况。赵杏杏等（2014）利用 2007 年覆盖美国萨克拉门托-圣华金三角洲水域的 64 个航带的机载高光谱成像仪 HyMap 数据，分别用混合调谐匹配滤波和决策树模型对藻类信息进行提取。总之，国内外已有许多对水华的遥感监测研究，侧重点各有不同。

水草分布水域（如三亚湾、太湖、佛罗里达西海岸、加勒比海地区、美国的五大湖区）也有很多相关研究。杨超宇等（2010）探究了三亚湾海草光谱主要敏感波段、研究了导数光谱与叶面积指数的关系，并对叶绿素 a 的浓度与光谱一阶导数相关关系进行探讨。张寿选等（2008）提出了透明度辅助下的植被指数算法，先利用 TM 影像的数字信号值实测水体透明度建立线性回归模型，以反演水体的透明度，再结合比值植被指数（RVI）和归一化植被指数（NDVI）分别建立两类决策树，提取太湖水生植被的分布，并对两类决策树提取效果进行对比分析。Wolte 等（2005）利用 IKONOS 和 QuickBird 两类高分辨率遥感影像，采用分类制图的方法对美国明尼苏达州的斯旺（Swan）湖中挺水植被和沉水植被进行分类识别。Pu 等（2012）则通过对比 TM、ALI 和 Hyperion（搭载于 Earth Observing-1 卫星平台）多源遥感数据，采用模糊评价模型对美国佛罗里达州皮尼拉斯县海岸附近的海草进行丰度制图：先采用影像优化算法对条带和其他噪声进行处理，结合大气校正、太阳耀斑校正等预处理，采用最大似然分类法把沉水植被的覆盖度分为 5 个类别，并建立遥感光谱信息与沉水植被覆盖度、叶面积指数、生物量的回归关系，再结合水深与离岸距离这两个环境因素，最后结合这 5 个指标与模糊评价模型，对海草丰度进行制图。李继影等（2014）则在太湖水草种群分布研究及监管策略方面做出研究。

9.1.1 水华与水草遥感指标建立

利用遥感影像提取水华水草时，先要构建可以将水华、水草和普通水体区分开的合适的光谱指数。图 9.1 所示为太湖典型的水华和普通水体的水面实测反射率光谱。

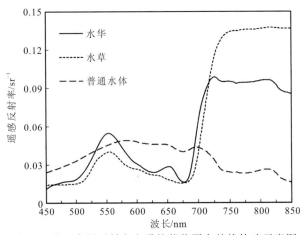

图 9.1 基于实测反射率光谱的藻蓝蛋白基线构建示意图

水华和水草属于植物，含有色素叶绿素 a，它在反射率光谱上有两个明显的特征：一是 675 nm 附近（红光附近）低反射形成的反射谷，二是近红外（715～820 nm 附近）高反射平台。由于水体对近红外区域的电磁波有强烈吸收作用，普通水体反射率光谱在近红外的值明显低于在红光区域的值。因此，利用近红外与红光波段反射率比值，或者归一化比值能够将水华从水体中提取出来。所使用的叶绿素 a 光谱指数（chlorophyll-a spectral index，CSI）定义如下（李俊生 等，2009）：

$$\text{CSI} = \frac{\rho(715) - \rho(675)}{\rho(715) + \rho(675)} \tag{9.1}$$

式中：$\rho(\cdot)$ 为遥感反射率。

内陆水体如太湖，其水华主要是由蓝藻大量繁殖形成的，蓝藻中含有藻蓝蛋白色素，由于藻蓝蛋白色素对 630 nm 左右电磁波有很强的吸收作用，该波长的反射率曲线会形成谷值。而 675 nm 左右叶绿素 a 的吸收作用也会形成一个反射谷，因此导致 630 nm 和 675 nm 的中间（655 nm 附近）形成一个相对的反射峰。水草与蓝藻水华不同，前者不含藻蓝蛋白色素，就不存在水华特有的 630 nm 左右反射谷和 655 nm 左右反射峰，利用这些反射峰和反射谷就可以构建光谱指数来区分水华和水草。李俊生等（2009）定义了藻蓝蛋白指数（phycocyanin spectral index，PSI），用来区分水华和水草：

$$PSI = \frac{\rho(655) - \rho(630)}{\rho(655) + \rho(630)} \tag{9.2}$$

555 nm 是藻类的吸收作用较弱形成的反射峰，为了进一步强化水华的光谱差异，在 PSI 基础上引入 555 nm 反射峰，由 555 nm 反射峰和 655 nm 反射峰的连线与 630 nm 附近谷值间的垂直连线称为藻蓝蛋白基线（baseline of phycocyanin，PBL）（李俊生 等，2009），它的定义如下：

$$PBL = \rho(555) - \rho(630) + \left(\frac{630 - 555}{655 - 555}\right)(\rho(655) - \rho(555)) \tag{9.3}$$

对 2019 年 3 月 4 日和 4 月 17 日成像的太湖区域高分 5 号 AHSI 进行大气校正处理，图 9.2 是选取第 40（中心波长为 555 nm）、68（中心波长为 675 nm）、77（中心波长为 715 nm）三个波段合成的伪彩色影像结果。

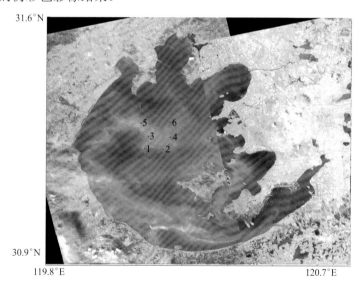

图 9.2　2019 年 3 月 4 日和 4 月 17 日成像的太湖区域高分 5 号 AHSI 高光谱影像大气校正处理结果
红点是选取的 6 个测试光谱的位置

图 9.2 能够反映出丰富的太湖水体环境情况，图中绿色体现了植被覆盖的信号。从图中可以看出，太湖周边的植被绿化情况比较良好，在湖区的中间区域也分布着大量的绿色，代表这些区域的水华分布情况。在东南湖区部分也有绿色覆盖，但是这些绿色的周边分布暗色的水体，代表水草的分布情况。图 9.2 说明 AHSI 影像适用于太湖的水华和水草遥感监测，能够为这些信息的目视解析提供良好的素材。同时可以看出白色区域是受气溶胶信号干扰，这些区域的气溶胶光学厚度超过了 0.5（865 nm），说明这些区域 AHSI 遥感影像的大气校正算法有待进一步提高。从水华分布的区域选取了 6 个测试站点，遥感反射率如

图 9.3 所示，图中不同颜色的 P1～P6 曲线对应图 9.2 的各个站点大气校正结果。

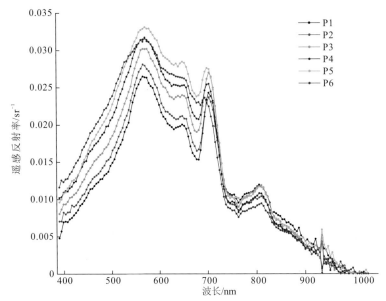

图 9.3 　2019 年 3 月 4 日和 4 月 17 日成像的太湖水体的高分 5 号
AHSI 的 6 个测试位置的遥感反射率

从图 9.3 可以看出，6 个测试位置的遥感反射率光谱特征非常类似，存在一些反射峰分布，主要有 4 个峰值位置，分别位于中心波长为 565 nm、646 nm、702 nm 和 805 nm，前三个峰值可以组成一个覆盖波长宽幅比较大的反射峰。从测量值看，各测量点对应的每一条曲线存在较大差异，形成了不同的反射峰和反射谷的形态，由此形成的振幅强度为高光谱遥感提供了一种有效信息。对上述 AHSI 遥感数据提取 CSI，结果如图 9.4 所示。

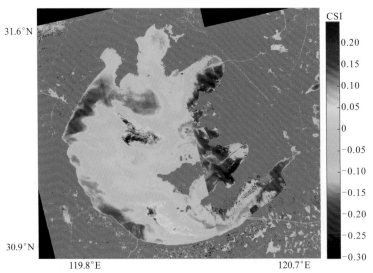

图 9.4 　2019 年 3 月 4 日和 4 月 17 日成像的太湖水体高分 5 号 AHSI 的 CSI 空间分布

从图 9.4 所示 AHSI 提取的 CSI 空间分布看，太湖水体 CSI 具有明显的梯度分布，数值范围为-0.3～0.3，其强度空间分布与伪彩色图绿色覆盖情况一致，且基本消除了气溶胶信号干扰因素，为太湖的水华和水草空间分布遥感提取提供了一种良好的指标。对高分 5

号 AHSI 遥感数据提取 PSI，结果如图 9.5 所示。

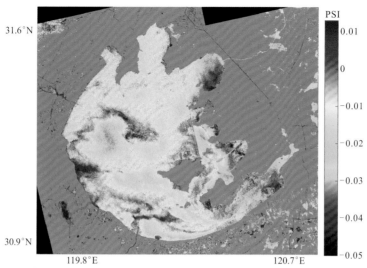

图 9.5　2019 年 3 月 4 日和 4 月 17 日成像的太湖水体高分 5 号 AHSI 的 PSI 空间分布

从图 9.5 中 PSI 空间分布看，太湖水体 PSI 具有明显的区域性，数值范围为-0.05～0.01，与 CSI 空间分布存在较大的差异，在一些高值区域受气溶胶信号干扰明显，这为该指标的应用带来一定的误差。对高分 5 号 AHSI 遥感数据提取 PBL 指数，结果如图 9.6 所示。

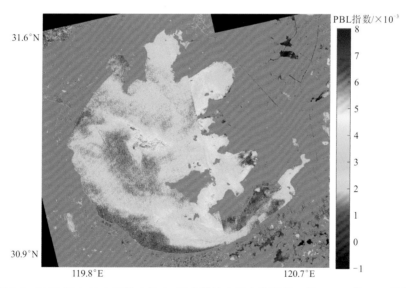

图 9.6　2019 年 3 月 4 日和 4 月 17 日成像的太湖水体高分 5 号 AHSI 的 PBL 指数

从图 9.6 中 PBL 指数空间分布看，太湖水体 PBL 指数具有明显的区域性，受气溶胶信号干扰不明显，数值范围为-0.001～0.008，与 CSI 空间分布存在较大的相似性，但在水草区域的值分布明显变小，这为水华与水草的遥感分离提供了参考。与 CSI 图比较，指标的空间分布及梯度分布比不上 CSI，可能与高分 5 号 AHSI 在不同波段性能指标差异有关。

通过 HICO 影像示例分析 CSI、PBL、PSI 区分水体和水华的能力。选择 2013 年 11 月 16 日的 1 景 HICO 影像，依据目视解译和背景先验知识人工勾选了水华和普通水体三块区域。计算这些区域对应的 CSI、PSI 和 PBL 值，然后用二维散点图的方式分别显示 CSI 和

PSI 的组合、CSI 和 PBL 的组合，如图 9.7 和图 9.8 所示。从图 9.7 可以发现，水体的 CSI 值较小，水华的 CSI 值较大，利用一个 CSI 阈值可以很好地区分普通水体与水华。

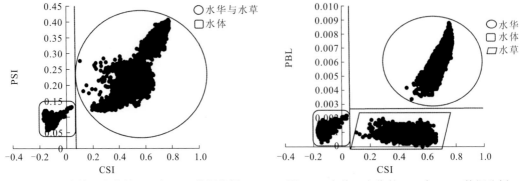

图 9.7　水体、水华的 CSI 与 PSI 数据分析　　　图 9.8　水体、水华的 CSI 与 PBL 数据分析

　　基于 HICO 的水华提取流程主要包括辐射校正、几何校正、水陆分离和云识别，HICO 影像经过预处理后，再计算 CSI 和 PBL，其中 CSI 的两个波段编号分别为 64 和 58，中心波长分别为 713 nm 和 679 nm，PBL 的三个波段编号分别为 37、49 和 54，中心波长分别为 559 nm、627 nm 和 656 nm。在 HICO 影像上大致勾选一些水华和水体区域，经过统计分析确定 CSI 和 PBL 的阈值 T1 和 T2。然后采用决策树模型提取水华，根据 CSI 的阈值分割将普通水体与非水体区域（水华）区分开。最后根据 PBL 的阈值分割将水华区分开。

9.1.2　基于梯度复杂度的识别方法

　　在利用遥感影像进行水草提取的过程中，基于目视解译勾选典型水草区域并结合其统计特征一直是确定阈值的常用方法，但这样提取方法带有明显的主观性，不同解译人员也许会得到不同的解译结果，且效率很低，不能进行批处理。因此，本小节尝试新的高效算法来进行阈值的确定。

　　对指数阈值的确定其实是遥感影像处理中边缘检测、阈值分割的内容，确定提取水草的阈值就是在确定水草的边界范围，因此，后来又发展了相应的梯度算法如利用 Sobel 梯度算子来确定其阈值。当以 B 代表原始遥感影像上的像素值时，S_x 及 S_y 分别为纵向与横向的 Sobel 算子的计算值：

$$S_x = \begin{bmatrix} -1 & 0 & +1 \\ -2 & 0 & +2 \\ -1 & 0 & +1 \end{bmatrix} B, \qquad S_y = \begin{bmatrix} -1 & -2 & -1 \\ 0 & 0 & 0 \\ +1 & +2 & +1 \end{bmatrix} B \qquad (9.4)$$

　　影像上每一个像元的 Sobel 梯度的值大小 S 和方向 θ 可表示为

$$S = \sqrt{S_x^2 + S_y^2}, \qquad \theta = \arctan\left(\frac{s_y}{s_x}\right) \qquad (9.5)$$

　　设计 CSI 的目的是将水华和水草作为一个整体从水体中识别出来，而水华和水草周边是水体区域，因此可以探索 CSI 的阈值自动识别方法。PBL 的目的在于区分水华与水草，而水华周围一般是不会有水草生长的，因此没有探索 PBL 阈值的自动确定方法。针对 CSI，在给定的 CSI 影像灰度区域内，以一定的带宽按顺序搜索灰度值对应的梯度复杂度均值，将梯度复杂度均值最大者对应的灰度值作为阈值,这样的算法体现了将梯度最大值取为水草边界的思想,既反映了灰度变化的幅度信息,也反映了灰度变化的频率信息。因此梯度复杂度算法能自动地搜索到水草的边界并实现遥感影像上水体区域与非水体区域(水草区域)的分割,且效果好于普通的 Sobel 梯度算子。

水草的边界范围是在过渡区内产生的,所谓的过渡区,是介于完全是水草与完全不是水草的区域范围内,过渡区一般具有如下特点:①过渡区分布在目标周围,且类似于形成了一重缓冲区;②过渡区具有一定宽度;③过渡区灰度变化范围大;④过渡区的灰度范围介于背景与目标之间。

过渡区是一幅遥感影像中灰度的等级范围分布比较广的区域,因此它所包含的信息量也最为丰富,普通用来进行边缘检测的梯度算子,如 Sobel 算子,描述的理论基础其实是梯度的模,体现了灰度变化的幅度,这样的算子能描述过渡区内灰度突变的信息,但不能反映灰度的层次范围较大这一特点。在 Sobel 算子的基础上进行算法改进,可以很好地弥补 Sobel 算子的这一不足。

基于以上分析,针对 CSI 提出基于梯度复杂度算法的阈值自动识别方法,目的是综合考虑灰度变化的幅度和灰度变化的频率两个要素,以便提高将水草从水体中提取出的精度,同时提高影像处理的效率。

定义梯度复杂度。将一景遥感影像的灰度分布函数记为 $Q(i,j)$,其中,i、j 均为整数,影像大小记为 $M \cdot N$,影像的梯度分布函数记为 $g(i,j)$,梯度复杂度的定义为:首先计算一个像素与它邻域像素之间的梯度差绝对值之和,再与该像素的梯度做比值运算。具体计算过程如下。

假设某一像元的值为 P,则该像元与它邻域像元的梯度差的绝对值和 $\Delta(P)$ 为

$$\Delta(P) = \sum_{u=0}^{L-1} \Delta P_u = \sum_{u=0}^{L-1} |P_u - P| \tag{9.6}$$

式中:P_u($u=0,1,\cdots,L-1$)为 P 的第 u 个邻域像素;L 为邻域像素的总数。

则该像元的梯度复杂度 $\mathrm{gc}(P)$ 为

$$\mathrm{gc}(P) = \frac{\Delta(p)}{g(p)} \tag{9.7}$$

梯度复杂度算法既体现了梯度变化的幅度,也包含了梯度变化的频率信息。水草过渡区 CSI 影像灰度变化范围与灰度变化频率大,梯度复杂度也较大。而纯水草和普通水体在 CSI 影像中灰度变化小,梯度复杂度低,因此利用梯度复杂度算法完全可以将水草整体边界从水体中提取出来。

光学遥感影像的 CSI 指数图是一幅灰度影像,利用 CSI 指数图确定合适的阈值就可以将水草从水体中识别出来。CSI 指数图的梯度复杂度则反映了该像元邻域内的灰度变化情况:若某像元的梯度复杂度高,则该像元的灰度变化也大,很有可能这个像元就在两个地类的边界区域;反之,梯度复杂度低,那么该像元只会出现在某一个地类内部。设灰度为 x,而梯度复杂度为 y,映射关系为 $y = f(x)$,其中,$f(\ )$ 为计算所有灰度为 x 的像素点的平均梯度复杂度。

设 (i,j)、$f(i,j)$ 和 $\mathrm{gc}(i,j)$ 分别为影像上的某像素点坐标、灰度和梯度复杂度。设灰度为 k 的像元数为 n,像元集合为 R,$R = \{(i,j)|\ f(i,j) = k\}$。

则灰度-梯度复杂度映射函数的定义为

$$T(k) = \frac{\sum\limits_{(i,j)\in R} \mathrm{gc}(i,j)}{n} \qquad (9.8)$$

式（9.8）描述的是灰度值为 k 的所有像元对应平均梯度复杂度。这样就建立了某一特定灰度与梯度复杂度的映射关系。在建立梯度复杂度后，对遥感影像进行预处理，包括几何校正、粗裁剪、瑞利散射校正、云掩膜、水体掩膜等，然后计算每个像元的 CSI 值。

基于梯度复杂度的指数 CSI 阈值的自动提取，先采用 3×3 窗口的中值滤波算子，对 CSI 影像进行中值滤波，目的是去除影像中的噪声，然后去除异常值，并对结果进行 0～255 的拉伸，对拉伸结果计算 Sobel 算子，在 Sobel 算子的基础上再计算梯度复杂度，其中，中心像元左右邻域各有三个像素，即整个窗口的大小为 7×7，计算好每个像元的梯度复杂度后，对过渡区的范围进行设定，然后以一定的扫描带宽和扫描频率对影像进行扫描，得到各灰度的平均梯度复杂度，最后对梯度复杂度进行记录，此时会有如下三种情况。

（1）若在过渡区范围内，没有发现极大梯度复杂度，则利用过渡区范围内灰度的平均值作为最终的提取阈值。

（2）若在过渡区内出现一个极大值，那么这个极大值对应的灰度即是最后的提取阈值。

（3）若出现多个极大值，那么就利用极大值的最大值对应的灰度作为最后的提取阈值。

根据上述三种不同情况，可以确定 CSI 灰度影像提取水华与水草的阈值。

9.2　太湖水华与水草遥感提取方法

水华与水草的同步监测对研究湖泊水环境、生态特性及水循环都具有重大意义。选取太湖作为研究区，遥感数据方面，采用海岸带高光谱成像仪数据和中分辨率成像光谱仪数据两类高光谱数据，可有针对性地提出相应算法，然后提取出水华与水草的空间分布特征，这样既减少了人力投入又提高了工作效率，有利于更好研究太湖水质与水环境，促进相关部门对太湖进行监管，从而整体改善湖泊水质富营养化面貌。

9.2.1　HICO 高光谱遥感监测结果分析

通过对 9 景 HICO 影像进行人工勾选典型区域确定阈值，统计了 CSI 和 PBL 的阈值如表 9.1 所示。

表 9.1　每景 HICO 影像对应的 CSI 和 PBL 的分割阈值

影像获取日期	CSI 阈值	PBL 阈值
2010-12-03	0.07	0.009
2010-12-05	0.06	0.008
2012-09-18	0.09	0.010
2013-07-18	0.04	0.011
2013-11-16	0.10	0.010

影像获取日期	CSI 阈值	PBL 阈值
2013-11-20	0.12	0.011
2014-05-15	0.08	0.012
2014-05-23	0.08	0.009
2014-05-26	0.08	0.012

通过表 9.1 的统计可以发现，CSI 的阈值波动较大，为 0.04～0.12，而 PBL 的阈值相对来说较稳定，在 0.010 左右变化，这也从侧面说明了利用藻蓝蛋白基线（PBL）对水华进行区分是有效且稳定的。

利用梯度复杂度程序对 CSI 的阈值进行自动确定时，要针对特定的高光谱数据来确定其中的参数，如过渡区的范围、扫描带宽、扫描频率等。选取 2012～2014 年 4 景 HICO 影像，以 2013 年 11 月 16 日这景影像为例，设置过渡区的范围为 0.06～0.16，扫描频率为 0.001，扫描带宽为 0.01，最后检索出梯度复杂度的极大值（0.825）是当 CSI 值为 0.1133 时出现的（图 9.9 中圆形区域内），因此，将 0.1133 作为分割阈值。

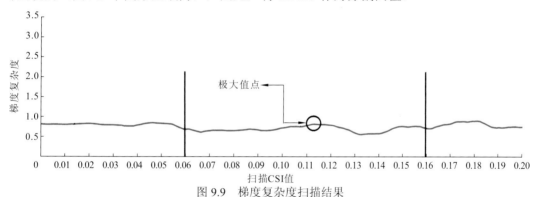

图 9.9　梯度复杂度扫描结果

统计 4 景影像利用梯度复杂度确定的阈值，如表 9.2 所示。

表 9.2　基于人工勾选和梯度复杂度确定的分割阈值

影像日期	人工勾选确定阈值	梯度复杂度确定阈值
2012-09-18	0.09	0.1133
2013-11-16	0.10	0.1128
2013-11-20	0.12	0.1048
2014-05-15	0.08	0.0846

将 4 景影像中人工勾选典型区域所确定的阈值确定为最佳阈值，而利用梯度复杂度算法确定的 CSI 阈值与最佳阈值的误差统计列于表 9.3。

表 9.3　利用梯度复杂度确定的 CSI 分割阈值与最佳阈值的相对误差

影像日期	相对误差/%
2012-09-18	25.33
2013-11-16	13.30

影像日期	相对误差/%
2013-11-20	29.50
2014-05-15	31.00
平均值	24.78

分析表 9.3 可知，利用梯度复杂度与目视勾选典型区域确定的 CSI 阈值的平均相对误差为 24.78%，精度为 75.22%，对精度要求不高而对效率要求较高的情况下，可以尝试利用梯度复杂度算法对 CSI 图做批处理。

如图 9.10 所示，对照伪彩色影像，通过目视人工勾选 CSI 和 PBL 影像上典型水华、水体的感兴趣区域（ROI）。由于要利用 CSI 影像将水华区域与水体区域区分开来，在 CSI 影像上勾选感兴趣区域时，需要保持水华的像元数与水体的像元数大概相同，同理，在 PBL 影像上只需要勾选水华的感兴趣区域并使各部分的像元数大致相同，然后利用双峰法（不同典型地物之间 CSI 或 PBL 统计直方图的峰值之间的谷值）统计水华、水体的阈值，再用阈值对影像进行分割，即可得到水华分布图。

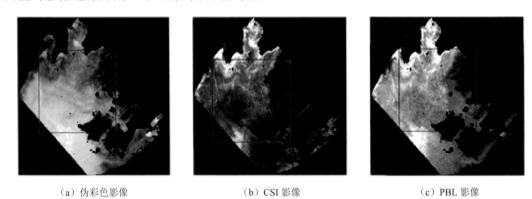

（a）伪彩色影像　　　　　　　　（b）CSI 影像　　　　　　　　（c）PBL 影像

图 9.10　通过目视人工勾选 CSI 和 PBL 影像上典型水华、水体的感兴趣区域

利用人工勾选典型区域确定阈值的方法，确定 CSI 和 PBL 的阈值，并将结果列于图 9.11，包括 2010~2014 年的 9 景 HICO 影像，涵盖了春夏秋冬 4 个季节，其中黄色区域为水华。

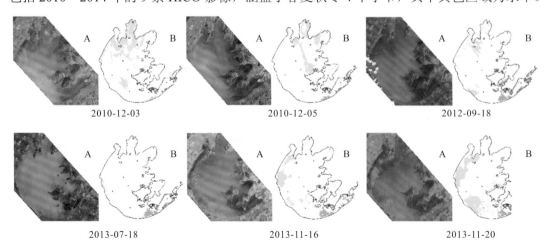

2010-12-03　　　　　　　　2010-12-05　　　　　　　　2012-09-18

2013-07-18　　　　　　　　2013-11-16　　　　　　　　2013-11-20

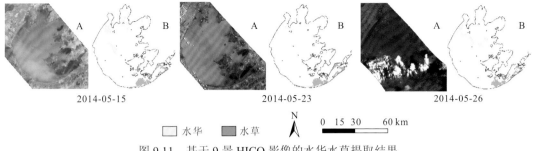

2014-05-15   2014-05-23   2014-05-26

☐ 水华   ■ 水草   N   0 15 30   60 km

图 9.11   基于 9 景 HICO 影像的水华水草提取结果

A 为伪彩色合成图；B 为水华提取结果

分别将利用 HICO 影像的水华与水草提取结果进行叠加，得到 2010～2014 年太湖水华发生频率与水草的分布频率图，分别如图 9.12 和图 9.13 所示。从图 9.12 可以发现，太湖西北部湖区和梅梁湾水域水华发生得最为频繁，西部沿岸次之，湖心区发生得相对较少，东部沿岸区域和东太湖水华不易暴发。从图 9.13 可以发现，水草主要分布在太湖东部沿岸区和南部沿岸区，水草分布区域一般不易发生水华，说明该区域的水质状况较好。

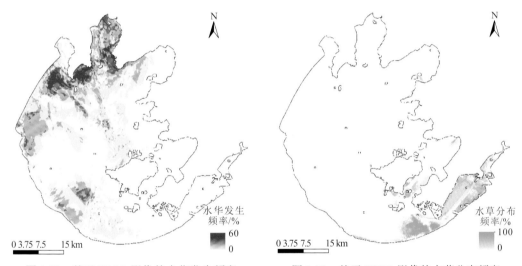

图 9.12   基于 HICO 影像的水华发生频率   图 9.13   基于 HICO 影像的水草分布频率

9.2.2   高分 5 号高光谱遥感监测结果分析

利用 2019 年 3 月 4 日和 4 月 17 日成像的太湖区域高分 5 号 AHSI 高光谱影像大气校正处理结果，进行太湖的水华和水草信息遥感提取工作，结果如图 9.14 所示。图 9.14 可以清晰地反映出太湖水华和水草分布情况，采用的阈值是 CSI 大于 0，阈值的大小直接影响水华和水草的覆盖范围。在太湖周边存在一些绿色点状分布，有些可能反映了一些小型水体的水华情况，但另外一些可能存在一些误判断，主要是由部分亚像元受少量植被覆盖等因素干扰造成的，需要在今后研究中进行改进，提高高光谱遥感监测太湖水华和水草的精度。

对 2018 年 6 月 1 日成像的太湖高分 5 号 AHSI 进行大气校正处理，选取第 40（中心波长为 555 nm）、68（中心波长为 675 nm）、77（中心波长为 715 nm）三个波段合成的伪彩色影像结果，如图 9.15 所示。

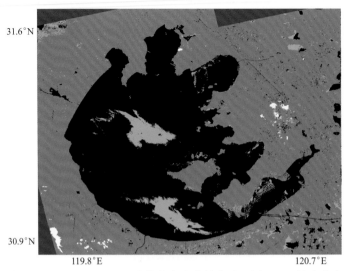

图 9.14　2019 年 3 月 4 日和 4 月 17 日成像的太湖水体高分 5 号 AHSI 的水华和水草提取结果
分布范围用绿色表示

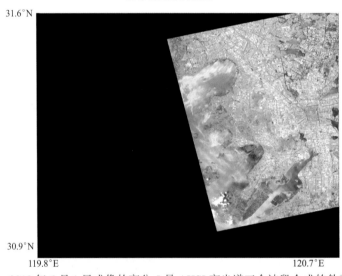

图 9.15　2018 年 6 月 1 日成像的高分 5 号 AHSI 高光谱三个波段合成的伪彩色影像

　　图 9.15 能够反映出丰富的太湖水体环境情况。图中绿色为植被覆盖的信号，可以看出太湖周边的植被等土地利用情况。湖区分布着大片浅绿色区域，表示水华分布情况。东南湖区部分也分布了绿色覆盖，周边分布暗色的水体，表示水草的分布情况。图 9.15 几乎没有受到气溶胶信号干扰，说明该 AHSI 影像适用于太湖的水华和水草遥感监测，为这些信息的目视解析提供了良好的素材。对这一景 AHSI 高光谱影像进行太湖的水华和水草信息遥感提取工作，结果如图 9.16 所示。

　　图 9.16 可以清晰地反映出太湖水华和水草分布情况，采用的阈值是 CSI 大于 0。在太湖周边存在一些绿色点状分布，有些可能反映了一些小型水体的水华情况，但另外一些可能存在一些误判断，主要是由部分亚像元受少量植被覆盖等因素干扰造成的。水华是水体叶绿素 a 浓度高于某一程度的体现，需要研究 CSI 与高叶绿素 a 浓度关系，同时也需要比较其他指数提取水华结果，来进一步提高高光谱影像提取水华的精度。

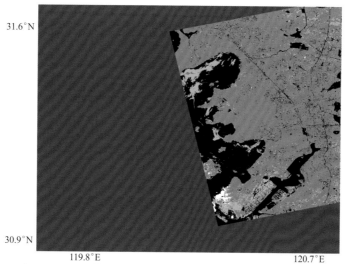

图 9.16　2018 年 6 月 1 日成像的高分 5 号 AHSI 高光谱影像提取太湖水华水草分布情况

9.2.3　水华遥感监测精度评价

水华的空间分布变化很快，一般很难通过水面同步实验来检验遥感监测水华的精度。经常使用的精度评价方法有：①利用同步高空间分辨率影像的目视解译结果评价中低空间分辨率影像的水华提取结果；②直接通过目视解译原始伪彩色合成影像的方法评价水华提取结果；③通过分析时间序列水华分布影像的规律间接评价水华提取结果。这三种评价方法也同样适用于水草提取结果的精度评价。

首先，采用准同步的更高空间分辨率遥感影像，对 HICO 的水华与水草识别结果进行精度评价。HICO 的空间分辨率为 90 m，选择 Landsat8 OLI、Landsat 7 ETM+及 HJ-CCD 准同步影像，空间分辨率均为 30 m。但是，由于这些 30 m 分辨率的影像与 HICO 影像有一些时间间隔，水华很可能在空间上发生变化，不适宜评价水华提取精度；而水草空间上不容易变化，因此可以对水草提取精度进行评价。经过计算得到水草提取的平均精度为 96%。

然后，采用目视解译方法，结合影像自身伪彩色合成（将 HICO 的第 90、51 和 35 波段分别赋予红、绿和蓝通道）结果，对水华和水草提取结果进行精度评价。采用均匀布点比较的方法，在研究区内均匀设置 n 个点，对比每个点的水华和水草提取结果与伪彩色合成影像目视判别结果，假设一致的点数为 a，那么水华或者水草的识别精度就是 a/n。经过计算得到水华和水草提取的平均精度分别为 93%和 95%。

最后，将可以收集到的更高空间分辨率影像收集起来，对空间分布不易发生变化的水草结果进行精度评价，采用目视解译的方法对水华与水草均进行精度评价，结果见表 9.4。

表 9.4　目视解译结果

HICO 影像获取时间	水华提取精度/%	水草提取精度/%	更高空间分辨率数据源	高空间影像检验水草提取精度/%
2010-12-03	93.49	94.88	—	—
2010-12-05	93.81	93.33	ETM+	93.56

HICO 影像获取时间	水华提取精度 /%	水草提取精度 /%	更高空间分辨率数据源	高空间影像检验水草 提取精度/%
2012-09-18	94.29	95.51	HJCCD	97.52
2013-07-18	92.53	95.02	HJ、L8	96.53、96.53
2013-11-16	93.06	95.10	HJ、ETM+	95.54、97.03
2013-11-20	94.31	95.12	—	—
2014-05-15	96.05	95.26	—	—
2014-05-23	92.24	94.69	—	—
2014-05-26	91.50	94.50	—	—
平均值	93.47	95.34	—	96.12

9.3 典型湖泊水华遥感监测结果

目前国内外学者对水华和水草的识别研究大都使用多光谱遥感数据，利用多光谱遥感数据识别水华和水草的弊端在于较低的光谱分辨率难以精确地同时识别出水华与水草，因此在提取水华时，往往利用先验知识将水草剔除，在提取水草时，通常不考虑水华的影响。高光谱数据因其较窄的光谱波段，能够在更小的维度上探测水华和水草的光谱特征差异，利用水面实测反射率光谱数据识别出太湖水华和水草，但利用高光谱遥感影像数据同时识别水华和水草仍然鲜有研究。

9.3.1 呼伦湖水华遥感监测

自 20 世纪 80 年代起，呼伦湖有持续水华暴发现象。构建修正浮游藻类指数（adjusted floating algae index，AFAI）方法：

$$AFAI = R_{rc,NIR} - R_{rc,RED} + (R_{rc,SWIR} - R_{rc,RED}) \times 0.5 \tag{9.9}$$

AFAI 方法没有考虑中心波长的信息，而是仅仅按照波段顺序赋予了波段序号，因而呈现的波谱曲线在水华区域的近红外与红波段和短波红外建立的基线距离更大，波谱特征更加明显，这样使得分离水华区域和清澈水体区域更为简单。浮游藻类指数（FAI）方法的计算中引入了中心波长，而不同传感器中心波长不同，这样为数据的统一处理引入了不确定因子，而通过观察大量的遥感影像可知，水华在不同中心波长的相同波段有着非常相似的波谱特征，因而 AFAI 方法更能保证不同传感器在观测水华结果的统一性，进而有利于分析时空变化。

选取高质量的相近过境时间的水华暴发影像，Landsat TM 影像和 MOD09GA 数据，使用 Landsat 提取出来的水华区域和清澈水体区域分别取裁剪 MOD09GA 产品计算得到的 FAI 和 AFAI 数据结果图，通过对比两种方法计算出来的数值在水体最大值和水华区域最小值，来比较两种方法的可靠性和稳定性，如图 9.17 所示。结果表明，AFAI 方法二者的数值区间区分更为明显，更有利于区分水华和清澈水体区域。基于 AFAI 方法，可以监测得到呼伦湖水华暴发面积变化趋势。

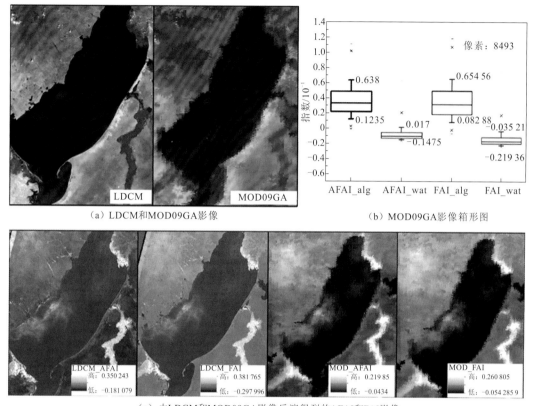

（a）LDCM和MOD09GA影像   （b）MOD09GA影像箱形图

（c）由LDCM和MOD09GA影像反演得到的AFAI和FAI影像

图 9.17　利用 Landsat TM 影像和 MOD09GA 数据提取的呼伦湖水华分布

基于时间分辨率较高的 Terra 和 Aqua 卫星的日反射率产品 MODIS09GA 数据和空间分辨率较高的 LDCM 卫星的 TM、ETM+、OLI 等多源遥感数据，借助 AFAI 方法实现了对呼伦湖水华时空分布特征的研究。研究表明，呼伦湖从 20 世纪 80 年代湖泊已经出现了持续且严重的水华暴发现象，湖泊富营养化治理需提上日程。

9.3.2　兴凯湖水华遥感监测

水华是衡量水质指标不可或缺的研究内容。由有害水华遥感监测研究进展可知，已经有相关研究基于 Landsat 系列卫星影像对兴凯湖的有害水华开展了研究（Ho et al.，2019；Fang et al.，2018）。采用 AFAI 方法，对 1984～2019 年筛选出的 194 景 Landsat 影像和 2000～2019 年筛选出的 2212 景 MODIS 产品 MOD09GA 和 MYD09GA 数据进行处理分析。在大兴凯湖和小兴凯湖分别观测 138 次和 23 次有害水华暴发现象，具体的影像处理算法为

$$AFAI = Nir - Red - (Swir - Red) \times 0.5 \tag{9.10}$$

式中：Nir、Red 和 Swir 分别为遥感卫星影像的近红外波段、红波段和短波红外波段的遥感反射率，分别对应于 Landsat TM/ETM+的第 4、3 和 5 波段，Landsat OLI 的第 5、4 和 6

波段，MOD09GA/MYD09GA 数据产品的第 2、1 和 5 波段。

　　MOD09GA/MYD09GA 产品数据的空间分辨率为 500 m，而 Landsat 系列传感器的空间分辨率是 30 m，因此需要对这两种影像提取的水华面积进行一致性检验。选择二者同一天的卫星影像提取的水华面积，并绘制两种影像提取的面积回归直线图，如图 9.18 所示。Landsat 影像的水华提取面积和 MODIS 水华提取面积的回归 R^2 达到了 0.64，回归线的斜率非常接近于 1，且所有样点都在回归线的 95%预测区间内。因此，可认为 MODIS 和 Landsat 遥感影像观测得到的水华信息具有较高的一致性。

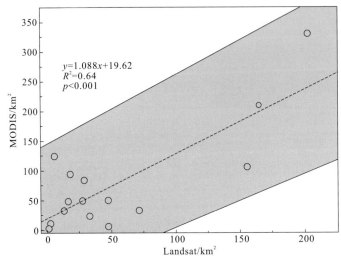

图 9.18　Landsat 和 MODIS 同一天水华提取结果的线性回归

　　将基于 Landsat 和 MODIS 遥感卫星影像观测得到的大兴凯湖和小兴凯湖水华频次进行汇总统计，分别得到大兴凯湖和小兴凯湖的有害水华暴发年际分布和月际分布图，如图 9.19 和图 9.20 所示。由图 9.19 可知，1984～2019 年，大兴凯湖共有 11 个年份暴发过有害水华，且暴发时间主要分布在 7～10 月，其中 9 月暴发频次最高，8 月次之，7 月最低。值得注意的是，在 2014 年 9 月有 15 天观测到有害水华，2015 年的 9 月有 13 天观测到有害水华，

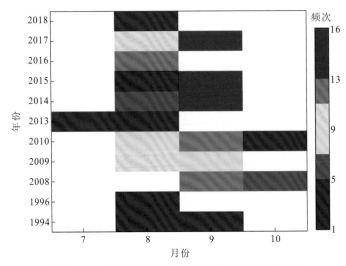

图 9.19　大兴凯湖水华暴发频次年际和月际分布

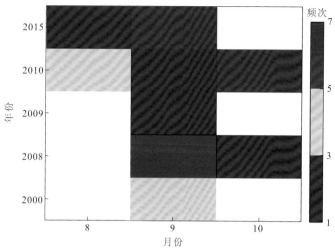

图 9.20　小兴凯湖水华暴发频次年际和月际分布

且 1994~2018 年，水华暴发频次有显著的波动升高趋势，说明大兴凯湖的水生态系统已经面临严峻的威胁。由图 9.20 可知，小兴凯湖的水华暴发频次总体低于大兴凯湖，在过去的36 年仅有 5 年观测到了有害水华，且都是发生在 2000 年以后，小兴凯湖的有害水华暴发主要分布在 8~10 月，且 9 月发生频次最高，尤其在 2008 年 9 月共观测到 7 次水华暴发。

借助 MODIS 和 Landsat 卫星影像提取的有害水华暴发结果，选择大兴凯湖的每年最大水华暴发影像，计算得到对应的 AFAI 绘制成图 9.21。大兴凯湖每年最大水华暴发事件多发生在俄罗斯水域，我国湖区仅 2008 年和 2018 年偶有分布。在发现水华的 11 年中，2017年水华暴发面积最大，2010 年其次，2016 年再次之。

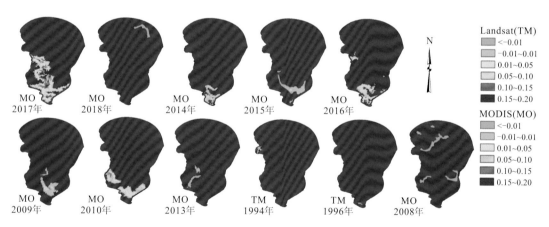

图 9.21　大兴凯湖年最大有害水华时空分布

从 MODIS 和 Landsat 卫星影像提取小兴凯湖的每年最大水华暴发空间分布，将有害水华暴发结果计算得到对应的 AFAI 绘制成图 9.22。小兴凯湖的最大水华暴发多位于北岸湖区，南岸湖区的最大水华暴发频次较低，仅 2015 年被观测到。

将所有暴发水华的大兴凯湖和小兴凯湖的 Landsat 卫星影像和 MODIS 卫星影像基于像素进行水华暴发频次统计，如图 9.23 所示。由图 9.23 可知，大兴凯湖的全湖水华暴发频次多分布在南部湖区，即俄罗斯部分水域，且整体频次变化趋势是自南向北逐渐递减；

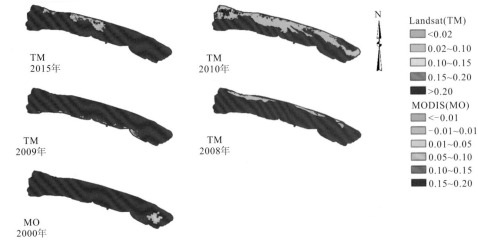

图 9.22　小兴凯湖年最大有害水华时空分布

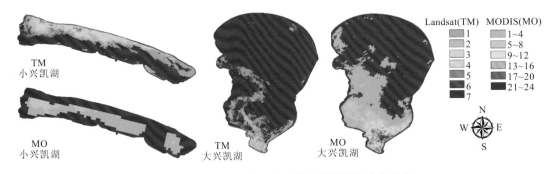

图 9.23　大兴凯湖、小兴凯湖有害水华频次空间分布

Landsat 和 MODIS 由于时间分辨率不同，统计得到的基于像素水华暴发频次会有所差别，但整体空间分布过渡趋势一致。小兴凯湖基于 Landsat 和 MODIS 的空间分布一致，表明水华暴发频次的空间分布格局是北高南低；MODIS 统计结果中北部湖区的缺失并非影像提取结果，而是由于 MODIS 的空间分辨率更低，水华信息提取之前先对 MODIS 的影像用矢量边界进行了掩膜处理，以排除陆地信号的干扰。从水华暴发的中俄分布情况来看，兴凯湖的俄罗斯水域水质情况比中国水域更加恶劣。

　　表征水华暴发的指标除暴发频次、最大暴发面积外，还有最早暴发时间和暴发持续时间等。根据大兴凯湖和小兴凯湖统计得到 4 个指标的年际变化值，如图 9.24 所示。

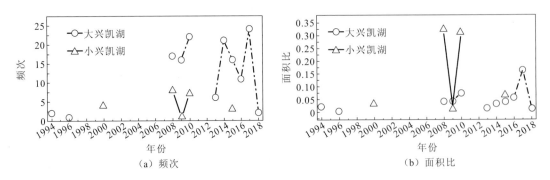

（a）频次　　　　　　　　　　　　　　　（b）面积比

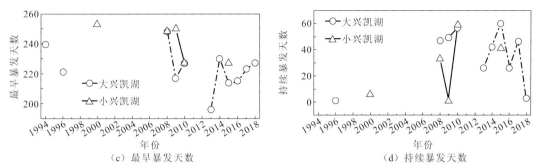

（c）最早暴发天数　　　　　　　　　　　（d）持续暴发天数

图 9.24　大兴凯湖、小兴凯湖水华暴发频次、面积比、最早暴发天数、持续暴发天数年际变化

由图 9.24（a）可知，大兴凯湖自 1994 年观测到水华暴发以来，暴发频次到 2018 年的整体变化趋势是波动升高，在 2013～2018 年每年都有暴发，并在 2017 年达到最大值 24 次；小兴凯湖水华年暴发总频次整体低于大兴凯湖，且在 2008 年达到最高值 7 次。由图 9.24（b）可知，虽然大兴凯湖的水华暴发频次比小兴凯湖高，暴发面积也大，但水华暴发面积比却远远低于小兴凯湖。小兴凯湖最大水华面积比在 2008 年达到了 0.323，在 2010 年达到了 0.313，远远超过了大兴凯湖在 2017 年的最大面积比 0.161。由图 9.24（c）可知，最早水华暴发天数变化趋势在大兴凯湖、小兴凯湖都呈现了显著的波动下降趋势，这说明两湖的水华暴发逐年提前，水质逐年恶化，但大兴凯湖的最早暴发时间在 2013 年达到最低值后逐年波动推迟。由图 9.24（d）可知，大兴凯湖、小兴凯湖的水华暴发持续时间均呈现波动升高趋势，大兴凯湖 2015 年持续暴发天数达到了 60 天，小兴凯湖 2010 年的持续暴发天数达到了 59 天。

9.3.3　巢湖水华遥感监测

选取巢湖区域的高分 5 号 AHSI 高光谱，由于一景 AHSI 影像没有覆盖全部巢湖，图 9.25 实际上是由 4 景影像合成，分别是由 2019 年 6 月 5 日成像的二景数据合成了左边的遥感

图 9.25　2019 年 6 月 5 日和 5 月 29 日成像的巢湖高分 5 号 AHSI 高光谱影像大气校正处理结果

影像，编号为 GF5_AHSI_E117.23_N31.81_20190605_005715_L10000046842 和 GF5_AHSI_E117.36_N31.31_20190605_005715_L10000046844，2019 年 5 月 29 日的二景合成了右边的遥感影像，编号为 GF5_AHSI_E117.69_N31.81_20190529_005613_L10000045928 和 GF5_AHSI_E117.82_N31.31_20190529_005613_L10000046103。图 9.25 是 AHSI 大气校正处理结果，由第 40（中心波长为 555 nm）、68（中心波长为 675 nm）、77（中心波长为 715 nm）三个波段合成的伪彩色影像。

图 9.25 能够反映出丰富的巢湖水体环境情况。图中绿色为植被覆盖的信号，可以看出巢湖周边的植被绿化情况比较良好。在湖区分布着大量的绿色，为水华分布情况，这些信息为目视解析提供素材。同时说明 AHSI 影像适用于巢湖的水华遥感监测。从图中可以看出左边区域与右边影像的色彩差异，这是不同成像时间的水体状况差异造成的。从影像空间分布特征看出，该图受大气信号干扰较小，说明 AHSI 遥感影像大气校正算法的有效性。利用上述 AHSI 遥感数据计算 CSI，结果如图 9.26 所示。

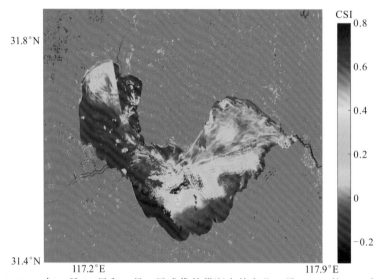

图 9.26　2019 年 5 月 29 日和 6 月 5 日成像的巢湖水体高分 5 号 AHSI 的 CSI 空间分布

从图 9.26 中 AHSI 提取的 CSI 空间分布看，2019 年 5 月 29 日和 6 月 5 日成像的巢湖水体 CSI 具有明显的空间梯度分布，数值范围为-0.25～0.80，其强度空间分布与假彩色图的绿色覆盖情况一致，为巢湖水华空间分布遥感提取提供了一种良好的指标。利用 2019 年 5 月 29 日和 6 月 5 日成像的巢湖高分 5 号 AHSI 高光谱影像大气校正处理结果进行巢湖水华信息遥感提取工作，结果如图 9.27 所示。

图 9.27 可以清晰地反映出巢湖水华大面积分布情况，采用的阈值是 CSI 大于 0。该图也反映出巢湖周边存在一些绿色点状分布，有些可能反映了一些小型水体的水华情况，但另外一些可能存在误判断，主要是由部分亚像元受少量植被覆盖等因素干扰造成的。

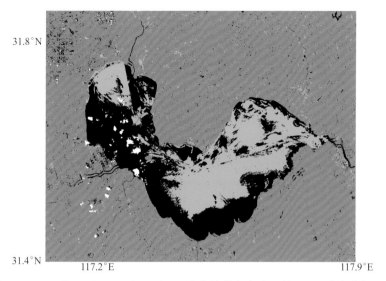

图 9.27　2019 年 5 月 29 日和 6 月 5 日成像的巢湖高分 5 号 AHSI 的水华提取结果图

分布范围用绿色表示

第 10 章　浅海水深和底质高光谱遥感反演方法

浅海生态系统是海洋中初级生产力和生物多样性最高的生态系统之一。底栖生物栖息地物种组成及其变化是浅海生态系统状态的重要指标，底栖大型珊瑚礁、海草、藻类群落在沿海生态系统中扮演着重要角色，是许多生物生存的必要条件，对人类可持续发展至关重要。气候变化、海洋酸化、过度捕捞和其他海洋资源过度开发等因素导致浅海生态系统不断被破坏，大面积定量获取浅海生态环境状况是浅海生态系统研究的前提，是探讨浅海生态系统稳定性、动态演变和未来发展的基础，是保证其生态系统健康与资源可持续发展的先决条件。遥感技术可以通过获取大范围影像实现海洋环境监测，获取浅海海域的水下地形和不同海底底质的光谱反射率的特性，以及分析它们光谱之间可分性，是遥感监测的基础性工作。高光谱遥感具备独特优势，提供的地物精细光谱信息可以直接作为特征提取与目标识别依据，能有效区分海底地形和底栖类型，在反演水下地形的同时，获得海底底质反射率信息和水体固有光学性质。

浅水测深数据在沿海资源开发、海洋航行等领域发挥着重要作用，机载高光谱遥感已被证实是一种在浅海水域获得高空间分辨率（0.1～2.0 m）测深数据的有效途径，利用经验模型或基于辐射传输算法从遥感反射率（R_{rs}）反演得到（Cahalane et al.，2019；Chu et al.，2019；Li et al.，2019；Sagawa et al.，2019；Petit et al.，2017；Botha et al.，2013；Dekker et al.，2011）。基于辐射传输的算法常用高光谱非线性最优化（hyperspectral optimization process exemplar，HOPE）模型，需要与水体吸收和散射、底部反射率和水深相关的 7 个标量参数作为输入，属于半解析模型。半解析模型的低计算复杂度能够通过迭代调整正向模型的输入值直到收敛，来最小化建模和观察到的反射率数据之间给定距离标准（Petit et al.，2017），在水深小于 15 m 水体实现适度精度的水深反演结果（Klonowski et al.，2007；Mcintyre et al.，2006）。

在过去的 20 年中，学者开发了新的算法来提高 HOPE 模型性能，其中参数化底部反射率是以两个或三个底部反射率光谱的线性组合作为关键底栖覆盖类别（Jay et al.，2016；Mckinna et al.，2015；Garcia et al.，2014；Dekker et al.，2011；Fearns et al.，2011；Hedley et al.，2009；Goodman et al.，2008；Klonowski et al.，2007）。Brando 等（2009）考虑沉积物、植被和珊瑚三种底栖覆盖类别，建立了环境底部反射率分解计算模型。Petit 等（2017）考虑两个底栖生物类和四个类别用于测深和浓度评估的半分析模型。Garcia 等（2018）提出了一种新颖的查找表分类方法，开发用于循环遍历给定的光谱库来实现选择最佳光谱拟合的底栖末端成员。增加底栖类别的数量会产生一个更反映实际的模型，但许多底栖类别具有显著的类内光谱变异性，而获得关于底栖类别的先验知识在特定沿海地区很困难，导致底部反射率模型在反演稳定性方面仍然存在问题。修改底部反射率模型会将要优化的模型参数增加到至少 6 个，不可避免地在反演过程中产生额外的自由度，引入更多局部最小值，增加了更多的收敛点，局部优化算法可能会在这些收敛点上收敛以产生不准确的反演。Petit 等（2017）综合比较了三种成本函数对应的不同优化算法的性能，结果表明，水深估计的准确性和鲁棒性受参数设置选择影响。

高光谱分辨率（优于 3.5 nm）增加了新的高光谱特征用于水深反演，主要利用纯水吸收在 570～600 nm 光谱区域内所具有的显著光谱特征。在该光谱范围内，R_{rs} 的光谱行为因纯水吸收的急剧上升，CDOM 的影响可以忽略不计，其他光学特性和底部反射率可以采用光谱恒定形状模型假设，因此 HOPE 模型的参数数量从 7 个以上减少到仅 4 个，并且显著简化了底栖覆盖假设和模型的特定固有光学特性。本章介绍一种基于 570～600 nm 反射率的 HOPE 新算法，称为 HOPE 纯水算法（HOPE-PW）。将这种新方法应用于从三个地点反演到的机载高光谱数据，然后通过与 LIDAR 测深数据和使用流行 HOPE 模型获得的结果进行比较来评估其性能。

10.1　珊瑚礁底质光谱实验室测量系统

海床是营养和物质循环、碳储存和运输的关键场所，但它也很脆弱，而且越来越受到环境变化的威胁（Thompson et al., 2017）。由于浅水中水下水生环境的复杂性和重要性，检测和监测浅水底栖生物栖息地的变化至关重要。地物波谱特性是遥感应用分析的基础，是开展遥感成像机理、影像分析、专题信息提取的重要依据，获取不同底质的光谱反射率特征是珊瑚礁海域遥感监测的基础性工作。只有当不同底质光谱之间差异高于传感器灵敏度，才有可能对海底底质进行遥感监测。本节通过对七连屿浅海区域的几种珊瑚礁底质进行实验室光谱测量，分析不同底质光谱特征及其之间的差别，从而判断不同底质之间光谱是否具有可分性，为开展底质信息提取、分类和变化监测提供基础数据。目前，有许多不同仪器和技术来进行底栖生物的反射率测量，包括具有封闭路径的仪器、内部照明和其他使用自然阳光的开放路径仪器（Kutser et al., 2020）。

研究反射光谱特征（如整体形状、幅度和特定峰）用于反演各种量（水深测量、海底丰度或水光学特性）的有用信息，通过过滤地下反射光谱的任何非信息部分来设计用于水深反演的专用反演设置。利用增加的光谱分辨率来检测源自可能存在于水光学特性或底部反射率中的窄光谱区域的细微光谱特征，可以减少光学活性参数和参数数量之间发生的混杂效应，从而简化关于潜在的物理或数学问题（Hedley et al., 2012a；Kutser et al., 2003），在更具挑战性的沿海区域，如珊瑚礁和海草床，更高光谱分辨率有助于水深测量的反演（Lee et al., 2002b）。了解一个类群内的变异性对了解该生物体的健康特征也很重要，包括色素的数量、共生体的浓度和附生植物的存在，使用原位反射率测量可能是评估珊瑚中共生体浓度的一种有价值方法（Russell et al., 2016）。沉积物类型的变化是巨大的，从明亮的白色碳酸盐岩沉积物到深色的黏土泥，沉积物上的藻类膜数量是评估底栖生物反射率和表征底栖生物栖息地的一个重要因素（Dierssen et al., 2010）。海洋生物比矿物具有更多可识别的可见波段光谱特征，水下高光谱系统在底栖栖息地制图中已显示出作为原位海洋调查的分类学工具的潜力。

10.1.1　珊瑚礁实验室测量装置

在利用高光谱遥感反演浅海水下地形和底质反射率方面面临一系列难点与挑战，需要获取高精度的水下地物测量结果，而现有野外海底底质光谱采集都是在采集样品于空气中进行的，由光与水体相互作用带来光谱失真问题和脱离水体后被测物质表面物理和生化特性发生变化引起光谱失真。本小节构建一套实验室水下高光谱数据采集系统，假设水的光学特性是均匀的，通过设计一个伸入水体的浸入式光纤，将光源和探测光纤合并起来直接测量物体的反射率，显著提高海底光谱信息的测量精度。

Mazel（1997）开发了一种基于海洋光学 S2000 光谱仪的潜水操作荧光光谱仪，测量来自不同目标（珊瑚、沙子、海草等）的光谱。Zimmerman（2003）使用三通道 HydroRad建立了潜水操作的生物光学光谱仪，测量不同固定深度的底部反射率。曾凯等（2020）设计了一套海底光谱反射率测量系统，采用可自由伸缩并旋转角度的参考白板贴近目标物测量，以消除探头到目标物之间水体吸收衰减的影响。Nevala 等（2019）提出了一种由商用光谱仪和相机组成的高光谱成像仪，使用两个旋转镜在预设程序下进行扫描，并将扫描场景中的光引入光谱仪，将摄像机捕获的光谱和影像合成高光谱影像，可以收集高光谱影像、RGB 影像和水体的信息。Rashid 等（2020）收集的大量数据注释了 47 个属和种级别的类别标签，有助于水下高光谱影像中感兴趣对象的自动分类。Mogstad 等（2017）将水下高光谱成像仪部署在无人水面艇上，用于浅水栖息地测绘，识别了珊瑚藻、绿藻膜和无脊椎动物等 6 个对象，适用于近岸或平静水域的水下环境调查。一些研究人员报告了水下高光谱成像仪的光学设计，需要仔细考虑成像仪前面的光学玻璃窗引入的空气-玻璃-水界面，以避免性能损失（Yu et al.，2018；Sedlazeck et al.，2012；Kwon et al.，2006）。表 10.1 给出了一些现有水下光谱成像系统的相关参数。

表 10.1　一些水下光谱成像系统的相关参数

名称	波长/波段数	分辨率/nm	最大探测水深/m
LUMIS	460 nm，522 nm，582 nm，678 nm/4	12.0～42.1	20
UMSI	400～700 nm/31	10	50
TuLUMIS	400～700 nm/8	>10	2000
UHIOV1	380～750 nm/150～200	2.2～5.5	6000
U185	450～950 nm/125	8@532 nm	5
WaterCam	450～950 nm/138	8@532 nm	—

注：LUMIS 为微光水下多光谱成像系统；UMSI 为水下光谱成像系统

实验装置由光谱仪、水槽、光纤、HL-2000 光源、支架、标准参考板等部件构成，实验在光源密闭的黑室中进行，记录目标珊瑚反射的光谱能量。在空气中使用实验室测量方法，在评估底质的实际光谱及如何区分在空气和水中测量的样品的差异等方面有局限性。某些环境条件限制从空气中测量底质光谱，入射光会随着海面波浪而波动，某些波长的光无法穿透一定水深而得到可信的测量值。与空气中测量方法相比，水中测量的结果有所不同，建议阻塞直接光束来防止闪烁问题。

1. 光纤光谱仪

光谱信息可以通过色散、滤波或者干涉等技术获得。滤波光谱仪器用可调谐滤波器拍摄多个影像，每次曝光都能让不同的波段通过。色散的种类使用光栅或棱镜将不同波长的光扩散到探测器上。干涉测量法是基于由两个干涉仪组成的傅里叶变换光谱仪。由光纤探头、CCD 阵列、计算机和光谱仪器组成的光纤光谱仪，仪器性能得到极大提高，基本上具备了适应现场光谱分析的能力。光谱仪器脱离了样品池，利用光纤探头把远离光谱仪器的样品光谱源引入光谱仪器，进行测量和分析。根据此原理，设计深入水体的光纤，在水中直接测量物体的光谱。减轻水气界面和水体对光的辐射传输的影响。

Maya2000Pro 是海洋光学公司推出的高灵敏度光谱仪，具有高达 80%的量子化率、较大的动态范围和优秀的近红外响应等特点,适用于低亮度和要求紫外灵敏度高的科学实验。Maya2000Pro 配备科学级（400～1100 nm）探测器提供高量子效率。可根据需要选择相应的工作模式：抗抖动的触发模式和不断循环获取光谱的普通模式。Maya2000Pro 的性能参数见表 10.2。

表 10.2　Maya2000Pro 光谱仪性能参数表

性能参数	描述
探测器特性	Maya2000Pro
探测器	HamamatsuS10420
结构	背薄式，2D
像素值	全部：2068×70，实际：2048×64
像素尺寸/μm^2	14
探测器有效面积/mm	28.672（水平）× 0.896（垂直）
陷深	200Ke-
最大量子化率/%	75
量子化率/%	60@250 nm
积分时间	8 ms～10 s
A/D 转换	16 bit，500 kHz
动态范围	约 8000:1
信噪比	450:1
非线性度（未校正）/%	约 10.0
线性度（校正）/%	<1.0
纵向灵敏度/(counts/e)	约 0.32
网络连接	可以加载无线适配器实现网络接入功能

2. 光纤

光纤采用定制的浸入式光纤。探头部分采用 0.5 m 长度不锈钢材料包裹，可以深入水下测量。其中光纤规格参数见表 10.3。

表 10.3　光纤规格参数

规格参数	描述
规格	6 根照明光纤，1 根探测光纤，标准长度为 2 m 或 1 m
波长范围/nm	200～1100（UV / VIS）或 380～2500（UV / VIS / NIR）
光纤接头	SMA905 接头（2 个）

规格参数	描述
光程/mm	0.25～10，用户可以自由调节
探头	304 不锈钢管，可以防水。
护套管	PVC 多层凯管或 304 不锈钢波纹管
工作温度/℃	−30～100（-HT 光纤高温型可达 200 ℃）
压力/bar	探头末端 10@25℃

注：1 bar=10^5 Pa

3. 光源

本实验采用的光源是海洋光学公司出品的 HL-2000 系列卤钨光源，是一种多用途光源，最适合用于可见光−近红外（VIS-NIR）波段（360～2000 nm）。该光源的特点为可对 SMA905 连接器进行调节，以最大量与光纤连接，通过致冷风扇使光源冷却和稳定，内嵌的滤光片支架为 25.4 mm^2 或 50.8 mm^2 的正方形，厚度为 3 mm。

4. 测量装置

半透明（如石英/硅）和微观表面粗糙度已被证明对目标物体浸在水中的反射性能有影响。由于目标物体没有大量的半透明颗粒，角响应的形状基本没有变化，但也可能表现出一种称为润湿的效应，即目标物体在水下变得更暗。正因如此，在空气中记录测量结果并不一定与不同目标物体的水中测量结果相匹配。基于这个原因，目标物体和相机都完全淹没在一个充满水的水箱中进行成像。盐水从实验室的一个出口抽取，从珊瑚礁附近海洋采样，并经过两次沙子过滤，以减少有机物质和其他污染物的影响。水箱底部覆盖黑色织物，以减少光线通过白色塑料水箱边缘的残余影响。

高光谱仪和光源灯在水槽外，光纤被安装在固定设备上，使探头能跟目标物体保持一定距离。在水槽的一端，放置一个 Labsphere 校准板，通过 Labsphere 标准反射板开展现场辐射定标，通过 SpectraSuite 软件进行珊瑚礁的采集。实验室测量装置如图 10.1 所示。

图 10.1　实验室测量装置

10.1.2 珊瑚礁测量装置原理

本小节从几何光学的角度来描述光的传播，忽略诸如衍射、波干涉和目标物中光子的二次发射等效应。光的传播用射线来描述，射线的反射、折射和吸收取决于目标物的入射角、介质和反射特性。最终目标是从传感器测量的辐照度中去除与目标物的反射特性无关的影响。考虑从单个光源发射的波长为 λ 的光，通过物体平面中的微分区域 $\mathrm{d}A$ 反射到相机的接收平面上，辐射源在差分区域上的辐射强度来自点源 $E_{\mathrm{d}A}$：

$$E_{\mathrm{d}A} = I(\lambda, \theta_s, \phi_s)\mathrm{d}\omega_s \frac{\langle \hat{n}, \hat{r}_s \rangle}{\| \boldsymbol{r}_s \|^2} \exp(-c(\lambda)\| \boldsymbol{r}_s \|) \tag{10.1}$$

式中：θ_s 为入射角；ϕ_s 为视场角；r_s 为反射率；$\mathrm{d}A$ 为单位面积；I 为辐射强度；$\mathrm{d}\omega_s$ 为单位立体角；$\langle \hat{n}, \hat{r}_s \rangle$ 为单位方向向量之间的点积，相当于角度的余弦；$\langle \cdot, \cdot \rangle$ 为点乘或者标量积；$c(\lambda)$ 为水的衰减系数；$\| \| $ 为欧几里得标量范数。

通过吸收和散射过程，光随着介质距离呈指数衰减，其速率由水的衰减系数 $c(\lambda)$ 决定。为了描述光入射到微分表面上的辐照度与反射的辐射量的关系，将双向反射分布函数（bidirectional reflectance distribtion function，BRDF）定义为波长、入射角和视角的函数：

$$F_r(\lambda, \theta_{ns}, \theta_{nc}) = \frac{\mathrm{d}L(\lambda, \theta_{nc})}{\mathrm{d}E_{\mathrm{d}A}(\lambda, \theta_{ns})} \tag{10.2}$$

对于朗伯散射体，入射光在所有半球方向上均匀分布，即

$$F_r(\lambda) = \frac{\rho(\lambda)}{\pi} \tag{10.3}$$

式中：$\rho(\lambda)$ 为目标物的反照率或漫反射率。

将微分表面元素视为输出辐照度的来源，可以计算相机传感器上的辐照度：

$$E_c = E_{\mathrm{d}A} F_r(\theta_{ns}, \theta_{nc}) \frac{T_L \Omega_L}{m^2} \langle \hat{n}, \hat{r}_c \rangle \exp(-c\| \boldsymbol{r}_c \|) \tag{10.4}$$

式中：$T_L(\theta_{nc})$ 为透镜在给定相机方向上的传输损耗；Ω_L 为相机的圆形孔径对向的立体角；放大率 m 表示投影到影像平面时表面积的变化。可以通过投影圆形孔径来近似 Ω_L：

$$\Omega_L \approx \pi \left(\frac{D}{2} \right)^2 \frac{\langle \hat{n}_c, -\hat{r}_c \rangle}{\| \boldsymbol{r}_c \|^2} \tag{10.5}$$

式中：D 为透镜透射的直径。将 Ω_L 代入式（10.4），为简便起见，省略输入变量，则式（10.4）可表示为

$$E_c \approx I_s \mathrm{d}\omega_s F_r \frac{\pi D^2 T_L}{4m^2} \frac{\langle \hat{n}, \hat{r}_s \rangle}{\| \boldsymbol{r}_s \|} \frac{\langle \hat{n}_c, -\hat{r}_c \rangle}{\| \boldsymbol{r}_c \|} \langle \hat{n}_c, \hat{r}_c \rangle \exp(-c\| \boldsymbol{r}_s \| + \| \boldsymbol{r}_c \|) \tag{10.6}$$

简化后表示为

$$E_c \approx I_s F_r \frac{\pi D^2 T_L}{4m^2} h \exp(-c \cdot 2h) \tag{10.7}$$

假设第一个参考板高度为 h_1，辐照度为 E_{c1}，第二个参考板高度为 h_2，辐照度为 E_{c2}，可得

$$E_{c1} \approx I_s F_r \frac{\pi D^2 T_L}{4m_1^2} h_1 \exp(-c \cdot 2h_1) \tag{10.8}$$

$$E_{c2} \approx I_s F_r \frac{\pi D^2 T_L}{4 m_2^2} h_2 \exp(-c \cdot 2h_2) \qquad (10.9)$$

如果测量 h_1 处的辐照度，那么可以推断出 h_2 处的辐照度：

$$
\begin{aligned}
E_{c2} &= E_{c1} \frac{m_1^2 \cdot h_2}{m_2^2 \cdot h_1} \exp[-2c(h_2 - h_1)] \\
&= E_{c1} \frac{(\pi \tan^2 \vartheta \cdot h_1^2)^2 \cdot h_2}{(\pi \tan^2 \vartheta \cdot h_2^2)^2 \cdot h_1} \exp[-2c(h_2 - h_1)] \\
&= E_{c1} \cdot \frac{h_1^3}{h_2^3} \exp[-2c(h_2 - h_1)] \qquad (10.10)
\end{aligned}
$$

已知参考板的辐照度 E_r 及参考板的反射率 ρ^+，则被测物体的反射率为

$$\rho_c = \frac{E_r}{E_c} \rho^+ \qquad (10.11)$$

10.1.3　光谱测量结果分析

在将样品浸入槽中之前，首先在空气中使用实验装置进行光谱测量，测量在水箱中没有浸水的珊瑚反射率。然后加入收集的海水，进行浸水测量。测量时，需要在关灯的情况下进行测量，以消除来自外部光源、背景热辐射的任何持续影响和电噪声的影响。采集光谱时动态选择积分时间，每20条光谱设置采样间隔，平滑度设置为10。采集样品如图10.2所示，空气中采集的光谱如图10.3（a）所示，水中采集的光谱如图10.3（b）所示。

石珊瑚种类繁多，采集的光谱数量较多，光谱特性较为复杂（杨君怡，2017）。光谱库采集的样本中有杯形珊瑚、石芝珊瑚、蔷薇珊瑚、菊花珊瑚、星珊瑚、蜂巢珊瑚、滨珊瑚、笙珊瑚等不同种属的石珊瑚，所有珊瑚都是在西沙群岛七连屿北岛附近海域采集，对水深

（a）伍氏杯形珊瑚

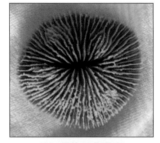
（b）颗粒石芝珊瑚

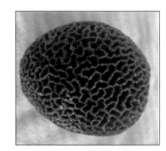
（c）梳状菊花珊瑚

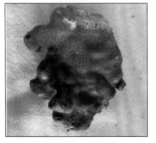
（d）粗突小星珊瑚

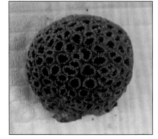
（e）圆纹蜂巢珊瑚

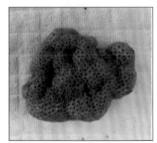
（f）多孔星珊瑚

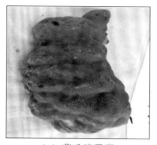
（g）莫氏滨珊瑚

（h）疣突蔷薇珊瑚

（i）笙珊瑚

图 10.2　珊瑚样品照片

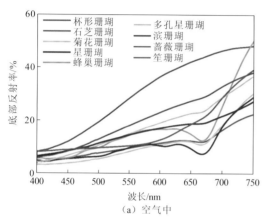
（a）空气中

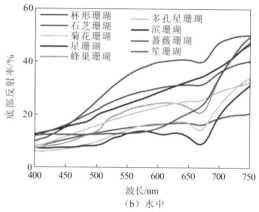
（b）水中

图 10.3　空气中和水中测得的珊瑚反射率

和底质反射率的反演具有参照意义。

　　由图 10.3 可见，星珊瑚、菊花珊瑚和蜂巢珊瑚三种珊瑚的反射率曲线无论是在水中还是在空气中都有明显的形状，其他品种的珊瑚反射率曲线形状则不明显。水中测量的反射率曲线和空气中测量的反射率曲线有明显不同，原因除了水体吸收散射等因素，还有珊瑚礁表面的物理特性等，特别是珊瑚在水中会分泌黏性液体包围礁体，会造成测量的反射率不同。

　　星珊瑚、菊花珊瑚和蜂巢珊瑚三种典型珊瑚的反射率光谱曲线既有共性又存在差异。整体上三条曲线的形状基本相似，在波段 400～750 nm，反射率整体呈上升趋势，其反射率在可见光波段均不超过 30%，其中蓝绿波段（400～550 nm）的值更低，表明在蓝绿光波段珊瑚的吸收作用强烈，星珊瑚在 575 nm 和 630 nm 处有较显著的反射峰。每种珊瑚都有 675 nm 处显著叶绿素吸收峰，在 700 nm 后红边波段曲线急剧上升，反射率增加 3～5 倍。相较于菊花珊瑚和蜂巢珊瑚，星珊瑚在 600 nm 处都有一个较小的吸收峰。菊花珊瑚和蜂巢珊瑚在 500～650 nm 整体上反射峰比较大（颜色更鲜亮）。在近红外波段范围内，三种珊瑚反射率都存在强反射，表明该波段范围内缺乏吸收或存在荧光（杨君怡，2017），在红边波段三条曲线差异明显，蜂巢珊瑚反射率增幅最大，星珊瑚增幅最小。

　　珊瑚的光学特性和光谱成因主要是受多方面的因素影响，包括珊瑚的形态结构、珊瑚组织主机色素和虫黄藻及其共生色素等。珊瑚的白化、死亡和被藻类覆盖都能引起光谱的变化，其中在空气中虫黄藻丢失或虫黄藻组分变化会导致显著的光谱变化。同时，虫黄藻也普遍含有叶黄素、荧光色素、叶绿素及其他多种共生色素，各种色素因浓度和颜色的差异，表现出特征光谱波形（杨君怡，2017），例如杯形珊瑚和蔷薇珊瑚光谱曲线水中 650 nm 表现为吸收峰。珊瑚表面的形态和结构也会对光谱产生显著的影响，例如石芝珊瑚是片状结构，在 400~650 nm 处没有吸收和反射峰，和其他几种珊瑚明显不同。

对实地采样的珊瑚礁进行测量，水下测量的珊瑚礁光谱曲线确实与空气中的不同，主要是由浸水后珊瑚表面的形态和结构变化引起的，水下测量的珊瑚礁光谱曲线更能体现实际情况的珊瑚礁光谱特征，避免了由浸水后珊瑚表面的形态和结构变化引起的反射率特征变化。当利用高光谱仪器测量海底反射率时，可将高光谱仪器搭载于密封的水下机器人上，通过测量水质参数和高光谱仪器参数，由已知距离的参考板直接测量另一距离上的海底反射率，达到连续测量珊瑚礁光谱的目的。

10.2 浅海水深高光谱反演模型

水下地形遥感反演可以分为被动光学、激光雷达、微波三种，按照遥感器搭载平台可以分为星载与机载两种方法，按照遥感频段可以分为微波遥感和光学遥感两大类（马毅 等，2018）。水下地形遥感方法可以分为主动遥感、被动遥感和主被动遥感融合探测三大类，主动遥感有 LiDAR 和 SAR 两种，被动遥感以光学遥感为主，分为高光谱和多光谱水下地形反演及立体双介质水深摄影测量等方式（郭晓雷，2017）。水下地形微波遥感主要应用 SAR 和高度计，SAR 水下地形反演受水下地形坡度、流场和海面风速的限制，大洋地形探测主要是基于高度计的海底地形反演（Mishra et al.，2014）。

机载激光测深系统可快速高效地获取大面积水域的水下地形，是一种全新获取水下地形的技术，对海洋水下地形的测量具有里程碑式的意义。20 世纪 60 年代末，通过激光测量水深的机理，研发了机载激光雷达测深系统，以澳大利亚研制成功的 WRELADS-1 为代表。到 20 世纪 90 年代，瑞典研制的 HAWEEYE 系统标志着机载激光雷达测绘近海海底地貌进入实用化。目前，中国科学院上海光学精密机械研究所研制的新型机载双频雷达测深系统（Mapper5000）已经投入实际测图应用中。

单光子激光雷达通过发射微脉冲束并记录光子的飞行时间来测距，其搭载的雪崩光电二极管探测器灵敏度极高，可以响应每一次回波中每个光子信号，并利用单光子事件多次累积提高探测概率（许艺腾，2017）。2001 年初，NASA 首次研发并试验了名为微激光测高仪的机载单光子激光雷达系统，该系统可以从 4000 m 的高空采集到美国弗吉尼亚州海岸深 3 m 的水底地形（Degnan et al.，2014）。随后，NASA 分别于 2003 年和 2018 年发射了 ICESat-1 和 ICESat-2 单光子激光雷达卫星，将激光雷达卫星数据和多光谱数据结合进行水深反演（Ma et al.，2020；Forfinski-Sarkozi et al.，2016）。

利用多光谱卫星遥感数据反演水下地形的方法主要有理论解析模型、半经验模型和统计模型三种形式（滕惠忠 等，2009）。理论解析模型是根据水在水体中的辐射传输方程，建立光学遥感器接收到的辐射亮度水下地形和底部反射率之间的解析方程式，进而建立表达式反演出水深（杨杨 等，2010）。半经验模型在一定程度上克服了理论解释模型参数繁杂且不易获取的难点，按照采用的多光谱遥感波段数量可分为单波段模型、双波段模型和多波段模型（郭晓雷，2017）。统计模型是指直接通过建立实际水深与遥感影像辐射亮度之间的统计关系得到的水下地形反演模型，表达式主要有幂函数模型、对数函数模型及线性函数模型等，没有考虑光在水体中辐射传输的物理过程，而是直接寻求影像辐射亮度与深度的统计关系（马毅 等，2018）。

利用双层流近似假设对经典辐射传输方程进行了简化，并且忽略水体内的反射效应，得到一种水下地形反演的理论方法（Lyzenga，1985，1981，1978）。陈启东等（2012）假设表层和底层水体介质均匀一致，通过水体辐射传输理论推导出水下地形的物理模型，应用 SPOT5 多光谱遥感影像开展了水下地形反演实验。经典的单波段水深遥感反演模型是对数线性模型，该模型将光学遥感器接收到的辐射亮度表达为海底反射辐射亮度和深水区辐射亮度与水深的解析方程式。Polcyn 等（1973）假定传感器接收到的水底反射辐射能经过大气、水体消减的作用后与水深成反比，基于底部反射推导单波段水深反演的定量模型。Lyzenga（1978）提出了比值算法来消除海底底质不均的影响来提高水下地形反演精度。John 等（1983）推导出多波段水深反演模型。张雪纯等（2020）提出一种分段自适应水深反演融合模型，在西沙群岛东岛珊瑚礁海域利用其开展了浅海地形遥感反演实验。

机器学习算法无须考虑水深反演物理机制，直接建立遥感影像辐射值与水深值的统计关系。常用于水下地形反演的机器学习算法有人工神经网络算法（Al Najar et al.，2021；Liu et al.，2018a）和支持向量回归算法（Surisetty et al.，2021；Wu et al.，2021）。卫星接收到的遥感辐射信号受大气环境、水体组分、底质类型等多种因素影响，导致现实情况中遥感辐射信号与水深不能建立线性相关关系，而机器学习算法具有极佳非线性拟合能力，在特定的实验区拥有较高的水下地形反演精度。

基于高光谱遥感水下地形的反演方法模型主要包括光谱微分统计模型、查找表法、神经网络模型和半分析模型等。光谱微分统计模型是通过对光谱参数与水深的回归关系进行水下地形的反演，查找表法是将波谱库遥感反射率进行匹配，得到对应的深度即为探测结果（马毅 等，2018）。Mobley 等（2005）根据 Hydrolight 辐射传输模型建立了遥感反射率波谱数据库，用最小二乘法匹配影像与数据库的反射率提取匹配波谱的水深。施英妮（2005）对高光谱数据进行主成分分析处理，对模拟数据进行浅海水下地形反演。半分析模型（HOPE 模型）是由 Lee 等（1998a）开发的一种联合反演水下地形和固有水体光学性质的半分析模型，是目前应用最广泛的一种高光谱遥感水深反演模型，可以直接进行水下地形反演和水体固有光学参数测量。

卫星或机载高分辨率影像可以反演浅海水深分布（Thompson et al.，2017），单波段和多波段线性模型（Lyzenga，1978）和对数比算法（Stumpf et al.，2003）等经验算法主要基于原位水深和离水辐射率来校准模型参数。Lee 等（1999）开发了一种半解析的非线性优化方法，可以同时从具有许多未知数的高光谱数据中推导出水深和水柱的光学特性。基于辐射传输的半解析模型已被广泛应用（Dekker et al.，2011）。为了充分利用高光谱分辨率提高带来的优势解决最小化水体固有光学特性和海底反射变化引起的干扰问题，提出一种基于 570～600 nm 纯水吸收高光谱特征的测深反演算法。该算法仅利用 570～600 nm 的遥感反射率，只需分辨 4 个未知量，可以最大限度地减少因水体光学特性和海底光谱反射率变化而产生的干扰，在不同海底和水环境条件下的浅水区域都有良好的反演稳定性。

10.2.1 HOPE-PW 高光谱浅海水深反演模型

遥感反射率在 570~600 nm 的窄光谱区域内迅速下降，主要由 a_w 急剧上升决定。在这个光谱范围内，CDOM 的吸收非常低，在清澈的海岸水中可以忽略，a_{phy}、b_{bp} 和底部反射率的光学模型都简化为光谱形状恒定的模型。利用上述光谱特征提出一种 HOPE-PW 算法，该算法仅利用 570~600 nm 的 R_{rs} 反演海底深度，可以最大限度地减少因水体和海底光谱反射率变化而产生的干扰。HOPE-PW 算法由前向反射率模型、光谱 IOP 模型和求逆解法三部分组成（Werdell et al.，2013）。

HOPE-PW 算法与标准 HOPE 算法的主要区别在于它们的光谱 IOP 和底部反射模型，正向模型与逆向求解方法相似，都依赖于使用一组测深、底部反射模型和水柱 IOP 值从正向模型中反演到的建模反射光谱的光谱匹配形式，并优化已匹配测量的 R_{rs} 光谱数据。对于正演模型，地下遥感反射率 r_{rs} 作为水体固有光学特性 (a, b_b)、底部反射率 ρ 和水深 H 的吸收和后向散射特性的函数，表示为

$$r_{rs}(\lambda; a, b_b, H, \rho) \approx (0.084 + 0.170 u(\lambda)) u(\lambda) \left(1 - \exp\left[-\left(\frac{1}{\cos\theta_w} \right) + \frac{1.03(1 + 2.4 u(\lambda))^{0.5}}{\cos\theta_v} \right] (a(\lambda)$$
$$+ b_b(\lambda)) H \right) + \frac{\rho(\lambda)}{\pi} \exp\left\{ -\left[\frac{1}{\cos\theta_w} + \frac{1.04(1 + 5.4 u(\lambda))^{0.5}}{\cos\theta_v} \right] (a(\lambda) + b_b(\lambda)) H \right\}$$

$$\tag{10.12}$$

$$u(\lambda) = \frac{b_b(\lambda)}{a(\lambda) + b_b(\lambda)} \tag{10.13}$$

式中：θ_v 和 θ_w 分别为地下传感器观察天顶角和太阳天顶角。建模的水面遥感反射率 R_{rs}^{mod} 与 r_{rs} 相关，表示为

$$R_{rs}^{mod} \approx \frac{\Gamma}{1 - \zeta r_{rs}} r_{rs} \tag{10.14}$$

式中：ζ 为穿过空气-水界面的分流，在近天底观察应用中，$\zeta=0.5$ 和 $\Gamma=1.5$。

在 HOPE-BRUCE 算法中，7 个自变量（P、X、G、B、S、Y 和 H）代表水柱和底部的性质。P、X、G、B 为标量值，分别代表参考波长下浮游植物和有色溶解有机物（CDOM）的吸收系数、悬浮颗粒的后向散射系数和底部反射率，S 为 CDOM 的光谱斜率，Y 是粒子后向散射的光谱相关参数，H 是底部深度（Lee et al.，2002b）。HOPE-BRUCE 算法的一个重要改进是涉及一种以上底部类别的底部反射率，底部反射率 ρ 由三个底部反射率光谱的线性组合参数化，这三个底部反射率光谱代表三个关键底栖覆盖类别，即沉积物（干净的鲕粒沙）、植被（海草）和珊瑚（褐藻），Dekker 等（2011）的研究表明，HOPE-BRUCE 算法能够获得最高的整体底部类型分类准确度。选择 HOPE-BRUCE 模型作为参考，对 HOPE 算法与 HOPE-PW 算法进行比较。在 HOPE-PW 算法中，$a(\lambda)$、$b_b(\lambda)$ 和 $\rho(\lambda)$ 的光谱模型被充分简化，并且自变量的数量减少到 4（P、X、B 和 H），可表示为

$$R_{rs}^{mod} = f(P, X, B, H) \tag{10.15}$$

使用列文伯格-马夸尔特（Levenberg-Marquardt，L-M）非线性最优化的方案进行反演，通过调整模型参数来最小化建模和测量的 R_{rs} 光谱之间的差异。为了反演标量参数 P、X、

B 和 H 的解，最小化成本函数 err，表示测量和建模的 R_{rs} 曲线之间的残差：

$$err = \frac{\left[\sum_{570}^{600}(R_{rs} - R_{rs}^{mod})\right]^{0.5}}{\sum_{570}^{600}R_{rs}}$$ （10.16）

对 HOPE-PW 算法和 HOPE 算法的详细参数化过程进行比较。HOPE-PW 算法更简单，不依赖特定站点的数据集，因此有可能在更广泛的环境中应用。此外，HOPE-PW 算法的最大优点之一是基于纯水吸收的独特特性，吸收模型简单。如图 10.4 所示，a_w、a_{phy} 和 a_g 在 $400\sim750$ nm 的光谱比较复杂，建模需要对每个成分进行特定的吸收测量。然而，在 $570\sim600$ nm，突出的光谱特征仅包含 a_w 的急剧升高[图 10.4（a）]，这个光谱范围内的 a_w 值受海水温度和盐度的影响较小（Sullivan et al., 2006）。在大多数适合高光谱水深反演的沿海地区，海水非常清澈，吸收系数的光谱值主要由浮游植物决定。

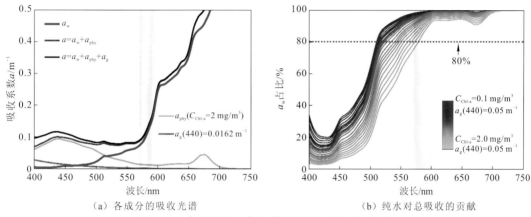

（a）各成分的吸收光谱 　　　　　　　（b）纯水对总吸收的贡献

图 10.4　各成分的吸收光谱和纯水对总吸收的贡献

图 10.4（a）显示了在叶绿素 a 浓度为 2.0 mg/m³ 时各组分的吸收光谱（Morel et al., 2001），a_{phy} 和 a_g 都对蓝色区域产生重大影响。在 $570\sim600$ nm 处，a_{phy} 几乎达到最小值，并且 a_g 比 a_w 和 a_{phy} 小一个数量级，因为它随着波长的增加呈指数下降。它们的影响是有限的，并且只会在 a 中产生轻微的向上偏移。如图 10.4（b）所示，在大于 570 nm 的波长处，a_w 占 a 的大部分，甚至当 440 nm 处的叶绿素 a 质量浓度和 $a_g(440)$ 达到 2.0 mg/m³ 和 0.05 m⁻¹ 时，a_w 对 a 的贡献仍然大于 80%。此外，$570\sim600$ nm 的 CDOM 贡献最小，在大多数清澈的水体中可以忽略不计。即使 $a_g(440)$ 达到 0.1 m⁻¹，$570\sim600$ nm 的 a_g 也低于 0.016 m⁻¹。虽然在某些沿海地区，例如摩顿湾-彩虹海峡（Dekker et al., 2011），$a_g(440)$ 达到近 1.0 m⁻¹，但 $570\sim600$ nm 的最大 $a_g(440)$ 差异仅为约 0.025 m⁻¹，几乎比 a_w 小一个数量级。因此，CDOM 的贡献可以纳入 a_{phy}。事实上，在大部分沿海地区，例如南海，$a_g(440)$ 一般低于 0.03 m⁻¹（Wang et al., 2013）。因此，HOPE-PW 算法中的吸收模型简化为

$$a(\lambda) = a_w(\lambda) + a_{phy}(\lambda) + a_g(\lambda) \approx a_w(\lambda) + a_{phy}(\lambda)$$ （10.17）

HOPE-PW 模型的另一个改进采用光谱常数的形状近似来模拟 a_{phy}、b_{bp} 和 ρ 的光学特性。除了 a_w，其他光学特性在 $570\sim600$ m 的窄范围内表现出低光谱变化，如图 10.5（a）所示，a_{phy} 光谱显示在 $400\sim750$ nm 有显著的光谱变化，在 440 nm 和 675 nm 附近有两个峰，并且由于颜料成分的不同，物种之间的差异很大。然而，在 $570\sim600$ nm 的所有归

一化 a_{phy} 光谱，通过它们在 570～600 nm 的平均值进行归一化，显示出几乎平坦的形状 [图 10.5(b)]。每个 a_{phy} 光谱的变化不超过 ±10%，在 580～590 nm 变化更小，即只有 ±5%。就悬浮粒子的后向散射系数而言，图 10.5（c）（Stramski et al.，2001；Morel，1988）显示了模型和测量结果（Tao et al.，2017）中反演到的代表性后向散射光谱。

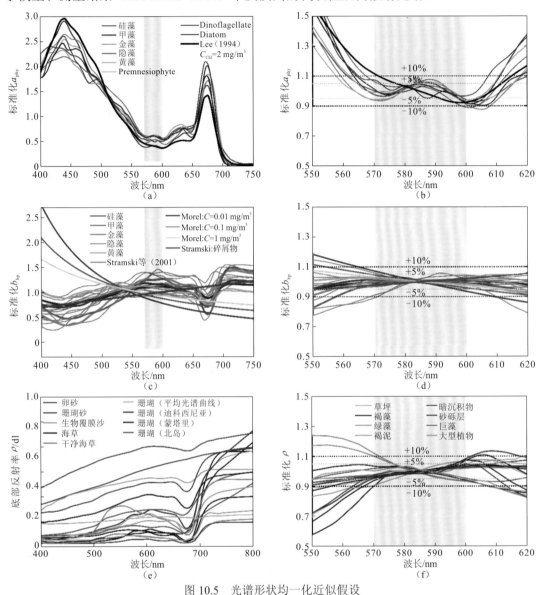

图 10.5　光谱形状均一化近似假设

（a）～（b）不同藻类的归一化吸收光谱，在 400～700 nm 和 570～600 nm 的平均值进行归一化，根据海洋光学在线书籍（https://www.oceanopticsbook.info）重新绘制。（c）～（d）从 Morel（1988）模型的碎屑模型中反演到的归一化后向散射光谱和 Stramski 等（2001）的不同藻类光谱。（e）根据 Dekker 等（2011）重新绘制的不同底栖覆盖类型的底部反射光谱。（f）570～600 nm 的归一化底部反射光谱。黑色和灰色虚线分别表示 ±10% 和 ±5% 范围

从模型或测量中获得的 b_{bp} 表现出从 400～750 nm 的光谱变化，但从 570～600 nm，b_{bp} 的光谱依赖性变得非常弱，特别是对于浮游植物光谱[图 10.5（d）]，在底栖反射光谱中观察到类似的特征。从 Dekker 等（2011）、Mobley 等（2005）和 Petit 等（2017）等收集了一系列具有代表性的底部反射光谱，其光谱具有显著的光谱差异[图 10.5（e）]。根据

图 10.5（f）所示的 570～600 nm 的归一化光谱可以发现，以沉积物或沙子为主的类型的变化也只有±5%。在以珊瑚为主的类型中可以观察到相对较高的变化，但保持在±10%以内，仍然可以认为是低的。因此，可以认为 570～600 nm 的 a_{phy}、b_{bp} 和 ρ 与波长无关，应用单个标量值来模拟这些参数中的每一个：

$$a_{phy} = P \tag{10.18}$$

$$b_b(\lambda) = b_{bw}(\lambda) + X \tag{10.19}$$

$$\rho(\lambda) = B \tag{10.20}$$

式中：标量参数 P、X 和 B 为 570～600 nm 的 a_{phy}、b_{bp} 和 ρ 的平均值。因此，在 HOPE-PW 模型中，IOPs 和底部反射模型被大大简化，不需要通过现场测量获得特定光学特性的先验知识。

为了进一步说明水深对 570～600 nm 光谱形状的影响，对从北岛获得的覆盖 0～35 m 水深范围的 R_{rs} 光谱在 585 nm 处的 R_{rs} 进行归一化处理。水深越大，R_{rs} 的下降幅度越大。根据 Lee 等（1999）提出的模型，R_{rs} 或 r_{rs} 归因于水柱和底部。底部反射率的光谱形状在该光谱范围内大致平坦，浅水海床的贡献主导了 570～600 nm 的光谱行为，并产生了较缓的下降。相反，随着深度的增加和来自底部的反射信号的减少，下降幅度越来越大。这些结果表明 570～600 nm 的反射率随深度变化，该范围内的下降斜率与水深密切相关，表明 570～600 nm 的这一特征可用于水深反演。

10.2.2 HOPE-PW 和激光雷达测深数据比较

将在北岛、加井岛和佛罗里达群岛的三个站点获取的高光谱影像，用于 HOPE-PW 模型的深度反演。为了演示 HOPE-PW 模型的性能，用深度渲染方法显示了反演水深，然后比较使用激光雷达和 HOPE-BRUCE 算法获得的反演深度。

使用 HOPE-PW 和 HOPE-BRUCE 模型计算北岛附近地区的水深图，如图 10.6 所示。从这两种算法得出的测深表面的视觉比较，以及从 LiDAR 调查得出的测深表面，如图 10.6（a）～（c）所示，三幅图总体上具有很好的一致性。然而，两种高光谱测深的质量表明这两种算法存在空间差异。同时，生成作为 LiDAR 测深函数的高光谱测深散点图，揭示不同算法的更多细节［图 10.6（d）～（e）］。在深度范围 0～5 m，HOPE-BRUCE 模型产生的叠加点云略微高估了水深。在 5～20 m 的中等深度范围内，HOPE-BRUCE 和 HOPE-PW 模型的深度预测线性度最高，而误差离散度最低。在更深的地方，HOPE-BRUCE 模型测深从约 20 m 开始逐渐出现误差。特别是在图 10.6（b）左下角的深沙区，可以观察到 HOPE-BRUCE 模型测深被低估，因此在 1∶1 线以下发现了更多点，如图 10.6（d）所示。相比之下，HOPE-PW 模型也取得了不错的结果，因为它的深度估计结果非常接近 1∶1 线，并且确定系数高（R^2=0.92）和均方根误差低（RMSE=2.30 m）。在更大的深度（>20 m），HOPE-PW 模型结果中也发现了相对较高的误差分散［图 10.6（e）］。这可能归因于 570～600 nm R_{rs} 值相对较低，也可能受到仪器产生的测量噪声的影响。正如 Jay 等（2014）所提出的方案，可以通过合并相邻像素的空间相关性来减少误差分散。

在加井岛地区进行评估表明，这两种算法提供了相似的结果，尽管水深反演表明这些算法之间存在空间差异（图 10.7）。由于 LiDAR 测深数据有限，仅对 0～7 m 附近浅层深度进行高光谱影像深度反演方法的评估。两个深度都产生了大于 0.7 的 R^2，RMSE 低于 0.9 m，

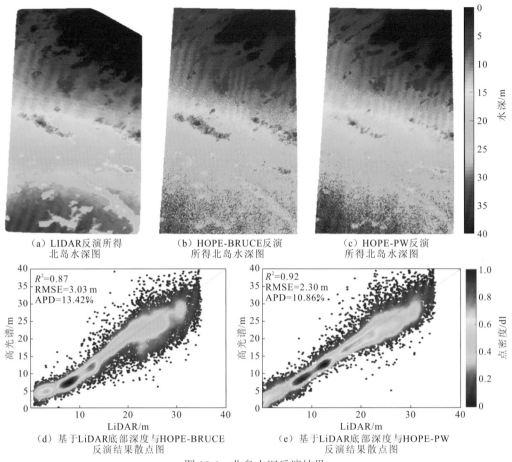

（a）LIDAR反演所得　　　　（b）HOPE-BRUCE反演　　　　（c）HOPE-PW反演
北岛水深图　　　　　　　所得北岛水深图　　　　　　　所得北岛水深图

（d）基于LiDAR底部深度与HOPE-BRUCE　　　（e）基于LiDAR底部深度与HOPE-PW
反演结果散点图　　　　　　　　　　反演结果散点图

图10.6　北岛水深反演结果

（a）与 LiDAR 测深图部分重叠的 RGB 影像

（b）HOPE-BRUCE反演所得加井岛水深图

（c）HOPE-PW反演所得加井岛水深图

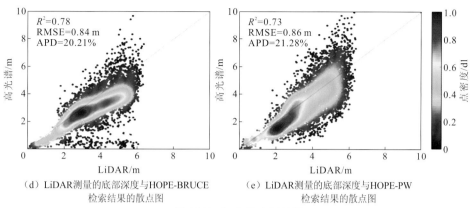

（d）LiDAR测量的底部深度与HOPE-BRUCE
检索结果的散点图

（e）LiDAR测量的底部深度与HOPE-PW
检索结果的散点图

图 10.7　加井岛水深结果

APD 接近 21%。在 RGB 影像中，可以直观地观察到两种底部类型，即亮沙和暗藻。这两种算法在一些黑暗的海底像素中，底部深度往往被低估。这可能与浅水中出现高底部信号贡献时底部反射率的光谱变化有关，但这种低估仍然在可接受的范围内，深度估计结果分散在 1∶1 线附近。这些差异可能源于极高空间分辨率（0.16 m），是由于测量期间飞行高度较低，而较小表面粗糙度差异很容易影响 R_{rs}。

在佛罗里达礁岛群，由 PRISM 测量的另一个高光谱数据集由 COREL 项目提供，其中还有来自 NOAA 的 LiDAR 测深数据。如图 10.8（a）～（c）所示，三幅测深图在空间模式方面表现出良好的一致性。高光谱反演和激光雷达深度匹配统计的定量分析如图 10.8（d）～（e）所示。HOPE-PW 和 HOPE-BRUCE 算法分别产生 0.97 和 0.98 的高 R^2 值，它们的 RMSE

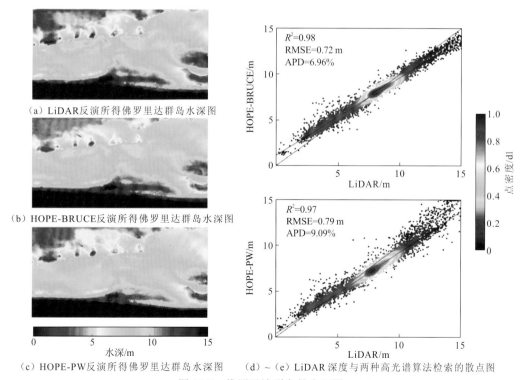

（a）LiDAR反演所得佛罗里达群岛水深图

（b）HOPE-BRUCE反演所得佛罗里达群岛水深图

（c）HOPE-PW反演所得佛罗里达群岛水深图

（d）～（e）LiDAR深度与两种高光谱算法检索的散点图

图 10.8　佛罗里达群岛的水深图

1∶1 线和线性拟合结果分别以蓝色和红色显示

低于 0.8 m。基于这些比较，可以确认 HOPE-PW 方法对光谱分辨率优于 3.5 nm 高光谱传感器具有良好的可移植性。

对图 10.5（a）所示的 AMMIS 影像条带进行 HOPE-PW 与 HOPE-BRUCE 模型的处理时间评估。HOPE-PW 模型使用单核计算机和 C 编程语言编写的代码，在 12 006 s 内处理上述影像，其中包含 201 210 个光学浅水像素，而 HOPE 模型需要 50 096 s。计算速度的提高归因于必须反演的自变量较少，以及 HOPE-PW 模型中使用的频带较少。

应用 HOPE-PW 方法的反演测深对北岛、加井岛和佛罗里达群岛获得的航空高光谱数据进行激光雷达测深评估，结果显示，三个地点都达成了良好结果。基于 AMMIS 高光谱辐射测量的出色信噪比，最大反演深度可达 35 m。通过使用帕劳、关岛、大堡礁、夏威夷群岛和佛罗里达群岛 5 个不同区域的 15 个地点的棱镜数据，证实了 HOPW-PW 算法具有优良的性能，并可提供良好的可转移性，可用于不同底部和水环境的其他场地。

10.2.3 HOPE-PW 和 HOPE-BRUCE 模型结果比较

为研究 HOPE-PW 方法在不同底水环境下的可移植性，利用 PRISM 仪器获取的 15 幅高光谱影像选自 5 个不同地区（帕劳、关岛、大堡礁、夏威夷群岛、佛罗里达群岛）进行水深反演，所有这些地区的云量均小于 5%。2016 年 6 月～至 2017 年 5 月在 6 次离散现场活动中进行原位光学特性数据收集，结果表明这些地点的底栖环境具有多种类型，包括活珊瑚和死珊瑚的不同混合物、珊瑚碎石和路面、多种底栖微藻和大型藻类、海草及碳酸盐和玄武质沉积物（Russell et al., 2019）。在包括前部、后部、边缘和斑块礁区及潟湖、河口和近岸沿海地区在内的地貌区中也观察到测量的光学特性的巨大变化。由于难以获得 LiDAR 数据，增加了验证 HOPE-PW 在每个站点反演水深的难度，但这些影像具有代表性并且具有足够多样性，可以对 HOPE-PW 和 HOPE-BRUCE 算法进行统计比较，见表 10.4。

表 10.4 HOPE-PW 和 HOPE-BRUCE 算法参数化比较

项目	HOPE-BRUCE	HOPE-PW
波长/nm	400～675 和 750～800	570～600
参数	P, G, X, $B(B_{sed}, B_{veg}, B_{cor})$, H, S, Y	P, X, B, H
叶绿素吸收	$a_{phy}(\lambda) = [a_0(\lambda) + a_1(\lambda)\ln(P)]P$	$a_{phy}(\lambda) = P$
CDOM 吸收	$a_g(\lambda) = Ge^{-S(\lambda-440)}$	
悬浮物后向散射	$b_{bp}(\lambda) = X(400/\lambda)^Y$	$b_{bp}(\lambda) = X$
底部反射率	$\rho(\lambda) = B_{sed}\rho_{sed}^+ + B_{veg}\rho_{veg}^+ + B_{cor}\rho_{cor}^+$ $B_{sed} + B_{veg} + B_{cor} = 1.0$	$\rho(\lambda) = B$
最优化参数	$\text{err} = \dfrac{\left[\sum\limits_{400}^{675}(R_{rs} - R_{rs}^{mod}) + \sum\limits_{750}^{800}(R_{rs} - R_{rs}^{mod})\right]^{0.5}}{\sum\limits_{400}^{675} R_{rs} + \sum\limits_{750}^{800} R_{rs}}$	$\text{err} = \dfrac{\left[\sum\limits_{570}^{600}(R_{rs} - R_{rs}^{mod})\right]^{0.5}}{\sum\limits_{570}^{600} R_{rs}}$

所有站点的 HOPE-PW 和 HOPE-BRUCE 水深反演结果之间的一致性良好，两种算法反演的 4 个地区（帕劳、大堡礁、夏威夷群岛和佛罗里达群岛）的水深图如图 10.9 所示。从图

中可以清楚地发现，这两种算法产生了几乎相同的空间模式。图 10.9（i）～（1）展示了 HOPE-PW 和 HOPE-BRUCE 测深的散点图和多变量统计数据。注意到没有给出深度超过 15 m 的结果，因为这两种方法的深度反演具有很大的不确定性，这可能与减少的底部反射贡献与深度有关。所有点均分布在 1∶1 线附近，表明两种方法的线性相关性非常好。4 个地区的 R^2 均高于 0.9，而 RMSE 相对较低，为 0.90～1.45 m。然而，10 m 深度之外观察到更多的分散，特别是在帕劳，因此对两种算法分别在 0～10 m 和 0～15 m 深度范围内进行了比较。

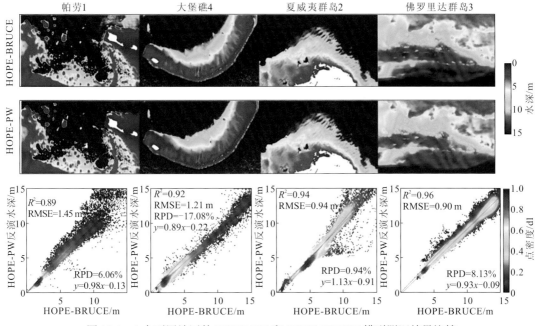

图 10.9　4 个不同地区的 HOPE-PW 和 HOPE-BRUCE 模型测深结果比较

在 10 m 以下的深度范围内，所有站点都可以找到高 R^2，范围从 0.89 到 0.98，而 RMSE 在大多数站点都在 1.0 m 以下，最大值仅为 1.15 m。所有 15 个站点的总 R^2 和 RMSE 分别为 0.96 和 0.82 m。然而，当包含深度大于 10 m 的数据时，总 R^2 降低到 0.90，RMSE 升高到 1.30 m。在大于 10 m 的深度观察到较大的色散可能是因为在大多数不适合高光谱测深的沿海地区，570～600 nm 的 R_{rs} 一般低于蓝绿波段，与蓝色波段相比，570～600 nm 处的反射率贡献随深度下降的速度更快，由于高纯水吸收，570～600 处的吸收系数通常较高 [图 10.4（a）]，HOPE-PW 在更深区域的性能更可能受到仪器和环境噪声的影响。相比之下，HOPE-BRUCE 更依赖蓝绿波段的 R_{rs}，因此在更深的区域可能会产生更好的结果。另外需要注意的是，根据表 10.5 中线性拟合的 RPD 结果，HOPE-PW 估计的深度在大多数地点普遍略小于 HOPE-BRUCE 估计的深度。HOPE-PW 的这种低估可能归因于 550 nm 与 570～600 nm 的散射相位函数的差异。

表 10.5　HOPE-PW 和 HOPE-BRUCE 模型在 15 个站点反演水深对比统计

研究区	R^2	RMSE/m	APD/%	RPD/%	回归方程
帕劳 1	0.93	0.91	13.21	5.06	$y=0.98x-0.13$
帕劳 2	0.94	0.92	13.28	-10.82	$y=0.90x-0.04$

研究区	R^2	RMSE/m	APD/%	RPD/%	回归方程
帕劳 3	0.96	0.88	13.03	-5.80	$y=1.03x-0.34$
Guam	0.94	0.95	15.17	-12.63	$y=1.00x-0.21$
大堡礁 1	0.95	0.68	11.26	-5.48	$y=1.11x-0.25$
大堡礁 2	0.93	1.11	15.03	-15.06	$y=0.87x-0.16$
大堡礁 3	0.93	1.15	16.80	-15.09	$y=0.89x-0.23$
大堡礁 4	0.97	0.58	14.85	-14.42	$y=0.89x-0.22$
夏威夷群岛 1	0.89	1.05	12.81	-5.41	$y=1.09x-0.31$
夏威夷群岛 2	0.97	0.70	9.09	-3.72	$y=1.13x-0.91$
夏威夷群岛 3	0.95	1.03	13.46	-13.53	$y=1.09x-1.33$
夏威夷群岛 4	0.95	0.78	13.23	-10.66	$y=1.08x-0.98$
佛罗里达群岛 1	0.94	0.89	13.00	-12.91	$y=0.89x-0.12$
佛罗里达群岛 2	0.95	0.74	9.12	-6.88	$y=0.93x-0.00$
佛罗里达群岛 3	0.98	0.96	10.38	-8.25	$y=0.93x-0.09$
总计	0.96	0.82	12.79	-13.34	$y=0.93x-0.25$

注：y 是 HOPE-PW 结果；x 是 HOPE-BRUCE 结果

现场测量发现，HOPE-PW 的性能更容易受到仪器噪声和更深深度区域环境噪声的影响。此外，基于 Hydorlight 模拟数据集，对 HOPE-PW 和 HOPE-BRUCE 模型进行了广泛 IOPs 范围内的详细敏感性分析，以及一系列不同的底栖生物类型调查。结果表明，与 HOPE-BRUCE 相比，当 $a_g(440)$低于 $0.2\ m^{-1}$ 时，HOPE-PW 模型受底部反射率的光谱变化及 CDOM 的存在影响较小。然而，这两种算法在反演水的光学性质方面仍有一定的局限性。与 HOPE-BRUCE 类似，HOPE-PW 的 a_{phy} 和 b_{bp} 反演在一定程度上对底栖覆盖物的类型敏感，在较暗的海床上较高，而在较亮的海床上较低。此外，HOPE-PW 有时甚至会意外低估 a_{phy} 和 b_{bp}，这应通过现场数据进一步验证。a_w 在 570～600 nm 急剧增加的显著光谱特征对海水温度和盐度的变化不敏感，这在世界范围内的地表海水中被认为是普遍存在的。HOPE-PW 模型的拟议参数化方案既不针对影像，也不针对场地，为在无先验知识的情况下从大多数沿海水域的高光谱影像估计深度提供了一种更方便可行的方法。

10.2.4 HOPE-PW 模型性能分析

底部类型对 HOPE 模型的水深反演结果影响很大。例如，在夏威夷群岛的一些草皮藻分布在底部的地区（图 10.10），原始的 HOPE 模型（Lee et al.，1999，1998）和具有三种原始类型的 HOPE-BRUCE 模型沙子、海草和褐藻（Klonowski et al.，2007）在相对较浅的区域［图 10.10（a）～（b）］产生了无法预测的高深度反演，其中底部反射率的影响更为显著。两种模型中使用的底部类型的反射光谱如图 10.10（e）～（f）所示。图 10.10（c）表明，在 HOPE-BLUCE 模型中仅使用"草坪"（turf algae）这种特殊的底部类型而不是"褐藻"可以使水深的反演更加准确。更重要的是，HOPE-PW 模型可以在不考虑底型实际情况下获得满意结果［图 10.10（d）］。

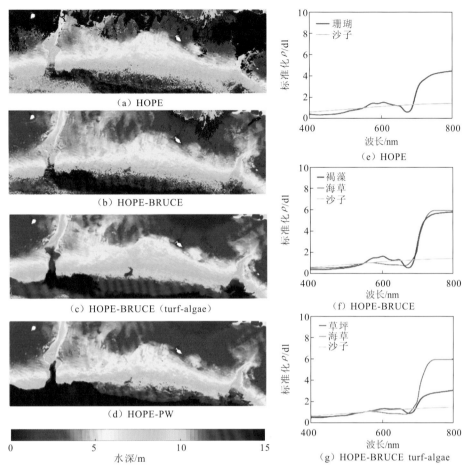

图 10.10　HOPE-PW、HOPE 及 HOPE-BRUCE 模型与不同底部类型模型的深度反演对比

高光谱数据来自夏威夷群岛 3 研究区的 PRISM 数据集

基于模拟数据集进一步评估底部类型变异性对深度反演有效性的影响。Hydrolight 模拟有 15 种不同类型的底部反射光谱［图 10.5（e）］，分为 5 类：沙子、藻类、珊瑚、海草和其他类型，以便于比较不同的 HOPE 模型。此外，在叶绿素 a 质量浓度为 0.1~2.0 mg/m³ 和 a_g(440) 为 0.01~0.20 m^{-1} 的各种 IOP 中进行了模拟。图 10.10 显示，原始 HOPE 模型仅考虑一种底部类型（沙子或珊瑚）产生的最低 R^2 值为 0.89，最高 APD 为 18.47%，HOPE-BRUCE 模型给出了更好的结果，R^2 值为 0.90，RMSE 为 2.56 m，APD 为 10.68%。相比之下，HOPE-PW 模型反演［图 10.10（c）］取得了类似的良好性能，其 R^2 高达 0.96，RMSE 和 APD 分别仅为 1.56 m 和 9.11%。总体上表明，假设底部反射率模型具有恒定的 570~600 nm 光谱足以满足 HOPE-PW 模型在不同底部类型区域的深度反演，而相对而言，特别是在浅水中，当前的 HOPE 模型对海底类型的变化非常敏感。

HOPE-PW 模型的另一个优点是不需要求解 CDOM 相关的未知量 S 和 G。图 10.11 显示了在北岛不同 CDOM 反演设置下 HOPE-BRUCE 模型反演的深度，表明当忽略 S 的变化时，即设置 S 为 0.015 m^{-1} 的固定值，随着深度的增加，HOPE-BRUCE 模型深度反演将被严重低估，如果在反演过程中不考虑 CDOM（G=0 m^{-1}），这种低估将更加严重。在模拟数据集中，a_g(440) 的输入范围为 0.01~1.00 m^{-1}，可以发现类似的结果。这些低估可能与 CDOM 对蓝带

R_{rs} 的显著影响有关。此外，与图 10.11 中 $a_g(440)$ 输入范围为 0.01～0.20 m^{-1} 的深度反演相比，CDOM 浓度的升高降低了 HOPE-BRUCE［图 10.12（a）］和 HOPE-PW［图 10.12（d）］模型的性能，尤其是在 10 m 以下的深度范围。这是因为 $a_g(440)$ 升高到 0.2 m^{-1} 以上将使 CDOM 对 570～600 nm 处吸收系数的贡献不可忽略，并且光谱恒定形状近似不适用于特定吸收模型。尽管如此，这种高 $a_g(440)$（>0.2 m^{-1}）很少出现在适合高光谱测深的区域（Russell et al.，2019）。

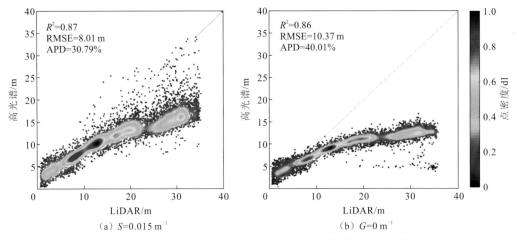

（a）S=0.015 m^{-1} 　　　　　　（b）G=0 m^{-1}

图 10.11　北岛不同 CDOM 的 HOPE-BRUCE 模型深度反演结果

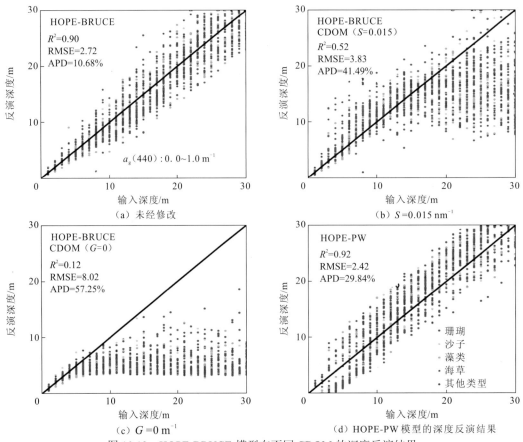

（a）未经修改 　　　　　　　　（b）S=0.015 nm^{-1}

（c）G=0 m^{-1} 　　　　　（d）HOPE-PW 模型的深度反演结果

图 10.12　HOPE-BRUCE 模型在不同 CDOM 的深度反演结果

对 HOPE-PW 和 HOPE-BRUCE 模型之间其他未知量（如 a_{phy}、b_{bp} 和 ρ）的比较，反演结果在水的光学性质和底部反射率方面都存在一定的空间差异。图 10.13 显示了佛罗里达群岛区域的比较结果，将图 10.9（d）和图 10.9（h）中的高光谱深度反演与图 10.13（a）中的激光雷达结果进行比较，HOPE-PW 和 HOPE-BRUCE 模型的深度反演是成功的，因为 HOPE-PW 模型的 R^2 和 RMSE 分别为 0.95 和 0.78 m，而 HOPE-BRUCE 模型的 R^2 和 RMSE 分别为 0.98 和 0.49 m。

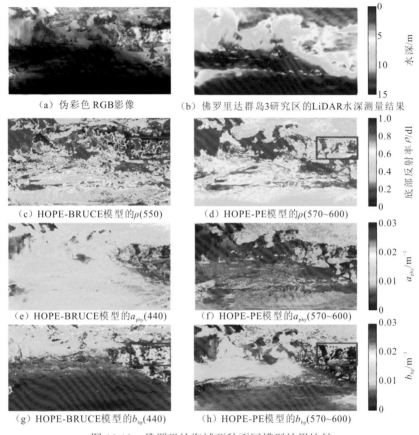

图 10.13　佛罗里达海域两种不同模型结果比较

根据 RGB 影像，大约有两种宽阔的海床类型：沙子和珊瑚。HOPE-BRUCE 模型推导的 $\rho(550)$ 和 HOPE-PW 模型推导的 570～600 nm 平均底部反射率显示的空间分布可以从珊瑚中大致识别出沙子，因为沙子通常达到高反射率，而珊瑚的反射率相对较低。对于珊瑚底部，$\rho(550)$ 通常低于 $\rho(570～600)$，这是合理的，因为大多数珊瑚反射光谱显示从 500 nm 增加到 600 nm。

水体光学性质反演仍然存在一些局限性，HOPE-BRUCE 模型的 $a_{phy}(440)$ 如预期的那样远高于 HOPE-PW 模型的 $a_{phy}(570～600)$，底部反射率变化对水光学性质反演的干扰无法完全消除，这两种模型的 a_{phy} 在较暗的海床较高，而在较亮的海床（沙子）则较低，可以解释为珊瑚礁底栖生物群落对水柱 a_{phy} 的影响，因为已知珊瑚礁会产生并重新沉积细碳酸盐沉积物（Shamberger et al.，2011）。对于 b_{bp} 反演，HOPE-PW 模型比 HOPE-BRUCE 模型对底栖反射率变化更敏感。因为 HOPE-PW 模型的 b_{bp} 的空间模式与 a_{phy} 非常相似。更值得注意的是，HOPE-PW 和 HOPE BRUCE 模型甚至在某些区域产生相反结果，其中 HOPE-BRUCE 模型给出了非常高的值，HOPE-PW 模型的 b_{bp} 接近于零。在模拟数据集的 b_{bp} 反演中，HOPE-BRUCE 模型的高估和 HOPE-PW 模型的低估也经常出现（图 10.14）。HOPE-PW 模型推导的水光学性质仍然存在显著的不确定性，需要使用现场数据进一步验证，在评估 HOPE-PW 模型的不确定性和最大深度时，需要更广泛的水体光学类型和更多的原位 R_{rs} 光谱。随着光谱分辨率的提高，在 580～590 nm 的更窄光谱范围内应用 HOPE-PW 模型可能会获得更高的反演精度。

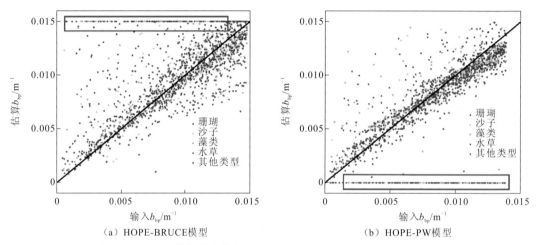

图 10.14 基于 Hydrolight 模拟数据集的 HOPE-BRUCE 和 HOPE-PW 模型的 b_{bp} 反演结果

10.3 浅海底质高光谱反演模型

底栖遥感反射率是一种描述海底颜色的测量方法，被量化为从海底反射的上行辐照度归一化到入射下行辐照度，由于许多浅水地区不容易通过现场调查获得，利用遥感技术绘制光学浅水中海洋栖息地。底栖生物反射率在评估浅水水深和底栖生物栖息地的遥感方法中具有相关性，适应水柱的固有光学特性和底部光谱反射剖面（Dekker et al.，2011）。高光谱数据提供了近紫外、可见光和近红外波长的近连续光谱测量，为区分底栖栖息地和特定底栖类型如珊瑚、藻类、沙子提供了最佳结果。随着新的高光谱卫星的出现，对高质量底栖生物反射光谱库的需求对算法开发和光学区分底栖生物水生栖息地特性变得越来越重要。

不同底部类型的水体浊度、深度、传感器噪声、光谱分辨率和光谱可分性等因素，可能会影响底栖生物的遥感反演性能（Garcia et al.，2015），水的固有光学特性（IOPs）及来自大气和水柱的干预都会导致误差（Botha et al.，2013）。在干净的浅水区，卫星观测到的离水辐射由水柱散射和底部反射信号组成，目前还没有最佳的方法来准确地分离水的光学特性和各种底部类型的光学特性。因此，修正上述因素的影响是反演底栖生物反射光谱的关键。

10.3.1 结合 LiDAR 的高光谱底质反射率反演算法

Kutser 等（2020）对光学遥感综述得出在热带和温带海洋环境中，主要底部类型的光学性质是相似的，褐藻等主要类群的反射光谱特征在不同的生境中往往相似，并与发生在主要类群中的辅助色素（如岩藻黄质）有关（Hedley et al.，2002）。事实上，基于反射光谱的现场和实验室测量的建模和灵敏度分析表明，基于高光谱反射率的底栖生物类型的光谱分离是可能的（Hedley et al.，2012b），使用高光谱 PRISM 影像的研究在区分底部类型时提供了>90%的分类精度（Garcia et al.，2018）。

随着机载激光雷达测深技术进展，主动和被动传感器融合是一个有吸引力的选择，将对海洋环境和生态研究做出贡献（Kerfoot et al.，2019）。无源光学传感器可以收集多个波长甚至高光谱波长的离开水辐射，而激光雷达可以提供近岸水深估计（Ma et al.，2020）和海洋后向散射测量（Churnside et al.，2019）。针对光在水体中辐射传输带来的影响，通过已知水深信息消除因水深变化引起的反射率变化和水柱衰减效应，可以简化水体辐射传输方程获得底质反射率信息（Wang et al.，2022）。

将机载激光雷达测得的水深和基于高光谱获得的水深作为输入条件，遍历已知地物光谱反射率数据库，获得真实的海底反射率。HOPE-LiDAR 算法遵循 Klonowski 等（2007）工作，其与标准 HOPE-BRUCE 算法的主要区别在于它们的底部反射模型和水深的设定依赖于使用一组测深、底部反射模型和水柱 IOP 值从正向模型中反演的建模反射光谱的光谱匹配形式，优化匹配测量的 R_{rs} 光谱数据。

算法由前向反射率模型、IOP 模型、求逆解法三个部分组成。对于正演模型，遥感反射率 r_{rs} 作为水体光学特性（a，b_b）、底部反射率（ρ）和水深（H）的吸收和后向散射特性的函数，表示为

$$r_{rs}(\lambda;a,b_b,H,\rho) \approx (0.084 + 0.170u(\lambda))u(\lambda)\left(1 - \exp\left[-\left(\frac{1}{\cos\theta_w} + \frac{1.03(1+2.4u(\lambda))^{0.5}}{\cos\theta_v}\right)(a(\lambda)+b_b(\lambda))H\right]\right)$$
$$+ \frac{\rho(\lambda)}{\pi}\exp\left\{-\left[\frac{1}{\cos\theta_w} + \frac{1.04(1+5.4u(\lambda))^{0.5}}{\cos\theta_v}\right](a(\lambda)+b_b(\lambda))H\right\}$$

（10.21）

在 HOPE-LiDAR 模型中，吸收、后向散射和底部反射率的参数化设置与 HOPE-BRUCE 模型一样，使用经验推导的关系进行参数化。在 HOPE-LiDAR 算法中的吸收模型为

$$a(\lambda) = a_w(\lambda) + a_{phy}(\lambda) + a_g(\lambda)$$

（10.22）

式中：a_w 由 Robin 等（1997）获得，而 a_{phy} 和 a_g 参数化为

$$a_{phy}(\lambda) = [a_0(\lambda) + a_1(\lambda)\ln(P)]P$$

（10.23）

$$a_g(\lambda) = Ge^{-S(\lambda-440)}$$

（10.24）

后向散射模型可表示为

$$b_b(\lambda) = b_w(\lambda) + b_{bp}(\lambda)$$

（10.25）

式中：b_w 来自 Morel（1988），b_{bp} 参数化为

$$b_{bp}(\lambda) = X(400/\lambda)^Y$$

（10.26）

只有沙子一种底质应用在底质反射率假设中，底部反射率 ρ 表示为

$$\rho(\lambda) = B_{sand}\, \rho_{sand}(\lambda) \tag{10.27}$$

式中：ρ_{sand} 为沙子在 550 nm 处归一化反射率光谱；B_{sand} 为沙子在 550 nm 处底部反射率。

在 HOPE-BRUCE 模型中，底部反射率 ρ 由三个底部反射率光谱的线性组合参数化，这三个底部反射率光谱代表三个关键底栖覆盖类别，即沉积物（干净的沙子）、植被（海草）和珊瑚（褐藻），其光谱可以在图 10.15 中找到。底部反射率 ρ 可以表示为

$$\rho(\lambda) = B_{sed}\rho_{sed}(\lambda) + B_{veg}\rho_{veg}(\lambda) + B_{cor}\rho_{cor}(\lambda)$$
$$B_{sed} + B_{veg} + B_{cor} = 1.0 \tag{10.28}$$

式中：ρ_{sed}、ρ_{veg} 和 ρ_{cor} 分别为沙子、海草、褐藻在 550 nm 处归一化的反射率光谱；B_{sed}、B_{veg} 和 B_{cor} 分别为沙子、海草、褐藻在 550 nm 处的底部反射率。

在 HOPE-LiDAR 模型中，延续了前面 HOPE-BRUCE 模型的 3 种底质设置方式，采用 7 种底质组合的方式，遍历 35 种情况求解，使测量和建模的遥感反射率曲线之间的残差最小，并求出 35 组数据中残差最小的底质反射率组合。其表达式如式（10.29）所示，其中 7 种底部反射率曲线如图 10.16 所示。

$$\rho(\lambda) = B_1\rho_1(\lambda) + B_2\rho_2(\lambda) + B_3\rho_3(\lambda)$$
$$B_1 + B_2 + B_3 = 1.0 \tag{10.29}$$

式中：ρ_1、ρ_2 和 ρ_3 分别为第一、第二、第三种底质在 550 nm 处归一化的反射率光谱；B_1、B_2 和 B_3 分别为第一、第二、第三种底质在 550 nm 处的底部反射率。

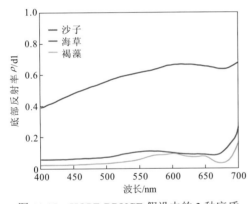

图 10.15 HOPE-BRUCE 假设中的 3 种底质

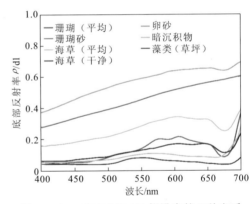

图 10.16 HOPE-LIDAR 假设中的 7 种底质

对于高空间分辨率的成像传感器，在一个像素内成像的底栖生物覆盖物可能包含几种基底类型的混合物，HOPE-BRUCE 模型反演了对不同衬底混合物适当的分数覆盖率，显示了对可能包含在一个影像像素中的各种基底混合物进行分类的潜力。在 HOPE-BRUCE 模型基础上提出一种新的 HOPE-LiDAR 算法，利用机载激光雷达数据作为输入数据，遍历 7 种底质反射率光谱，最大限度地减少水深信息，消除因水深变化引起的反射率变化和水柱衰减效应，依据水体辐射传输方程获得底质反射率信息。

10.3.2 机载高光谱底质反射率反演结果分析

机载激光雷达可快速、高效地获取大范围地形信息，已成为高精度地形建模的重要数

据获取手段。将机载激光雷达数据和高光谱影像数据逐像素对应起来需要对 LiDAR 数据进行网格化插值,常用的机载激光雷达数据插值方法有反距离加权(inverse distance weighted,IDW)、克里金(Kriging)、样条函数(spline)、自然邻域(natural neighbor,NN)、趋势面(trend)、不规则三角网(triangulated irregular network,TIN)等算法。当点云密度较小时(1~19 点/m²),缓坡和陡坡最优插值方法分别为 NN 和 TIN;当点云密度较大时(39~77 点/m²),缓坡和陡坡最优插值方法均为样条函数。鉴于所用数据和遥感影像像元大小,选用样条函数方法进行插值,建立与遥感影像等同分辨率网格,从插值后 DEM 导出网格信息到对应栅格数据中。

基于机载激光雷达测得水深和高光谱遥感反射率建立半解析反演模型,反演出整个研究区影像的底质反射率光谱。在北岛、夏威夷群岛和佛罗里达群岛的三个站点获取的高光谱影像用于 HOPE-LiDAR 模型的底质反射率反演模型。为了演示 HOPE-LiDAR 模型的性能,用深度渲染方法显示 LiDAR 的水深值,然后比较使用 HOPE-LiDAR 和 HOPE-BRUCE 算法获得典型区域的底部反射率,反射率结果的空间分辨率与影像分辨率相同。

选择北岛海域 2 个典型区域进行分析,每个区域连续检索 10 个光谱取平均值。图 10.17(b)是通过激光雷达数据测得的水深数据,将反演的底部反射率光谱与 Dekker 等(2011)提供的沙子平均反射光谱及实地测量的蜂巢珊瑚底部反射率进行了比较。图 10.17(c)~(f)显示了 2 个区域 2 个模型反演的平均光谱和参考底质反射率光谱,在水深 10~15 m 的区域,HOPE-LiDAR 模型反演的沙子反射率与 HOPE-BRUCE 模型参考光谱相似,在 400~450 nm 处比 HOPE-BRUCE 模型要高,但是 450~700 nm 处要比 HOPE-BRUCE 模型更符合形状变化。与水深 0~5 m 的第二个区域蜂巢珊瑚的反射率相比,HOPE-LiDAR 的反演设置更好地反映出珊瑚的底部反射率曲线形状。

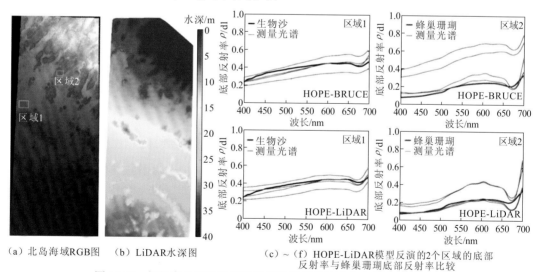

(a)北岛海域RGB图　(b)LiDAR水深图　　(c)~(f)HOPE-LiDAR模型反演的2个区域的底部反射率与蜂巢珊瑚底部反射率比较

图 10.17　根据高光谱数据和激光雷达数据反演了北岛的底部反射率

在区域 2 的珊瑚反射率曲线中,反射光谱在 443~500 nm 呈平坦状,然后迅速升高。在 550 nm、600 nm 和 650 nm 处有较显著的反射峰。每种珊瑚都有 675 nm 处显著叶绿素吸收峰,大多数珊瑚礁在 550~650 nm 具有多峰特征,反演结果证实了这一点[图 10.17(f)]。

利用 PRISM 高光谱遥感影像和激光雷达反射率得到夏威夷群岛部分海域底部反射光

谱结果如图 10.18（c）～（f）所示，这两个区域的底质反射率光谱差异不大。对于区域 1，HOPE-LiDAR 和 HOPE-BRUCE 底部反射率曲线都反演出沙子反射率形状，HOPE-LiDAR 反演光谱中在 550～600 nm 处有很强的反射峰，显示出海草特征，其他曲线在 650 nm 之前有单调升高趋势，在 670 nm 附近有最小升高趋势，与卵砂光谱相似。高光谱遥感数据的 8 m 空间分辨率，捕获底部反射率可能含有多种底栖物种，在沙子区域可能包含藻类和海草。在区域 2，HOPE-LiDAR 和 HOPE-BRUCE 底部反射率曲线反演出草坪反射率形状，HOPE-LiDAR 反演底部反射率光谱曲线从 443 nm 缓慢上升到 550 nm，在 600 nm 和 650 nm 附近有一个反射峰，在 670 nm 附近有一个吸收峰。之后，反射率迅速升高。不同种类海草和海藻会影响反射光谱，不同空间分布密度也影响反射率，密度差可以通过其吸收、散射和荧光特性来区分。将高光谱反演的底部反射率与文献中底栖生物光谱进行比较，HOPE-LiDAR 反演的底部反射率数据在相应底栖生物类型的大小和光谱形状上一致。由于高光谱遥感数据 8 m 空间分辨率，捕获底质反射率可能含有多种底栖物种，特别是在草坪区域，由沙子和海草的比例不一形成混合像元，体现在光谱反射曲线上有不同形状。

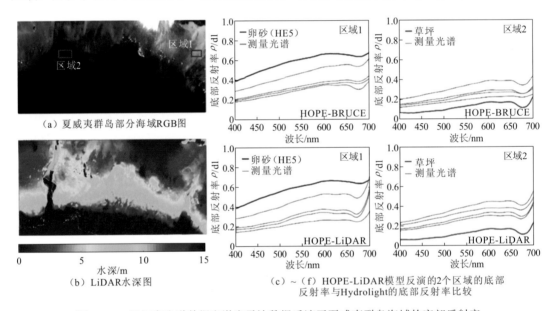

图 10.18　根据高光谱数据和激光雷达数据反演了夏威夷群岛海域的底部反射率

由于 PRISM 影像具有 10 m 空间分辨率，在一个像素中包含不同类型的基质（如海草和沙子），提取的底部反射率位于沙子和海草的反射率之间。区域 1 显然是浅白色，可能含有白色的沙子、石头或漂白的水草海藻等。其成分还包括珊瑚砂、软体动物壳等，很大程度上可能是卵砂。区域 2 的遥感 RGB 彩色合成图为深绿色到黑色，可能是海草聚集的区域，覆盖了大面积海草和藻类。

海草反射率受到其密度、种类和叶面积指数影响，与叶面积指数存在显著的相关性，海草表面附生植物也影响底部反射光谱，背景（如沙子、碎珊瑚和软体动物壳）是影响底栖生物光谱的一个重要因素，这些元素为海草底栖生物遥感测绘带来了更多未知数。

利用佛罗里达环礁海域的 PRISM 高光谱遥感影像选择 2 个典型区域进行分析[图 10.19（a）]，每个区域连续检索 10 个光谱取平均值。图 10.19（b）是通过激光雷达数据测得水深数据，两种算法模型的底部反射率结果如图 10.19（c）～（f）所示。

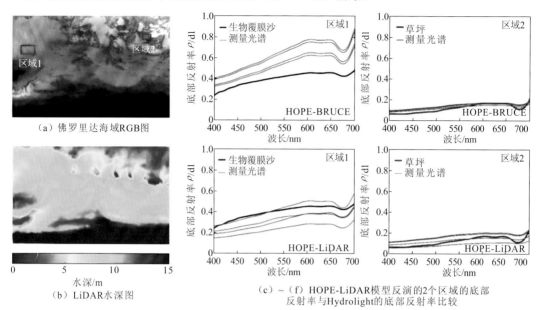

（a）佛罗里达海域RGB图

（b）LiDAR水深图

（c）～（f）HOPE-LiDAR模型反演的2个区域的底部
反射率与Hydrolight的底部反射率比较

图 10.19　根据高光谱数据和激光雷达数据反演了佛罗里达环礁海域的底部反射率

对 HOPE-BRUCE 和 HOPE-LiDAR 算法结果进行对比，区域 1 的反射率有很大不同，在 HOPE-BRUCE 算法中，底部反射率曲线在 400～550 nm 处平缓上升，在 600 nm 和 650 nm 有两个反射峰，这与草坪反射率形状相似，在 HOPE-LiDAR 算法中，底部反射率变化比较平缓，反射率曲线与沙子形状相近。由于沙子或漂白珊瑚礁的覆盖，反射率逐渐上升并保持在较高的值，在 600～650 nm 附近出现反射凸起，在 660 nm 附近开始下降，与 Hydrolight 提供的沙子反射率光谱具有相似特征，遥感影像比较明亮。总体来说，反射率在 600 nm 之前逐渐上升，在 600～650 nm 有一个反射平台，在 670 nm 附近出现一个反射谷，然后逐渐上升，与 Hydrolight 提供暗沉积物的光谱相似。

对于区域 2，两种模型反演的底部反射率都比较低，HOPE-BRUCE 和 HOPE-LiDAR 算法反演结果在 400～700 nm 处比较平缓，没有反映出具体特征信息。其反射率高低和草坪反射率相似。图 10.19（d）和（f）显示了草坪反射率结果。从图 10.19（a）来看，区域 2 底质为深色物质，考虑佛罗里达环礁大都以珊瑚礁为主，区域 2 可能为深色珊瑚礁体或深色草坪区域。

基于 Hydrolight 模拟数据集及一系列不同的底栖生物类型，对 HOPE-LiDAR 模型进行敏感性分析，分析 HOPE-LiDAR 算法在已知底质和未知底质情况下的底部反射率反演结果。结果表明，与 HOPE-BRUCE 模型相比，HOPE-LiDAR 模型在底质可分性方面存在明显优势，在沙子底质类型反演到一定程度上存在偏差，可能会高估底部反射率。在对未知底质类型的底部反射率进行反演时，HOPE-LiDAR 模型更好地反映出底部反射率形状。

10.3.3　HOPE-LiDAR 底部反射率反演性能分析

分别将沙子、海草和褐藻三种底质作为遥感反射率数据输入，求得三种底质的 550 nm

处底部反射率，得到不同条件下反演底部加权系数（图 10.20）和底部反射率（图 10.21）。对于底部加权系数图（图 10.20），每个图代表一个涉及不同底物类型的建模，所有底质都是单一底物，误差条表示每个组的标准差。图 10.20 的每个面板代表了 988 个 Hydrolight 模拟结果，包括一系列视角、水深和水柱光学特性。

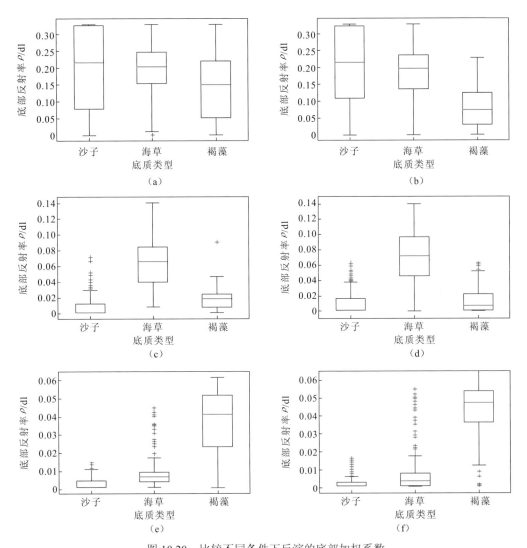

图 10.20　比较不同条件下反演的底部加权系数
（a）和（b）为沙子、（c）和（d）为海草、（e）和（f）为褐藻；（a）、（c）和（e）为 HOPE-BRUCE 模型反演结果；
（b）、（d）和（f）为 HOPE-LiDAR 模型反演结果

　　图 10.20（a）和（b）显示了沙子基于两种不同算法的反演结果，对于一个涉及单个基质的模拟，在 HOPE-BRUCE 模型检索到的平均加权系数接近于目标值的 0.3，海草和褐藻类的加权系数为 0，而这两者在模拟中都不存在。其原因是模拟数据集参数设置和反演所用波段为 400～700 nm，包含了沙子在 750 nm 处的吸收峰，直接体现在底质反射率反演对褐藻的加权系数较小。图 10.20（c）和（d）中显示了海草的反演结果，HOPE-LiDAR 较 HOPE-BRUCE 模型来说，海草加权系数更高，沙子和褐藻加权系数更低，这说明了 HOPE-LiDAR 有优势。但 HOPE-LiDAR 离散值更多，意味着反演出来整体底部反射率偏

高，在海草加权系数较大。

对于褐藻基质［图 10.20（e）和（f）］，两个模型都反演到了接近 Hydrolight 输入值中的褐藻基质系数，但加权系数都被高估了。对于褐藻基质，返回高褐藻底质系数和低沙子底质和海草底质系数。相较于 HOPE-BRUCE 模型，HOPE-LiDAR 模型更集中，褐藻加权系数占比更高，HOPE-LiDAR 离散值更多。总的来说，HOPE-LiDAR 模型对褐藻的加权系数较大，比 HOPE-BRUCE 有更好的反演效果。

对于不同算法下反演的底部反射率图（图 10.21），每个面板代表一个涉及不同底物类型的建模，所有底质都是单一地物。图 10.21（a）和（b）中是沙子反演结果，并与沙子输入数据做比较。图 10.21（c）和（d）是海草反演结果，图 10.21（e）和（f）是褐藻反演结果。

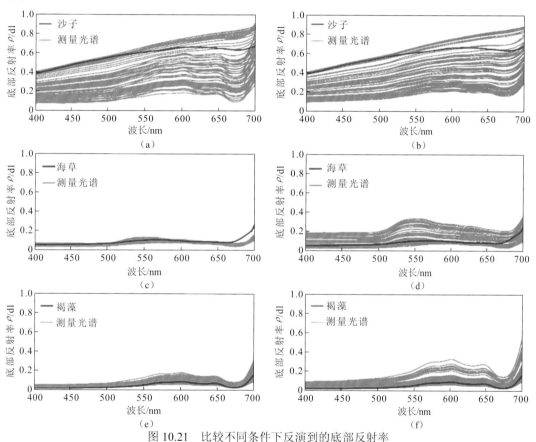

图 10.21　比较不同条件下反演到的底部反射率
（a）和（b）为沙子、（c）和（d）为海草、（e）和（f）为褐藻；（a）、（c）和（e）为 HOPE-BRUCE 模型反演结果；
（b）、（d）和（f）为 HOPE-LiDAR 模型反演结果

图 10.21（a）和（b）显示了沙子基于两种不同算法反演结果，对于一个涉及单个基质的模拟，在 HOPE-BRUCE 模型的反演结果中，底质光谱数据存在误差，其形状与褐藻相似，HOPE-LiDAR 模型的形状变异小，更像沙子，由于沙子反演的结果掺杂了海草和褐藻贡献，所以会有这种效果。总的来说，HOPE-LiDAR 模型在低底部反射率的沙子区域变异比较小，比 HOPE-BRUCE 模型有更好的反演效果。对于海草的反演结果，HOPE-LiDAR 模型的形状更加明显，加权系数较大。对于褐藻基质，返回高褐藻底质系数和低沙子底质

和海草底质系数，HOPE-LiDAR 模型的离散值更多，反演出来的底部反射率整体偏高。

　　浅水模型能够通过适当地反演三个底部加权系数来区分三种关键类型的基质（沉积物、海草和褐藻）。图 10.20（a）中沙子的光谱相对无特征，而海草的光谱在 550 nm 处有明显的峰，并逐渐向光谱的红色端下降。褐藻的光谱在 600 nm 和 650 nm 处有两个明显的峰。如果基底光谱具有与模型基底反射光谱相似的光谱属性，则模型中使用的代表性基底光谱不需要与模拟中使用的基底光谱完全相同。由于"棕色"珊瑚通常在可见光谱的 550 nm、600 nm 和 650 nm 处有较显著的反射峰，可以在模型中使用具有代表性的珊瑚光谱形状。

　　抽取蜂巢珊瑚底质作为输入的遥感反射率数据，然后分别用 7 种底质作为 HOPE 模型的底质输入，求得三种底质的 550 nm 处底部反射率，不同条件下反演出底部反射率（图 10.22），所有的输入底质都是单一蜂巢珊瑚，每个面板代表一个涉及不同底质类型的建模，代表 100 个一系列视角、水深和水柱光学特性的 Hydrolight 模拟的结果。

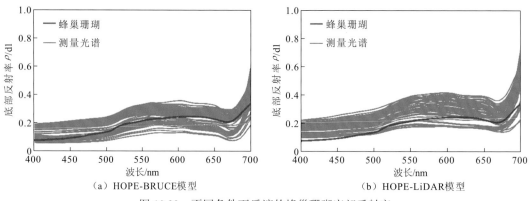

图 10.22　不同条件下反演的蜂巢珊瑚底部反射率

　　与 7 种已知反射率相比，对于蜂巢珊瑚基质，两个模型都反演出接近 Hydrolight 输入值中的蜂巢珊瑚底质反射率，光谱曲线在 550～650 nm 处有个吸收平台。相较于 HOPE-BRUCE 模型，HOPE-LiDAR 模型反演的底质光谱反射率的形状更加明显，离散值意味着反演出来的底部反射率整体偏高。总的来说，HOPE-LiDAR 模型在底质光谱反射率的形状更符合实际输入情况，比 HOPE-BRUCE 有更好的反演效果。

参 考 文 献

奥勇, 王晓峰, 孔金玲, 等, 2011. 曹妃甸近海表层悬浮泥沙遥感定量监测研究. 测绘科学, 36(1): 77-80.

白雁, 2007. 中国近海固有光学量及有机碳卫星遥感反演研究. 上海: 中国科学院上海技术物理研究所.

毕顺, 2021. 基于软分类的湖泊藻类柱生物量遥感估算研究. 南京: 南京师范大学.

曹巍, 刘璐璐, 吴丹, 等, 2019. 三江源国家公园生态功能时空分异特征及其重要性辨识. 生态学报, 39(4): 1361-1374.

陈娟, 陈锦, 2017. 我国湖泊流域水环境保护中存在的问题及对策分析. 资源节约与环保(10): 2.

陈莉琼, 2011. 基于辐射传输机理的鄱阳湖悬浮颗粒物浓度遥感反演研究. 武汉: 武汉大学.

陈启东, 邓孺孺, 秦雁, 等, 2012. 广东飞来峡库区水深遥感. 中山大学学报(自然科学版), 51(1): 122-127.

陈小银, 刘升发, 林茂, 等, 2011. 中国海洋吸虫纲物种多样性的研究. 台湾海峡, 30(1): 56-62.

陈晓玲, 赵红梅, 田礼乔, 2008. 环境遥感模型与应用. 武汉: 武汉大学出版社.

晟姜, 李旭文, 牛志春, 等, 2014. 空间分布频率分析法在太湖水华遥感监测中的应用. 中国环境监测, 30(1): 196-199.

崔廷伟, 2003. 赤潮光谱数据获取与特征规律分析研究. 青岛: 中国海洋大学.

丁静, 2004. 基于神经网络的二类水体大气修正与水色要素反演. 青岛: 中国海洋大学.

丁铭, 李旭文, 姜晟, 等, 2022. 基于无人机高光谱遥感在太湖蓝藻水华监测中的一次应用. 环境监测管理与技术, 34(1): 4.

杜聪, 王世新, 周艺, 等, 2009. 利用 Hyperion 高光谱数据的三波段法反演太湖叶绿素 a 浓度. 环境科学, 30(10): 7.

段号然, 段永红, 尚庆斌, 2020. 山东微山湖近 30 年湖面面积时空变化及驱动机制. 海洋湖沼通报(4): 9.

段洪涛, 张寿选, 张渊智, 2008. 太湖蓝藻水华遥感监测方法. 湖泊科学, 20(2): 145-152.

冯伟, 冯学智, 马荣华, 等, 2007. 太湖水体叶绿素浓度与反射光谱特征关系的研究. 遥感信息(1): 18-21.

傅克忖, 曾宪模, 任敬萍, 等, 1999. 由现场离水辐亮度估算黄海透明度几种方法的比较. 黄渤海海洋, 17(2): 19-23.

盖利亚, 刘正军, 张继贤, 2010. 三峡坝区水体吸收系数的特征研究. 遥感学报, 14(2): 313-332.

高中灵, 汪小钦, 陈云芝, 2006. MERIS 遥感数据特性及应用. 海洋技术, 25(3): 61-65.

顾靖华, 朱建荣, 裘诚, 等, 2021. 长江河口盐水入侵长期演变分析. 华东师范大学学报(自然科学版), 6: 168-172.

官涤, 任伊滨, 李菁, 2011. 环境因子对水华暴发的影响研究. 环境科学与管理, 36(8): 55-59, 68.

郭晓雷, 2017. 基于卫星多光谱影像的浅海水深反演研究. 上海: 上海海洋大学.

韩震, 恽才兴, 蒋雪中, 2003. 悬浮泥沙反射光谱特性实验研究. 水利学报, 12: 118-122.

何贤强, 2002. 利用海洋水色遥感反演海水透明度的研究. 杭州: 自然资源部第二海洋研究所.

胡海德, 李小玉, 杜宇飞, 等, 2012. 生物多样性遥感监测方法研究进展. 生态学杂志, 31(6): 1591-1596.

黄韦艮, 毛显谋, 1998. 赤潮卫星遥感监测与实时预报. 海洋预报, 15(3): 110-115.

焦红波, 2006. 基于水面实测光谱的太湖水体叶绿素 a 遥感最佳波段选择与模型研究. 南京: 南京师范大学.

焦雅敏, 2013. 水库蓝藻 "水华" 的暴发成因及防治措施. 中国西部科技, 12(3): 63, 74.

金焰, 张咏, 牛志春, 等, 2010. 环境一号卫星 CCD 数据在太湖蓝藻水华遥感监测中的应用. 环境监测管理与技术, 22(5): 53-56, 66.

孔维娟, 马荣华, 段洪涛, 2009. 结合温度因子估算太湖叶绿素 a 含量的神经网络模型. 湖泊科学, 21(2): 193-198.

黎夏, 1992. 悬浮泥沙遥感定量的统一模式及其在珠江口中的应用. 遥感学报(2): 106-114+116.

李保全, 陈雪, 2015. 蓝藻水华的危害及生物除藻方法简述. 南方农业, 9(6): 187-189.

李方, 徐京萍, 何艳芬, 等, 2009. 长春市石头口门水库颗粒物光谱吸收特性. 湖泊科学, 21(2): 280-287.

李继影, 孙艳, 侍昊, 等, 2014. 太湖水草监管体系构建初步研究. 环境监控与预警, 6(5): 54-56.

李俊生, 吴迪, 吴远峰, 等, 2009. 基于实测光谱数据的太湖水华和水生高等植物识别. 湖泊科学, 21(2): 215-222.

李俊生, 张兵, 申茜, 等, 2013. 太湖水面多角度遥感反射率光谱测量与方向特性分析. 光谱学与光谱分析, 33(9): 2506-2511.

李思佳, 宋开山, 陈智文, 等, 2015. 兴凯湖春季水体悬浮颗粒物和 CDOM 吸收特性. 湖泊科学, 27(5): 941-952.

李铜基, 陈清莲, 杨安安, 等, 2004. 黄东海春季水体后向散射系数的经验模型研究. 海洋技术学报, 23(3): 10-14.

李阳东, 卢灿灿, 李鸿莉, 等, 2022. 基于 GOCI 的长江口及附近海域主要营养盐的分布与日内变化研究. 海洋预报, 39(2): 13.

李云梅, 黄家柱, 陆皖宁, 等, 2006. 基于分析模型的太湖悬浮物浓度遥感监测. 海洋与湖沼, 37(2): 171-177.

李云梅, 赵焕, 毕顺, 等, 2022. 基于水体光学分类的二类水体水环境参数遥感监测进展. 遥感学报, 26(1): 19-31.

梁文广, 王冬梅, 诸晓华, 等, 2014. 2008~2013 年太湖蓝藻遥感监测成果分析. 人民长江, 45: 80-84.

林怡, 潘琛, 陈映鹰, 等, 2011. 基于遥感影像光谱分析的蓝藻水华识别方法. 同济大学学报(自然科学版), 39(8): 1247-1252.

刘大召, 张辰光, 付东洋, 等, 2010. 基于高光谱数据的珠江口表层水体悬浮泥沙遥感反演模式. 海洋科学, 34(7): 77-80.

刘茜, Rossiter D G, 2008. 基于高光谱数据和 MODIS 影像的鄱阳湖悬浮泥沙浓度估算. 遥感技术与应用, 23(1): 7-11.

刘文杰, 2013. 内陆湖泊蓝藻水华的遥感监测与评价研究. 北京: 中国地质大学(北京).

刘瑶, 李俊生, 肖晨超, 等, 2022. 资源一号 02D 高光谱影像内陆水体叶绿素 a 浓度反演. 遥感学报, 26(1): 11.

楼琇林, 黄韦艮, 2003. 基于人工神经网络的赤潮卫星遥感方法研究. 遥感学报, 7(2): 125-130.

鲁韦坤, 余凌翔, 欧晓昆, 等, 2017. 滇池蓝藻水华发生频率与气象因子的关系. 湖泊科学, 29(3): 534-545.

麻勇, 2010. 锦州港附近海域悬浮泥沙的遥感分析. 中国港湾建设(1): 3-6.

马荣华, 戴锦芳, 2005a. 结合 Landsat ETM 与实测光谱估测太湖叶绿素及悬浮物含量. 湖泊科学(2): 97-103.

马荣华, 戴锦芳, 张运林, 2005b. 东太湖 CDOM 吸收光谱的影响因素与参数确定. 湖泊科学(2): 120-126.

马荣华, 孔繁翔, 段洪涛, 等, 2008. 基于卫星遥感的太湖蓝藻水华时空分布规律认识. 湖泊科学, 20(6): 687-694.

马荣华, 唐军武, 段洪涛, 等, 2009. 湖泊水色遥感研究进展. 湖泊科学, 21(2): 143-158.

马毅, 张杰, 张靖宇, 等, 2018. 浅海水深光学遥感研究进展. 海洋科学进展, 36(3): 331-351.

毛志华, 黄海清, 朱乾坤, 等, 2001. 我国海区 SeaWiFS 资料大气校正. 海洋与湖沼, 32(6): 465-471.

牛香豫, 唐国平, 顾慧, 等, 2022. 流溪河水库流域碳氮营养盐浓度的时空变化特征及其影响因素. 水土保持学报, 36(2): 9.

潘梅娥, 杨昆, 洪亮, 2013. 基于环境一号卫星影像的内陆水体叶绿素 a 浓度遥感定量反演模型研究. 科学技术与工程(15): 6.

潘晓洁, 黄一凡, 郑志伟, 等, 2015. 三峡水库小江夏初水华暴发特征及原因分析. 长江流域资源与环境, 24(11): 1944-1952.

浦瑞良, 宫鹏, 2000. 高光谱遥感及其应用. 北京: 高等教育出版社.

任敬萍, 赵进平, 2002. 二类水体水色遥感的主要进展与发展前景. 地球科学进展, 17(3): 363-370.

申茜, 张兵, 李俊生, 等, 2011. 太湖水体反射率的光谱特征波长分析. 光谱学与光谱分析, 31(7): 1892-1897.

施英妮, 2005. 基于人工神经网络技术的高光谱遥感浅海水深反演研究. 青岛: 中国海洋大学.

宋庆君, 唐军武, 2006. 黄海、东海海区水体散射特性研究. 海洋学报, 28(4): 58-65.

孙从容, 唐君武, 彭海龙, 2005. 黄东海海水体类型综合识别技术研究. 海洋预报, 22(2): 7-14.

孙德勇, 李云梅, 王桥, 等, 2008. 内陆湖泊水体固有光学特性的典型季节差异. 应用生态学报, 19(5): 1117-1124.

孙德勇, 李云梅, 王桥, 等, 2010. 巢湖水体散射和后向散射特性研究. 环境科学, 31(6): 1428-1434.

滕惠忠, 马福诚, 李海滨, 等, 2009. 卫星遥感水深反演技术发展与模型分析. 成都: 海洋测绘综合性学术研讨会.

汪小钦, 陈崇成, 2000. 遥感在近岸海洋环境监测中的应用. 海洋环境科学, 19(4): 72-76.

汪小勇, 李铜基, 朱建华, 2005. 青海湖湖水表光学特性分析. 海洋技术(2): 50-54.

王繁, 2008. 河口水体悬浮物固有光学性质及浓度遥感反演模式研究. 杭州: 浙江大学.

王甘霖, 2015. 内陆水体蓝藻水华主被动遥感监测研究. 上海: 华东师范大学.

王娟, 2011. 藻类水华的发生及控制技术研究现状与展望. 安徽农业科学, 39(4): 2212-2214.

王林, 赵冬至, 杨建洪, 等, 2011. 赤潮对近岸水体生物光学特性的影响. 环境科学, 32(10): 2855-2860.

王桥, 2021. 中国环境遥感监测技术进展及若干前沿问题. 遥感学报, 25(1): 25-36.

王书航, 姜霞, 金相灿, 2011. 巢湖水环境因子的时空变化及对水华发生的影响. 湖泊科学, 23(6): 873-880.

王晓梅, 唐军武, 丁静, 等, 2005. 黄海、东海二类水体漫射衰减系数与透明度反演模式研究. 海洋学报, 27(5): 38-45.

王艳红, 邓正栋, 马荣华, 2007. 基于实测光谱与 MODIS 数据的太湖悬浮物定量估测. 环境科学学报, 27(3): 509-515.

吴佳文, 官文江, 2019. 基于 SNPP/VIIRS 夜光遥感数据的东、黄海渔船时空分布及其变化特点. 中国水产科学, 26(2): 11.

夏晓瑞, 韦玉春, 徐宁, 等, 2014. 基于决策树的 Landsat TM/ETM+图像中太湖蓝藻水华信息提取. 湖泊科学, 26(6): 907-915.

谢余初, 巩杰, 张素欣, 等, 2018. 基于遥感和 InVEST 模型的白龙江流域景观生物多样性时空格局研究. 地理科学, 38(6): 8.

徐涵秋, 2005. 利用改进的归一化差异水体指数（MNDWI）提取水体信息的研究. 遥感学报, 9(5): 7.

徐建军, 2009. 水面混合光谱中悬浮物和叶绿素组分光谱分离的实验研究. 南京: 南京师范大学.

徐昕, 2012. 基于 MODIS 的富营养化湖泊蓝藻水华时空分布及气象影响分析. 南京: 南京师范大学.

徐祎凡, 施勇, 李云梅, 2014. 基于环境一号卫星高光谱数据的太湖富营养化遥感评价模型. 长江流域资源与环境, 23(8): 8.

许艺腾, 2017. 单光子激光测高数据处理技术研究: 以 MABEL 数据为例. 西安: 西安科技大学.

薛云, 赵运林, 张维, 等, 2015. 基于 MODIS 数据的 2000～2013 年洞庭湖水华暴发时空分布特征. 湿地科学, 13(4): 387-392.

闫海, 潘纲, 张明明, 2002. 微囊藻毒素研究进展. 生态学报, 22(11): 1968-1975.

杨超宇, 杨顶田, 赵俊, 2010. 光学浅水海草高光谱识别. 热带海洋学报, 29(2): 74-79.

杨桂山, 马荣华, 张路, 等, 2010. 中国湖泊现状及面临的重大问题与保护策略. 湖泊科学, 22(6): 799-810.

杨坚波, 林玉娣, 2004. 无锡太湖水域蓝藻污染与治理经济效益分析. 中国初级卫生保健, 1: 73-74.

杨君怡, 2017. 西沙群岛七连屿周边珊瑚礁光谱分析及分类研究. 广州: 广州大学.

杨柯, 段功豪, 牛瑞卿, 等, 2016. 基于多源遥感影像的武汉都市发展区湖泊变迁分析. 长江科学院院报, 33(1): 139-142, 146.

杨燕明, 刘贞文, 陈本清, 等, 2005. 用偏最小二乘法反演二类水体的水色要素. 遥感学报, 9(2): 123-130.

杨杨, 黄文骞, 滕惠忠, 等, 2010. 多光谱遥感水深反演技术及关键问题研究//全国第二十二届海洋测绘综合性学术研讨会, 太原.

叶汉雄, 2011. 湖泊水污染防治政府主导型模式初探: 基于湖北梁子湖水污染防治的实证分析. 学习月刊 (24): 2.

禹定峰, 邢前国, 陈楚群, 等, 2010. 利用导数光谱估算珠江河口水体悬浮泥沙浓度. 生态科学, 29(6): 563-567.

于冬雪, 韩广轩, 王晓杰, 等, 2022. 互花米草入侵对黄河口潮沟形态特征和植物群落分布的影响. 生态学杂志, 41(1): 8.

恽才兴, 益建方, 任友谅, 等, 1987. 洞庭湖近期变迁和淤积问题的遥感图象分析. 海洋与湖沼, 18(2): 188-196.

曾凯, 许占堂, 杨跃忠, 等, 2020. 浅海底质高光谱反射率测量系统的设计及应用. 光谱学与光谱分析, 40(2): 579.

詹海刚, 施平, 陈楚群, 2006. 基于贝叶斯反演理论的海水固有光学特性准分析算法. 科学通报, 51(2): 204-210.

詹海刚, 施平, 陈楚群, 2000. 利用神经网络反演海水叶绿素浓度. 科学通报, 45(17): 1879-1884.

詹海刚, 施平, 陈楚群, 2004. 基于遗传算法的二类水体水色遥感反演. 遥感学报, 8(1): 31-36.

张磊, 张盛生, 田成成, 2020. 青海哈拉湖水文特征分析及水环境问题研究. 中国农村水利水电, 1: 77-82.

张民伟, 董庆, 唐军武, 等, 2011. 基于表观光谱反演黄东海水体固有光学量研究. 光谱学与光谱分析, 31(5): 1403-1408.

张前前, 王磊, 类淑河, 等, 2006. 浮游植物吸收光谱特征分析. 光谱学与光谱分析, 26(9): 1676-1680.

张寿选, 段洪涛, 谷孝鸿, 2008. 基于水体透明度反演的太湖水生植被遥感信息提取. 湖泊科学, 20(2):

184-190.

张亭禄, 贺明霞, 2002. 基于人工神经网络的一类水域叶绿素 a 浓度反演方法. 遥感学报, 6(1): 40-44.

张伟, 陈晓玲, 田礼乔, 等, 2010. 鄱阳湖 HJ-1-A/B 卫星 CCD 传感器悬浮泥沙遥感监测. 武汉大学学报(信息科学版), 35(12): 1466-1469.

张闻松, 宋春桥, 2022. 中国湖泊分布与变化: 全国尺度遥感监测研究进展与新编目. 遥感学报, 26(1): 12.

张晓晴, 陈求稳, 2011. 太湖水质时空特性及其与蓝藻水华的关系. 湖泊科学, 23(3): 339-347.

张雪纯, 马毅, 张靖宇, 等, 2020. 基于分段自适应算法的浅海水深遥感反演融合模型研究. 海洋科学, 44(6): 1-11.

张运林, 秦伯强, 2006. 基于水体固有光学特性的太湖浮游植物色素的定量反演. 环境科学, 27(12): 2439-2444.

张运林, 秦伯强, 马荣华, 等, 2005. 太湖典型草、藻型湖区有色可溶性有机物的吸收及荧光特性. 环境科学, 26(2): 142-147.

张运林, 秦伯强, 陈伟民, 等, 2004. 悬浮物浓度对水下光照和初级生产力的影响. 水科学进展, 15(5): 615-620.

赵超, 2015. 基于 MIKE 模型的水华应急处理情景分析. 水利水电技术, 46(4): 47-49, 54.

赵杏杏, 丛小飞, 孙腾科, 2014. 高光谱遥感数据藻类信息提取方法研究. 测绘与空间地理信息, 37(7): 26-31.

郑国臣, 官涤, 刘崇, 等, 2013. 蓝藻水华发生机理研究进展. 东北水利水电(8): 21-22.

钟业喜, 陈姗, 2005. 采砂对鄱阳湖鱼类的影响研究. 江西水产科技(1): 15-18.

周博天, 施坤, 张雅燕, 2022. 湖泊营养状态遥感评价及其表征参数反演算法研究进展. 遥感学报, 26(1): 15.

周虹丽, 朱建华, 李铜基, 等, 2005. 青海湖水色要素吸收光谱特性分析:黄色物质、非色素颗粒和浮游植物色素. 海洋技术, 24(2): 55-58.

朱建华, 李铜基, 2004. 黄东海非色素颗粒与黄色物质的吸收系数光谱模型研究. 海洋技术学报, 23(2): 7-13.

Al Najar M, Thoumyre G, Bergsma E W J, et al., 2021. Satellite derived bathymetry using deep learning. Machine Learning, 112(4): 1107-1130.

Alvain S, Moulin C, Dandonneau Y, et al., 2005. Remote sensing of phytoplankton groups in case 1 waters from global SeaWiFS imagery. Deep Sea Research I, 52(11): 1989-2004.

Aurin D A, Dierssen H M, 2012. Advantages and limitations of ocean color remote sensing in CDOM-dominated, mineral-rich coastal and estuarine waters. Remote Sensing of Environment, 125: 181-197.

Aurin D, Mannino A, Franz B, 2013. Spatially resolving ocean color and sediment dispersion in river plumes, coastal systems, and continental shelf waters. Remote Sensing of Environment, 137: 212-225.

Austin R W, Petzold T J, 1981. The determination of the diffuse attenuation coefficient of sea water using the coastal zone color scanner //Gower J F R. Oceanography from space. New York: Plenum Press: 239-256.

Babin M, 2003. Variations in the light absorption coefficients of phytoplankton, nonalgal particles, and dissolved organic matter in coastal waters around Europe. Journal of Geophysical Research, 108(C7): 3211.

Babin M, Morel A, Fell F, et al., 2003a. Light scattering properties of marine particles in coastal and open ocean waters as related to the particle mass concentration. Limnology and Oceanography, 48(2): 843-859.

Babin M, Stramski D, 2002. Light absorption by aquatic particles in the near-infrared spectral region. Limnology and Oceanography, 47(3): 911-915.

Babin M, Stramski D, Ferrari G M, et al., 2003b. Variations in the light absorption coefficients of phytoplankton, nonalgal particles, and dissolved organic matter in coastal waters around Europe. Journal of Geophysical Research: Oceans, 108(C7): 3211.

Bailey S W, Franz B A, Werdell P J, 2010. Estimations of near-infrared water-leaving reflectance for satellite ocean color data processing. Optics Express, 18(7): 7521-7527.

Balkanov V, Belolaptikov I, Bezrukov L, et al., 2003. Simultaneous measurements of water optical properties by AC9 transmissometer and ASP-15 inherent optical properties meter in Lake Baikal. Nuclear Instruments & Methods in Physics Research Section A, 498(1-3): 231-239.

Banzon V F, Evans R E, Gordon H R, et al., 2004. SeaWiFS observations of the Arabian Sea southwest monsoon bloom for the year 2000. Deep Sea Research Part II: Topical Studies in Oceanography, 51(1-3): 189-208.

Belzile C, Vincent W F, Howard-Williams C, et al., 2004. Relationships between spectral optical properties and optically active substances in a clear oligotrophic lake. Water Resources Research, 40(12): W12512.

Binding C E, Bowers D G, Mitchelson-Jacob E G, 2005. Estimating suspended sediment concentrations from ocean colour measurements in moderately turbid waters: The impact of variable particle scattering properties. Remote Sensing of Environment, 94(3): 373-383.

Binding C E, Jerome J H, Bukata R P, et al., 2008. Spectral absorption properties of dissolved and particulate matter in Lake Erie. Remote Sensing of Environment, 112(4): 1702-1711.

Botha E J, Brando V E, Anstee J M, et al., 2013. Increased spectral resolution enhances coral detection under varying water conditions. Remote Sensing of Environment, 131: 247-261.

Brajard J, Santer R, Crépon M, et al., 2012. Atmospheric correction of MERIS data for case-2 waters using a neuro-variational inversion. Remote Sensing of Environment, 126:51-61.

Brando V E, Anstee J M, Wettle M, et al., 2009. A physics based retrieval and quality assessment of bathymetry from suboptimal hyperspectral data. Remote Sensing of Environment, 113(4): 755-770.

Brando V E, Dekker A G, 2003. Satellite hyperspectral remote sensing for estimating estuarine and coastal water quality. IEEE Transactions on Geoscience and Remote Sensing, 41(6): 1378-1387.

Bricaud A, Babin M, Claustre H, et al., 2010. Light absorption properties and absorption budget of Southeast Pacific waters. Journal of Geophysical Research: Oceans, 115(C8):C08009.

Bricaud A, Babin M, Morel A, et al., 1995. Variability in the chlorophyll-specific absorption coefficients of natural phytoplankton: Analysis and parameterization. Journal of Geophysical Research: Oceans, 100(C7): 13321-13332.

Bricaud A, Morel A, Babin M, et al., 1998. Variations of light absorption by suspended particles with chlorophyll a concentration in oceanic (case 1) waters: Analysis and implications for bio-optical models. Journal of Geophysical Research: Oceans, 103(C13) :31033-31044.

Bricaud A, Morel A, Prieur L, 1981. Absorption by dissolved organic matter of the sea (yellow substance) in the UV and visible domains. Limnology and Oceanography, 26(1): 43-53.

Bukata R P, Jerome J H, Kondratyev A S, et al., 1995. Optical properties and remote sensing of inland and coastal waters. Boca Raton: CRC Press.

Cahalane C, Magee A, Monteys X, et al., 2019. A comparison of Landsat 8, RapidEye and Pleiades products for improving empirical predictions of satellite-derived bathymetry. Remote Sensing of Environment, 233: 111414.

Cao W, Yang Y, Xu X, et al., 2003. Regional patterns of particulate spectral absorption in the Pearl River estuary. Chinese Science Bulletin, 48(21): 2344-2351.

Carder K L, Chen F R, Lee Z P, et al., 1999. Semianalytic Moderate-Resolution Imaging Spectrometer algorithms for chlorophyll-a and absorption with bio-optical domains based on nitrate-depletion temperatures. Journal of Geophysical Research: Oceans, 104(C3): 5403-5421.

Carder K L, Chen F R, Cannizzaro J P, et al., 2004. Performance of the MODIS semi-analytical ocean color algorithm for chlorophyll-a. Advances in Space Research, 33(7):1152-1159.

Carder K L, Steward R G, Harvey G R, et al., 1989. Marine humic and fulvic acids: Their effects on remote sensing of ocean chlorophyll. Limnology and Oceanography, 34(1): 68-81.

Chen J, He X, Zhou B, et al., 2017. Deriving colored dissolved organic matter absorption coefficient from ocean color with a neural quasi-analytical algorithm. Journal of Geophysical Research: Oceans, 122(11): 8543-8556.

Chen S, Zhang T, 2015. Evaluation of a QAA-based algorithm using MODIS land bands data for retrieval of IOPs in the Eastern China Seas. Optics Express, 23(11): 13953-13971.

Chomko R M, Gordon H R, Maritorena S, et al., 2003. Simultaneous retrieval of oceanic and atmospheric parameters for ocean color imagery by spectral optimization: A validation. Remote Sensing of Environment, 84(2): 208-220.

Chu S, Cheng L, Ruan X, et al., 2019. Technical framework for shallow-water bathymetry with high reliability and no missing data based on time-series Sentinel-2 images. IEEE Transactions on Geoscience and Remote Sensing, 57(11): 8745-8763.

Churnside J H, Marchbanks R D, 2019. Calibration of an airborne oceanographic lidar using ocean backscattering measurements from space. Optics Express, 27(8): A536-A542.

Ciotti A M, Bricaud A, 2006. Retrievals of a size parameter for phytoplankton and spectral light absorption by colored detrital matter from water-leaving radiances at SeaWiFS channels in a continental shelf region off Brazil. Limnology and Oceanography: Methods, 4(7): 237-253.

Ciotti Á M, Lewis M R, Cullen J J, 2002. Assessment of the relationships between dominant cell size in natural phytoplankton communities and the spectral shape of the absorption coefficient. Limnology and Oceanography, 47(2): 404-417.

Cui L, Wu G, Liu Y, 2009. Monitoring the impact of backflow and dredging on water clarity using MODIS images of Poyang Lake, China. Hydrological Processes, 23(2): 342-350.

Cullen J J, Ciotti A M, Davis R F, et al., 1997. Optical detection and assessment of algal blooms. Limnology and Oceanography, 42(5): 1223-1239.

D'Sa E J, Miller R L, 2003. Bio-optical properties in waters influenced by the Mississippi River during low flow conditions. Remote Sensing of Environment, 84(4): 538-549.

Daubechies I, 1988. Orthonormal bases of compactly supported wavelets. Communications on Pure and Applied Mathematics, 41(7): 909-996.

Degnan J J, Field C T, 2014. Moderate to high altitude, single photon sensitive, 3D imaging lidars//Advanced Photon Counting Techniques VIII. SPIE: 9114: 55-66.

Dekker A G, Phinn S R, Anstee J, et al., 2011. Intercomparison of shallow water bathymetry, hydro-optics, and benthos mapping techniques in Australian and Caribbean coastal environments. Limnology and Oceanography Methods, 9(9): 396-425.

Dekker A G, Vos R J, Peters S W M, 2001. Comparison of remote sensing data model results and in situ data for total suspended matter (TSM) in the southern Frisian lakes. Science of the Total Environment, 268(1-3): 197-214.

Devred E, Turpie K R, Moses W, et al., 2013. Future retrievals of water column bio-optical properties using the Hyperspectral Infrared Imager (HyspIRI). Remote Sensing, 5(12): 6812-6837.

Dierssen H M, Zimmerman R C, Drake L A, et al., 2010. Benthic ecology from space: Optics and net primary production in seagrass and benthic algae across the Great Bahama Bank. Marine Ecology Progress Series, 411: 1-15.

Ding K Y, Gordon H R, 1995. Analysis of the influence of O_2: A-band absorption on atmospheric correction of ocean-color imagery. Applied Optics, 34(12): 2068-2080.

Doerffer R, Heymann K, Schiller H, 2002. Case 2 water algorithm for the medium resolution imaging spectrometer (MERIS) on ENVISAT// ENVISAT Validation Workshop.

Doerffer R, Schiller H, 2007. The MERIS case 2 water algorithm. International Journal of Remote Sensing, 28(3-4): 517-535.

Dong Q, Shang S, Lee Z, 2013. An algorithm to retrieve absorption coefficient of chromophoric dissolved organic matter from ocean color. Remote Sensing of Environment, 128: 259-267.

Doxaran D, Cherukuru N, Lavender S J, 2006. Apparent and inherent optical properties of turbid estuarine waters: Measurements, empirical quantification relationships, and modeling. Applied Optics, 45(10): 2310-2324.

Doxaran D, Froidefond J M, Castaing P, et al., 2009. Dynamics of the turbidity maximum zone in a macrotidal estuary (the Gironde，France): Observations from field and MODIS satellite data. Estuarine Coastal and Shelf Science, 81(3): 321-332.

Doxaran D, Froidefond J M, Lavender S, et al., 2002. Spectral signature of highly turbid waters: Application with SPOT data to quantify suspended particulate matter concentrations. Remote Sensing of Environment, 81(1): 149-161.

Duan H, Ma R, Hu C, 2012. Evaluation of remote sensing algorithms for cyanobacterial pigment retrievals during spring bloom formation in several lakes of East China. Remote Sensing of Environment, 126: 126-135.

Eisner L B, Twardowski M S, Cowles T J, et al., 2003. Resolving phytoplankton photoprotective: Photosynthetic carotenoid ratios on fine scales using in situ spectral absorption measurements. Limnology and Oceanography, 48(2): 632-646.

Evers-King H, Bernard S, Lain L R, et al., 2014. Sensitivity in reflectance attributed to phytoplankton cell size: Forward and inverse modelling approaches. Optics Express, 22(10): 11536-11551.

Fang C, Song K, Li L, et al., 2018. Spatial variability and temporal dynamics of HABs in Northeast China. Ecological Indicators, 90: 280-294.

Fargion G S, Mueller J L, 2000. Ocean optics protocols for satellite ocean color sensor validation, revision 2. Goddard Space Flight Space Center, Greenbelt, Maryland: 1-184.

Fearns P R C, Klonowski W, Babcock R C, et al., 2011. Shallow water substrate mapping using hyperspectral remote sensing. Continental Shelf Research, 31(12): 1249-1259.

Feng L, Hu C, Chen X, et al., 2013. Dramatic inundation changes of China's two largest freshwater lakes linked to the Three Gorges Dam. Environmental Science and Technology, 47(17):9628-9634.

Feng L, Hu C, Chen X, et al., 2012. Human induced turbidity changes in Poyang Lake between 2000 and 2010: Observations from MODIS. Journal of Geophysical Research Oceans, 117(C7):C07006.

Feng L, Hu C, Han X, et al., 2015. Long-term distribution patterns of chlorophyll-a concentration in China's largest freshwater lake: MERIS full-resolution observations with a practical approach. Remote Sensing, 7(1): 275-299.

Forfinski-Sarkozi N A, Parrish C E, 2016. Analysis of MABEL bathymetry in Keweenaw Bay and implications for ICESat-2 ATLAS. Remote Sensing, 8(9): 772.

François L, Jacques N, 1997. Spatial and seasonal variations in abundance and spectral characteristics of phycoerythrins in the tropical northeastern Atlantic Ocean. Deep Sea Research Part I: Oceanographic Research Papers, 44(2): 223-246.

Gallie E A, Murtha P A, 1992. Specific absorption and backscattering spectra for suspended minerals and chlorophyll-a in chilko lake, British Columbia. Remote Sensing of Environment, 39(2): 103-118.

Gao J, Jia J, Kettner A J, et al., 2014. Changes in water and sediment exchange between the Changjiang River and Poyang Lake under natural and anthropogenic conditions, China. Science of the Total Environment, 481(1): 542-553.

Gao Y, Gao J, Yin H, et al., 2015. Remote sensing estimation of the total phosphorus concentration in a large lake using band combinations and regional multivariate statistical modeling techniques. Journal of Environmental Management, 151: 33-43.

Garcia R A, Mckinna L I W, Hedley J D, et al., 2014. Improving the optimization solution for a semi-analytical shallow water inversion model in the presence of spectrally correlated noise. Limnology and Oceanography: Methods, 12(10): 651-669.

Garcia R A, Hedley J D, Tin H C, et al., 2015. A method to analyze the potential of optical remote sensing for benthic habitat mapping. Remote Sensing, 7(10): 13157-13189.

Garcia R A, Lee Z, Hochberg E J, 2018. Hyperspectral shallow-water remote sensing with an enhanced benthic classifier. Remote Sensing, 10(1): 147.

Garver S A, Siegel D A, 1997. Inherent optical property inversion of ocean color spectra and its biogeochemical interpretation: 1. Time series from the Sargasso Sea. Journal of Geophysical Research: Oceans, 102(C8): 18607-18625.

Giardino C, Brando V E, Dekker A G, et al., 2007. Assessment of water quality in Lake Garda (Italy) using Hyperion. Remote Sensing of Environment, 109(2): 183-195.

Goodman J A, Lee Z, Ustin S L, 2008. Influence of atmospheric and sea-surface corrections on retrieval of bottom depth and reflectance using a semi-analytical model: A case study in Kaneohe Bay，Hawaii. Applied Optics, 47(28): 1-11.

Gordon H R, 2005. Normalized water-leaving radiance: Revisiting the influence of surface roughness. Applied Optics, 44(2): 241-248.

Gordon H R, Brown O B, Jacobs M M, 1975. Computed relationships between the inherent and apparent optical properties of a flat homogeneous ocean. Applied Optics, 14(2):417-27.

Gordon H R, Clark D K, Brown J W, et al., 1983a. Phytoplankton pigment concentrations in the Middle Atlantic Bight: Comparison of ship determinations and CZCS estimates. Applied Optics, 22(1): 20-36.

Gordon H R, Du T, Zhang T, 1997. Remote sensing of ocean color and aerosol properties: Resolving the issue of aerosol absorption. Applied Optics, 36(33): 8670-8684.

Gordon H R, Morel A Y, 1983b. Remote assessment of ocean color for interpretation of satellite visible imagery: A review //Lecture Notes on Coastal and Estuarine Studies: 4. New York: Springer-Verlag.

Gordon H R, Brown O B, Evans R H, et al., 1988. A semianalytic radiance model of ocean color. Journal of Geophysical Research: Atmospheres, 93(D9): 10909-10924.

Gordon H R, Castano D J, 1987. Coastal Zone Color Scanner atmospheric correction algorithm: Multiple scattering effects. Applied Optics, 26(11): 2111-2122.

Gordon H R, Wang M, 1992. Surface-roughness considerations for atmospheric correction of ocean color sensors. II：Error in the retrieved water-leaving radiance. Applied. Optics, 31(21): 4261-4267.

Gordon H R, Wang M, 1994. Retrieval of water-leaving radiance and aerosol optical thickness over the oceans with SeaWiFS: A preliminary algorithm. Applied Optics, 33(3): 443-452.

Gordon H R, Voss K J, 1999. MODIS normalized water-leaving radiance algorithm theoretical basis document. NASA Technical Report Series.

Gould Jr R W, Arnone R A, Sydor M, 2001. Absorption, scattering, and remote-sensing reflectance relationships in coastal waters: Testing a new inversion algorithm. Journal of Coastal Research, 17(2): 328-341.

Gower J F R, Doerffer R, Borstad G A, 1999. Interpretation of the 685 nm peak in water-leaving radiance spectra in terms of fluorescence, absorption and scattering, and its observation by MERIS. International Journal of Remote Sensing, 20(9): 1771-1786.

Gower J, King S, Borstad G, et al., 2005. Detection of intense plankton blooms using the 709 nm band of the MERIS imaging spectrometer. International Journal of Remote Sensing, 26(9): 2005-2012.

Guillard R R L, Ryther J H, 1962. Studies of marine planktonic diatoms: 1. Cyclotella nana Hustedt, and Detonula confervacea (Cleve) Gran. Canadian Journal of Microbiology, 8: 229-239.

Guo H, Hu Q, Zhang Q, et al., 2012. Effects of the Three Gorges Dam on Yangtze River flow and river interaction with Poyang Lake, China: 2003-2008. Journal of Hydrology, 416(2): 19-27.

Haddad K D, 1982. Hydrographic factors associated with west Florida toxic red tide blooms: An assessment for satellite prediction and monitoring. Petersburg: University of South Florida.

Hagolle O, Huc M, Pascual D V, et al., 2015. A multi-temporal and multi-spectral method to estimate aerosol optical thickness over land, for the atmospheric correction of FormoSat-2, LandSat, VENμS and Sentinel-2 images. Remote Sensing, 7(3): 2668-2691.

Hall F G, Strebel D E, Nickeson J E, et al., 1991. Radiometric rectification: Toward a common radiometric response among multidate, multisensor images. Remote Sensing of Environment, 35(1): 11-27.

Hedley J D, Mumby P J, 2002. Biological and remote sensing perspectives of pigmentation in coral reef organisms. Advances in Marine Biology,11(3): 277-317.

Hedley J D, Roelfsema C M, Phinn S R, et al., 2012a. Environmental and sensor limitations in optical remote sensing of coral reefs: Implications for monitoring and sensor design. Remote Sensing, 4(1): 271-302.

Hedley J, Roelfsema C, Koetz B, et al., 2012b. Capability of the Sentinel 2 mission for tropical coral reef mapping and coral bleaching detection. Remote Sensing of Environment, 120(SI): 145-155.

Hedley J, Roelfsema C, Phinn S R, 2009. Efficient radiative transfer model inversion for remote sensing applications. Remote Sensing of Environment, 113(11): 2527-2532.

Ho J C, Michalak A M, Pahlevan N, 2019. Widespread global increase in intense lake phytoplankton blooms since the 1980s. Nature, 574(7780): 667-670.

Ho J C, Stumpf R P, Bridgeman T B, et al., 2017. Using Landsat to extend the historical record of lacustrine phytoplankton blooms: A Lake Erie case study. Remote Sensing of Environment, 191: 273-285.

Hoepffner N, Sathyendranath S, 1991. Effect of pigment composition on absorption properties of phytoplankton. Marine Ecology Progress Series, 73(1): 11-23.

Hoepffner N, Sathyendranath S, 1993. Determination of the major groups of phytoplankton pigments from the absorption spectra of total particulate matter. Journal of Geophysical Research: Oceans, 98(C12): 22789-22803.

Hoge F E, Lyon P E, 1996. Satellite retrieval of inherent optical properties by linear matrix inversion of oceanic radiance models: An analysis of model and radiance measurement errors. Journal of Geophysical Research: Oceans, 101(C7): 16631-16648.

Hoge F E, Wright C W, Lyon P E, et al., 2001. Inherent optical properties imagery of the western North Atlantic Ocean: Horizontal spatial variability of the upper mixed layer. Journal of Geophysical Research: Oceans, 106(C12): 31129-31140.

Hoge F E, Swift R N, 1990. Phytosynthetic accessory pigments: Evidence for the influence of phycoerythrin on the submarine light field. Remote Sensing of Environment, 34(1): 19-35.

Hoge F E, Swift R N, 1981. Airborne simultaneous spectroscopic detection of laser-induced water Raman backscatter and fluorescence from chlorophyll a and other naturally occurring pigments. Applied Optics, 20(18): 3197-3205.

Hoge F E, Wright C W, Kana T M, et al., 1998. Spatial variability of oceanic phycoerythrin spectral types derived from airborne laser-induced fluorescence emissions. Applied Optics, 37(21): 4744-4749.

Hooker S B, Lazin G, Zibordi G, et al., 2002. An evaluation of above- and in-water methods for determining water-leaving radiances. Journal of Atmospheric and Oceanic Technology, 19(4): 486-515.

Hu B, Lucht W, Strahler A H, 1999. The interrelationship of atmospheric correction of reflectances and surface BRDF retrieval: A sensitivity study. IEEE Transactions on Geoscience and Remote Sensing , 37(2): 724-738.

Hu C, 2009. A novel ocean color index to detect floating algae in the global oceans. Remote Sensing of Environment, 113(10): 2118-2129.

Hu C, Chen Z, Clayton T D, et al., 2004. Assessment of estuarine water-quality indicators using MODIS medium-resolution bands: Initial results from Tampa Bay, FL. Remote Sensing of Environment, 93(3): 423-441.

Hu C, Lee Z, Ma R, et al., 2010. Moderate resolution imaging spectroradiometer (MODIS) observations of cyanobacteria blooms in Taihu Lake, China. Journal of Geophysical Research: Oceans, 115(C4): C04002.

Huang C, Wang X, Yang H, et al., 2014. Satellite data regarding the eutrophication response to human activities in the plateau lake Dianchi in China from 1974 to 2009. Science of the Total Environment, 485: 1-11.

Hunter P D, Tyler A N, Carvalho L, et al., 2010. Hyperspectral remote sensing of cyanobacterial pigments as indicators for cell populations and toxins in eutrophic lakes. Remote Sensing of Environment, 114(11):

2705-2718.

Hunter P D, Tyler A N, Willby N J, et al., 2008. The spatial dynamics of vertical migration by Microcystis aeruginosa in a eutrophic shallow lake: A case study using high spatial resolution time-series airborne remote sensing. Limnology and Oceanography, 53(6): 2391-2406.

Isenstein E M, Park M H, 2014. Assessment of nutrient distributions in Lake Champlain using satellite remote sensing. Journal of Environmental Sciences, 26(9): 1831-1836.

Jay S, Guillaume M, 2014. A novel maximum likelihood based method for mapping depth and water quality from hyperspectral remote-sensing data. Remote Sensing of Environment, 147: 121-132.

Jay S, Guillaume M, 2016. Regularized estimation of bathymetry and water quality using hyperspectral remote sensing. International Journal of Remote Sensing, 37(2): 263-289.

Jeffrey S W, Mantoura R F C, Wright S W, et al., 1997. Phytoplankton pigments in oceanography: Guidelines to modern methods. Paris: UNESCO Publishing .

Jerlov N G, 1976. Marine optics, Elsevier ocean ography series. Amsterdam: Elsevier.

Jerlov N G, 1977. Classification of sea water in terms of quanta irradiance. ICES Journal of Marine Science, 37(3): 281-287.

Jerlov N, Koczy F, 1951. Photographic measurements of daylight in deep water. Flöjelbergsgatan: Elanders Group.

John M P, Robert E S, 1983. Water depth mapping from passive remote sensing data under a generalized ratio assumption. Applied Optics, 22(8): 1134-1135.

Jupp D L B, Kirk J T O, Harris G P, 1994. Detection, identification and mapping of cyanobacteria-using remote sensing to measure the optical quality of turbid inland waters. Australian Journal of Marine and Freshwater Research, 45(5): 801-828.

Kerfoot W C, Hobmeier M M, Regis R, et al., 2019. Lidar (light detection and ranging) and benthic invertebrate investigations: Migrating tailings threaten Buffalo Reef in Lake Superior. Journal of Great Lakes Research, 45(5): 872-887.

Kirk J T O, 1994. Light and photosynthesis in aquatic ecosystems. Cambridge: Cambridge University Press.

Kirkpatrick G J, Millie D F, Moline M A, et al., 2000. Optical discrimination of a phytoplankton species in natural mixed populations. Limnology and Oceanography, 45(2): 467-471.

Klonowski W M, Fearns P R C S, Lynch M J, 2007. Retrieving key benthic cover types and bathymetry from hyperspectral imagery. Journal of Applied Remote Sensing, 1(1): 011505.

Knaeps E, Dogliotti A I, Raymaekers D, et al., 2012. In situ evidence of non-zero reflectance in the OLCI 1020 nm band for a turbid estuary. Remote Sensing of Environment, 120: 133-144.

Knaeps E, Ruddick K G, Doxaran D, et al., 2015. A SWIR based algorithm to retrieve total suspended matter in extremely turbid waters. Remote Sensing of Environment, 168: 66-79.

Kowalczuk P, Olszewski J, Darecki M, et al., 2005. Empirical relationships between coloured dissolved organic matter (CDOM) absorption and apparent optical properties in Baltic Sea waters. International Journal of Remote Sensing, 26(2): 345-370.

Kuchinke C P, Gordon H R, Franz B A, et al., 2009a. Spectral optimization for constituent retrieval in Case 2 waters I: Implementation and performance. Remote Sensing of Environment, 113(3): 571-587.

Kuchinke C P, Gordon H R, Harding L W, et al., 2009b. Spectral optimization for constituent retrieval in Case 2 waters II: Validation study in the Chesapeake Bay. Remote Sensing of Environment, 113(3): 610-621.

Kudela R M, Palacios S L, Austerberry D C, et al., 2015. Application of hyperspectral remote sensing to cyanobacterial blooms in inland waters. Remote Sensing of Environment, 167(SI): 196-205.

Kutser T, Hedley J, Giardino C, et al., 2020. Remote sensing of shallow waters: A 50 year retrospective and future directions. Remote Sensing of Environment, 240: 111619.

Kutser T, Metsamaa L, Strömbeck N, et al., 2006. Monitoring cyanobacterial blooms by satellite remote sensing. Estuarine Coastal and Shelf Science, 67(1-2): 303-312.

Kutser T, Paavel B, Metsamaa L, et al., 2009. Mapping coloured dissolved organic matter concentration in coastal waters. International Journal of Remote Sensing, 30(22): 5843-5849.

Kutser T, Sipelgas L, Kallio K, 2001. Bio-optical modeling and detection of cyanobacterial blooms//Baltic Sea Optics Workshop-Stockholm.

Kutser T, Dekker A G, Skirving W, et al., 2003. Modeling spectral discrimination of Great Barrier Reef benthic communities by remote sensing instruments. Limnology and Oceanography, 48(1): 497-510.

Kwon Y H, Casebolt J B, 2006. Effects of light refraction on the accuracy of camera calibration and reconstruction in underwater motion analysis. Sports Biomechanics, 5(1): 95-120.

Land P E, Haigh J D, 1996. Atmospheric correction over case 2 waters with an iterative fitting algorithm. Applied Optics, 35(27): 5443-5451.

Lantoine F, Neveux J, 1997. Spatial and seasonal variation in abundance and spectral characteristics of phycoerythins in the tropical northeastern Atlantic Ocean. Deep-Sea Research, 44(2): 223-246.

Lavender S J, Pinkerton M H, Moore G F, et al., 2005. Modification to the atmospheric correction of SeaWiFS ocean color images over turbid waters. Continental Shelf Research, 25(4): 539-555.

Le C, Li Y, Zha Y, et al., 2009. Validation of a quasi-analytical algorithm for highly turbid eutrophic water of Meiliang Bay in Taihu Lake, China. IEEE Transactions on Geoscience and Remote Sensing, 47(8): 2492-2500.

Le C, Li Y, Zha Y, et al., 2011. Remote sensing of phycocyanin pigment in highly turbid inland waters in Lake Taihu, China. International Journal of Remote Sensing, 32(23): 8253-8269.

Lee T A, Rollwagen-Bollens G, Bollens S M, et al., 2015a. The influence of water quality variables on cyanobacterial blooms and phytoplankton community composition in a shallow temperate lake. Environmental Monitoring and Assessment, 187(6): 315.

Lee Z P, 1994. Visible-infrared remote sensing model and applications for ocean waters. Gainesville: University of South Florida.

Lee Z P, 2006. Remote sensing of inherent optical properties: Fundamentals, tests of algorithms, and applications. International Ocean-Colour Coordinating Group.

Lee Z P, Darecki M, Carder K L, et al., 2005. Diffuse attenuation coefficient of downwelling irradiance: An evaluation of remote sensing methods. Journal of Geophysical Research: Oceans, 110: (C2): C02017.

Lee Z P, Carder K L, Arnone R, 2002a. Deriving inherent optical properties from water color: A multi-band quasi-analytical algorithm for optically deep waters. Applied Optics, 41(27): 5755-5772.

Lee Z P, Carder K L, Mobley C D, et al., 1998a. Hyperspectral remote sensing for shallow waters. 1. A semianalytical model. Applied Optics, 37(27): 6329-6338.

Lee Z P, Carder K L, Mobley C D, et al., 1999. Hyperspectral remote sensing for shallow waters: 2. Deriving bottom depths and water properties by optimization. Applied Optics, 38(18): 3831-3843.

Lee Z P, Carder K L, Steward R G, et al., 1998b. An empirical algorithm for light absorption by ocean water based on color. Journal of Geophysical Research: Oceans, 103(C12): 27967-27978.

Lee Z P, Du K, Voss K J, et al., 2011. An inherent-optical-property-centered approach to correct the angular effects in water-leaving radiance. Applied Optics, 50(19): 3155-3167.

Lee Z P, Shang S, Hu C, et al., 2015b. Secchi disk depth: A new theory and mechanistic model for underwater visibility. Remote Sensing of Environment, 169: 139-149.

Lee Z P, Carder K L, Peacock T G, et al., 1996. Method to derive ocean absorption coefficients from remote-sensing reflectance. Applied Optics, 35(3): 453-462.

Lee Z P, Carder K L, 2002b. Effect of spectral band numbers on the retrieval of water column and bottom properties from ocean color data. Applied Optics, 41(12): 2191-2201.

Lee Z P, Carder K L, 2004. Absorption spectrum of phytoplankton pigments derived from hyperspectral remote-sensing reflectance. Remote Sensing of Environment, 89(3): 361-368.

Lee Z P, Hu C, Shang S, et al., 2013. Penetration of UV-visible solar radiation in the global oceans: Insights from ocean color remote sensing. Journal of Geophysical Research: Oceans, 118(9): 4241-4255.

Letelier R M, Abbott M R, 1996. An analysis of chlorophyll fluorescence algorithms for the moderate resolution imaging spectrometer (MODIS). Remote Sensing of Environment, 58(2): 215-223.

Li J, Knapp D E, Schill S R, et al., 2019. Adaptive bathymetry estimation for shallow coastal waters using Planet Dove satellites. Remote Sensing of Environment, 232: 111302.

Li L, Li L, Song K, et al., 2015. Remote sensing of freshwater cyanobacteria: An extended IOP Inversion Model of Inland Waters (IIMIW) for partitioning absorption coefficient and estimating phycocyanin. Remote Sensing of Environment, 157(SI): 9-23.

Li L, Li L, Shi K, et al., 2012a. A semi-analytical algorithm for remote estimation of phycocyanin in inland waters. Science of the Total Environment, 435-436: 141-150.

Li L, Li L, Song K, et al., 2013. An inversion model for deriving inherent optical properties of inland waters: Establishment, validation and application. Remote Sensing of Environment, 135: 150-166.

Li Y, Wang Q, Wu C, et al., 2012b. Estimation of chlorophyll a concentration using NIR/red bands of MERIS and classification procedure in inland turbid water. IEEE Transactions on Geoscience and Remote Sensing, 50(3): 988-997.

Lira J, Morales A, Zamora F, 1997. Study of sediment distribution in the area of the Panuco River plume by means of remote sensing. International Journal of Remote Sensing, 18(1): 171-182.

Liu G, Li L, Song K, et al., 2020. An OLCI-based algorithm for semi-empirically partitioning absorption coefficient and estimating chlorophyll a concentration in various turbid case-2 waters. Remote Sensing of Environment, 239: 111648.

Liu J, Meng D, Gui H, et al., 2018a. Development and prospects of disruptive technologies in environmental monitoring. Chinese Journal of Engineering Science, 20(6): 50.

Liu S, Wang L, Liu H, et al., 2018b. Deriving bathymetry from optical images with a localized neural network algorithm. IEEE Transactions on Geoscience and Remote Sensing, 56(9): 5334-5342.

Loisel H, Morel A, 2001a. Non-isotropy of the upward radiance field in typical coastal (case 2) waters. International Journal of Remote Sensing, 22(2): 275-295.

Loisel H, Stramski D, Mitchell B G, et al., 2001b. Comparison of the ocean inherent optical properties obtained from measurements and inverse modeling. Applied Optics, 40(15): 2384-2397.

Loisel H, Vantrepotte V, Dessailly D, et al., 2014. Assessment of the colored dissolved organic matter in coastal waters from ocean color remote sensing. Optics Express, 22(11): 13109-13124.

Loumrhari A, Akallal R, Mouradi A, et al., 2009. Succession de la population phytoplanctonique en fonction des paramètres physicochimiques (sites Mehdia et Moulay Bousselham). Afrique Science, 5(3): 128-148.

Lubac B, Loisel H, Guiselin N, et al., 2008. Hyperspectral and multispectral ocean color inversions to detect Phaeocystis globosa blooms in coastal waters. Journal of Geophysics Research, 113(C6): 1-17.

Lutz V A, Sathyendranath S, Head E J H, et al., 2003. Variability in pigment composition and optical characteristics of phytoplankton in the Labrador Sea and the Central North Atlantic. Marine Ecology Progress Series, 260: 1-18.

Lyu H, Wang Q, Wu C Q, et al., 2013. Retrieval of phycocyanin concentration from remote-sensing reflectance using a semi-analytic model in eutrophic lakes. Ecological Informatics, 18: 178-187.

Lyzenga D R, 1978. Passive remote sensing techniques for mapping water depth and bottom features. Applied Optics, 17(3): 379.

Lyzenga D R, 1981. Remote sensing of bottom reflectance and water attenuation parameters in shallow water using aircraft and Landsat data. International Journal of Remote Sensing, 2(1): 71-82.

Lyzenga D R, 1985. Shallow-water bathymetry using combined lidar and passive multispectral scanner data. International Journal of Remote Sensing, 6(1): 115-125.

Ma R, Tang J, Dai J, et al., 2006. Absorption and scattering properties of water body in Taihu Lake, China: Absorption. International Journal of Remote Sensing, 27(19): 4277-4304.

Ma Y, Xu N, Liu Z, et al., 2020. Satellite-derived bathymetry using the ICESat-2 lidar and Sentinel-2 imagery datasets. Remote Sensing of Environment, 250: 112047.

Maciel D A, Barbosa C C F, de Moraes Novo E M L, et al., 2020. Mapping of diffuse attenuation coefficient in optically complex waters of amazon floodplain lakes. ISPRS Journal of Photogrammetry and Remote Sensing, 170: 72-87.

Mallat S G, 1989. A theory for multiresolution signal decomposition: The wavelet representation. IEEE Transactions on Pattern Analysis and Machine Intelligence, 11(7): 674-693.

Mannino A, Russ M E, Hooker S B, 2008. Algorithm development and validation for satellite-derived distributions of DOC and CDOM in the U.S. Middle Atlantic Bight. Journal of Geophysical Research: Oceans, 113(C7): 1-19.

Mao Z, Chen J, Pan D, et al., 2012. A regional remote sensing algorithm for total suspended matter in the East China Sea. Remote Sensing of Environment, 124: 819-831.

Mao Z, Chen J, Hao Z, et al., 2013. A new approach to estimate the aerosol scattering ratios for the atmospheric correction of satellite remote sensing data in coastal regions. Remote Sensing of Environment, 132: 186-194.

Mao Z, Pan D, Hao Z, et al., 2014. A potentially universal algorithm for estimating aerosol scattering reflectance from satellite remote sensing data. Remote Sensing of Environment, 142: 131-140.

Mao Z, Pan D, He X, et al., 2016. A unified algorithm for the atmospheric correction of satellite remote sensing data over land and ocean. Remote Sensing, 8(7): 536.

Mao Z, Tao B, Chen J, et al., 2021. A Layer Removal Scheme for atmospheric correction of satellite ocean color data in coastal regions. IEEE Transactions on Geoscience and Remote Sensing, 58(4): 2710-2719.

Mao Z, Stuart V, Pan D, et al., 2010. Effects of phytoplankton species composition on absorption spectra and modeled hyperspectral reflectance. Ecological Informatics, 5(5): 359-366.

Maritorena S, Siegel D A, Peterson A R, 2002. Optimization of a semianalytical ocean color model for global-scale applications. Applied Optics, 41(15): 2705-2714.

Matthews M W, Bernard S, Evers-King H, et al., 2020. Distinguishing cyanobacteria from algae in optically complex inland waters using a hyperspectral radiative transfer inversion algorithm. Remote Sensing of Environment, 248: 111981.

Matthews M W, Odermatt D, 2015. Improved algorithm for routine monitoring of cyanobacteria and eutrophication in inland and near-coastal waters. Remote Sensing of Environment, 156: 374-382.

Matthews M W, 2014. Eutrophication and cyanobacterial blooms in South African inland waters: 10 years of MERIS observations. Remote Sensing of Environment, 155: 161-177.

Mazel C H, 1997. Diver-operated instrument for in situ measurement of spectral fluorescence and reflectance of benthic marine organisms and substrates. Optical Engineering, 36(9): 2612-2617.

Mcintyre M L, Naar D F, Carder K L, et al., 2006. Coastal bathymetry from hyperspectral remote sensing data: Comparisons with high resolution multibeam bathymetry. Marine Geophysical Researches, 27(2): 129-136.

Mckinna L I, Fearns P R, Weeks S J, et al., 2015. A semianalytical ocean color inversion algorithm with explicit water column depth and substrate reflectance parameterization. Journal of Geophysical Research: Oceans, 120(3): 1741-1770.

Megard R O, Berman T, 1989. Effects of algae on the Secchi transparency of the southeastern Mediterranean Sea. Limnology and Oceanography, 34(8): 1640-1655.

Mertes L A K, 1993. Estimating suspended sediment concentration in surface waters of the Amazon River wetlands from landsat images. Remote Sensing of Environment, 43: 281-301.

Miller R L, Del Castillo C E, McKee B A, 2005. Remote sensing of coastal aquatic environments. Berlin: Springer.

Miller R L, Mckee B A, 2004. Using MODIS Terra 250 m imagery to map concentrations of total suspended matter in coastal waters. Remote Sensing of Environment, 93(1): 259-266.

Millie D F, Schofield O M, Kirkpatrick G J, et al., 1997. Detection of harmful algal blooms using photopigments and absorption signatures: A case study of the Florida red tide dinoflagellate, Gymnodinium breve. Limnology and Oceanography, 42(5part2): 1240-1251.

Mishra D R, Ogashawara I, Gitelson A A, 2017. Bio-optical modeling and remote sensing of inland waters. Amsterdam: Elsevier.

Mishra M K, Ganguly D, Chauhan P, et al., 2014. Estimation of coastal bathymetry using RISAT-1 C-band microwave SAR data. IEEE Geoscience and Remote Sensing Letters, 11(3): 671-675.

Mishra S, Mishra D R, Lee Z, et al., 2013. Quantifying cyanobacterial phycocyanin concentration in turbid productive waters: A quasi-analytical approach. Remote Sensing of Environment, 133: 141-151.

Mitchell B G, 1990. Algorithms for determining the absorption coefficient of aquatic particulates using the quantitative filter technique//Ocean Optics X. SPIE, 1302: 137-148.

Miura T, Huete A R, Yoshioka H, et al., 2001. An error and sensitivity analysis of atmospheric resistant vegetation indices derived from dark target-based atmospheric correction. Remote Sensing of Environment, 78(3): 284-298.

Moberg L, Karlberg B, Sørensen K, et al., 2002. Assessment of phytoplankton class abundance using absorption spectra and chemometrics. Talanta, 56(1): 153-160.

Mobley C D, 1994. Light and water: Radiative transfer in natural waters. New York: Academic Press.

Mobley C D, 1999. Estimation of the remote-sensing reflectance from above-surface measurements. Applied Optics, 38(36): 7442-7455.

Mobley C D, Sundman L K, Davis C O, et al., 2005. Interpretation of hyperspectral remote-sensing imagery by spectrum matching and look-up tables. Applied Optics, 44(17): 3576-3592.

Mobley C D, Stramski D, Paul Bissett W, et al., 2004. Optical modeling of ocean water: Is the case 1-case 2 classification still useful? Oceanography, 17(SPL2): 60-67.

Mobley C D, Stramski D, 1997. Effects of microbial particles on oceanic optics: Methodology for radiative transfer modeling and example simulations. Limnology and Oceanography, 42(3): 550-560.

Mogstad A A, Johnsen G, 2017. Spectral characteristics of coralline algae: A multi-instrumental approach, with emphasis on underwater hyperspectral imaging. Applied Optics, 56(36): 9957-9975.

Morel A, 1988. Optical modeling of the upper ocean in relation to its biogenous matter content (case I waters). Journal of Geophysical Research: Oceans, 93(C9): 10749-10768.

Morel A, 1991. Light and marine photosynthesis: A spectral model with geochemical and climatological implications. Progress in Oceanography, 26: 263-306.

Morel A, Maritorena S, 2001. Bio-optical properties of oceanic waters: A reappraisal. Journal of Geophysical Research: Oceans, 106(C4): 7163-7180.

Morel A, Prieur L, 1977. Analysis of variations in ocean color. Limnology and Oceanography, 22(4): 709-722.

Moulin C, Gordon H R, Chomko R M, et al., 2001. Atmospheric correction of ocean color imagery through thick layers of Saharan dust. Geophysical Research Letters, 28(1): 5-8.

Mueller J L, 2000. SeaWiFS algorithm for the diffuse attenuation coefficient K(490) using water-leaving radiances at 490 and 555 nm. SeaWiFS Postlaunch Calibration and Validation Analyses, 3(11): 24-27.

Mueller J L, Austin R W, 1995. Ocean optics protocols for SeaWiFS validation, revision 1. Oceanographic Literature Review, 9(42): 805.

Mueller J L, Bidigare R R, Trees C, et al.,2003. Ocean optics protocols for satellite ocean color sensor validation, Revision 5. Huston: National Aeronautics and Space Administration.

Myint S W, Walker N D, 2002. Quantification of surface suspended sediments along a river dominated coast with NOAA AVHRR and SeaWiFS measurements: Louisiana, USA. International Journal of Remote Sensing, 23(16): 3229-3249.

Nechad B, Ruddick K G, Park Y, 2010. Calibration and validation of a generic multisensor algorithm for mapping of total suspended matter in turbid waters. Remote Sensing of Environment, 114(4): 854-866.

Nevala N E, Baden T, 2019. A low-cost hyperspectral scanner for natural imaging and the study of animal colour vision above and under water. Scientific Reports, 9(1): 10799.

Onderka M, Rodný M, Velísková Y, 2011. Suspended particulate matter concentrations retrieved from self-calibrated multispectral satellite imagery. Journal of Hydrology & Hydromechanics, 59(4): 251-261.

Oyama Y, Fukushima T, Matsushita B, et al., 2015a. Monitoring levels of cyanobacterial blooms using the visual cyanobacteria index (VCI) and floating algae index (FAI). International Journal of Applied Earth Observation and Geoinformation, 38: 335-348.

Oyama Y, Matsushita B, Fukushima T, 2015b. Distinguishing surface cyanobacterial blooms and aquatic macrophytes using Landsat/TM and ETM+ shortwave infrared bands. Remote Sensing of Environment, 157: 35-47.

Palmer S C J, Odermatt D, Hunter P D, et al., 2015. Satellite remote sensing of phytoplankton phenology in Lake Balaton using 10 years of MERIS observations. Remote Sensing of Environment, 158: 441-452.

Pan Y, Shen F, Verhoef W, 2017. An improved spectral optimization algorithm for atmospheric correction over turbid coastal waters: A case study from the Changjiang (Yangtze) estuary and the adjacent coast. Remote Sensing of Environment, 191: 197-214.

Paredes J M, Spero R E, 1983. Water depth mapping from passive remote sensing data under a generalized ratio assumption. Applied Optics, 22(8): 1134-1135.

Park E, Latrubesse E M, 2014. Modeling suspended sediment distribution patterns of the Amazon River using MODIS data. Remote Sensing of Environment, 147(10): 232-242.

Peña R, Ruiz A, Domínguez J A, 2004. CEDEX proposal for CHRIS/proba activities in 2004 on validation of MERIS models//2nd CHRIS/PROBA Workshop, Frascati, Italy.

Petit T, Bajjouk T, Mouquet P, et al., 2017. Hyperspectral remote sensing of coral reefs by semi-analytical model inversion: Comparison of different inversion setups. Remote Sensing of Environment, 190: 348-365.

Pinkerton M H, Moore G F, Lavender S J, et al., 2006. A method for estimating inherent optical properties of New Zealand continental shelf waters from satellite ocean colour measurements. New Zealand Journal of Marine and Freshwater Research, 40(2): 227-247.

Polcyn F C, Lyzenga D R, 1973. Calculations of water depth from ERTS-MSS data//NASA Goddard Space Flight Center Symposium on Significant Results obtained from the ERTS-1.

Poole H H, Atkins W R G, 1929. Photo electric measurements of submarine illumination throughout the year. Journal of the Marine biological Association of the United Kingdom, 16(1): 297-324.

Prangsma G J, Roozekrans J N, 1989. Using NOAA AVHRR imagery in assessing water quality parameters. International Journal of Remote Sensing, 10(4-5): 811-818.

Preisendorfer R W, 1976. Hydrologic optics. Bouder: Pacific Marine Environmental Laboratory.

Prieur L, Sathyendranath S, 1981. An optical classification of coastal and oceanic waters based on the specific spectral absorption curves of phytoplankton pigments，dissolved organic matter，and other particulate materials. Limnology and Oceanography, 26(4): 671-689.

Pu R, Bell S, Meyer C, et al., 2012. Mapping and assessing seagrass along the western coast of Florida using Landsat TM and EO-1 ALI/Hyperion imagery. Estuarine, Coastal and Shelf Science, 115: 234-245.

Pu R, Bell S, 2013. A protocol for improving mapping and assessing of seagrass abundance along the West Central Coast of Florida using Landsat TM and EO-1 ALI/Hyperion images. ISPRS Journal of

Photogrammetry and Remote Sensing, 83: 116-129.

Qu Z, Kindel B C, Goetz A F H, 2003. The high accuracy atmospheric correction for hyperspectral data (HATCH) model. IEEE Transaction Geoscience Remote Sensing, 41: 1223-1231.

Ramus J, Beale S I, Mauzerall D, et al., 1976. Changes in photosynthetic pigment concentration in seaweeds as a function of water depth. Marine Biology, 37: 223-229.

Rashid A R, Chennu A, 2020. A trillion coral reef colors: Deeply annotated underwater hyperspectral images for automated classification and habitat mapping. Data, 5(1): 19.

Reinart A, Kutser T, 2006. Comparison of different satellite sensors in detecting cyanobacterial bloom events in the Baltic Sea. Remote Sensing of Environment, 102: 74-85.

Richter R, 1996. A spatially adaptive fast atmospheric correction algorithm. International Journal of Remote Sensing, 17(6): 1201-1214.

Robin M P, Edward S F, 1997. Absorption spectrum (380-700 nm) of pure water. II. Integrating cavity measurements. Applied Optics, 36(33): 8710-8723.

Roesler C S, Perry M J, Carder K L, 1989. Modeling in situ phytoplankton absorption from total absorption spectra in productive inland marine waters. Limnology and Oceanography, 34(8): 1510-1523.

Ruddick K G, Ovidio F, Rijkeboer M, 2000. Atmospheric correction of SeaWiFS imagery for turbid coastal and inland waters. Applied Optics, 39(6): 897-912.

Ruiz-Verdú A, Simis S G H, de Hoyos C, et al., 2008. An evaluation of algorithms for the remote sensing of cyanobacterial biomass. Remote Sensing of Environment, 112(11): 3996-4008.

Russell B J, Dierssen H M, Hochberg E J, 2019. Water column optical properties of Pacific coral reefs across geomorphic zones and in comparison to offshore waters. Remote Sensing, 11(15): 1757.

Russell B J, Dierssen H, Lajeunesse T, et al., 2016. Spectral reflectance of Palauan reef-building coral with different symbionts in response to elevated temperature. Remote Sensing, 8(3): 164.

Sagawa T, Yamashita Y, Okumura T, et al., 2019. Satellite derived bathymetry using machine learning and multi-temporal satellite images. Remote Sensing, 11(10): 1155.

Salama M S , Shen F, 2010. Simultaneous atmospheric correction and quantification of suspended particulate matters from orbital and geostationary earth observation sensors. Estuarine, Coastal and Shelf Science, 86(3): 499-511.

Salinas S V, Chang C W, Liew S C, 2007. Multiparameter retrieval of water optical properties from above-water remote-sensing reflectance using the simulated annealing algorithm. Applied Optics, 46(14): 2727-2742.

Sathyendranath S, Cota G, Stuart V, et al., 2001. Remote sensing of phytoplankton pigments: A comparison of empirical and theoretical approaches. International Journal of Remote Sensing, 22(2-3): 249-273.

Sathyendranath S, Hoge F E, Platt T, et al., 1994. Detection of phytoplankton pigments from ocean color: Improved algorithms. Applied Optics, 33(6): 1081.

Sathyendranath S, Stuart V, Irwin B D, 1999. Seasonal variations in bio-optical properties of phytoplankton in the Arabian Sea. Deep-Sea Research, 46: 633-654.

Sathyendranath S, Watts L, Devred E, et al., 2004. Discrimination of diatoms from other phytoplankton using ocean-colour data. Marine Ecology Progress Series, 272: 59-68.

Schalles J F, Yacobi Y Z, 2000. Remote detection and seasonanl patterns of phycocyanin, carotenoid and chlorophyll pigments in eutrophic waters. Ergebnisse Der Limnologie, 55: 153-168.

Sedlazeck A, Koch R, 2012. Perspective and non-perspective camera models in underwater imaging-overview and error analysis, Outdoor and large-scale real-world scene analysis. Berlin: Springer: 212-242.

Shamberger K, Feely R, Sabine C, et al., 2011. Calcification and organic production on a Hawaiian coral reef. Marine Chemistry, 127(1-4): 64-75.

Shanmugam P, Ahn Y H, 2007. New atmospheric correction technique to retrieve the ocean colour from SeaWiFS imagery in complex coastal waters. Journal of Optics A: Pure and Applied Optics, 9(5): 511.

Shen F, Zhou Y X, Li D J, 2010. Medium resolution imaging spectrometer (MERIS) estimation of chlorophyll-a concentration in the turbid sediment-laden waters of the Changjiang (Yangtze) Estuary. International Journal of Remote Sensing, 31: 17-18, 4635-4650.

Shi K, Zhang Y L, Li Y M, et al., 2015. Remote estimation of cyanobacteria-dominance in inland waters. Water Research, 68: 217-226.

Shi K, Zhang Y L, Qin B Q, et al., 2019. Remote sensing of cyanobacterial blooms in inland waters: Present knowledge and future challenges. Science Bulletin, 64(20):1540-1556.

Shi W, Zhang Y, Wang M, 2018. Deriving total suspended matter concentration from the near-infrared-based inherent optical properties over turbid waters: A case study in Lake Taihu. Remote Sensing, 10(2): 333.

Shi K, Li Y, Li Y, et al., 2013. Absorption characteristics of optically complex inland waters: Implications for water optical classification. Journal of Geophysical Research Biogeosciences, 118(2): 860-874.

Shi K, Zhang Y, Zhou Y, et al., 2017. Long-term MODIS observations of cyanobacterial dynamics in Lake Taihu: Responses to nutrient enrichment and meteorological factors. Scientific Reports, 7(1): 40326.

Siegel D A, Maritorena S, Nelson N B, et al., 2002. Global distribution and dynamics of colored dissolved and detrital organic materials. Journal of Geophysical Research, 107(C12): 1-14.

Siegel D A, Wang M, Maritorena S, et al., 2000. Atmospheric correction of satellite ocean color imagery: The black pixel assumption. Applied Optics, 39(21): 3582-3591.

Simis S G H, Peters S W M, Gons H J, 2005. Remote sensing of the cyanobacterial pigment phycocyanin in turbid inland water. Limnology and Oceanography, 50(1): 237-245.

Simis S G H, Ruiz-Verdú A, Domínguez-Gómez J A, et al., 2007. Influence of phytoplankton pigment composition on remote sensing of cyanobacterial biomass. Remote Sensing of Environment, 106(4): 414-427.

Slade W H, Ressom H W, Musavi M T, et al., 2004. Inversion of ocean color observations using particle swarm optimization. IEEE Transactions on Geoscience and Remote Sensing, 42(9): 1915-1923.

Smith R C, Baker K S, 1978. The bio-optical state of ocean waters and remote sensing. Limnology and Oceanography, 23(2): 247-259.

Smith R C, Baker K S, 1981. Optical properties of the clearest natural waters (200-800 nm). Applied Optics, 20(2): 177-184.

Smyth T J, Moore G F, Hirata T, et al., 2006. Semianalytical model for the derivation of ocean color inherent optical properties: Description, implementation, and performance assessment. Applied Optics, 45(31): 8116-8131.

Son S H, Wang M, 2012. Water properties in Chesapeake Bay from MODIS-Aqua measurements. Remote Sensing of Environment, 123(3):163-174.

Song K, Li L, Li S, et al., 2012. Hyperspectral retrieval of phycocyanin in potable water sources using genetic algorithm-partial least squares (GA-PLS) modeling. International Journal of Applied Earth Observation and Geoinformation, 18: 368-385.

Song K, Li L, Tedesco L P, et al., 2013. Remote estimation of chlorophyll-a in turbid inland waters: Three-band model versus GA-PLS model. Remote Sensing of Environment, 136: 342-357.

Song K, Zhao Y, Wen Z, et al., 2017. A systematic examination of the relationships between CDOM and DOC in inland waters in China. Hydrology and Earth System Sciences, 21(10): 5127.

Song K, Li L, Wang Z, et al., 2012. Retrieval of total suspended matter (TSM) and chlorophyll-a (Chl-a) concentration from remote-sensing data for drinking water resources. Environmental Monitoring & Assessment, 184: 1449-1470.

Stramski D, Bricaud A, Morel A, 2001. Modeling the inherent optical properties of the ocean based on the detailed composition of the planktonic community. Applied Optics, 40(18): 2929-2945.

Stuart V, Sathyendranath S, Platt T, et al., 1998. Pigments and species composition of natural phytoplankton populations: Effect on the absorption spectra. Journal of Plankton Research, 20(2): 187-217.

Stumpf R P, Holderied K, Sinclair M, 2003. Determination of water depth with high-resolution satellite imagery over variable bottom types. Limnology and Oceanography, 48(1): 547-556.

Stumpf R P, Wynne T T, Baker D B, et al., 2012. Interannual variability of cyanobacterial blooms in Lake Erie. PLoS ONE, 7(8): e42444.

Subramaniam A, Brown C W, Hood R R, et al., 2002. Detecting *Trichodesmium* blooms in SeaWIFS imagery. Deep Sea Research II, 49: 107-121.

Sullivan J M, Twardowski M S, Zaneveld J R V, et al., 2006. Hyperspectral temperature and salt dependencies of absorption by water and heavy water in the 400-750 nm spectral range. Applied Optics, 45(21): 5294-5309.

Surisetty V V A K, Venkateswarlu C, Gireesh B, et al., 2021. On improved nearshore bathymetry estimates from satellites using ensemble and machine learning approaches. Advances in Space Research, 68(8): 3342-3364.

Sydor M, Arnone R A, Gould R W, et al., 1998. Remote-sensing technique for determination of the volume absorption coefficient of turbid water. Applied Optics, 37(21): 4944-4950.

Tan W, Liu P, Liu Y, et al., 2017. A 30-year assessment of phytoplankton blooms in Erhai Lake using Landsat imagery: 1987 to 2016. Remote Sensing, 9(12): 1265.

Tanré D, Legrand M, 1991. On the satellite retrieval of Saharan dust optical thickness over land: Two different approaches. Journal of Geophysical Research: Atmospheres, 96(D3): 5221-5227.

Tao B, Mao Z, Lei H, et al., 2017. A semianalytical MERIS green-red band algorithm for identifying phytoplankton bloom types in the East China Sea. Journal of Geophysical Research: Oceans, 122(3): 1772-1788.

Tarrant P E, Amacher J A, Neuer S, 2010. Assessing the potential of Medium-Resolution Imaging Spectrometer (MERIS) and Moderate-Resolution Imaging Spectroradiometer (MODIS) data for monitoring total suspended matter in small and intermediate sized lakes and reservoirs. Water Resources Research, 46(9): 2973-2976.

Tassan S, 1993. An improved in-water algorithm for the determination of chlorophyll and suspended sediment concentration from thematic mapper data in coastal waters. International Journal of Remote Sensing, 14(6): 1221-1229.

Tassan S, 1994. Local algorithms using SeaWiFS data for the retrieval of phytoplankton, pigments, suspended sediment, and yellow substance in coastal waters. Applied Optics, 33(12): 2369-2378.

Tassan S, Ferrari G M, 1995a. An alternative approach to absorption measurements of aquatic particles retained on filters. Limnology Oceanograohy, 40(8): 1358-1368.

Tassan S, Ferrari G M, 1995b. Proposal for the measurement of backward and total scattering by mineral particles suspended in water. Applied Optics, 34(83): 8345-8353.

Tassan S, Karima A, 2002. Proposal for the simultaneous measurement of light absorption and backscattering by aquatic particulates. Journal of Plankton Research, 24(5): 471-479.

Thompson D R, Hochberg E J, Asner G P, et al., 2017. Airborne mapping of benthic reflectance spectra with Bayesian linear mixtures. Remote Sensing of Environment, 200: 18-30.

Toming K, Kutser T, Laas A, et al., 2016. First experiences in mapping lake water quality parameters with Sentinel-2 MSI imagery. Remote Sensing, 8(8): 640.

Tomlison M C, Stumpf R P, Ransibrahmanakul V, et al., 2004. Evaluation of the use of SeaWIFS imagery for detecting Karenia brevis harmful algal blooms in the eastern Gulf of Mexico. Remote Sensing of Environment, 91(3-4): 293-303.

Trescott A, 2012. Remote sensing models of algal blooms and cyanobacteria in Lake Champlain. Amherst: University of Massachusetts.

Urquhart E A, Schaeffer B A, Stumpf R P, et al., 2017. A method for examining temporal changes in cyanobacterial harmful algal bloom spatial extent using satellite remote sensing. Harmful Algae, 67: 144-152.

Vincent R K, Qin X M, 2004. Phycocyanin detection from Landsat TM data for mapping cyanobacterial blooms in lake Erie. Remote Sensing of Environment, 89(3): 381-392.

Wang G, Cao W, Wang G, et al., 2013. Phytoplankton size class derived from phytoplankton absorption and chlorophyll-a concentrations in the northern South China Sea. Chinese Journal of Oceanology and Limnology, 31(4): 750-761.

Wang P, Boss E S, Roesler C, 2005a. Uncertainties of inherent optical properties obtained from semianalytical inversions of ocean color. Applied Optics, 44(19): 4074-4085.

Wang Y, He X, Bai Y, et al., 2022. Satellite retrieval of benthic reflectance by combining lidar and passive high-resolution imagery: Case-I water. Remote Sensing of Environment, 272: 112955.

Wang M, 2006. Aerosol polarization effects on atmospheric correction and aerosol retrievals in ocean color remote sensing. Applied Optics, 45(35): 8951-8963.

Wang M, 2007. Remote sensing of the ocean contributions from ultraviolet to near-infrared using the shortwave infrared bands: Simulations. Applied Optics, 46(9): 1535-1547.

Wang M, Shi W, 2005b. Estimation of ocean contribution at the MODIS near-infrared wavelengths along the east coast of the US: Two case studies. Geophysical Research Letters, 32(13): 1-5.

Wang S, J Li, Zhang B, et al., 2018. Trophic state assessment of global inland waters using a MODIS-derived Forel-Ule index. Remote Sensing of Environment, 217: 444-460.

Werdell P J, Franz B A, Bailey S W, et al., 2013. Generalized ocean color inversion model for retrieving marine inherent optical properties. Applied Optics, 52(10): 2019-2037.

Westberry T K, Siegel D A, Subramaniam A, 2005. An improved bio-optical model for the remote sensing of *Trichodesmium* spp. Blooms. Journal of Geophysics Research: Oceans, 110(C6): 1-11.

Wolter P T, Johnston C, Niemi G J, 2005. Using satellite remote sensing to map aquatic vegetation. International Journal of Remote Sensing, 26(23): 5255-5274.

Wozniak B, Dera J, Ficek D, et al., 2000. Model of the in vivo spectral absorption of algal pigments. Part 1. Mathematical apparatus. Oceanologia, 42(2): 177-190.

Wozniak S B, Stramski D, 2004. Modeling the optical properties of mineral particles suspended in seawater and their influence on ocean reflectance and chlorophyll estimation from remote sensing algorithms. Applied Optics, 43(17): 3489-3503.

Wu G, Cui L, Duan H, et al., 2011. Absorption and backscattering coefficients and their relations to water constituents of Poyang Lake, China. Applied Optics, 50(34): 6358-6368.

Wu Z, Mao Z, Shen W, 2021. Integrating multiple datasets and machine learning algorithms for satellite-based bathymetry in seaports. Remote Sensing, 13(21): 4328.

Wu Y, Zhang X, Zheng H, et al., 2017. Investigating changes in lake systems in the south-central Tibetan Plateau with multi-source remote sensing. Journal of Geographical Sciences, 27: 337-347.

Xing Q, Hu C, 2016. Mapping macroalgal blooms in the Yellow Sea and East China Sea using HJ-1 and Landsat data: Application of a virtual baseline reflectance height technique. Remote Sensing of Environment, 178: 113-126.

Xu J, Lei S, Bi S, et al., 2020. Tracking spatio-temporal dynamics of POC sources in eutrophic lakes by remote sensing. Water Research, 168: 115162.

Xu Y, Zhang Y, Zhang D, et al., 2010. Retrieval of dissolved inorganic nitrogen from multi-temporal MODIS data in Haizhou Bay. Marine Geodesy, 33(1): 1-15.

Yan Y E, Bao Z J, Shao J G, 2018. Phycocyanin concentration retrieval in inland waters: A comparative review of the remote sensing techniques and algorithms. Journal of Great Lakes Research, 44(4): 748-755.

Yang W, Matsushita B, Chen J, et al., 2013. Retrieval of inherent optical properties for turbid inland waters from remote-sensing reflectance. IEEE Transactions on Geoscience and Remote Sensing, 51(6): 3761-3773.

Yang X, Sokoletsky L, Wei X, et al., 2017. Suspended sediment concentration mapping based on the MODIS satellite imagery in the East China inland, estuarine, and coastal waters. Chinese Journal of Oceanology and Limnology, 35(1): 39-60.

Yarger H L, McCauley J R, James G W, et al, 1973. Water turbidity detection using ERTS-1 imagery//NASA Goddard Space Flight Center Symposium on Significant Results obtained from the ERTS-1.

Yu L, Xu M M, Chen J X, et al., 2018. Optical System of the Hyper-spectral Imager for the Underwater Environment and Targets Monitoring. Acta Photonica Sinica, 47(11): 1101003.

Zhan H, Lee Z, Shi P, et al., 2003. Retrieval of water optical properties for optically deep waters using genetic algorithms. IEEE Transactions on Geoscience and Remote Sensing, 41(5): 1123-1128.

Zhang M, Tang J, Dong Q, et al., 2010. Retrieval of total suspended matter concentration in the Yellow and East China Seas from MODIS imagery. Remote Sensing of Environment, 114(2): 392-403.

Zhang X, Gray D J, 2015. Backscattering by very small particles in coastal waters. Journal of Geophysical Research: Oceans, 120(10): 6914-6926.

Zhang Y, Shi K, Zhou Y, et al., 2016. Monitoring the river plume induced by heavy rainfall events in large, shallow, Lake Taihu using MODIS 250 m imagery. Remote Sensing of Environment, 173: 109-121.

Zhang Y, Wu Z, Liu M, et al., 2014. Thermal structure and response to long-term climatic changes in Lake Qiandaohu, a deep subtropical reservoir in China. Limnology and Oceanography, 59(4): 1193-1202.

Zhang Y, Zhang B, Wang X, et al., 2007. A study of absorption characteristics of chromophoric dissolved organic matter and particles in Lake Taihu, China. Hydrobiologia, 592(1): 105-120.

Zhang Y, Jeppesen E, Liu X, et al., 2017. Global loss of aquatic vegetation in lakes. Earth-Science Reviews, 173: 259-265.

Zheng G, Stramski D, 2013. A model based on stacked-constraints approach for partitioning the light absorption coefficient of seawater into phytoplankton and non-phytoplankton components. Journal of Geophysical Research: Oceans, 118(4): 2155-2174.

Zhou X, 2009. Characterization of the specific inherent optical properties of the Poyang Lake and quantification of water turbidity using remote sensing and a semi-analytical bio-optical inversion model for shallow waters. Enschede: International Institute for Geo-Information Science and Earth Observation.

Zhong Y, Chen S, 2005. Impact of dredging on fish in Poyang Lake. Jiangxi Fishery Sciences and Technology, 1: 15-18.

Zhu W, Yu Q, Tian Y Q, et al., 2011. Estimation of chromophoric dissolved organic matter in the Mississippi and Atchafalaya river plume regions using above-surface hyperspectral remote sensing. Journal of Geophysical Research: Oceans, 116(C2): 1-22.

Zimmerman R C, 2003. A biooptical model of irradiance distribution and photosynthesis in seagrass canopies. Limnology and oceanography, 48(1-2): 568-585.